职业技能培训教程与鉴定试题集

采 油 工

（下册）

中国石油天然气集团公司人事服务中心　编

石油工业出版社

内 容 提 要

本书是由中国石油天然气集团公司人事服务中心,依据采油工国家职业标准,统一组织编写的《职业技能培训教程与鉴定试题集》中的一本。书中包括采油工高级工、技师和高级技师三个级别的内容,分别介绍了应掌握的基础知识、技能操作与相关知识,并给出了部分理论试题和技能操作鉴定试题。本书语言通俗易懂,理论知识重点突出,且实用性强,可操作性强,是采油工职业技能培训和鉴定的必备教材。

图书在版编目(CIP)数据

采油工.下册/中国石油天然气集团公司人事服务中心编.
北京:石油工业出版社,2004.9
(职业技能培训教程与鉴定试题集)
ISBN 978-7-5021-4670-2

Ⅰ.采⋯
Ⅱ.中⋯
Ⅲ.石油开采-技术培训-教材
Ⅳ.TE35

中国版本图书馆 CIP 数据核字(2004)第 050587 号

出版发行:石油工业出版社
(北京安定门外安华里 2 区 1 号 100011)
网 址:www.petropub.cn
发行部:(010)64210392
经 销:全国新华书店
印 刷:石油工业出版社印刷厂印刷

2004 年 9 月第 1 版 2012 年 2 月第 9 次印刷
787×1092 毫米 开本:1/16 印张:27.5
字数:700 千字

定价:38.00 元
(如出现印装质量问题,我社发行部负责调换)
版权所有,翻印必究

《职业技能培训教程与鉴定试题集》编审委员会

主　任：孙祖岭

副主任：刘志华　孙金瑜　徐新福

委　员：向守源　任一村　职丽枫　朱长根　郭向东
　　　　　史殿华　郭学柱　丁传峰　郭进才　刘晓华
　　　　　巩朝勋　冯朝富　王阳福　刘　英　申　泽
　　　　　商桂秋　赵　华　时万兴　熊术学　杨诗华
　　　　　刘怀忠　张　镇　纪安德

前　　言

　　为提高石油工人队伍素质，满足职工培训、鉴定的需要，中国石油天然气集团公司人事服务中心组织编写了这套《职业技能培训教程与鉴定试题集》。这套书包括 44 个石油天然气行业特有工种和 21 个社会通用工种的职业技能培训教程与鉴定试题集，每个工种依据《国家职业（工人技术等级）标准》分初级工、中级工、高级工、技师、高级技师五个级别编写。

　　本套书的编写坚持以职业活动为导向，以职业技能为核心的原则，打破了过去传统教材的学科性编写模式。依据职业（工种）标准的要求，教程分为基础知识部分和技能操作与相关知识部分。基础知识部分是本职业（工种）或本级别应掌握的基本知识；技能操作与相关知识是本级别应掌握的基本操作技能与正确完成技能操作所涉及到的相关知识。试题集中理论知识试题分为选择题、判断题、简答题、计算题四种题型，以客观性试题为主；技能操作试题在编写中增加了考核内容层次结构表，目的是保证鉴定命题的等值性和考核质量的统一性。为便于职工培训和鉴定复习，在每个工种、等级理论知识试题与技能操作考核试题前均列出了《鉴定要素细目表》，《鉴定要素细目表》是考核的知识点与要点，是工人培训的知识大纲和鉴定命题的直接依据。为保证职工鉴定前能够进行充分的考前培训、学习，真正达到提高职工技术素质的目的，此次编入试题集中的理论知识试题只选取了试题库中的部分试题，职工鉴定前复习时应严格参照教程与试题集的《鉴定要素细目表》，认真学习本等级教程规定内容。

　　为使用方便，本套书中《采油工》分上、下两册出版，上册为初级工和中级工两个级别的内容，下册为高级工、技师、高级技师三个级别的内容。《采油工》由大庆油田组织编写，主编卢鸿钧、魏连凯、何登龙。上册主要编写的人员有：卢鸿钧、魏连凯、何登龙、陈光、李长安、褚福鑫、孙刚。下册主要编写的人员有：卢鸿钧、魏连凯、何登龙、陈光、李长安、那末红、侯春艳。最后经中国石油天然气集团公司职业技能鉴定指导中心组织专家审定，参加审定的专家有新疆油田李拥军、辽河油田李素敏、胜利油田赵海英，大庆油田杨明亮、于立英等。在此表示衷心感谢！

由于编者水平有限，书中难免有错误和疏漏，恳请广大读者提出宝贵意见。

编者
2003 年 12 月

目 录

高 级 工

国家职业标准（高级工工作要求） ……………………………………………………（3）

第一部分 高级工基础知识

第一章 开发方案的编制及动态分析 …………………………………………………（4）
  第一节 配产配注方案的编制及调整 ………………………………………………（4）
  第二节 生产动态分析 ………………………………………………………………（5）
第二章 机械采油 ………………………………………………………………………（14）
  第一节 抽油机井参数的分析与计算 ………………………………………………（14）
  第二节 电动潜油泵井与电动螺杆泵井的维护与资料 ……………………………（17）
  第三节 其他机械采油方式 …………………………………………………………（20）
  第四节 分层采油及措施调整 ………………………………………………………（22）
  第五节 热力采油简介 ………………………………………………………………（28）
第三章 油水井站管理 …………………………………………………………………（31）
  第一节 油水井动态资料整理与分析 ………………………………………………（31）
  第二节 油水井生产调控与动态分析 ………………………………………………（37）
  第三节 油水井井下施工作业 ………………………………………………………（46）
第四章 设备维修保养 …………………………………………………………………（49）
  第一节 采油树的维护 ………………………………………………………………（49）
  第二节 抽油机各部件的调整 ………………………………………………………（53）
  第三节 抽油机故障的判断与处理 …………………………………………………（56）
第五章 电工仪表 ………………………………………………………………………（62）
  第一节 万用表的分类及使用操作 …………………………………………………（62）
  第二节 兆欧表的测量原理及使用操作 ……………………………………………（66）

第二部分 高级工技能操作与相关知识

第一章 管理油水井 ……………………………………………………………………（69）
  第一节 跟踪描述抽油机井停产作业 ………………………………………………（69）
  第二节 跟踪描述电动潜油泵井停产作业 …………………………………………（70）

第三节　跟踪描述注水井停产作业……………………………………（71）
第二章　维护保养设备…………………………………………………………（73）
　　第一节　调整游梁式抽油机（井）曲柄平衡…………………………（73）
　　第二节　更换抽油机刹车蹄片…………………………………………（74）
　　第三节　电机找头、接线（直流法）…………………………………（75）
第三章　操作仪器仪表（校对计量分离器量油常数）………………………（77）
第四章　处理故障………………………………………………………………（79）
　　第一节　处理抽油机曲柄销子退扣……………………………………（79）
　　第二节　检查电动潜油泵井过欠载保护值……………………………（80）
第五章　绘图……………………………………………………………………（82）
　　第一节　绘制抽油机井（分采）管柱图………………………………（82）
　　第二节　绘制注水井分注管柱图………………………………………（83）
第六章　分析资料………………………………………………………………（85）
　　第一节　分析判断抽油机井典型示功图………………………………（85）
　　第二节　电动潜油泵井电流卡片分析…………………………………（86）
　　第三节　分析注水井指示曲线…………………………………………（87）
第七章　井组生产动态分析……………………………………………………（89）

第三部分　高级工理论知识试题

鉴定要素细目表…………………………………………………………………（91）
理论知识试题……………………………………………………………………（95）
理论知识试题答案………………………………………………………………（143）

第四部分　高级工技能操作试题

考核内容层次结构表……………………………………………………………（155）
鉴定要素细目表…………………………………………………………………（156）
技能操作试题……………………………………………………………………（157）
组卷示例…………………………………………………………………………（190）

技师、高级技师

国家职业标准（技师工作要求）………………………………………………（197）
国家职业标准（高级技师工作要求）…………………………………………（198）

第五部分　技师、高级技师基础知识

第一章　地球物理测井资料及应用 (199)
第一节　地球物理测井的原理及方法 (199)
第二节　地球物理测井曲线及应用 (199)
第二章　油水井措施调整 (202)
第一节　油水井酸化 (202)
第二节　油水井压裂 (203)
第三节　油井堵水 (205)
第三章　抽油机设备管理与调整 (207)
第一节　抽油机的安装与验收 (207)
第二节　抽油机设备常见故障判断与处理 (211)
第三节　抽油机设备的调整 (216)
第四章　油田开发与三次采油 (220)
第一节　储量及提高采收率的方法 (220)
第二节　聚合物驱油技术 (221)

第六部分　技师技能操作与相关知识

第一章　管理油水井 (223)
第一节　调游梁式抽油机冲速 (223)
第二节　抽油机井碰泵 (225)
第三节　调整电动潜油泵井过欠载值 (226)
第四节　注水井作业质量验收 (228)
第五节　抽油机井作业质量验收 (231)
第六节　电动潜油泵井作业质量验收 (234)
第二章　抽油机设备维护保养 (238)
第一节　抽油机安装质量验收 (238)
第二节　测量抽油机剪刀差 (240)
第三章　抽油机设备故障处理 (243)
第一节　处理抽油机曲柄销轴承壳磨曲柄 (243)
第二节　处理抽油机曲柄在输出轴上外移 (244)
第四章　分析资料 (248)
第一节　解释抽油机井理论示功图 (248)
第二节　分析抽油机井实测示功图 (249)
第五章　测绘工件图 (251)
第六章　管理 (253)

第一节　组织 QC 小组开展活动 ……………………………………………………… (253)
　　第二节　编写阶段生产总结报告 ………………………………………………………… (260)
　第七章　理论和技能培训 ………………………………………………………………………… (262)

第七部分　技师、高级技师理论知识试题

鉴定要素细目表 …………………………………………………………………………………… (266)
理论知识试题 ……………………………………………………………………………………… (270)
理论知识试题答案 ………………………………………………………………………………… (311)

第八部分　技师技能操作试题

考核内容层次结构表 ……………………………………………………………………………… (320)
鉴定要素细目表 …………………………………………………………………………………… (321)
技能操作试题 ……………………………………………………………………………………… (322)

第九部分　高级技师技能操作与相关知识

第一章　处理故障 ………………………………………………………………………………… (358)
　　第一节　处理抽油机井出油不正常故障 ………………………………………………… (358)
　　第二节　处理井间管线冻结 ……………………………………………………………… (361)
　　第三节　处理电动潜油泵井过载停机故障 ……………………………………………… (362)
第二章　调整游梁式抽油机冲程 ………………………………………………………………… (365)
第三章　区块生产动态分析 ……………………………………………………………………… (369)
第四章　绘图 ……………………………………………………………………………………… (373)
　　第一节　识读油水井间（站）管道安装图 ……………………………………………… (373)
　　第二节　设计、绘制工件加工图 ………………………………………………………… (379)
第五章　管理 ……………………………………………………………………………………… (382)
　　第一节　用 HSE 管理体系指导生产 ……………………………………………………… (382)
　　第二节　撰写技术论文 …………………………………………………………………… (387)

第十部分　高级技师技能操作试题

考核内容层次结构表 ……………………………………………………………………………… (389)
鉴定要素细目表 …………………………………………………………………………………… (390)
技能操作试题 ……………………………………………………………………………………… (391)
参考文献 …………………………………………………………………………………………… (429)

高 级 工

国家职业标准（高级工工作要求）

职业功能	工作内容	技 能 要 求	相 关 知 识
采油	（一）管理油水井	能跟踪描述停产井恢复生产作业	1. 井下作业操作规程 2. 井下作业工序
	（二）维护保养设备	1. 能调整游梁式抽油机曲柄平衡 2. 能更换抽油机刹车毂 3. 能进行电动机找头、接线	1. 调整抽油机平衡操作规程 2. 抽油机刹车毂技术规范 3. 兆欧表使用方法 4. 电动机找头方法 5. 电动机接线要求
	（三）处理故障	1. 能判断处理曲柄销退扣故障 2. 能检查、分析、判断电泵井常见故障	1. 曲柄销退扣判断方法 2. 抽油机曲柄销组装标准 3. 电泵井工作原理 4. 电泵井常见故障判断方法
	（四）绘图	能绘制油水井典型管柱图	1. 油水井管柱结构知识 2. 绘制油水井典型管柱图的方法
	（五）分析资料	1. 能分析、解释典型示功图 2. 能分析电泵井电流卡片 3. 能分析注水井指示曲线	1. 抽油泵的工作原理 2. 动力仪的工作原理 3. 理论示功图知识 4. 电流卡片的分析方法 5. 指示曲线的分析方法
	（六）操作仪器、仪表	能校对计量分离器量油常数	1. 计量分离器的类型 2. 计量分离器的工作原理 3. 计量分离器的技术规范 4. 量油常数的计算方法
	（七）分析生产动态	能进行井组生产动态分析	井组生产动态分析方法
	（八）操作计算机	1. 能录入文字 2. 能制作表格	1. 计算机的基本组成 2. 计算机录入知识

第一部分 高级工基础知识

第一章 开发方案的编制及动态分析

在初级工和中级工部分已经详细介绍了油田开发原则、层系划分原则以及开发方式、井网布置等方面的知识,在此就不再重复叙述了,下面简要介绍一下有关配产配注方案的编制及调整以及油水井生产动态分析的知识。

第一节 配产配注方案的编制及调整

配产配注是油田开发过程中一项非常重要的工作内容,是油田开发原则、层系划分、井网布置及开采方式确定后首要任务——即配产配注方案的编制。

配产配注就是对于注水开发的油田,为了保持地下流动处于合理状态,根据注采平衡、减缓含水率上升等开发原则,对全油田、层系、区块、井组、单井直至小层,确定其合理产量和合理注水量。从开采过程和时间上配产配注可分为某一个时期(3～5年)的配产配注方案编制与某一个阶段(6～12月)配产配注方案的调整编制。

一、方案编制

配产配注方案编制的程序与内容如图1-1-1所示。

从配产配注流程图可以看出:配产配注方案的最终落脚点都是单井和小层,这也就是采油工(主要工作对象就是管理油水井)必须学习好配产配注内容的根本所在。

二、方案调整

方案调整是指根据油田(层系、区块)开采现状(系统压力水平、产量递减、含水上升速度、油层吸水能力)、开采工艺技术的发展和企业对原油产量的需求,对上一时期或前一阶段的配产配注方案进行必要的综合调整。方案调整也是一个对油层不断认识和不断改造挖潜的过程。

一是确保油田地下,通常是以注水量的调整为主——即对全油田配注水量的增加和减少。方案调整一般从以下两个方面综合确定:

一方面是从宏观整体(全油田)大的开发形势进行,在确定调整水量后逐一分配到各层系、各区块;另一方面是从具体单井(小层)、井组、区块的动态(吸水能力变差、水淹程度增大、含水上升过快等)变化情况分析,找出必须进行调整的水量,确定或增减注水量、控制注水量的层系、区块,再统计汇总各区块、各层系至全油田;最后把上述两个方面计划调整的水量进行综合分析评价,确定出下一个时期或阶段的(新)配产配注方案。

所以方案调整是随着油田开发的不断深入不断调整的过程,方案调整的编制质量是关系到油田能否保持在长期稳产、高效开采的根本基础;这是非常重要的,因为注入油层中的水

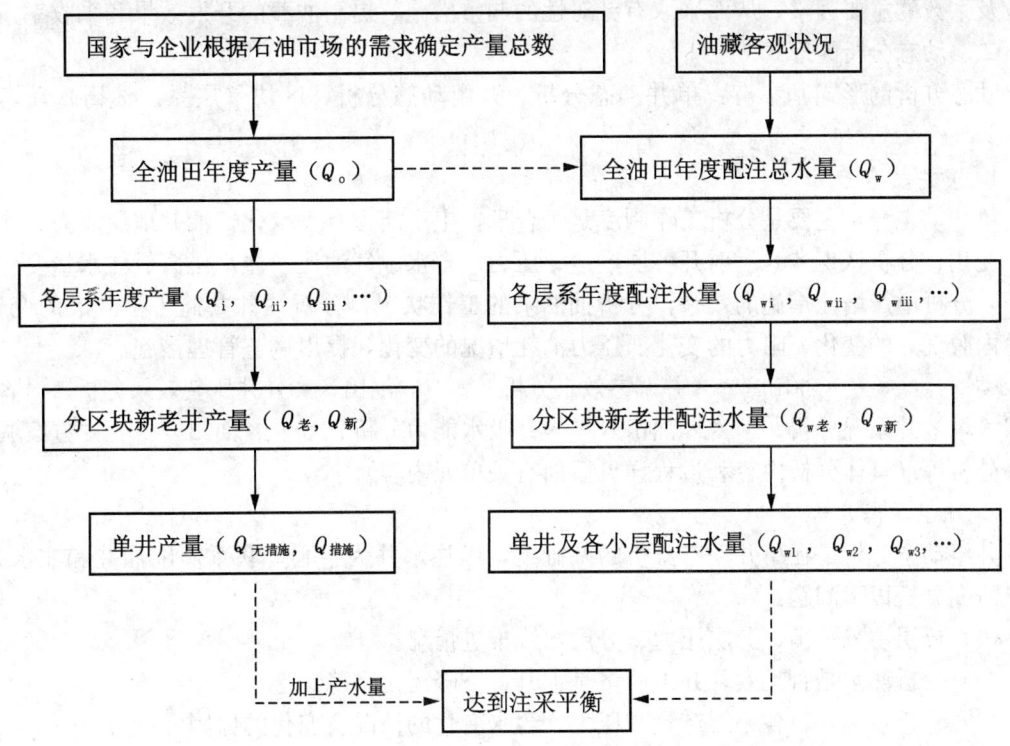

图 1-1-1 注水开发油田配产配注方案编制流程示意图

量是不可逆转的,也是难补的,这也是各油田开发管理工作为什么要首先抓好注水工作的理由。

二是确保企业对原油产量的需求,即根据目前开采工艺技术——对全油田油井稳产及增产措施等,确定与注水方案调整相适应(配套)的具体方案(调参、换泵、压裂等)。

第二节 生产动态分析

动态分析是指通过大量的油井、水井第一性资料,认识油层中油、气、水运动规律的综合性分析工作。动态分析主要是针对油藏投入生产后,油藏内部诸因素都在发生变化——油气储量的变化、地层压力的变化、驱油能力的变化、油气水分布状况的变化等,进行研究、分析,找出引起这些变化的原因和影响生产问题的所在;进而提出调整挖掘生产潜力、预测今后的发展趋势。对于采油工来说,这里只是介绍一些常用的基本概念知识。

一、动态分析的内容

动态分析的内容是多方面的,其重点分析的内容是:
(1) 对注采平衡和保持利用状况的分析。
(2) 对注水效果的评价分析。
(3) 对储量利用程度和油水分布状况的分析。
(4) 对含水上升率与产液量增长情况的分析。
(5) 对主要增产措施的效果分析。

通过上述分析,对油藏注采系统的适应性进行评价,找出影响提高储量动用程度和注入水波及系数的主要因素，从而采取有针对性的调整措施，提高油藏的开发效果和采收率。

二、动态分析的形式

动态分析的形式基本有：单井动态分析、井组动态分析、区块（层系、油田）动态分析。

1. 单井动态分析

单井动态分析主要是分析工作制度是否合理，生产能力有无变化，油井地层压力、含水有无变化，分析认识×××射开各层产量、压力、含水、气油比、注水压力、注水量变化的特征，分析增产增注措施的效果，分析抽油泵的工作状况，分析油井井筒中举升液的变化、井筒内脱气点的变化、阻力的变化、压力消耗情况的变化，提出调整管理措施。

类型有：×××油田×××井调参效果分析、×××油田×××井压裂效果分析、×××油田×××井泵况分析、×××油田×××井吸水能力分析、×××油田×××井方案调整效果分析等（具体分析内容和过程详见后面有关单元内容）。

2. 井组动态分析

井组动态分析是在单井动态分析的基础上，以注水井为中心，联系周围油井和注水井，重点研究分析以下问题：

（1）分层注采平衡、分层压力、分层水线推进情况。

（2）分析注水是否见效，井组产量是上升、下降还是平稳。

（3）分析各油井、各小层产量、压力、含水变化的情况及变化的原因。

（4）分析本井组与周围油井、注水井的关系。

（5）分析井组内油水井调整、挖潜的潜力所在。

（6）通过分析，提出对井组进行合理的动态配产配注，把调整措施落实到井，落实到层上，力求改善井组的开发效果。

常见的类型有：×××油田×××井组综合挖潜效果分析、×××油田×××井组方案调整效果分析、×××油田×××井组平面矛盾加大原因的分析等。

3. 区块（层系、油田）动态分析（只对技师、高级技师要求学习）

区块（层系、油田）动态分析主要有：对油藏地质特点的再认识，对油田当前开发状况的分析，对层系井网、注水方式的分析，提出油田开发中存在的问题和改善油田开发效果的意见，对油藏、油田动态监测现状的看法等。其重点是以分析当前油田开发状况为主，即区块（油田）开发方案的执行情况及调整措施效果的分析，注采平衡和能量保持利用状况的分析，储量动用状况及油水井分布状况的分析，含水上升率与产液量增长情况，开发试验效果的分析等。

常见的类型有：×××油田×××区块（层系）压力系统分析、×××油田×××区块（层系）差油层挖潜改造效果分析、×××油田×××区块（层系）稳油控水的做法、×××油田×××区块（层系）注采系统调整效果分析等。

三、动态分析的方法

动态分析的基本方法有统计法、作图法、物质平衡法、地下流体学法。这些方法与采油工有关的常用方法是统计法和作图法两种。

1. 统计法

统计法是利用各种统计方法，对油田开发过程中大量的实际生产数据进行统计分析，找出有规律性的东西。

2. 作图法

作图法是将统计的各种油田开发实际生产资料绘制成相关的图幅，从而使其生动、直观地反映油田开发中的动态变化规律。

四、动态分析常用的有关参数和资料

1. 常用的基本资料

常用的基本资料有三类：

（1）油田地质资料：油田构造图、小层平面图、小层数据表、油藏剖面图、连通图；油层物性资料的渗透率、油层有效厚度、原始地层压力等；油气水流体性质，即粘度、密度、含蜡、天然气组分、地层水矿化度等；油水界面和油气界面。

（2）油水井动态资料：油气水产量、压力、含水、气油比、动液面、出油剖面、注水量、吸水剖面、注入水质等。

（3）工程资料（情况）：完井数据、井筒状况、生产流程、注采设备及工艺技术等。

2. 常用参数和术语

油田动态分析常用的参数和术语很多，这里只介绍一些常用的参数和术语。

1）地层系数

地层系数是油层的有效厚度与有效渗透率的乘积。参数符号为 Kh，单位为平方微米·米（$\mu m^2 \cdot m$）。它反映油层物性好坏，Kh 越大，油层物性越好，出油能力和吸水能力越大。

2）流动系数

流动系数是地层系数与地下原油粘度的比值。参数符号为 Kh/μ，单位为平方微米·米每毫帕秒 [$\mu m^2 \cdot m/(mPa \cdot s)$]。计算公式为：

$$流动系数 = \frac{地层系数}{地下原油粘度}$$

3）地饱压差

地饱压差是指目前地层压力与原始饱和压力的差值，单位为兆帕（MPa）。它是表示地层原油是否在地层中脱气的指标。

4）流饱压差

流饱压差是指流动压力与饱和压力的差值，单位为兆帕（MPa）。它是表示原油是否在井底脱气的指标。流饱压差是衡量油井生产状况是否合理的重要条件。当流动压力高于饱和压力时，原油中的溶解气不能在井底分离，气油比基本等于原始状况。如果油井在流动压力低于饱和压力下生产时，原油里的溶解气就会在井底附近油层里分离出来，气油比就升高，使原油粘度增加，流动阻力增大，影响产量。所以，要根据油田的具体情况，规定在一定的流饱压差界限以内采油。

5）采油（液）指数

采油（液）指数是指生产压差每增加 1MPa 所增加的日产（液）量，也称为单位生产压差的日产（液）量。它表示油井生产能力的大小。参数符号为 J_0，单位为立方米每兆帕天 [$m^3/(MPa \cdot d)$]，计算公式为：

$$采油（液）指数 = \frac{日产油（液）量}{静压 - 流压}$$

6）采油强度

采油强度是单位油层有效厚度（每米）的日产油量，单位为吨每天米 [$t/(d \cdot m)$]。

$$采油强度 = \frac{油井日产油量}{油井油层有效厚度}$$

7) 注水压差

注水压差是注水井注水时的井底压力与地层压力的差值。它表示注水压力的大小，单位为兆帕（MPa）。

8) 注水强度

注水强度是单位油层有效厚度（每米）的日注水量，单位为立方米每天米 [m^3/ (d·m)]。

$$注水强度 = \frac{水井日注水量}{水井油层有效厚度}$$

9) 水驱指数

水驱指数是每采 1t 油在地下的存水量，单位为立方米每吨（m^3/t）。它表示每采出 1t 油与地下存水量的比例关系，指数越大，需要的注水量越大。

$$水驱指数 = \frac{累计注水量 - 累计产水量}{累计产油量}$$

10) 水淹厚度系数

水淹厚度系数是见水层水淹厚度占见水层有效厚度的百分数，单位用百分数表示。它表示油层在纵向上水淹的程度。水淹厚度的大小反映驱油状况的好坏，同时也反映了层内矛盾的大小。

$$水淹厚度系数 = \frac{见水层水淹厚度}{见水层有效厚度} \times 100\%$$

11) 扫油面积系数

扫油面积系数是指油田在注水开发时，井组某单层已被水淹的面积与井组所控制的面积的比值。它反映平面矛盾的大小，扫油面积系数越小，平面矛盾越突出。

$$扫油面积系数 = \frac{单层井组水淹面积}{单层井组控制面积}$$

12) 水驱油效率

水驱油效率是指被水淹油层体积内采出的油量与原始含油量之比，单位为小数或百分数（%）。它表示水驱油的程度和层内矛盾的大小。

$$水驱油效率 = \frac{单层水淹区总注入体积 - 采出水体积}{单层水淹区原始含油体积}$$

13) 层间矛盾（三大矛盾之一）

层间矛盾是指非均质多油层油田笼统注水后，由于高中低渗透层的差异，各层在吸水能力、水线推进速度、地层压力、采油速度、水淹状况等方面产生的差异。单层突进系数表示层间矛盾的大小。

14) 层内矛盾（三大矛盾之二）

层内矛盾是指在一个油层的内部，上下部位有差异，渗透率大小不均匀，高渗透层中有低渗透带，低渗透层中有高渗透带，注入水沿阻力小的高渗透带突进，由于地下水、油的粘度、表面张力、岩石表面性质的差异等形成了层内矛盾。层内水驱效果表示层内矛盾的大小。

15) 平面矛盾（三大矛盾之三）

平面矛盾是指一个油层在平面上,由于渗透率的高低不一,连通性不同,使井网对油层控制情况不同,注水后使水线在平面上推进快慢不一样,造成压力、含水和产量不同,构成了同一层各井之间的差异。扫油面积系数表示平面矛盾的大小。

3. 注水开发油田的几个开发阶段

(1) 注水开发油田按产量分为以下四个开发阶段:

第一阶段是开发准备到全面投产阶段;

第二阶段是高产稳产阶段;

第三阶段是产量递减阶段;

第四阶段是产量收尾阶段。

(2) 注水开发油田按综合含水变化分为以下五个开发阶段:

第一阶段是无水采油阶段;

第二阶段是低含水采油阶段(20%以下);

第三阶段是中含水采油阶段(20%~60%);

第四阶段是高含水采油阶段(60%~80%);

第五阶段是特高含水阶段(80%以上)。

五、动态分析常用的图表及曲线

动态分析常用的图表、曲线很多,下面主要介绍几种常用的,并且是分析者必须自己动手绘制的(有些地质图表曲线是可以参阅或直接借用的)。

1. 地质基础数据表

地质基础数据表是所有动态分析中必须用的基础数据,它的数据项目内容从单井到井组、区块、层系至全油田逐渐增多,见表1-1-1。

表1-1-1 ×××油田×××井地质基础数据表

井别	生产层位	下泵深度 m	产液量 t/d	产油量 t/d	含水 %	动液面 m	流压 MPa	生产参数工作制度			备注
								泵径 mm	冲程 m	冲速 min^{-1}	

2. 生产数据表

生产数据表包括油井生产数据表和注水井生产数据表,见表1-1-2、表1-1-3。

表1-1-2 ×××油田×××油井生产数据表

投产时间	开采层位	见水层位	砂岩厚度 mm	有效厚度 mm	地层系数 μm²·m	油层中部深度 m	人工井底 m	套补距 m	原始压力 MPa	饱和压力 MPa	备注

表1-1-2是油井某一阶段生产情况的统计,表中的数据可以根据分析内容的需要进行调整,其中的动态数据可以是累计平均值,也可以是具有代表性的选值,应以能够代表该井

这一阶段的实际生产状况为原则。

表 1-1-3　×××油田×××注水井生产数据表

注水方式	泵压 MPa	油压 MPa	套压 MPa	全井水量 m³/d	第一层段（层位）			第二层段（层位）			第三层段（层位）			备注
					水嘴 mm	配注 m³/d	实注 m³/d	水嘴 mm	配注 m³/d	实注 m³/d	水嘴 mm	配注 m³/d	实注 m³/d	

表 1-1-3 是将注水井某一阶段的注水状况，按照动态分析需要而设计的表格，其中的数据可以是累计平均值，也可以是具有代表性的选值，可在"注水井综合记录"和"注水井小井史"中选取。

3. 阶段对比表

阶段对比表是把动态分析中心内容（如压裂、酸化、调参等）发生的前因与后果的相关数据进行对比。几种常见的对比表（其他的可根据分析的内容自行设计）见表 1-1-4、表 1-1-5。

表 1-1-4　×××油田×××油井调参效果对比表

阶段	工作制度	生产参数			动态数据				下泵深度 m	压力		备注
		泵径 mm	冲程 m	冲速 min⁻¹	产液量 t/d	产油量 t/d	含水 %	动液面 m		流压 MPa	静压 MPa	
阶段前												
阶段后												
差值												

表 1-1-5　×××油田×××注水井方案调整结果对比表

阶段	泵压 MPa	油压 MPa	套压 MPa	全井配注 m³/d	全井实注 m³/d	第一层段			第二层段			第三层段			备注
						水嘴 mm	配注 m³/d	实注 m³/d	水嘴 mm	配注 m³/d	实注 m³/d	水嘴 mm	配注 m³/d	实注 m³/d	
阶段前															
阶段后															
差值															

4. 生产曲线

生产曲线就是把油水井在某一段时间内的有关生产数据绘制在平面直角坐标系内，使其生产变化情况一目了然，如图 1-1-2、图 1-1-3 所示。

从图 1-1-2 可知采油曲线主要包括生产时间、抽吸参数、产液量、产油量、综合含水、动液面等指标；图 1-1-3 注水曲线中主要有生产时间、泵压、油压、注水量、配注等指标；它们主要反映的是单井注水、采油生产情况，应用于单井生产动态分析。

5. 井组注采曲线（综合开采曲线）

井组注采曲线与区块或层系的综合开采曲线内容基本相似，如图 1-1-4 所示，主要包

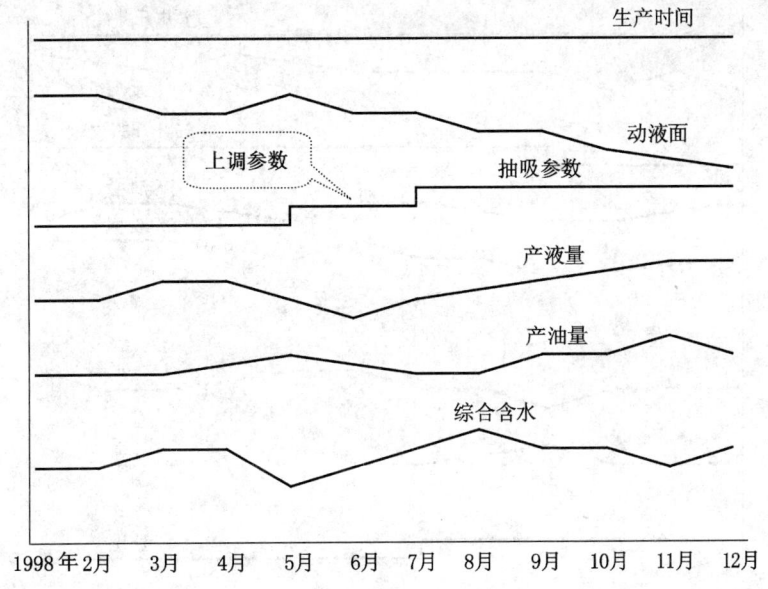

图 1-1-2　×××油田×××抽油井采油（生产）曲线

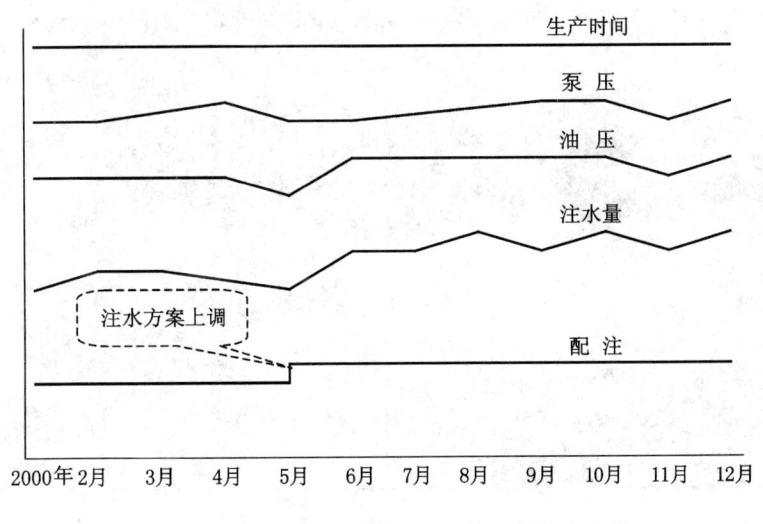

图 1-1-3　×××油田×××注水井注水曲线

括油、水井开井数、注水量、产液量、产油量、综合含水率、流压、静压等，用以井组或区块及层系动态分析、综合评价（参考）等；还可以根据分析、预测或评价需要，增加核实产量、措施产量、配注方案等内容。

6. 小层平面图（油砂体图）

小层平面图是描绘井组（开发单元）或区块在同一海拔高度平面内油层物性分布的状况图，如图 1-1-5 所示，主要有油水井分布（井位图）、渗透率等值线、断层线、井与井间连通标注等，主要用于分析注入水流动（渗流）方向，以便于合理调控注水等。

7. 油水井连通图

油水井连通图是油层剖面图和单层平面图组合而成的立体图，多以一个注水井组（单

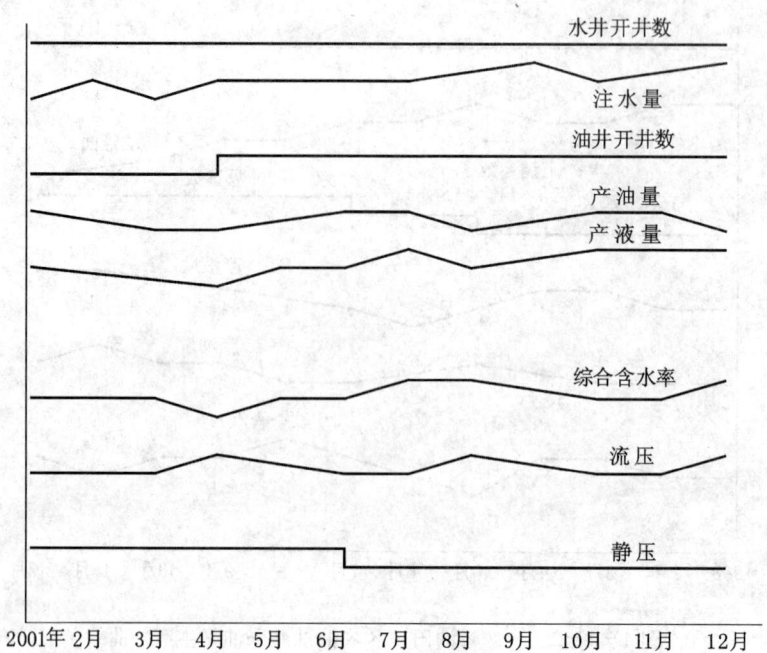

图 1-1-4 ×××油田×××井组（区块、层系）综合开采曲线

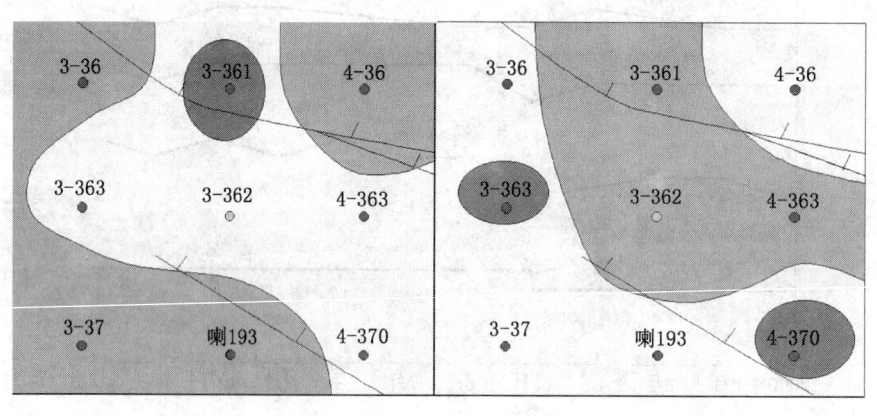

图 1-1-5 ×××油田×××区块（井组）小层平面图

元）为主，或与相关（连）的其他几个井组一起为辅，如图 1-1-6 所示。内容有井别标志（油井、水井），连通线，小层缺失、尖灭，还有油层编号、砂岩厚度、有效厚度、有效渗透率等油层数据，如图 1-1-7 所示。

8. 吸水剖面图、产液剖面图

吸水剖面图与产液剖面图形式上基本相同，图 1-1-8 为吸水剖面图，主要是用横向柱状图在同一比例下，把各油层的实际吸水量分别直观地表示出来，用来分析对比（如两次不同时期所测的吸水剖面）分层吸水状况和方案调整。产液剖面图略。

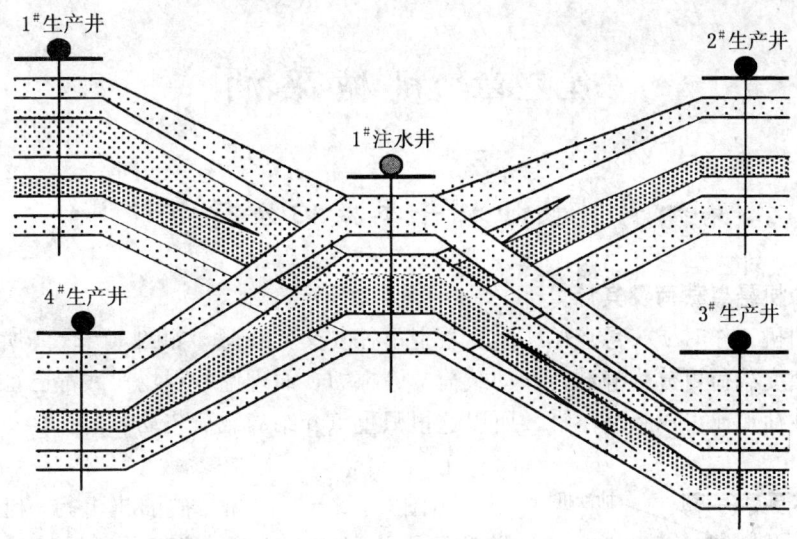

图 1-1-6 ×××井组(油水井)连通图

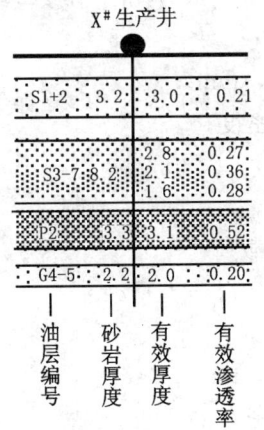
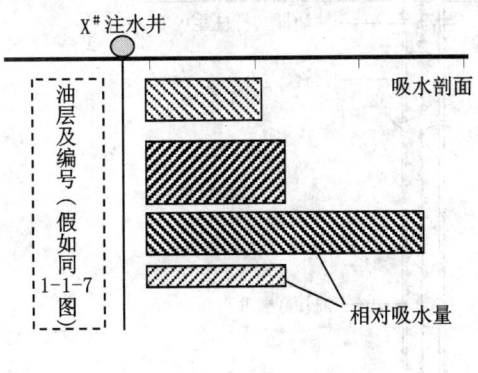

图 1-1-7 图 1-1-6 的图例   图 1-1-8 吸水剖面示意图

第二章 机械采油

第一节 抽油机井参数的分析与计算

一、抽油机悬点载荷及其计算

由于抽油机工作时驴头悬点始终承受着上下往复交变载荷,如图1-2-1所示,从物理学分析这种交变载荷可分为静载荷、动载荷、摩擦力,而理论和现场实践都已证明摩擦力与静载荷、动载荷相比可以忽略不计,所以这里只重点介绍静载荷与动载荷。

1. 静载荷

由图1-2-1可知,抽油机上行(上冲程)时,游动阀是关闭的,悬点(光杆)所受静载荷为(抽油杆重、活塞截面以上的液柱重):

(1) 抽油杆(柱)重: $W_r = f_r \rho_s g L$

式中 W_r——杆重,N;
 f_r——杆截面积,mm²;
 ρ_s——钢的相对密度;
 g——重力加速度,9.8m/s²;
 L——杆长,m。

(2) 活塞上的液柱载荷:
$$W_l = (f_p - f_r) L \rho g$$

式中 W_l——液柱重,N;
 f_p——泵截面积,mm²;
 ρ——液体相对密度。

(3) 在液体中抽油杆(柱)重:

抽油机下行(下冲程)时,固定阀是关闭的,游动阀是开的,悬点(光杆)所受静载荷为:
$$W' = f_r (\rho_s - \rho) g L$$

式中 W'——在液体中杆柱重[即抽油杆(柱)自重减去液体对其浮力],N。

2. 动载荷(惯性载荷)

惯性载荷是由于抽油机运转时驴头带着抽油杆柱和液柱做变速运动,因而产生杆柱和液柱的惯性力。如果忽略抽油杆和液柱的弹性影响,则可以认为两者各点的运动规律是完全一致的。惯性的大小和方向随着抽油杆运动速度大小和方向而变化,在上下冲程开始时惯性载荷最大,而方向相反。所以在计算惯性载荷时,通常计算最大值。其计算公式为:

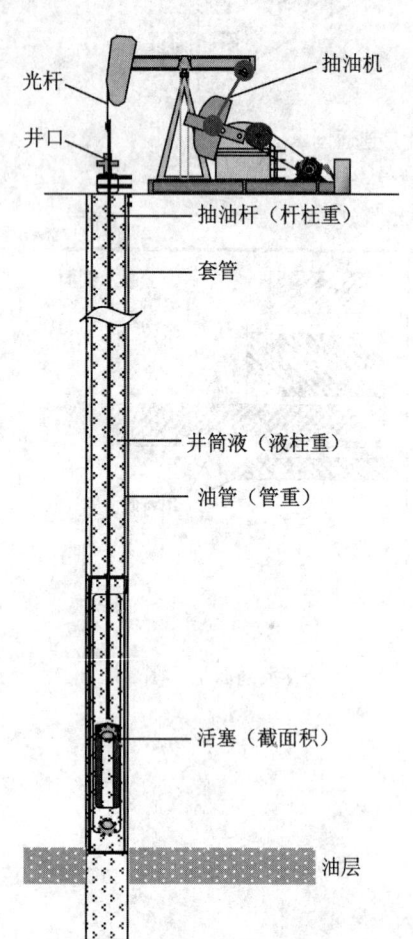

图1-2-1 抽油机井示意图

$$W_{惯} = W_r \frac{Sn^2}{1440}$$

式中　$W_{惯}$——惯性载荷最大值，N；
　　　S——抽油机冲程，m；
　　　n——抽油机冲速，min^{-1}。

3. 驴头悬点最大载荷、最小载荷的计算

根据抽油机运动的特点，抽油机在上下冲程中悬点载荷是不同的，上冲程时为最大载荷，下冲程时为最小载荷。其计算公式如下：

$$W_{最大} = W_r + W_l + W_{惯}$$
$$W_{最小} = W' - W_{惯}$$

式中　$W_{最大}$——驴头悬点最大载荷，N；
　　　$W_{最小}$——驴头悬点最小载荷，N。

如果把抽油机驴头悬点看作曲柄滑块机构运动，曲柄旋转半径与连杆长度之比为 1/4，且只考虑液柱、杆及杆柱惯性载荷时，可用下列公式进行计算：

$$W_{最大} = W_l + W_r(b + Sn^2/1440)$$
$$W_{最小} = W_r(b - Sn^2/1440)$$
$$b = 1 - \rho/\rho_s$$

如果把抽油机驴头悬点看作简谐运动，并考虑液柱的惯性载荷时，可用下列公式进行计算：

$$W_{最大} = (W_l + W_r)(1 + Sn^2/1790)$$
$$W_{最小} = W_r(1 - Sn^2/1790)$$

二、抽油机井示功图

抽油机井示功图是描绘抽油机井驴头悬点载荷与光杆位移的关系曲线，它是解释前面介绍的抽油泵（深井泵）抽吸状况最有效的手段，其基础是理论示功图。

1. 理论示功图

理论示功图是在一定理想条件下绘制出来的，主要是用来与实测示功图进行对比分析，以此来判断深井泵的工作状况。其理想条件为：

（1）假设泵、管没有漏失，泵正常工作；
（2）油层供液能力充足，泵充满程度良好；
（3）不考虑动载荷的影响；
（4）不考虑砂、蜡、稠油的影响；
（5）不考虑油井连抽带喷；
（6）认为进入泵的液体是不可压缩的，阀是瞬时开闭的。

这样抽油机井驴头悬点光杆处载荷与位移的关系建立在直角坐标系的图形就称为理论示功图，如图 1-2-2 所示。

图 1-2-6 中各条曲线的意义分别是：由 ABCD 构成的平行四边形就是理论示功图，纵坐标为悬点载荷，横坐标为冲程。AB 线段为增载线，即驴头从下死点（A）开始上行，游动阀

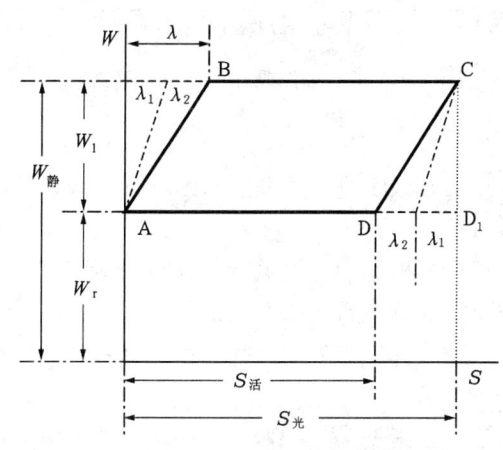

图 1-2-2　抽油机井理论示功图

关闭,活塞以上油管内液柱重 W_l 和杆重 W_r 都作用于驴头悬点上,并使杆(变长)、管(减载荷缩短)发生弹性变形,直到 B 点极限,活塞并没有跟着光杆发生位移,而这一段变形量就称为冲程损失 λ,包括杆损 λ_1 和管损 λ_2,此过程中固定阀并没有打开。BC 线段为上载荷线,即杆管弹性变形结束,载荷增至最大($W_大 = W_r + W_l$),活塞开始跟光杆同步上行至上死点 C,此过程中固定阀打开,泵筒进油(液),井口排液;这样上冲程完毕,开始下冲程。CD 线段为卸载线,即驴头开始下行,游动阀仍处于关闭状态,固定阀也还是处于打开状态,此时悬点载荷在变小,杆管与前一过程发生相反的弹性变形,直至 D 点活塞并没有跟着杆一起下行,其冲程损失也是 λ($\lambda_1 + \lambda_2$)。DA 线段为下载线,即杆管弹性变形结束,载荷降至最小(W_r),活塞开始跟光杆同步下行至下死点 A,此过程中固定阀关闭,游动阀打开,油管进液。图 1-2-2 中 AD_1 为光杆冲程,AD 为活塞冲程。这样一个冲程完毕,理论示功图也就解释完了。

2. 实测示功图

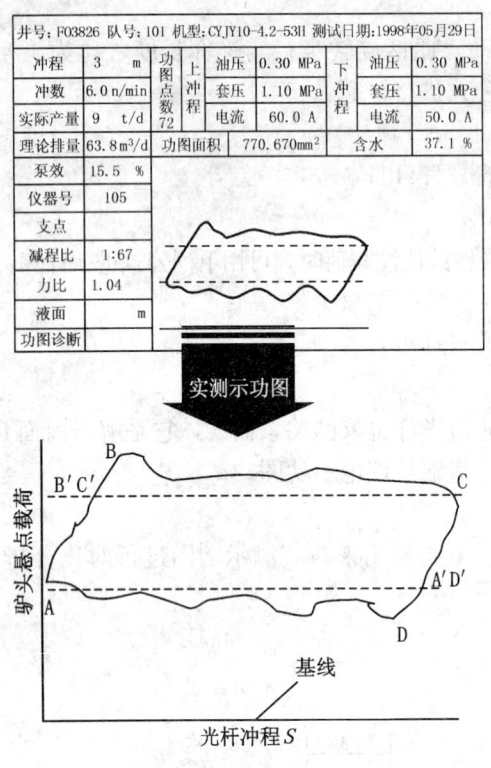

图 1-2-3 抽油机井示功图(实测)

实测示功图是由专门测试仪器在抽油机井口悬绳器处测得,如图 1-2-3 所示。图 1-2-3 中由 ABCD 绘制(测试记录笔画的)的封闭曲线称为实测示功图,还有基线(S)。抽油机井光杆在交变载荷作用下,随着冲程位置的变化,驴头悬点载荷也不断地发生弹性变形(载荷的大小),即深井泵抽吸状况——游动阀或固定阀开关严否以及泵脱断等情况也都会反映在光杆上。实测示功图中,其横坐标为冲程坐标,纵坐标为载荷(大小)。由图形中最高位置 B 点量出高度,再由测试仪的力比(实际值与图上数值的比)就可以计算出本井悬点最大载荷。由图形中 A 点到 C 点横向(水平)量出其长度,再由测试仪的减程比(实际长度值与图上数值的比)就可以计算出本井光杆的最大冲程。

抽油机井实测示功图对抽油机井的日常管理和抽油状况分析是相当重要的,生产现场可对实测的示功图与该井的理论示功图进行对比分析,具体分析参见下一章资料分析中的相关内容,这里只介绍如何把理论示功图绘制在实测示功图上的方法。

(1)以实测示功图的基线(冲程线)为横坐标,在基线的左端作纵坐标表示载荷线(光杆载荷);

(2)根据油井抽吸参数计算出 W_r 和 W_l 的值,然后再由测试仪器(动力仪)的力比计算出 W_r 和 W_l 在示功图上的值;

(3)冲程损失的计算:由于其计算较复杂,现场多数不进行具体数值计算,实际上也不影响分析;

(4)根据 W_r 和 W_l 在示功图上的数值大小,画在实测示功图上,其长短与基线相同,如图 1-2-3 中的虚线 $A'D'$ 与 $B'C'$。

第二节 电动潜油泵井与电动螺杆泵井的维护与资料

一、电动潜油泵井过欠载值的设定

由于电动潜油泵井的机泵在井下工作时承受高压、大电流的重负荷，对负载影响因素很多，所以要保证机组正常运行就必须对其进行控制，即设定工作电流的最高和最低工作值的界限，即过载值和欠载值的设定。其值设定原则是：

(1) 新下泵试运时，过载电流值为额定电流的 1.2 倍，欠载为 0.8 倍（也可 0.6～0.7 倍）；

(2) 试运几天后（一般 12h 以后就可以）根据其实际工作电流值再进行重新设定，原则是：过载电流值为实际工作电流的 1.2 倍，但最高不能高于额定电流的 1.2 倍，欠载电流值为实际工作电流的 0.8 倍，但最低不能低于空载允许最低值（具体设置操作及步骤参见后面相关内容）。

二、电动潜油泵井电流卡片

电动潜油泵井电流卡片（记录电流运行的曲线）是反映电动潜油泵运行过程中时间与潜油电机的电流变化关系曲线，它是电动潜油泵井日常生产管理的主要依据。图 1-2-4 所示是电动潜油泵井常见典型的电流卡片。

三、电动螺杆泵采油井配套技术

目前电动螺杆泵采油井配套技术主要有井下管柱保护技术、机组运行保护技术等。

1. 管柱防脱技术

因为螺杆泵的转子在定子内顺时针转动，工作负载直接表现为扭矩，转子扭矩作用在定子上，定子扭矩会使上部的正扣油管倒扣造成管柱脱扣，所以螺杆泵井的油管必须实施防脱措施。可靠的防脱措施主要有两种：锚定工具防脱技术、反扣油管防脱技术。

2. 杆柱防脱技术

杆脱主要原因有蜡堵、卡泵、停机后油管内液体回流、杆柱反转等。目前主要配套技术有：机械防反转装置、降压制动防反转、井口回流控制阀、放气阀防正转脱扣。

3. 管杆扶正技术

由于螺杆泵的转子离心作用，定子受到周期性冲击产生振动，为了减少或消除定子的振动需要设置管柱扶正器。目前管柱扶正器有两种：弹簧式、橡胶式。抽油杆在油管内转动也会引起井口振动，所以抽油杆柱也需要设置杆柱扶正器。目前抽油杆扶正器一般采用抗磨损的尼龙材料制造。

4. 清防蜡解堵技术

螺杆泵在开采稠油、含蜡高、凝固点高的油井时，如不解决清防蜡降粘问题，会使螺杆泵井负荷增大，甚至造成蜡堵，因此，必须实施清防蜡解堵工艺。清防蜡解堵技术目前主要有：热洗清蜡（目前成熟的技术有上提转子—脱离定子）进行油套环空热洗清蜡、安装热洗阀热洗清蜡、自然循环热洗清蜡（时间较长）、加药防蜡、电加热清蜡等。

5. 抽空保护技术

由于电动螺杆泵的定子和转子间采用过盈配合，因此转子在定子中高速旋转就会摩擦生热。如果产生的热量不能及时由液体带走，定子、转子间就会产生干磨、烧泵情况，因此必须实施抽空保护技术。目前有以下两种保护方法：

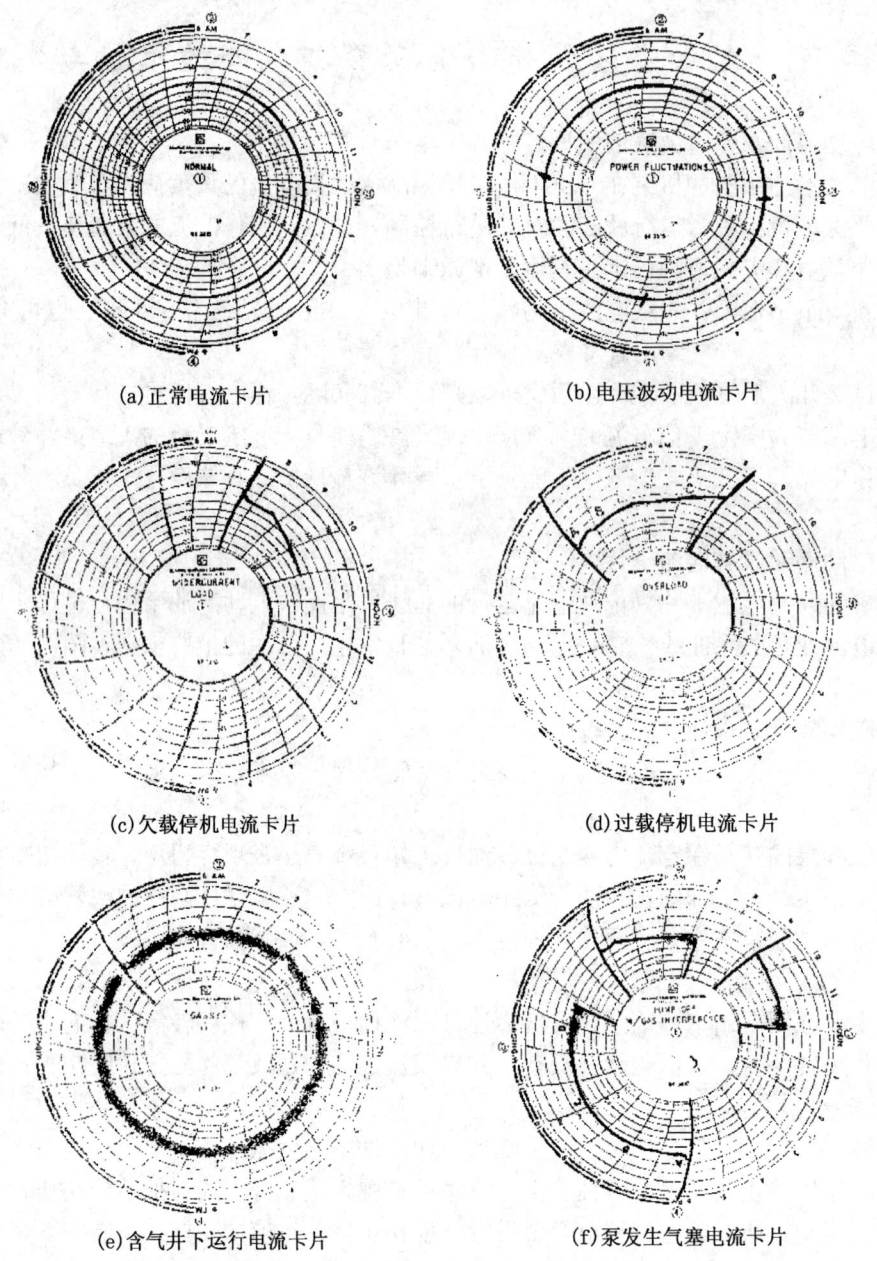

图 1-2-4 典型电动潜油泵井电流卡片

(1) 功率法：由设置的功率值控制电动机停机，实现抽空保护；

(2) 流量法：通过控制井口流量来实现抽空保护（装在油管线上的一种弹簧继电器装置）。

6. 过载保护技术

电动螺杆泵一旦过载就会使油井出现杆断、皮带断，减速箱内的齿轮、轴承损坏，甚至烧毁电动机等事故，所以电动螺杆泵井必须实施过载保护。电动螺杆泵井过载保护常见的有扭矩法、电流法两种。

(1) 扭矩法：主要是在转动轴上安装剪断销钉。

(2)电流法：因为电动机的工作电流直接反映工作载荷的大小，所以在电控系统中设置过载保护即可，这是常用的方法。

7. 欠载保护技术

欠载保护只是针对电动螺杆泵井出现杆断、脱扣、撸扣等现象时须实施的欠载保护，也是采用电流保护法。

四、螺杆泵井泵况诊断技术

螺杆泵井泵况诊断技术主要是根据常见的故障现象而总结出来的诊断方法，常用的（采油工）有：电流法（见表1-2-1）、憋压法（见表1-2-2）两种。

表1-2-1 电流法

工作电流	泵工作特性	表现的故障形式
接近电动机空载电流	无产量（排量），油套不连通	抽油杆断脱
	油套连通	油管脱落或油管严重漏失
接近正常运转电流	排量效率较低，动液面较高	长期运转泵转子橡胶磨损严重、失效
	排量效率较低，动液面较深	泵漏失严重，气体影响或供液不足
明显高于正常运转电流	排液正常，井口油压正常	结蜡严重
	排液降低，井口油压明显上升	流程（管线）有堵塞
	排液正常（投产初期）	泵定子橡胶胀大
周期性波动	产液不稳，即脉动出液	转子不连续运转，装泵质量差

表1-2-2 憋压法

油压、套压	泵的工作特性	故障现象
油压不升	无排量	抽油杆断脱
油压上升，接近套压或油压上升非常缓慢	无排量或排量很小	油管断脱，泵严重漏失，油管（头）严重漏失
油压上升缓慢	排量小，泵效低，液面深	泵严重漏失，气体影响，供液差
油压、套压接近	无排量或排量很小	定子橡胶脱落
油压升到某值后稳定	排量小或正常	泵扬程不够（压头不正常）

五、螺杆泵采油井的管理

螺杆泵采油井的管理与其他机械采油井的生产管理相比，虽然简单方便，但也有困难的地方，如地面驱动装置漏油、皮带易断更换不及时、防杆断脱问题、热洗较困难、测试问题、不压井作业问题等。

一般比较突出的是：

（1）停机时间不能长：如皮带断后不能像抽油机那样易被发现可及时更换，测压长时间停机会使再次起泵困难。

（2）洗井时温度及排量要求高：洗井时温度不能过高（超过定子橡胶所承受耐热温度）；排量不能过大，否则过大排量的洗井液会使螺杆泵超速旋转导致抽油杆柱承受的是退扣扭矩，造成杆柱退扣。

第三节　其他机械采油方式

除了以上介绍的几种常用的机械采油方式外，国内油田还有少数其他的机械采油方式，如水力活塞泵采油、射流泵采油、链条式抽油机采油等，下面简要介绍几种。

一、水力活塞泵采油

水力活塞泵采油一般是在一些特殊井上应用，如深井（油层地质较复杂的）、斜井等。

1. 水力活塞泵采油装置

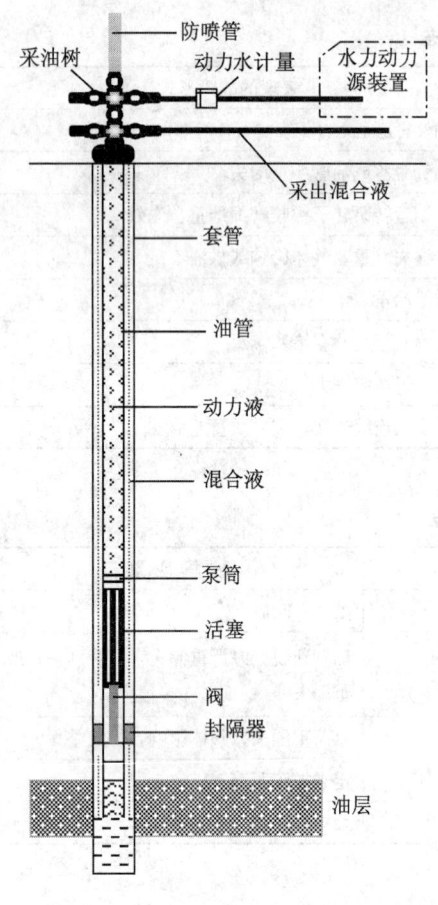

图 1-2-5　水力活塞泵井采油示意图

水力活塞泵采油装置是由三大部分组成的：地面水力动力源装置（对采油工关系不大）、井口装置、井下水力活塞泵机组。水力活塞泵按其动力液循环方式可分为开式循环泵和闭式循环泵，按安装方式可分为固定式、插入式、投入式，按结构特点可分为双作用、单作用等形式。现场常采用的是长冲程大排量双作用投入式泵。现以单管柱双作用开式投入泵为例介绍，如图 1-2-5 所示。

（1）井口装置：以常规采油树为主，并具备防喷、便于投捞（捕捉器）、正循环（油管进液，套管出液）可投入泵工作、反循环可起泵检修等功能。

（2）井下机组及管柱：由于机组是水力机械换向控制的，所以其详细结构很复杂，对采油工来说只了解其主要结构：液马达（换向阀、活塞等）、抽油泵（活塞、排阀、吸阀）投捞装置组成。由于泵是水力往复式的，其工作时使整体管柱都有动量，并且采用反采方式，所以必须有井下固定装置，即封隔器管柱来配合，一是稳定机械性能，二是保证套管排液（采油）。一般水力活塞泵井下管柱有两种：机械卡瓦（固定式）和整体支撑（下到井底支柱）式。

2. 水力活塞泵采油原理

地面动力液经井口装置从油管进入井下，带动井下水力活塞泵中的液马达做上下往复运动，进而带动抽油泵抽油，并使动力液与井液一起从油套环空排出井口。

3. 水力活塞泵采油参数

水力活塞泵采油参数主要有：

（1）活塞直径：$\phi 45mm$，$\phi 58mm$，$\phi 35mm$；

（2）冲程：0.75m，1.24m，1.65m；

（3）冲速：$50min^{-1}$，$53min^{-1}$，$40min^{-1}$；

（4）最高额定排量：$200m^3/d$，$300m^3/d$，$500m^3/d$；

(5) 动力液排量：3.0m³/min，4.92m³/min，11.11m³/min。

4. 水力活塞泵的优缺点

优点是：排量大，并可实现无级调速（日常控制方式）——井口控制动力液排量和调节动力液压力。

缺点是：

(1) 油套环空不能向其他正常机采井那样进行测试（动液面、流压、静压等）。

(2) 产液量、含水生产数据误差大——产液量是间接计算的（井实际产量＝混合液—动力液），化验含水影响更大。

二、射流泵采油

1. 射流泵的组成及工作原理

射流泵主要由打捞头、胶皮碗、出油孔、扩散管、喉管、喷嘴和尾管组成。其工作原理是：具有一定压力的工作液从油管注入，经泵的通路流至喷嘴，使其工作液流速变高射入喉管，利用高速流体对周围液体具有抽吸作用，在喷嘴的周围就形成了低压区，这样高速的工作液射出喷嘴进入喉管和扩散管后，由于管径的突然扩大，使高速低压的工作液变为高压低速的流体，带动混合液经油孔从油套环空流出地面。

2. 射流泵的适用范围

射流泵适用于含砂较高的油井，特别是当其用热油（水）做动力液时，可用于稠油井和结蜡井，这样可使稠油降粘和除蜡。

三、非常规抽油机采油特点

非常规抽油机采油主要是指将根据油田生产特殊要求而设计的特点突出的抽油机应用于生产中，通常是从增大冲程（增大油井排量）及节能两个方面来进行的，如塔架式抽油机、双摆增程式抽油机、异形游梁式抽油机、斜直井抽油机等。下面简要介绍几种常见的非常规抽油机。

1. 塔架式抽油机（LCYJ10－8－105HB）

塔架式抽油机（LCYJ10－8－105HB）如图1－2－6所示，是一种无游梁式抽油机，特点是把常规游梁式抽油机的游梁、驴头换成一个组装的同心复合轮，其支架高，冲程长。

工作原理：电动机供给动力，经过减速器、曲柄、连杆、吊绳带动复合轮转动，进而使悬绳器带动井下泵做上下往复运动，把井下液体抽出地面。适用范围：该机型最大冲程长度为8m，输出最大扭矩为105kN·m，可与大泵（如ϕ70mm泵）配合采油，故其抽液能力强。

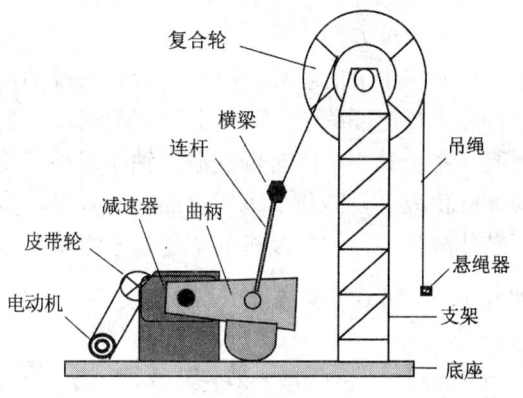

图1－2－6 塔架式抽油机结构示意图

优点是冲程长，提液能力强，运转平稳、可靠。

缺点是结构复杂，整机重量和高度较大，安装、调参和维护保养比较费力；吊绳受重载挤压易破坏，且更换比较困难。

2. 异形游梁式抽油机（CYJ 10－5－48HB）

异形游梁式抽油机，依据其结构形状又称为双驴头抽油机，如图1－2－7所示。该机与

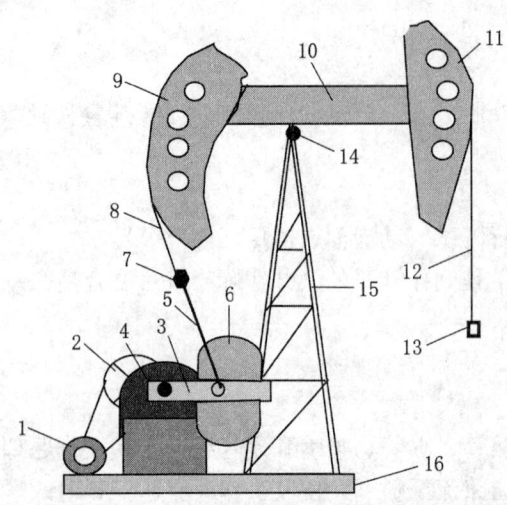

图 1-2-7 异形游梁式抽油机结构示意图
1—电动机；2—皮带轮；3—曲柄；4—减速器；5—连杆；6—平衡重；7—横梁；8—驱动绳辫子；9—后驴头；10—游梁；11—前驴头；12—绳辫子；13—悬绳器；14—中轴；15—支架；16—底座

普通抽油机相比，其结构特点是：去掉了普通抽油机游梁式的尾轴，以一个后驴头装置代替，并与一个柔性配件即驱动绳辫子使之与横梁连接，构成了一个完整的抽油机四连杆机构。

工作原理：电动机将其动力传给减速器，经曲柄、连杆、驱动绳辫子、后驴头、游梁、前驴头、绳辫子，通过悬绳器带动光杆及深井泵往复运动，达到抽油的目的。

该种抽油机适用于中、低粘度原油和高含水期采油，是一种冲程长、节能好的新型抽油机。其优点是冲程长，可达 5m，适用范围大，动载小，工作平稳，易启动。缺点是驱动绳辫易磨损。

3. 异相曲柄平衡抽油机（CYJY6-2.5-26HB）

矮型异相曲柄平衡抽油机是一种设计新颖、节能效果较好、适用的采油设备，如图 1-2-8 所示。其结构主要由驴头、横梁、连杆、曲柄、配重臂、减速箱、电动机、支架、悬绳器等几个部分组成。最大特点是：四连杆机构非对称循环，存在极位夹角（10°），即异相。其适用范围与常规抽油机基本相同，并具有以下优点：

（1）整机重量轻，高度矮，成本低。
（2）管理方便，操作简单。
（3）利于节能降耗。由于极位夹角使抽油机上冲程上行速度减慢，降低上冲程动载荷，因而提高了系统效率；同时也使输出轴净扭矩变化平缓，峰值减小，能获得较理想的平衡效果，实现了节能降耗的目的。该机的不足是不太适用于稠油井生产（上慢下快）。

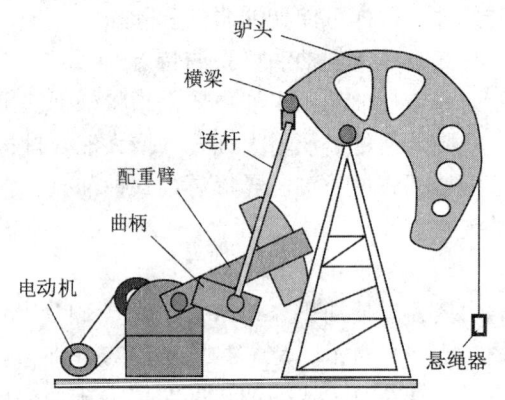

图 1-2-8 矮型异相曲柄平衡抽油机结构示意图

第四节 分层采油及措施调整

一般油田开发都是分层系进行开采的，这只是油田在整体上对各大油层进行了性质的划分，但对于多数特别是油层较厚非均质多油层油田的单井来说就不行了，即在每口井井底同一流压下，其各油层之间的吸水量（注水井）或出油量（采油井）会因层间的差异而发生相互干扰，也就是说对这样的油田开采还需要更细的油层间或某一油层内的划分，以减少层间、层内的矛盾，这就是本节要重点介绍的内容——分层开采。措施调整也是针对油层特别是差油层进行的，以压裂、酸化等为主的改造和层间调整（堵水、封堵）等。

一、分层开采原理

分层开采就是根据生产井的开采油层情况,通过井下工艺管柱把各个目的层分开,进而实现分层注水、分层采油的目的。

其原理是:把各个分开的层位(层段)装配不同的配水器(水嘴)或配产器(油嘴),调节同一井底流压而对不同生产层位的生产压差。图1-2-9为分层采油原理示意图,该油井生产层位共有三个层位,实际分层情况是:下两级(个)封隔器、三个偏心配产器,是一口泵抽油井。

分层采油原理:三个生产油层的压力分别是 p_1,p_2,p_3,通过各自的配产器内安装不同大小直径的油嘴,来对应井底同一压力 p_0 实现不同的配产(生产压差);如该井不是下泵抽油,而是自喷井,就可下流量计进行分层测试,更准确地调整各层产量。

分层注水原理:分层注水原理与分层采油原理正好相反,即同一注水压力下,通过各层配水器内不同水嘴的调节,实现对各层不同的注水量,也就是不同的压差注不同的水量。

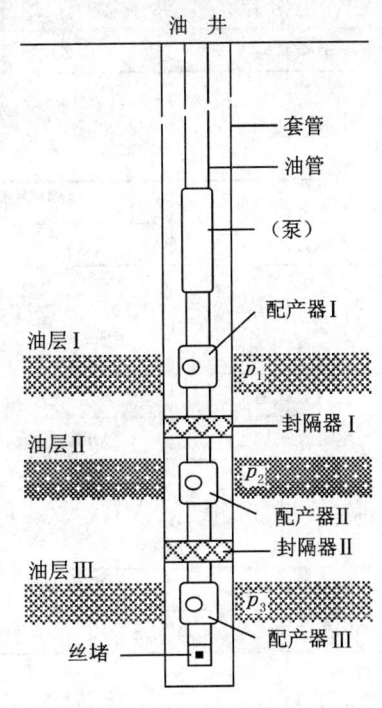

图1-2-9 分层采油原理示意图

所以分层开采的基本原理就是通过井下工艺管柱,调节各生产层不同的生产压差(注水压差、采油压差),实现不同的产量(配产)或不同的注水量(配注)。

二、分层开采井下常用工具

分层开采井下工艺是由各种封隔器、配产器、配水器等工具的不同部分组成的,所以要学习好分层开采,就必须先认识和了解各种井下常用的工具。

1. 封隔器

封隔器是装在油管下部,在其到达预定的位置(深度)封隔油管与套管间的环空,即封隔油层,是进行分注分采的重要工具。它的封隔元件是胶皮筒(碗),通过机械、水力或其他方式的作用,使胶皮筒鼓胀密封油套环形空间,把上下油层封隔开,实现某种施工目的。

目前,国内各油田常用的封隔器统一代号(新的)为:

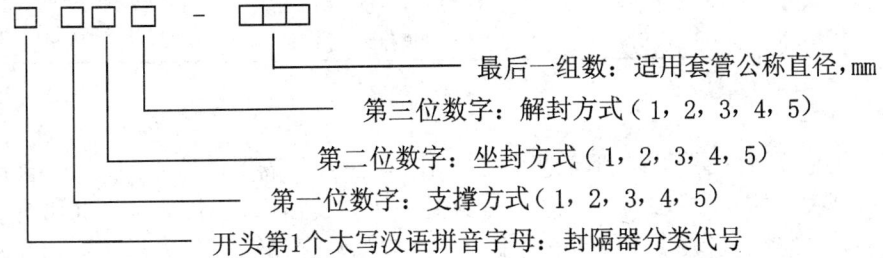

封隔器代号各自的具体意义如下:

1)分类代号

分类名称	自封式	压缩式	楔入式	扩张式
分类代号	Z	Y	X	K

2）支撑方式代号

支撑方式名称	尾管	单向卡瓦	无支撑	双向卡瓦	锚瓦
支撑方式代号	1	2	3	4	5

3）坐封方式代号

坐封方式名称	提放管柱	转管柱	自封	液压	下工具
坐封方式代号	1	2	3	4	5

4）解封方式代号

解封方式名称	提放管柱	转管柱	钻铣	液压	下工具
解封方式代号	1	2	3	4	5

例如，Y341-114，代号的意义是压缩式无支撑液压封隔器，上提管柱就可解封，适用套管直径为 ϕ114mm。

新旧封隔器代号对比见下面的对比表。

井下常用工具新旧代号对比表

封隔器新旧标准对比:	
新标准	旧标准
Y341-114	(752-2，752-3，753-4，752-7)
Y141-114	(755-2)
K344-114	(457-8 通称 475-8)
K344-135	(467-2 通称 476-2)
Y441-114	(254-2，253-4，253-5)
控制工具新旧标准对比:	
新标准	旧标准
KPX-114*46 配水器	(656-2 通称 665-2)
KPX-95*46 配水器	(656-5 通称 665-5)
KPX-114*46 配产器	(653-III 通称 635-III)

2. 控制工具

控制工具主要指分层开采井下工艺管柱常用工具中除封隔器以外的工具，如配产器、配水器、活门开关（如0251-2泵下开关、电泵井井下拉簧活门）、活动接头（如堵水管柱中的丢手接头）、喷砂器（如验窜用的节流器、压裂用的喷砂器）等其他零杂工具（如堵水管柱中的丢手接头）。这里主要介绍配产器、配水器两种主要常用工具。

1）配水器

配水器是分层注水管柱中重要的配水工具。按其结构分为空心和偏心两种配水器，主要是由固定部分的工作筒和活动部分的配水芯子（或堵塞器）组成。目前虽有新的标准代号，但多数油田还在使用旧的标准代号。

新标准代号表示如下：

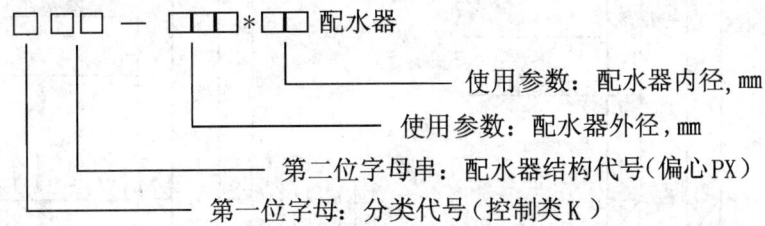

2）配产器

配产器是分层采油井生产管柱中重要的配产工具，按其结构分为空心和偏心两种配产器。配产器主要是由固定部分的工作筒和活动部分堵塞器组成。其代号目前如同配水器一样有新旧标准代号，具体见配水器标准代号及对比表。

三、分层注水

分层注水就是根据油田开发制定的配产配注方案，对注水井的各个注水层位（不同油层的特点及之间的差异）进行分段注水，以达到各层均匀（配水量）注水，提高各个油层的动用程度，控制高含水层产水量，增加低含水层产量的目的。这里所说的分层注水与笼统注水的区别是：注水井只要超过一个层注水就称为分层注水；如某井分为两个层段注水，其中有一个层是停注层也称为分层注水。分层注水是靠井下工艺管柱来实现的。图1-2-10所示就是目前各油田普遍采用的两种分层注水管柱，其中（a）图为 Y341-114 偏心式可洗井分层注水井管柱，主要由油管 + Y341-114 封隔器（$\phi 52mm$）+ 665-2 偏心配水器（$\phi 46mm$）+ Y344-114 封隔器 + 撞击筒 + 底球组成。该管柱主要是对多数油田回注污水增大、油层堵塞、管柱结垢腐蚀等问题日益严重的情况下而设计的可洗井管柱结构，主要是采用了可洗封隔器 Y341-114，它可实现分层井的定期洗井，在较大程度上减轻了上述问题带来的不利影响，保证了分层注水质量，同时该管柱还可以悬挂应用。本井实际注水层段数是2个，封隔器数是3级，即通常称为3级2段偏心注水管柱。（b）图为 Y141-114 偏心式分层注水井管柱，主要由油管 + Y141-114 封隔器（$\phi 62mm$）+ 665-2 偏心配水器（$\phi 46mm$）+ Y141-114 封隔器 + …… + 中球 + 筛管 + 丝堵组成。该类管柱是直接坐在井底，封隔器密封性好，适用于大多数分层注水井，特别是注水层段较多的注水井，各项性能比较稳定，对作业施工（除坐井口时外）和日常管理要求少，但不可以洗井。本井实际注水层段数是3个，其中有一个层（第二层段）是停注层，即对应层位没有下（偏心）配水器，封隔器数是4级，即通常称为4级3段偏心注水管柱。

另外，空心配水器以及其他特殊（套管变形、井径过大或较小等）要求的分层配水管柱，除了一些特殊技术要求外，基本上与图1-2-10的分层注水井差不多，故这里就不在细述了。

四、分层采油

分层采油也是依据生产层位的不同特点及相互之间的差异，结合配产方案确定分层采油，通过井下分层配产工艺管柱来实现。分层采油所含的内容很多，它不仅仅是把生产层分为几段来生产，特别是在油田开发中后时期的堵水、封堵等均是分层采油的范围。下面就自

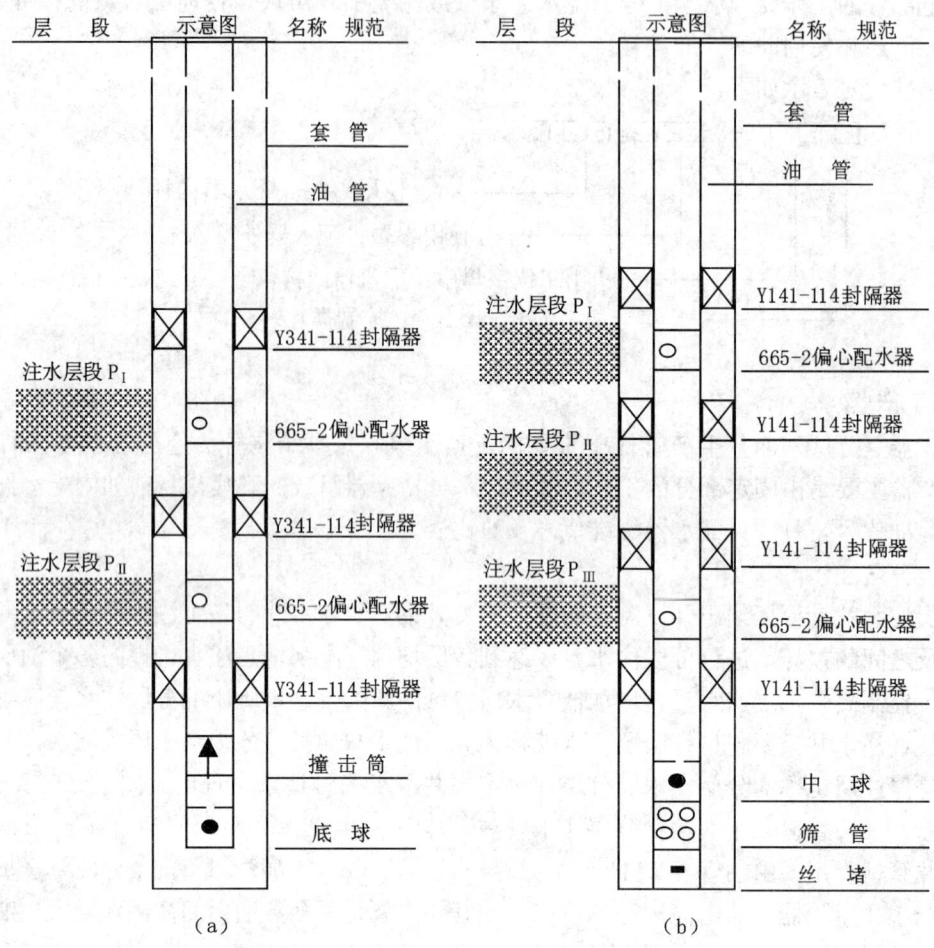

图 1-2-10 分层注水井配水管柱示意图

喷井分层采油、抽油机井分层采油、电动潜油泵井分层采油来分别介绍。

1. 自喷井分层采油

自喷井分层采油主要是在油田开发初期采用的手段。图 1-2-11 所示就是较早的一种活动配产器生产管柱，是由尾管及单向卡瓦（最下一级）封隔器与偏心配产器组成的分层采油生产管柱。该自喷井实际生产为 2 级 3 段配产管柱。其特点是：各层段调整配产方便，即从油管内直接下仪器调整油嘴就可实现调整分层产量，而不需要作业。

2. 抽油机井分层采油

抽油机井分层采油是油田开发中后期不可缺少的采油方法。图 1-2-12 所示是目前各油田常用的分层采油管柱。该管柱主要由丢手接头＋Y341-114 封隔器（$\phi 50mm$）＋Y341-114 封隔器（$\phi 50mm$）＋635-Ⅲ三孔排液器（$\phi 46mm$）＋丝堵组成，管柱整体直接坐于人工井底，最多可进行 5 个层位分层采油，它适用于 $\phi 70mm$ 及以下抽油泵的分层采油。与自喷井分采管柱相比，其分层采油强度差异大（不细），调整不方便，需要作业起泵，故有一次性之说。该井分三个层段采油，其中第二层段为堵水层位。图 1-2-13 所示为 $\phi 70mm$ 及以上泵的抽油机井的分层采油，其管柱主要由捅杆＋丢手接头＋拉簧活门＋Y341-114 封隔器（$\phi 50mm$）＋Y341-114C 封隔器（$\phi 50mm$）＋635-Ⅲ三孔排液器（$\phi 46mm$）＋丝堵

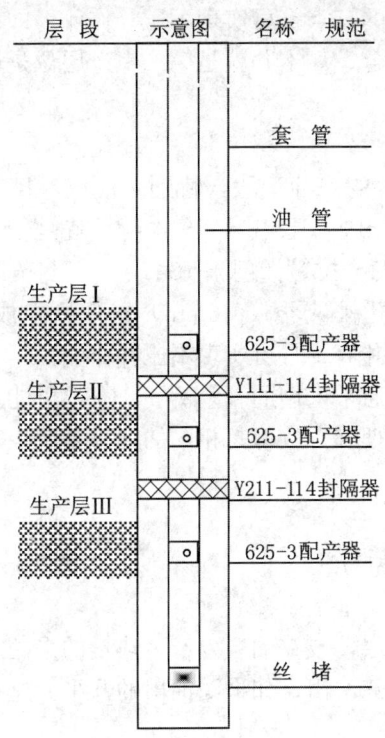

图 1-2-11 自喷井分层采油管柱示意图

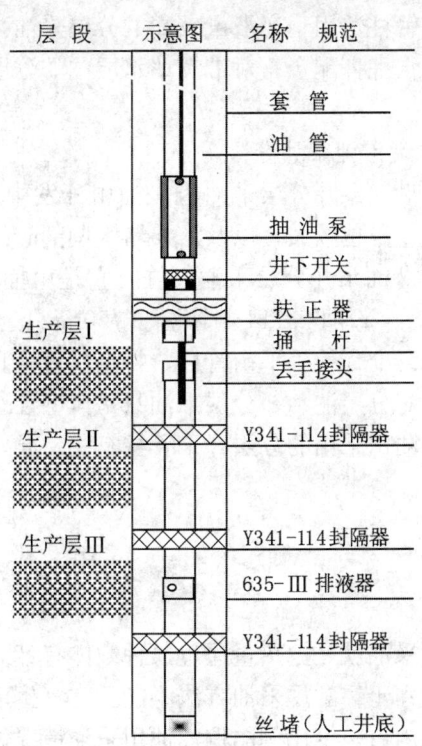

图 1-2-12 抽油机井分层采油管柱示意图（Ⅰ）

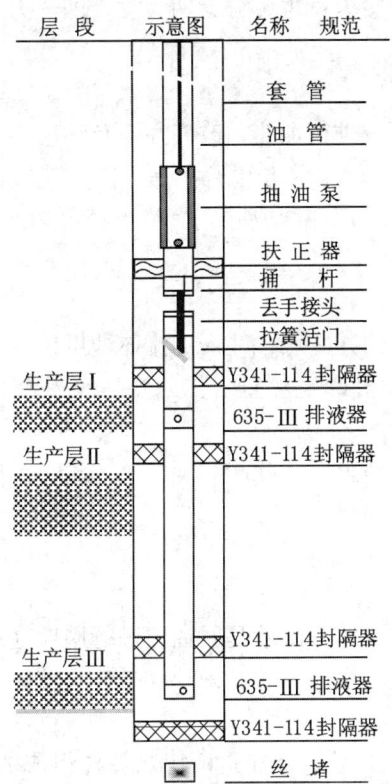

图 1-2-13 抽油机井分层采油管柱示意图（Ⅱ）

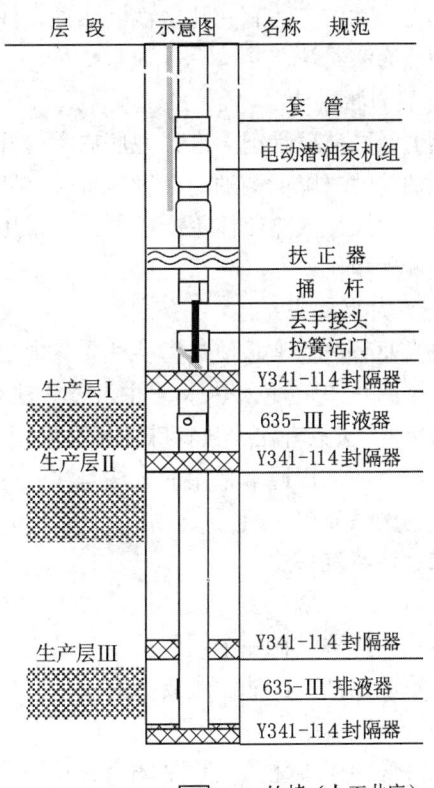

图 1-2-14 电动潜油泵井分层采油管柱示意图

组成。该管柱适用于产液量较高的分层采油井，且最突出的特点是可实现不压井作业，即有拉簧活门与捅杆配合；对带有堵水层位的分层采油井更适合，如本井就是第二生产层位是堵水层段。

3. 电动潜油泵井分层采油

电动潜油泵井分层采油也是油田开发中后期不可缺少的采油手段，特别是油层厚度较大，层间差异也较大，以及需要堵水调剖时的采油就更突出了。图 1-2-14 所示就是较常用的电动潜油泵井分层采油管柱，它是由捅杆＋丢手接头＋拉簧活门＋Y341-114 封隔器（ϕ50mm）＋Y341-114 封隔器（ϕ50mm）＋635-Ⅲ三孔排液器（ϕ46mm）＋丝堵组成。该管柱是无卡瓦丢手平衡管柱，特点是管柱直接坐到人工井底，且可实现不压井作业。

以上对分层注水、分层采油只是典型性地介绍了油田通常采用的一些例子，有的可能和读者所在油田采用的分层开采管柱有些差异，但其基本原理和方式都是相同的，只是特点有别而已。

第五节　热力采油简介

热力采油就是把热量通过某种载体有计划地注入到油层，或在油层内产生热量的采油方式。它适用于靠常规采油方法不能正常（生产）开采的特殊油田，如稠油油田的开采。这里针对在国内占一定比例的稠油油田采油情况做简单介绍。

一、热力采油方法及分类

热力采油的方法有：注蒸汽、热油，注热水，火烧油层等；也可分为两大类，即热力驱替法和热力激励法。

1. 热力激励法

热力激励法就是把生产井井底周围的开采油层有限区域进行加热，改变井壁及油层渗透率和原油物性（降低稠油的粘度），进而顺利进行采油生产。这种方法通常是井筒加热或向井底生产油层注入热流体等。根据井下采用的工艺技术情况，井筒或井底受热半径可达 3~30m 左右的范围。

2. 热力驱替法

热力驱替法通常是使热力从注入井内油层中推移到采油井井底，注入的流体即可携带在地面产生的热量（注入热水、注入蒸汽法），也可在油层里产生热量（注入空气使油层燃烧）。这种方法只有在少数特殊油田上应用。

一般稠油油田通常采用的方法是注入蒸汽热力采油，即蒸汽吞吐法和蒸汽驱替法。下面就以此为例做简单介绍。

二、注蒸汽采油

1. 蒸汽吞吐法

蒸汽吞吐法是在一个油区冷采以后进入的热采阶段，具体方法就是对油层进行周期性地注入蒸汽激励油层出油。主要分为三个阶段，向油层注入蒸汽、焖井、采油（自喷与转抽）。

1) 向油层注入蒸汽阶段

向井底油层内注入蒸汽是蒸汽吞吐法的第一步，其注入工艺管柱是由特殊管柱组成的，如图 1-2-15 所示。其特点主要是考虑井下蒸汽高温、高压下管线受热发生弹性变形（伸长，冷时又缩短）以及注入层以上井段又会损失热量等原因，采取了隔热管与封隔器；井口

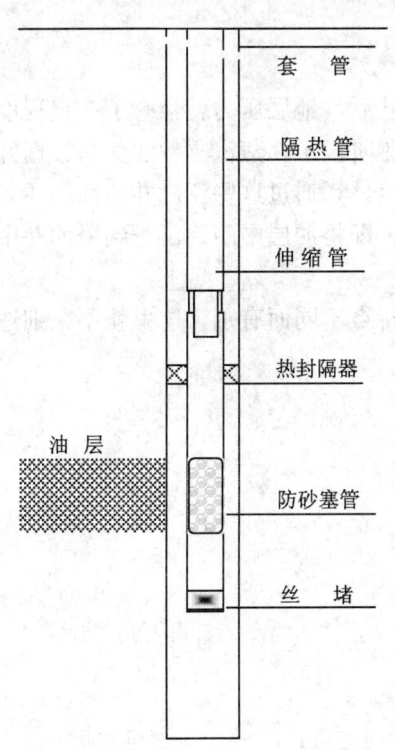
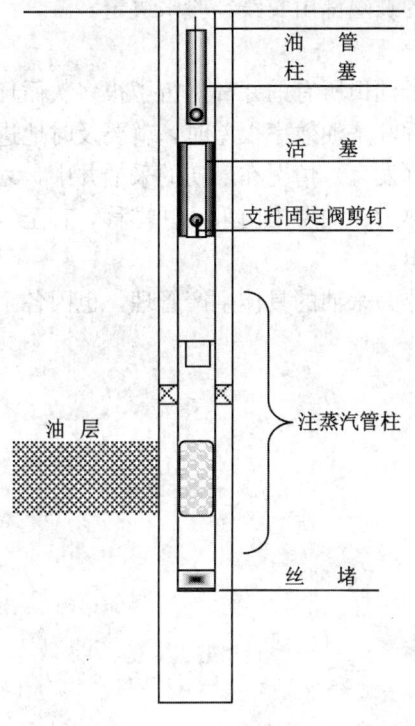

图 1-2-15　注蒸汽管柱示意图　　图 1-2-16　吞吐及抽吸一次管柱示意图

装置也是以常规采油树为主（承受压力要求高），附加注入蒸汽阀门；地面热蒸汽源及工艺流程较复杂，通常是由专业人员来管理（对采油工来说就可不必掌握了）。

2）焖井阶段

当注入蒸汽量达到注入要求后，就要关井即开始焖井。焖井时间的长短，由井底油层具体情况而定。如果时间短，可能注入井内的热量没有充分利用；而时间过长，会贻误采油最佳时机。所以，现场主要以从实际生产摸出的规律为准。

3）采油阶段

采油阶段通常分为自喷和抽油两大过程。其自喷最初阶段的生产特点是热量大，自喷能力也高，随着时间的延长自喷能力越来越小，就要转抽生产了。最早蒸汽吞吐开采抽油下的是普通管式泵，由于泵上有游动阀和固定阀，所以注蒸汽阶段不能下泵，要在自喷结束后用清水压井下泵，这样既耽误了采油时机，又不好施工作业。现在（采油人）又设计了一种一次采油管柱技术，如图 1-2-16 所示，即对普通管式泵的固定阀进行了改造——把固定阀用一个剪切支柱（剪钉）托起，并在下井时不把柱塞下入泵筒内，而是在井口用方卡子吊住抽油杆坐在密封盒上，这样蒸汽可以顺利地从油管内经注入管柱注入到油层中，在自喷采油时也不用动管柱就可生产。在需要转抽时把方卡子松开靠柱塞和杆的重力及惯性力就可把固定阀的剪钉剪断，使其坐入阀座内进行正常的抽油，所以吞吐一次抽油管柱极大地提高了蒸汽吞吐的采油效率。

在抽油一段时间后，采出液的温度会越来越低，这时就要采取掺稀油降粘伴热来继续抽油直至再不能维持生产时就要进行下一个周期——注蒸汽吞吐了。

蒸汽吞吐采油的每一个周期内的三个阶段，在生产管理中都是相互联系、相互制约的，它们各自的长短都由实践经验来决定。

2. 蒸汽驱替法

在整个油田所有的井都进行了很多次循环蒸汽吞吐后，地层压力就会有了一定程度的降低，蒸汽吞吐采油效率很差时，就要及时地进入蒸汽驱阶段了。蒸汽驱替法就是根据井网和油层连通（发育）情况在最初的采油井中，划定出注汽井，通过这些注汽井向油层注入高压蒸汽，使热力在油层内向采油井推移，直至整个井距，即将油层中的油驱赶到采油井中，由采油井采出。

至于热力采油的具体生产管理，也因各个油田的特点不同而有别，这里就不在细述了。

第三章 油水井站管理

第一节 油水井动态资料整理与分析

一、抽油机井示功图与动液面资料整理与分析

由于抽油机井采油在国内外各油田很早就被广泛应用了,所以对其深井泵抽油泵况分析——示功图的分析也有规律可寻。在无数次的生产实践中,人们总结了很多关于示功图分析的典型例子(图形),如图 1-3-1、图 1-3-2 所示。

抽油机井示功图一般在现场具体分析的原则或方法是:

第一步:首先给示功图定性,即抽油泵是否在起作用——抽油(干活还是没干活)。

第二步:再对比典型的示功图以确定类型,核实并标定,画出上下静载荷线。

第三步:最后在结合量油、动液面、井口憋压等更具体手段找出影响泵况(示功图)的原因。

如自喷图[图 1-3-1 (i)]与漏失图[图 1-3-2 (b)]在图形上相似,两者的动液面都很高(甚至在井口),但一量油就知道前者产量高(泵效高),后者产量很低或者不出油。再如油管漏,即油套窜(上部)[图 1-3-1 (e)]与正常图也相似,但前者量油时要比后者低一些,要准确地判断出来,一是看液面——即油管漏肯定是动液面高,井口一憋压就会发现套压也随着油压的升高而一点点地升高;还有一点更重要的是把该井本次测的示功图与前一两次(正常时)测的示功图进行对比,结合量油及动液面就可以较准确地分析该井目前泵况如何。

1. 测动液面

动液面是指抽油机井(机采井)正常生产时利用专门的声波枪在井口套管测试阀处测得的油套环空液面深度数据。

目前国内大多数油田都采用的是 SJ-I 型双频回声仪来测试动液面(如图 1-3-3)。其测试原理是:利用声波枪发出的声波,由井口经油套环空传递到液面处产生回声波返至井口声波枪后,与其前发枪时的声波均被双频回声仪接受并放大,再通过记录笔(电子)绘制出高低两条声波曲线,如图 1-3-4 所示。其测试(录取)过程为:首先检查确认测试仪器校检合格情况,声波枪、记录纸笔等无问题后,在井口关套管测试阀,放压(在压力表处),卸掉套管堵头装好声波枪,接好测试线(枪与记录仪),给枪装好子弹(无弹头),缓慢打开套管测试阀,开记录仪电源开关,选择慢速走纸挡,用手侧面轻敲枪体观察并调整高低频记录笔至合适后,开快速挡走纸,同时迅速扳动枪机(放枪),最后测出如图 1-3-4 所示的液面波曲线。图中 A 点为放枪时的声波,B 为第一次液面返回波,C 为第二次液面返回波。测试的曲线合格标准在现场是:一是两次反回波峰点对折后曲线上的距离基本相等;二是当第二次返回波不明显时,就要重复第一次过程再装子弹测第二张液面波曲线,并且两次的液面波的距离也应基本相等。这样把测好的液面波曲线填好井号、测试日期、仪器号就可回交地质(组)计算该井液面深度了。

2. 测静液面(静压)

抽油机井静液面是指根据油田动态检测点计划,在指定的抽油机井利用双频回声仪在井

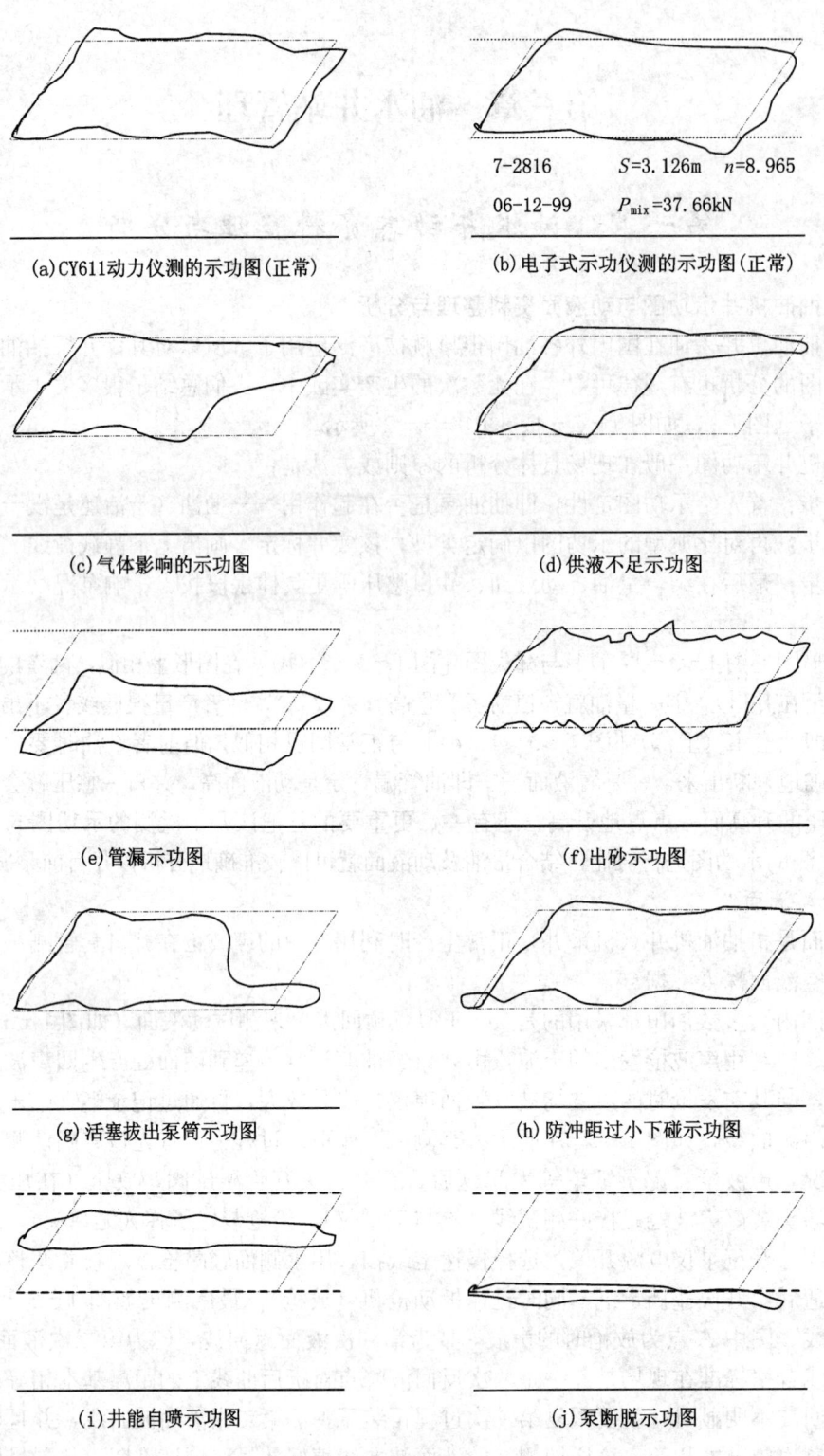

图 1-3-1 常见的典型示功图

口套管处测得的关井后液面恢复（井停抽后动液面逐步一点点上升）数据。其方法如同上面的测动液面，不同的是静液面是从关井时刻测的第一次液面起，要按本油田规定每隔几小时

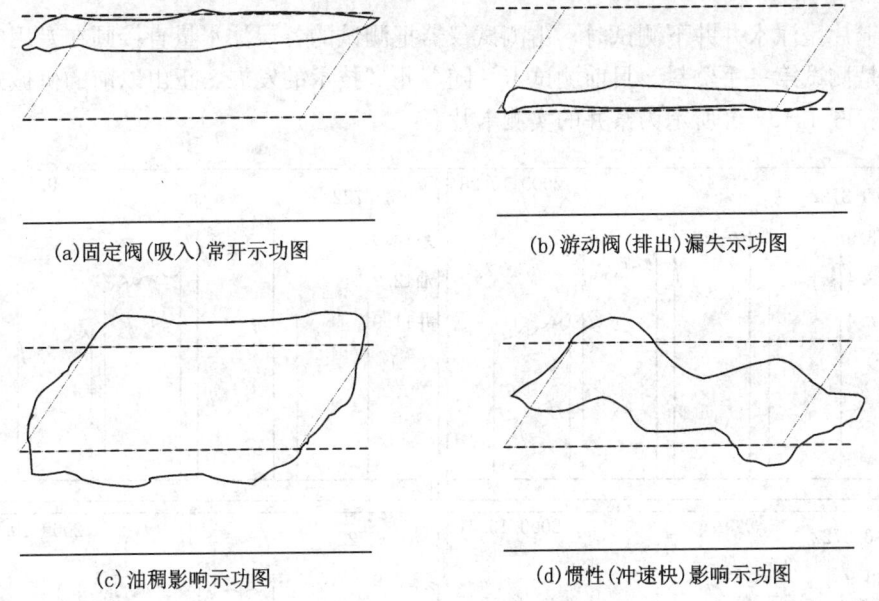

图 1-3-2 抽油机井常见的典型示功图

就要再测一次逐步回升的液面波,直至液面不再上升为止。最后把测得的各条曲线一起回交地质(组)计算。

如果抽油机井井口是偏心型采油树,可直接下小直径压力计到井底测压,最后把测得的压力恢复卡片交回地质(组)计算出该井静压值。

二、注水井测试资料的整理与分析

注水井测试资料是非常重要的资料,是通过井下测试流量计与井下配水管柱配合测试出的各段(分层注水井)或全井水量与压力的关系测试资料(注水井指示曲线)。这一测试过程一般都是由专业测试工来完成的,具体测试过程是把校检合格的井下流量计从井口油管下入到井下分层注水管柱,由下向上按各层段配注水量测出各层及全井水量与压力关系。下面重点将详细介绍测试资料的整理过程及注水中如何应用其测试成果。

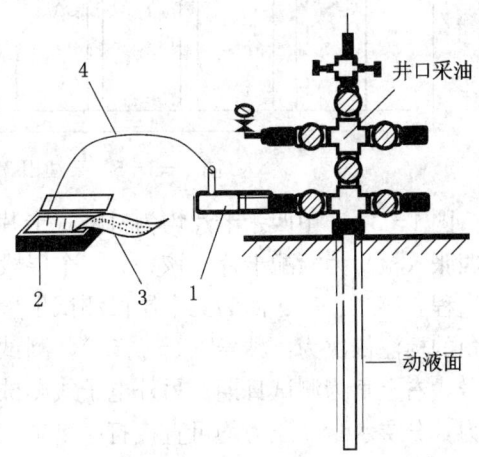

图 1-3-3 测抽油机井动液面示意图
1—声波枪;2—双频回声仪;3—液面波;4—测试线

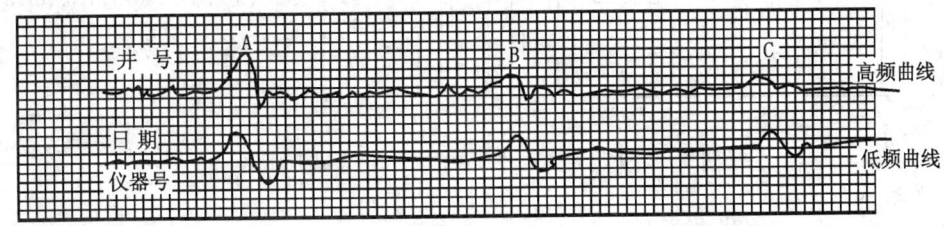

图 1-3-4 双频回声仪测的液面波曲线示意图

1. 测试卡片

测试卡片是注水井井下测试时,由测试仪器把测试的各层注水量直接画在专用的测试卡片上的,是测试第一手资料。目前测试卡片随着测试技术的发展,正由以前的机械式变成电子式卡片。图1-3-5所示为某井的实测卡片。

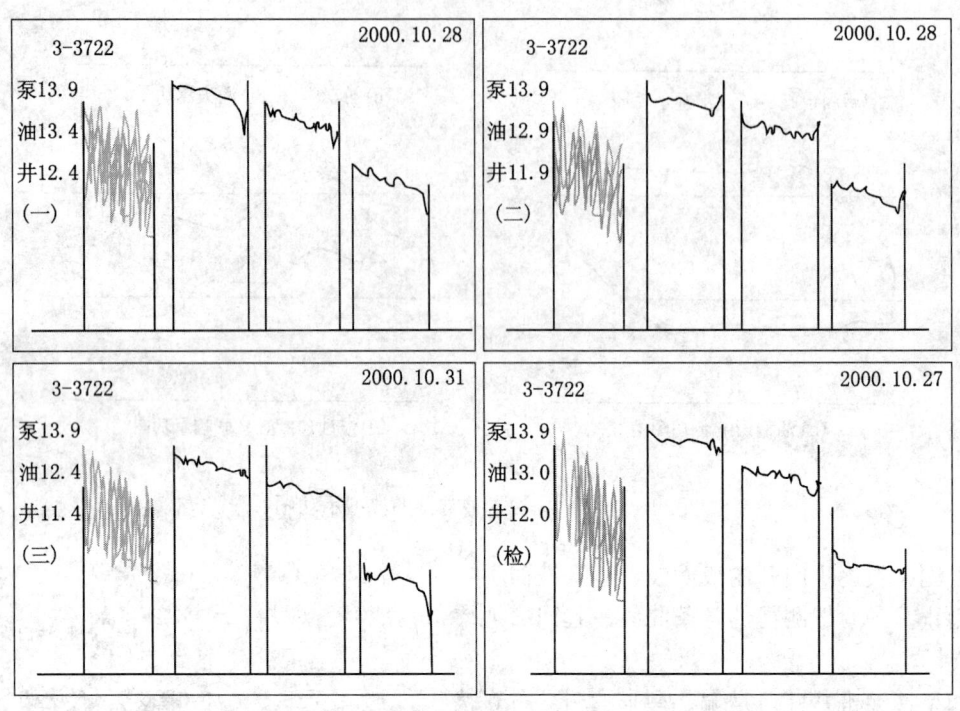

图1-3-5 某油田3-3722注水井分层测试卡片

图1-3-5中四张卡片均为机械式卡片,其中前三张(一、二、三)为正常测试卡片,第四张(检)为检配卡片。该井分三个层段注水,图中四个台阶(柱状)的第一个为仪器下井过程,第二、三、四为三个层段测试水量。四张卡片在技术上均为合格卡片,每张卡片左上角的标注依次为:井号(3-3722)、测试时的泵压(13.9MPa)、油压、井口油压、卡片序号,右上角为测试日期。另外电子式测试卡片如图1-3-6所示。其特点是可记录全过程压力,分层水量及压力均可直接打印出来。

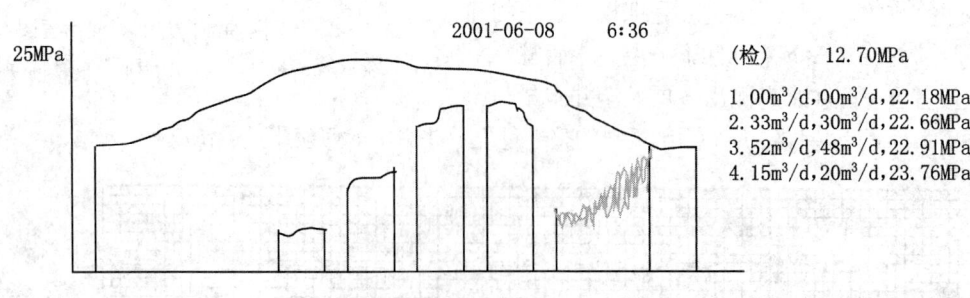

图1-3-6 某注水井分层测试(电子式)卡片

2. 测试水量

测试水量计算是先用直尺(mm)在卡片上测量出每个测试台阶高度,再由仪器流量校检曲线上查出相应的水量(视水量)。由于测试时是由下往上逐段测试的,即各层的实际水量是前一台阶与后一台阶的差,结果见表1-3-1。

3. 测试成果

注水井分层测试成果就是把表1-3-1中的两项结果再进一步综合整理成如表1-3-2所示的分层测试后的各层段、各测试压力点水量的详细状况。表1-3-2并不是采油工注水

表1-3-1　3-3722井分层流量测试记录表

配水间记录	测试点		泵压,MPa	油压,MPa	注入水量,m³/d	备 注
	第一点		13.90	13.40	187	
	第二点		13.90	12.90	151	
	第三点		13.90	12.40	108	
	检　配		13.90	13.00	181	
卡片数据整理	卡　片		高度,mm	视水量,m³/d	分层流量,m³/d	备 注
	一	①	51.0	180	27	
		②	46.5	153	82	
		③	19.0	71	71	
	二	①	45.0	145	21	
		②	41.0	124	71	
		③	24.0	53	53	
	三	①	38.0	109	18	
		②	34.0	91	68	
		③	14.0	23	23	
	检	①	50.0	173	20	
		②	46.5	153	89	
		③	27.0	64	64	

表1-3-2　3-3722井偏心分层测试成果表

配注层段	层段性质	配注压力 MPa	配注水量 m³/d	水嘴 mm	资　料			
					压力,MPa	水量,m³/d	差值,m³/d	检配,m³/d
P_I	控	13.40	40	12.0	13.40	27	-13	20
					12.90	21		
					12.40	18		
P_{II}	平	13.40	80	12.0	13.40	82	2	89
					12.90	71		
					12.40	68		
P_{III}	加	13.40	70	孔1.2	13.40	71	1	64
					12.90	53		
					12.40	23		
全井		13.40	190		13.40	180	-10	173
					12.90	145		
					12.40	109		

注:测试合格率为2/3。

时执行的依据,而是还要把测试成果再绘制出分层指示曲线,再从曲线上按各层配注及全井配注上下限范围确定实际注水时的定量定压范围,其确定原则是:所有的上限中最低点(压力)为上限,所有的下限中的最高点(压力)为下限,再由此确定的上下限压力找出全井的上下限水量,如图1-3-7所示。

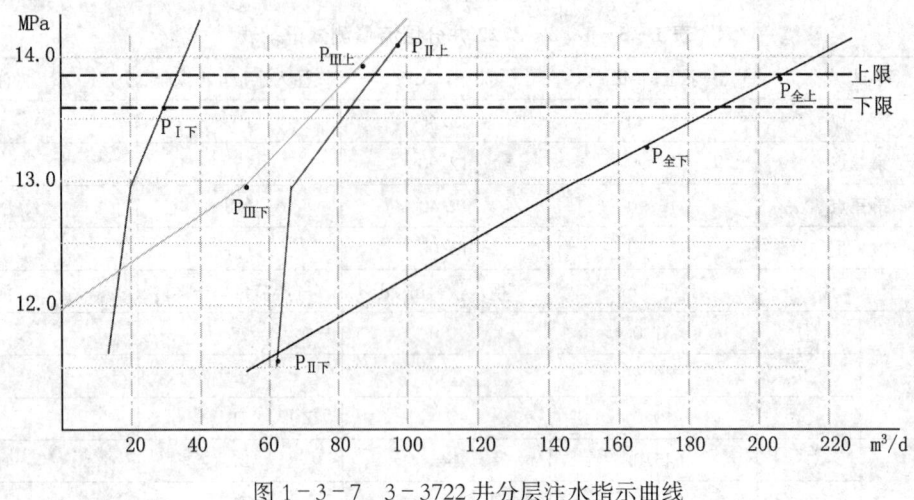

图1-3-7 3-3722井分层注水指示曲线

各层及全井上下限的确定以其各自的配注为基数,其分层的范围为配注的±20%,全井的范围为配注的±10%(该井所属油田的标准)。这样该井的上下限水量为:

第一层(P_I)配注 $40m^3/d$,上下限 $48\sim32m^3/d$

第二层(P_{II})配注 $80m^3/d$,上下限 $96\sim64m^3/d$

第三层(P_{III})配注 $70m^3/d$,上下限 $84\sim56m^3/d$

全井($P_全$)配注 $190m^3/d$,上下限 $210\sim170m^3/d$

把所有的上限和下限标在各自的指示曲线上,就可以按前面的方法确定最终该井的定压范围,即13.70～13.90MPa。所以该井的注水压力可调范围很小,这主要是第一层段吸水较差(最高测试压力点注水量相差32.5%)所致。

4. 注水指示牌

对于采油工来说,前面只是为最后确定定量定压指示牌而进行的整理过程,表1-3-3所示的就是采油工日常注水执行的注水指示牌。

表1-3-3 ××间(站)3-3722井注水卡片

序号	层 位	配注	水嘴	管 柱	注 水 指 标	
1	××1——××1	40	12		全井日配注:	$190 m^3/d$
2	××2——××2	80	12		注水类别:	分层井
					测试日期:	2000.10 28
3	××3——××3	70	孔1.2		定压范围:	13.70～13.90MPa
					定量范围:	$192\sim210 m^3/d$
					每分钟注水量:	$0.13\sim0.15 m^3/min$
					每班注水量:	$64\sim70 m^3(8h)$
					测试合格层:	2
					签发日期:	2000.11.06

实际上采油工还要用一张小层分水百分表来计算每天的分层注水合格率,即由表 1-3-2 中的测试成果的三个测试点来推算每隔 0.1MPa 的压力点所对应的注水量(分水百分表略)。

到此注水井的测试资料就全部介绍了,需要注意的是上限压力不能超过该井的破裂压力。笼统井只有一个全井的注水曲线,注水范围就是配注水量的 ±10%。

5. 水质化验

注水井水质化验资料有两点含义:一是指对注入水质的监测化验资料,二是指对注水井洗井时的洗井状况化验结果资料。

注入水质监测的化验资料是依据本油田对注入水质规定的标准,定期在注水系统的监测点处进行取样化验,通常是指对其注入水中悬浮物杂质的含量和含铁(离子)量的化验。化验的结果不能超标,如果超标就要及时采取措施。

洗井化验资料是指注水井按计划定期洗井或注水井调整作业投注时的洗井,对进口和出口都取样进行化验,其化验标准与上面的水质监测一样,除要求进口与出口化验的结果一致外,还要求洗井时的进出口的三个排量也要符合洗井标准,并做好各项记录和资料的整理。

第二节 油水井生产调控与动态分析

油水井生产调控对采油工来说主要是指根据油层产出或注入状况,在满足企业对生产(原油任务目标)需要的情况下,保持好合理的采油压差或注水压差,即采油人常说的如何采好油、多采油,怎样注够水、注好水。动态分析又是生产调控的基础。本节就重点介绍采油井和注水井的生产调控与动态分析。

一、采油井生产调控(采好油,多采油)

采油井生产调控就是指如何使油井的生产始终保持在一个合理的生产压差状态中,并在此基础上多采油(采出液)。无论是采用那种方式采油,最理想的是油层出多少油,井就采出多少油,即供采平衡问题,实际上就是怎样保持一个采油动态相对平衡。

首先从油层供液能力来分析。如图 1-3-8 所示,油层向井底供液能力是由生产压差决定的,即:

$$\Delta p = p_{静} - p_{流}$$

式中 Δp——生产压差,MPa;

$p_{静}$——油井静压,MPa;

$p_{流}$——油井流压,MPa。

而油井流压是由下式决定的,即:

$$p_{流} = h_{液}\rho_o/10 + h_{气}\rho_q/10 + p_{套压}$$

其中 $h_{液}$——采油沉没度,m;

ρ_o——油(液)密度,kg/m^3;

$h_{气}$——气柱深度,m;

ρ_q——(天然)气密度,kg/m^3;

$p_{套压}$——井口套压,MPa。

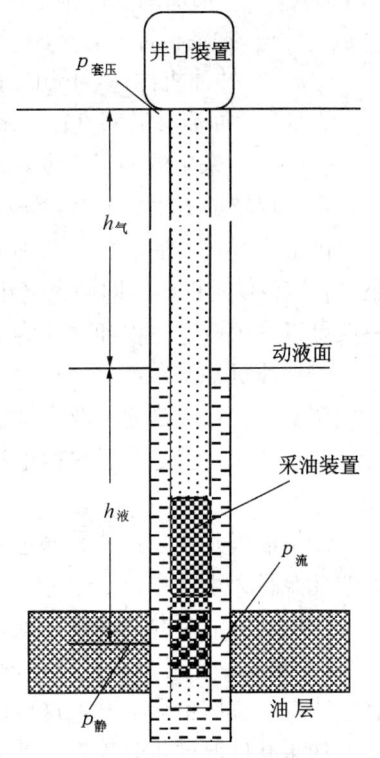

图 1-3-8 采油井采油原理示意图

由于 $h_气\rho_q$ 与 $h_液\rho_o$ 相比很小，对流压的影响可以忽略不计，故：

$$p_流 \approx h_液\rho_o/10 + p_{套压}$$

由上述可得出如下结论：

(1) 当 $p_静$ 一定（油层供液能力）时，可通过控制套压和沉没度 $h_液$ 来调节油井生产动态。如抽油机井的流压较高时，即供液能力大于采出能力，可通过调大抽吸参数（冲程、冲速）达到使生产压差处于合理状态；如果调大抽吸参数还不能使流压降低到合理值时，就要提出换大抽油泵；如还不行，那只好提出更机或转电动潜油离心泵了。

如抽油机井流压较低时，在确认之后，首先要降低冲速，不见效再调小冲程，如再不行就只好更换小泵了；所有的降低抽吸参数都不行（流压仍然较低），也就是说供采严重失衡，那就只有选择间抽（改变生产工作制度）了，即抽一段时间（多少由生产实际而定）后就停机，待液面恢复一段时间后再起抽生产，其原则是间抽时的产量不低于全天起抽的产量。当然，控制（降低）套压是必须始终要做好的。

同样，电动潜油离心泵井流压高时（与抽油机井一样是指非泵况所致），需要通过调节（放大）井口油嘴尺寸来提高油井产量。如果电动潜油离心泵井流压较低时，就要及时调小油嘴尺寸，特别是发现供液严重不足时，套压也要结合油嘴一起来调控，否则就会经常出现欠载停机，导致因频繁启机而烧坏井下机组。

上述的调整抽油机井抽吸参数在生产管理中称为调参，电动潜油泵井调整油嘴和抽油机井间抽称为调整生产工作制度。调参与调整生产工作制度实际上都是调整油井采油能力。如抽油机井的采（抽）油能力是由其抽吸排量来决定的，即：

$$Q_理 = 1440Sn(D^2\pi/4)\rho_液$$

式中　$Q_理$——抽油泵理论排量，t/d；

　　　S——抽油机冲程，m；

　　　n——抽油机冲速，min^{-1}；

　　　D——抽油泵活塞直径，mm；

　　　$\rho_液$——采出液相对密度，kg/m^3。

生产现场把 $K = 1440 \times D^2\pi/4$ 称为排量系数。

由上式可知，抽油机井的抽油能力（$Q_理$）与抽吸参数——冲程（S）、冲速（n）及抽油泵泵径（D）成正比，即调大（小）每一个抽吸参数均可使油井采液能力增强。在生产现场一般是以采用调整冲程和冲速为主，换泵（改变泵径 D 的大小）较少。

①抽油机井调参：

调整冲程：就是通过改变抽油机曲柄旋转半径的大小进而改变冲程的大小。

调整冲速：就是通过更换电动机皮带轮直径的大小而改变抽油机转速实现调整冲速的快慢。

②抽油机井换泵：就是通过井下作业，把原井下的泵起出来再下入新（大或小）泵，从而改变泵径大小。

③电动潜油泵井调油嘴：就是改变井口采油树上油嘴装置内的油嘴孔径的大小。

(2) 当 $p_静$ 上升（即油层供液能力增强）时，如不及时放大生产参数，原供采平衡状态就会改变，流压也会上升，这也就是多采油的机会来了。

如果井口取样化验确定含水也上升较快，那么就要提出堵水方案，并重新确定泵的排量，以确保新的供采平衡。

(3) 当 $p_{静}$ 降低（即油层供液能力变差）时，就要及时调小抽吸参数，否则流压就会降低，出现供液不足现象。调小油嘴，控制好（降低）套压，并在相应的注水井上加强注水，提高油井供液能力。

二、采油井生产动态分析

采油井生产动态分析主要有两个方面：一是生产正常状态（如抽油机井泵况正常）下的分析，即怎样使产出与供液协调合理；二是生产有问题时的分析，即找出问题的原因和解决问题的措施及方法。下面就以抽油机井、电动潜油泵井为主重点介绍。

1. 抽油机井生产动态分析

抽油机井采油在油田开采中很早就被应用了，对其生产动态分析也总结了很多经验和方法，这里学习的是一个比较科学、很适用的方法——抽油机井动态控制图。它是把油层供液能力与抽油泵的抽油能力之间的协调关系有机地结合起来，在直角坐标系中把井底流压与抽油机井的抽油泵效描绘出来，非常直观地显示出一口井或一批（队、矿、区块）井所处的生产状态，如图1-3-9所示。

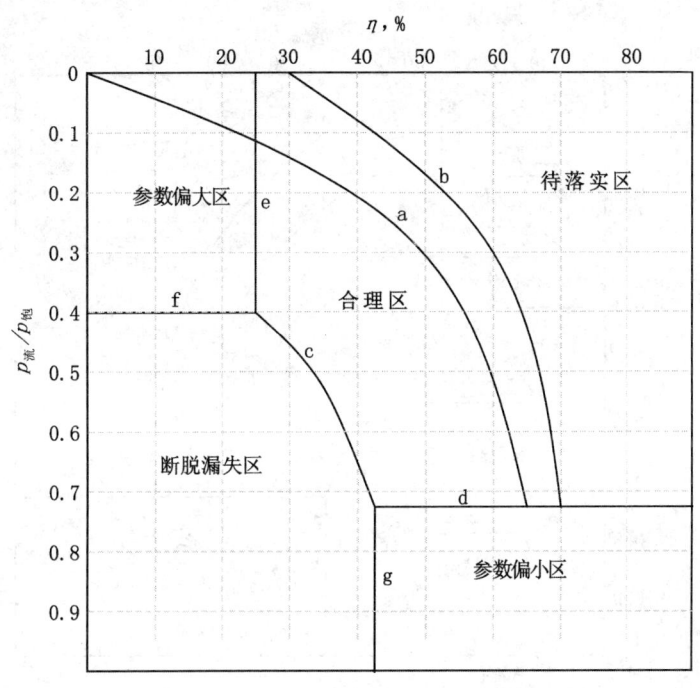

图1-3-9 抽油机井动态控制图

图1-3-9中横坐标为抽油机井泵效，纵坐标为流压与饱和压力之比。整个坐标图内有7条线，共划分5个区域，各项参数是某油田根据其采油生产（实际）规律而确定的。各线及区域的意义是：

a——平均理论泵效线，即在该油田平均下泵深度、含水等条件下的理论泵效；

b——理论泵效的上线，即该油田最大下泵深度、最高含水等条件下的理论泵效；

c——理论泵效的下线，即该油田最小下泵深度、低含水等条件下的理论泵效；

d——最低自喷流压界限线；

e——合理泵效界限线；

f——供液能力界限线；

g——泵、杆断脱漏失线。

合理区：抽油机井的抽油与油层供液非常协调合理，是最理想的油井生产动态；

参数偏小区：该区域的井流压较高、泵效高，表明供液大于排液能力，可挖潜上产，是一个潜力区；

参数偏大区：该区域的井流压较低、泵效低，表现供液能力不足，抽吸参数过大；

断脱漏失区：该区域的井流压较高，但泵效低，表明抽油泵失效（没干活），泵杆断脱或漏失，是管理（做工作）的重点对象；

待落实区：该区域的井流压较低、泵效高，表明资料有问题，须核实录取的资料。

所以抽油机井动态控制图可以说是检验抽油机井生产动态的一个标准，其应用如下：如图1-3-10所示，根据生产实际数据，即泵效、流压（流压与饱和压力之比），把抽油机井（1口井或一个队的一批井等）点入图中，就知道该井所处的生产状态，特别是对其存在的问题、应该怎样做工作指明了方向。

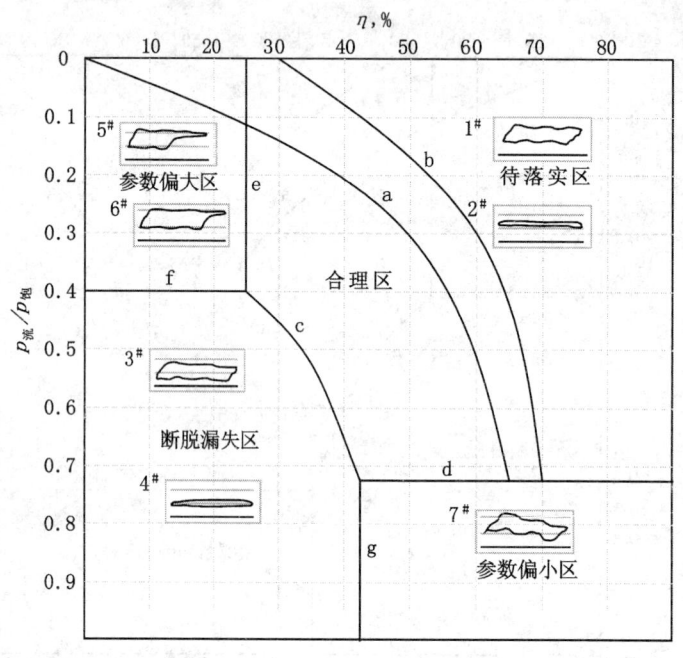

图1-3-10 抽油机井动态控制图应用

如图1-3-10中的待落实区内有两口井，1#井的示功图表明该井泵况正常（泵在工作），泵效近60%，但流压为2.10MPa太低，所以该井重点要落实动液面及套压资料问题，其次是量油问题；2#井示功图显示该井泵况不好，但泵效较高，而流压较低，故重点要落实量油问题，其次是动液面问题。

再如图1-3-10中断脱漏失区内，3#井示功图显示该井泵在工作，但泵效较低，而流压却较高，可能是管漏（油套窜），所以该井重点应验证是否管漏；4#井示功图显示泵况很差，流压也很高，所以该井基本上可以判断泵或杆已断脱，在核实确认后就可报检泵了。

而图1-3-10中的参数偏大区内的两口井分别显示供液不足、气体影响，说明抽吸参数过大(基本是正常);参数偏小区内的一口井示功图已显示该井抽吸参数(冲速)较高,泵在尽力工作,但流压还是很高,说明该井还是有潜力可挖。

如果是某个队(矿、区)的一批抽油机井,也可以根据它们的生产数据都点入图中,并按表1-3-4进行统计,就可知道有多少井处在合理区,有多少井处在抽吸参数偏大区,有多少井处在抽吸参数偏小区,有多少井处在断脱漏失区,以及还有多少井需要进一步核实资料等。最终有一个整体分析状况,并能准确地找出下一步要做的工作方向。

表1-3-4 ×××队(矿、区)××月抽油机井泵况统计表

区 域	合 理 区	参数偏大区	参数偏小区	待 落 实 区	断脱漏失区	备 注
井数,口						
百分比,%						

2. 电动潜油泵井生产动态分析

电动潜油泵井的生产动态分析也被采油人在生产实践中总结出了同抽油机井一样的分析方法,即电动潜油泵井动态控制图,如图1-3-11所示。它也是把电动潜油泵井的油层供液与潜油泵采出的关系绘制在同一直角坐标系图中,以流压 $p_{流}$ 为纵坐标,以排量效率 η 为横坐标,同样直观地显示出一口井或一批井的生产动态。图1-3-11就是某油田电动潜油泵井特性曲线(流压与排量效率关系),其流压确定的原则是以油田开发制定的合理界限为准,最佳排量范围是以离心泵进出口压力最小与流量

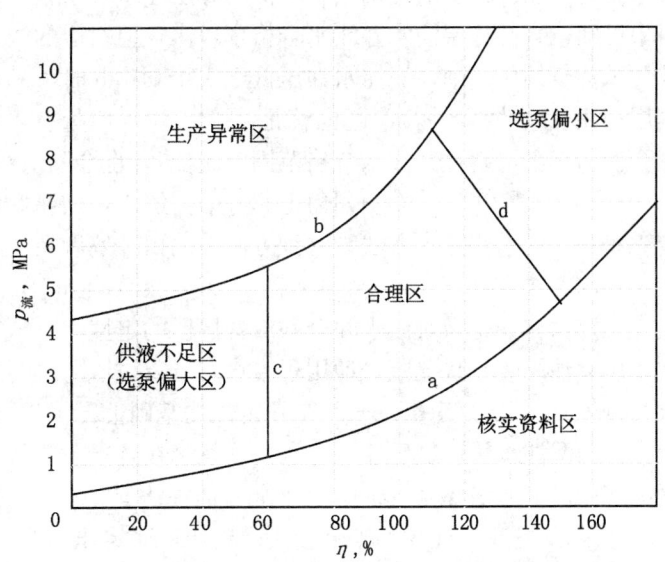

图1-3-11 电动潜油泵井动态控制图

合适为准。统计本油田常用的圣垂(引进的)250m³/d、320m³/d、425m³/d,雷达(引进的)250m³/d、320m³/d、425m³/d、550m³/d,天津(国产的)200m³/d、320m³/d主要泵型的最佳排量范围,确定了以下4条界限、5个区域:

a——流压—排量效率最低线;
b——流压—排量效率最高线;
c——排量效率最低线;
d——排量效率最高线。

合理区:是电动潜油泵井流压与排量效率最佳范围区,即供液与抽出非常协调;
选泵偏小区:该区域的井流压较高、泵效高,即供液大于排液,可挖潜上产;
供液不足区:该区域的井流压较低、泵效低,即供液能力不足,抽吸参数过大;
生产异常区:该区域的井流压较高,但泵效低,即泵的排液能力丧失;

核实资料区：该区域的井排量效率与供液能力不相符，表明资料有问题，需核实录取的资料。

电动潜油泵井动态控制图的应用与抽油机井动态控制图相类似，其分析过程不再细述，在具体分析中结合电动潜油泵井的电流卡片基本上就可以准确地判断、分析电动潜油泵井的生产动态状况。

三、注水井生产调控与动态分析

注水井生产的调控主要是指围绕配注方案这个中心怎样控制实际注水量，也就是常说的怎样定量定压注够水、注好水；而动态分析是围绕这个中心对配注计划完成的状况、注水合格率情况、井下配水管柱及油层吸水能力变化情况的分析。

1. 注够水、注好水

注水井的注够水是指在注水压力等条件正常的情况下首先要完成的就是配注计划，其注够水的标准是油田（多数）规定的：实际注水量应在配注（方案）计划的±10%范围内。注好水就是指在注够水的基础上尽量提高分层注水合格率，即高质量的注水。从注水井测试资料中可知，有的分层注水井注水合格率较高，但对应的注水压力范围却很小，如上一节注水井测试资料的例子中，当注水油压低于13.50MPa时，3个层中就有1个层不合格（完不成本层配注水量的±20%），这也就是降低了注水质量；再如当注水油压高于14.10MPa时，就会使第三个层超过其注水合格范围（超注），也会降低注水合格率。

那么在实际注水工作中如何把握好既注够水，又注好水呢？这就是要认真严格执行"三定三率一平衡"的注水方法，这种方法是油田开发者在注水井生产管理实践中总结出来的比较科学的方法。

三定：首先是指对注水井全井或各层段的定性——地质开发中确定的该井或层段是加强注水层（油层吸水状况差，动用程度小），还是控制注水层（油层水淹相对较严重，防止单层突进等）；其次是定量——就是在定性的基础上再根据配注方案确定每个层段的配注水量及全井的配注水量；最后才是定压——就是在各层段及全井注水量确定后进行分层测试，根据测试的成果找出要完成各层段及全井的注水量所需要对应的注水压力及范围（上限、中线、下限）。这里要注意的是定量决定定压，而定压是为了完成定量，即在日常注水时为什么要以注水指示牌上的定压注水的原因。

三率：一是指分层井测试率——分层井有测试资料的井数占总分层注水井数的百分率，有测试资料是指分层井每半年必须测试一次（其间隔不得超过6个月），在注水井上措施、方案调整等作业施工后还要及时上测试；二是指测试合格率——分层井测试合格的层段数占总层段数的百分率，在实际分层测试中有的层段完不成配注水量（尽管水嘴调到最大，注水压力也够），这样的测试不合格的层段叫做平欠层，所以测试合格率的高低直接决定了能否真正注好水，是高质量注水的基础保证；三是注水合格率——就是指实际分层注水井注水合格的层段数占总层段数的百分率，它是反映实际注好水的惟一指标。

一平衡：有两个含义，一是指区块宏观上的阶段地下注入水量与采出地下的体积达到平衡；二是指注水井本身阶段注水量平衡——即某一阶段（时期）由于地面注水系统出现问题而使注水压力较低，致使注水井完不成配注（有时下限）累计欠注一定的水量，在注水压力恢复后，要尽量及时执行上限（最高水量，但不能超出压力范围）注水，补充前一段欠的水量，以实现阶段注采平衡。

所以"三定三率一平衡"注水方法既是具体注水时执行的标准，又是具有宏观指导注水的思想。

不对扣：不对扣是实际注水过程中经常用到的一句术语，即注水井实际注水量及压力与测试水量及压力不相符。注水井一旦出现不对扣就会直接影响注水质量，严重时不能正常注水，所以要及时查找问题、分析原因。通常是首先要检查并校对压力表有无问题，水表有无问题等；第二要及时检查生产流程有无问题，如闸阀的闸板有无脱落、管线有无穿孔；第三是洗洗井、吐吐水看一看；第四是及时上报复测，通过测试来检查配水管柱有无问题（水嘴刺掉、堵塞），封隔器是否失效等。以上四步都落实后证明井下有问题就要及时上报作业处理；如果都无问题，就要通过测吸水剖面来检查油层吸水（能力是否发生了变化）状况。

2. 注水井动态分析

注水井动态分析主要有两个方面：一是上面讲过的日常生产管理中的注水状况分析，二是对注水管柱及油层吸水状况的分析。油层吸水能力的变化一般有两个原因：一是注入水质影响，如水质较差使井底油层被污染或堵塞；二是油层发生了较大的变化（连通的油井上措施等），油层套管外发生窜槽等。

注水井日常注水状况分析基本上是前边所讲的"三定三率一平衡"的内容，所以这里主要介绍注水管柱及油层吸水状况的变化情况。注水管柱状况与油层吸水能力主要是通过测试卡片、注水指示曲线及吸水剖面来分析。

1) 注水井指示曲线

注水井指示曲线在前面水井分层测试中已经讲到，它是描述水井注水量与注水压力关系的，如果把不同时期测试的曲线画在同一坐标内，就可以很清楚地对比出水井吸水能力变化情况，如图 1-3-12（a）中曲线 I 为第一次测试的，曲线 II 为第二次测试的，可以看出同一压力 p_1 下第二次吸水量 Q_2 就比第一次吸水量 Q_1 容易（$Q_2 > Q_1$）。在图 1-3-12（b）中要注入同一水量 Q_1，第二次压力 p_2 就比第一次压力 p_1 高，也就是说第二次吸水比第一次好，即该井吸水能力在变强。如果两次测试时间较短，第二次（通常叫检配）曲线整体与第一次曲线整体位移大，那么有可能是配水器内的水嘴被刺大（或掉）；反过来（曲线 I 变为曲线 II）的话，就是水井吸水能力变差或水嘴堵（或塞）。如果是分层井，也用同样方法进行各层和全井逐一地对比，就可以得出某层变好还是变差，进而得出全井吸水（或管柱）变化情况。若是怀疑配水管柱有问题，就要参考测试卡片以及吸水剖面来进一步验证。图 1-3-13 是常见典型的注水指示曲线。

2) 分层测试卡片

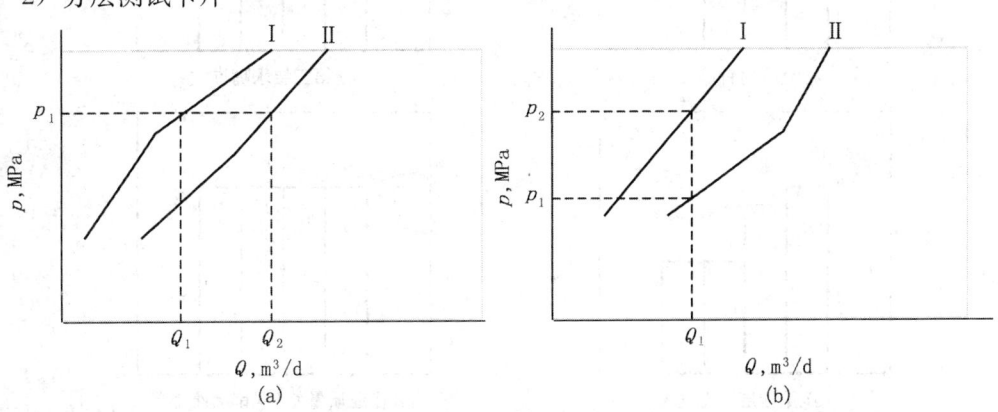

图 1-3-12 注水井指示曲线（两次对比）

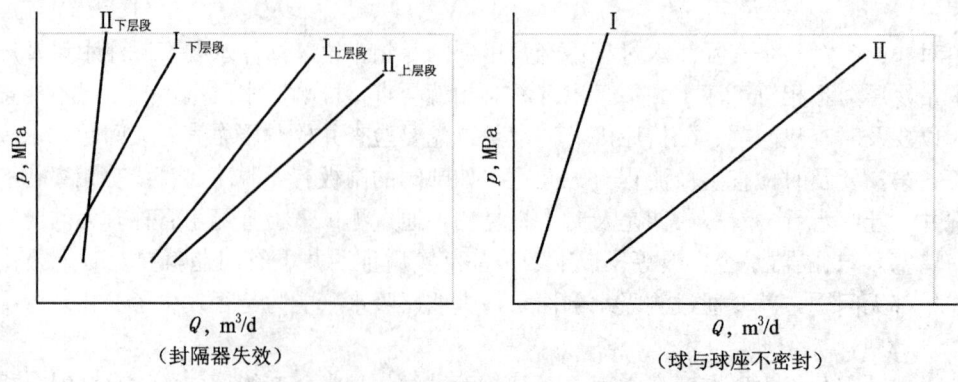

图 1-3-13 注水井指示曲线（管柱有问题）

分层测试卡片反映井下配水管柱有时要好于指示曲线，图 1-3-14 是常见的具有代表性的卡片。图中（a）是正常测试卡片；（b）是测第二层时第四层水嘴有堵塞现象；（c）是时钟停走，没有画出台阶；（d）是第三层水嘴过大，造成封隔器不密封现象，或是第二级封隔器有漏失；（e）是第四层水嘴过大引起的第三级封隔器不密封；（f）是由于作业质量差，

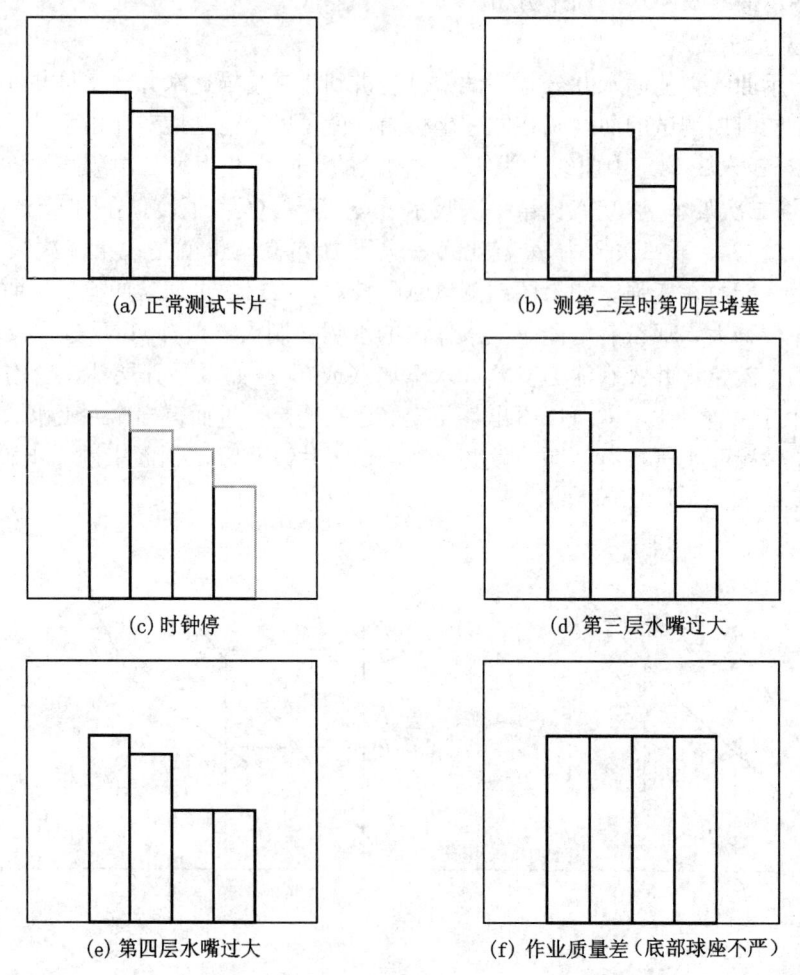

图 1-3-14 注水井分层测试典型卡片

井底有死油或脏物等造成底部球座不严而引起的严重漏失或油管脱落。所以，测试卡片反映井下管柱情况比较直观，如果再结合下面的吸水剖面测试资料，可以说井下的多数问题基本上都可以解决。

3）同位素吸水剖面曲线

同位素测吸水剖面是利用放射性同位素做载体，与注入水配制成一定浓度的活化悬浮液注入油层内，其滤积在油层的浓度与吸水量成正比，再对其放射性进行测试，就会得出如图1-3-15所示的测试曲线。曲线上的异常值就反映了对应层的吸水能力，并可根据其值的

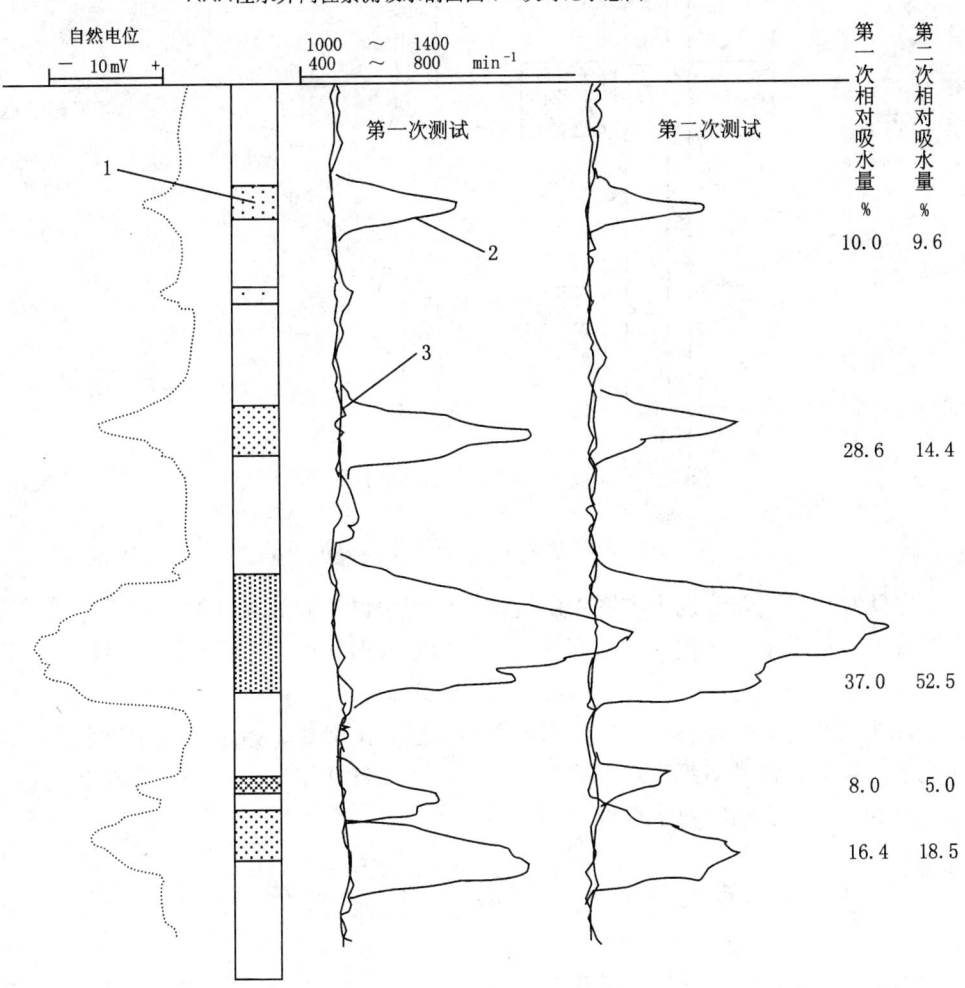

图1-3-15 同位素测量吸水剖面图
1—吸水层；2—同位素曲线；3—自然伽马曲线

大小计算出相对和绝对吸水量。其中第二次测试的两条（同位素、自然伽马）是编者加上的，为了对比说明水井各层的吸水能力变化情况。两次测试结果是第三层段吸水量增大，第二层段吸水量降低，其他层吸水能力变化不大。吸水剖面除可以反映油层吸水状况外，还可以用来解决套管外窜槽井段及封隔器不密封，图1-3-16所示是利用吸水剖面找窜槽的例子。图1-3-16中的找窜原理是在检查已射开的吸水层位Ⅰ、Ⅱ之间，射开层位Ⅱ与未射

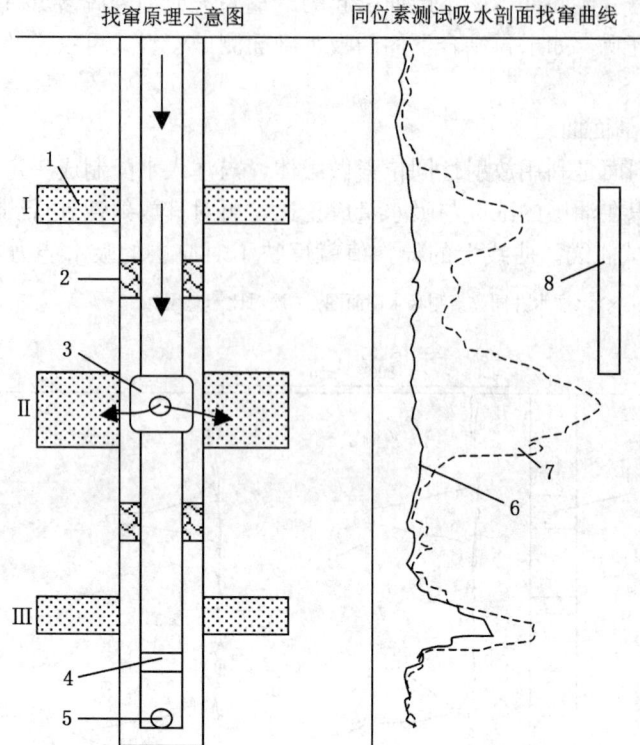

图1-3-16 同位素测吸水剖面找窜解释图
1—射开油层；2—封隔器；3—配水器；4—工作筒；
5—投球；6—自然伽马；7—同位素；8—窜槽井段

开层位Ⅲ之间利用封隔器分别卡在图中的位置，由配水器注入放射性同位素活化液。从测试同位素曲线上可以看出：活化液已从套管外水泥槽窜入射开层位Ⅰ内，证明层位Ⅰ、Ⅱ之间的井段套管外已窜槽。

总之，注水井的生产动态变化情况都可以由分层测试卡片、指示曲线、吸水剖面分析出来，而几乎所有的问题最初都表现在注水不对扣，所以日常注水工作中的定压定量是进行注水动态分析的基础，必须学习掌握好。

第三节 油水井井下施工作业

当抽油机井发生脱泵、杆断、结蜡热洗不好，电动潜油泵井井下机组出现故障，堵水井失效，注水井封隔器失效等采油工自己解决不了的问题时，就要靠井下作业施工（队伍）来处理了，这也是本节重点学习的内容。下面就以注水井调整作业和抽油机井检泵作业为主，介绍各自施工时的工序及内容。

一、注水井作业

注水井井下作业的内容有：试注、试配、调整、压裂或酸化。由于试注、压裂、酸化等不是常做的，所以现以注水井调整作业为例做以下具体介绍。

1. 注水井作业调整原因

注水井作业调整目的主要有：①正常注水井变方案，②层段调整，③验封井下管柱。

2. 注水井作业施工程序

基本工序有：关井降压、冲砂、通管、清管（压油管头）、释放封隔器、投捞堵塞器。

3. 注水井作业施工步骤

（1）审定施工井号和注水井正常生产状况及原井下管柱状况，掌握本次上报作业的原因，从而初步制定出要施工的大致计划。

（2）设计施工方案：首先依据本油田注水井井下作业施工要求，列出主要程序；其次核实施工井井下静态数据；再根据注水方案和目前井下工艺技术配管柱并画出井下施工管柱图；最后写出整个施工工序的详细内容及备注说明。

（3）送交施工设计给有关部门进行审核。

（4）到现场落实井号和施工环境情况。

（5）联系关井降压，注意保护套管；立井架子、上作业机，准备开始作业。

（6）施工具体程序及标准和要求：

①搭油管桥：油管桥是油水井作业施工时必有的，主要是防止油管磕碰和弯曲等；标准是：根据井深及单根油管长度计算需要几道油管桥，每道一般有 5 个支撑点，桥离地面 30cm 以上，每 10 根油管为一组，两侧悬点长度不大于 1.5m，如图 1-3-17 所示，禁止作业时把其他杂物往上放，符合上述标准，抬井口、起油管，即作业工序就算具备了。

②抬井口：抬井口四通前（实际卸大法兰螺丝时），要做好从套管连接至井场外污油池的放溢流管线，仪表及配件等不能损坏或丢失。

图 1-3-17 油管桥示意图

③起油管及管柱：起油管时观察起出的油管是否有刺漏的（若油管漏，现场可以看到在上提油管时刺漏水明显），有无偏磨等现象，螺纹要保护好；起出的井下工具要检查仔细，如封隔器皮碗有无破损，配水器水嘴有无刺漏，筛管等处水锈结垢情况是否严重，有无其他脏物等。

④冲砂、探人工井底：下光油管进行冲砂，冲砂时排量、时间都要够；核实人工井底数据是多少，要记录好；注意冲砂时中途不能停止。

⑤检查地面油管：记录好清洗、通管及丈量油管情况。

⑥下新配管柱：查看管柱级数、封隔器型号、配水器型号及筛管中球、丝堵情况，是否与设计书相符。

⑦下管柱及油管：下管柱及油管时，螺纹上一定要涂螺纹脂、密封脂、密封胶等，工具与油管相互接连时要用管钳打紧，但不能在工具的中间主体部位紧扣。

⑧解磁性定位：用磁性定位法检查封隔器下入深度。

⑨坐井口：在坐井口时法兰、卡箍螺丝要上齐扣，闸门压力表等方向要装正；法兰顶丝及备帽调正上紧；并及时洗井，即先冲洗地面管线至进出口一致，再改到井底反洗井至进出口水质一致，排量一般由 15～20～25m³/h 来进行调控冲洗。

⑩释放（封隔器）并验封：在洗井合格后井筒内冲满水，从井口油管（一般在测试闸门上）连接水泥车（用清水）打压至设计压力值时，稳定 30min（看压力是否下降），目前多数油田都在释放同时从井口处装压力计打验封中卡来作为验封资料上交。在释放后就可验

封，即看水泥车打的压力降不降及井口套管溢流量（释放后打开或卸掉套管阀门）大小，以不流水为最好，一般都有一点点小水流；若溢流量大，证明释放不合格。这就是注水井作业施工时的试压工序。此时记录好释放压力值、释压时间、井口套管溢流量大小等数据。

(7) 由测试班上井捞出偏心堵塞器，并核实下入各层设计水嘴规格的大小。

(8) 转注：与配水间（站）联系好，倒好流程注水，注意按配水量120%（也称为水井作业后的初期放大注水）试注。

(9) 交接井：按作业前交井情况及要求与采油队进行交接井，记录好资料。

二、油井井下施工作业

油井井下作业通常有3种类型：新井投产、转抽；正常井下泵杆、管柱问题；油层的调整或改造——堵水、酸化、压裂等。其中以抽油机井检泵作业最为具有代表性，也是最多的井下作业施工。

抽油机井检泵施工的原因有：①井下泵结蜡严重等影响泵效；②活塞管杆断脱；③调节泵挂深度（目的是调整供液与抽吸关系），适应合理的生产压差；④换（大、小）泵；⑤调整泵下部配产管柱。

抽油机井检泵施工工序通常是：①洗井；②起杆（活塞）、起油管（泵筒）；③下刮蜡管柱、替蜡，起刮蜡管柱；④下冲砂管柱，探砂面，冲砂，探人工井底，起冲砂管柱；⑤地面清蜡、丈量、配管柱；⑥下完井管柱（泵筒）；⑦洗井；⑧下抽油杆（活塞）；⑨碰泵、对防冲距，起抽；⑩抽压、测示功图，交井。

几个有关参数如下：

方余 = 装机时 $S_{max} - S_{min}$ + 本油田规定的常数（40cm）；

（下）泵筒长 = S_{max} + 柱塞长度 + 本油田规定的常数（30cm）；

其中 S_{max} 为抽油机最大冲程，S_{min} 为抽油机最小冲程。

油管每米体积：ϕ62mm，3.00L/m；

ϕ76mm，4.525L/m。

第四章 设备维修保养

第一节 采油树的维护

一、250型闸板闸门易发生的故障及维修

1. 更换闸门推力轴承与铜套

将闸门开大,卸掉手轮压帽,卸掉手轮及手轮键,再卸掉轴承压盖,顺着丝杠螺纹退出铜套,取出旧轴承,换上新轴承加上黄油。将铜套装到丝杠上,顺丝杠螺纹装入到闸门大压盖中,装好轴承压盖,装好手轮及手轮键和手轮压帽,擦净脏物。

2. 更换闸门丝杠的"O"型密封圈(闸板)

如在现场更换,无控制部位的闸门应压井后再更换;如是能控制的部位,应先倒流程放空后方可拆卸,用900mm或1200mm管钳卸掉闸门大压盖,连同闸板提出,摘掉闸板,推出丝杠(应先卸掉手轮及铜套轴承),将旧密封圈取出,更换新的同型号密封圈;确认无误后挂上闸板,对准阀体的闸板槽推入,上紧大压盖,同时边上大压盖边关(活动)闸门丝杠,直至上紧。试压合格后,恢复原流程。

3. 250型闸板闸门在使用中应注意的事项

(1)避免闸门缺油磨坏轴承,应定时加油。

(2)开关闸门时应开大后或关死后倒回半圈。

(3)高寒地区关井时应放掉管线中的水,以防冻死闸板而拉断闸板上的台阶。

(4)如发现闸板冻死不要硬开,用热水加温后再开,开时要用手锤轻轻击打闸门体下部。

二、采油树胶皮闸门更换胶皮芯

胶皮闸门(封井器)是用来封闭油井总阀上小四通的,关键部件是其闸门胶皮芯。

以现场更换胶皮芯为例,如果是自喷井或电动潜油泵井关掉测试闸门放空后可实施更换。如果是抽油机井,则先压井,压完后方可进行更换操作,具体操作如下:

首先关闭生产闸门,从井口另一侧的生产阀接放空管线放空,当井内无压力时,即可操作。卸松胶皮闸门的导向螺钉(图1-4-1所示),使导向螺钉离开导向槽(不要全部卸下),将胶皮闸门开到最大,用450mm扳手卸掉大压盖,如扳手卸不动可用900mm管钳卸,边卸大压盖边关闸门手轮,直至卸掉大压盖,摘掉闸门芯。卸掉固定胶皮芯的螺钉,拿下压板,取下旧胶皮芯,选择合适胶皮闸门尺寸也适合光杆尺寸的新胶皮芯,新胶皮芯根据闸门芯的孔距、直径、加工孔(有的已加工完孔)放在闸门芯上,加上压板,螺钉上加少许黄油,上好固定胶皮芯的螺钉,不要上得过紧使胶皮的直径变大不好装。将闸门芯的外边抹上黄油(目的是装闸门芯时起润滑作用)挂到丝杠末端,连同大压盖同时装到闸体上。看准闸芯的导向槽不要装偏,一定使导向槽和导向螺钉对正,直推进去,不允许闸门芯转动。当闸门芯的导向槽与导向螺钉接触后,先要上几扣导向螺钉,使导向螺钉进入导向槽,先不要全部上紧,以免卡住闸门芯而不好装。上大压盖时边关闸门手轮边上大压盖,当全部上好大压盖后再上紧导向螺钉。

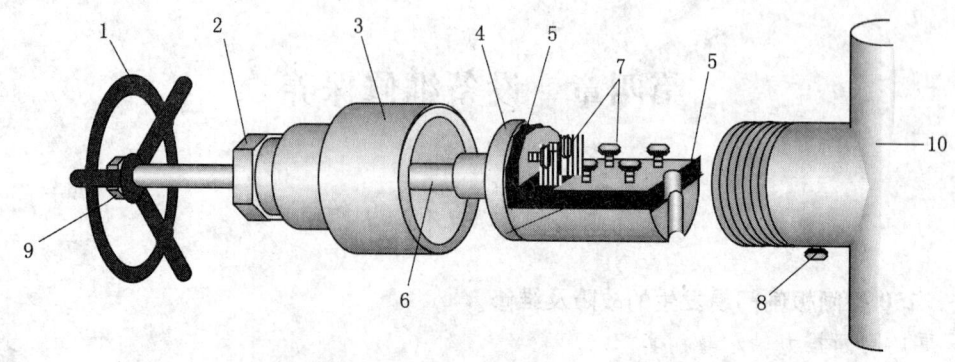

图 1-4-1 封井器组成示意图（对称的一侧）
1—手轮；2—压帽；3—大压盖；4—胶皮芯座；5—胶皮芯；6—丝杠；7—压盖及固定螺帽；
8—导向螺钉；9—手轮备帽；10—四通

用同样的方法更换另一侧。更换完后，闸门应开关灵活，无刮卡现象，试压无渗漏后，方可收拾工具打扫现场，倒回流程，开大闸门启机。

抽油机闸门胶皮芯在使用中应注意的事项（闸门胶皮芯损坏的几种原因）：

（1）平时加密封圈操作时，加完密封圈忘记开大胶皮闸门就启动抽油机，这样在几分钟内，胶皮闸门的胶皮芯有效使用部分被磨光，使闸门漏而起不到密封的作用。

（2）平时开关操作闸门时不注意有一侧开大而另一侧没有开大，使一侧的胶皮芯磨光。

（3）由于闸门固定胶皮芯的螺钉不能上得太紧，有时发生螺钉脱落现象，而使闸门失去密封作用。

（4）长期使用达到了使用寿命而应当定期更换的胶皮芯。

当然还有其他机械方面和材质方面的原因，但在使用中这 4 种原因多常见。除第四种原因外，其他 3 种均可以在使用中预防。

三、采油树常见的故障与处理

采油树易发生的故障主要有：油套环形空间密封不好产生窜通（尤其是抽油井），顶丝密封圈渗漏，大法兰钢圈刺漏，卡箍钢圈刺漏，表层套管与生产套管的支承开焊等。下面具体介绍故障的现象、判断及处理。

1. 法兰顶丝

法兰顶丝的作用：目前的采油树多采用 CY—250 型采油树，连接方式为卡法连接，因此多用了一些附件，井口四通部分多了油套环空的密封与下部的连接采用了法兰连接方式，法兰顶丝的作用主要是适应不压井起下管柱。例如大庆地区采用的都是锥形油管挂，代替了原来的油管头。锥型油管挂是上大下小，下端是内螺纹和油管连接后，坐在法兰顶丝和套管四通上法兰的锥形斜面上，油管挂下有两个"O"型密封圈和一道烤焊的紫铜密封圈，以此密封油套环形空间，即油管坐好后对称上紧顶丝法兰上的 4 个螺栓，顶丝尖部正好顶在油管挂上端的锥型斜面上，确保油套环空的密封。

1）油套环空窜通故障的验证及处理方法

油套环空窜通的现场状况：

（1）当热洗时在井口能听到响声；当热油（水）到井下时，井口温度短时间即达到进出口一样的温度。

(2) 平时量油产量下降。

(3) 液面（流压）抽不下去。

(4) 抽压时稳不住压力，严重时油压不起，正注打压（憋压）时出现油套压平衡现象。

(5) 水井油套窜通时，正注将套管打开放空时有刺漏的声响，严重时溢流量变大。

油套环空窜通故障的验证及处理方法：

(1) 热洗时在采油树的进出口测量温度，若是短时间即达到或接近就可定为油套环空窜通。

(2) 抽油井可采取抽压方法落实，操作方法如下：在抽油机正常运行中，关闭生产阀或二次生产阀门抽压；上好油套压表（需经校对合格的表），看油压表上升的情况，如油套窜通压力上升很慢，当上升到一定值时（油套压基本平衡时），油压不再上升；或在四通上能听到有刺漏声。

(3) 憋压法落实：停止抽油机运转，由站内输送来的高压液体从油管打入井中，关小直通阀（注意以防止压力过高憋坏其他地方或憋泵），当憋到一定压力时（一般是超过套压1～2MPa时），关闭生产阀看套压是否上升；如套压上升，可证实油套窜通（在四通上能听到有刺漏声）。

处理方法：

(1) 可在作业时更换油管头；

(2) 报小修更换油管头或油管头的密封圈。

2) 油管挂顶丝密封圈渗漏故障的处理方法

顶丝密封圈渗漏的现场状况：

(1) 油井顶丝处经常有油污或水渗漏。

(2) 水井顶丝密封圈、压帽处有渗漏，一层白色结晶状物体附着在表面。

故障的处理方法：主要是更换密封圈。操作方法是先停止抽油机或电动潜油泵井运转，关闭生产阀，由套管接放空管线将油套环空压力放净，卸掉顶丝密封圈压帽，挖出旧的"O"型密封圈，要挖净不准留有旧密封圈。新密封圈抹上少许黄油加入到顶丝密封圈盒中，上好压帽，注意不要卸松顶丝，4条顶丝要均匀顶紧不可偏斜。加完密封圈后倒回原生产流程，启机试压，观察，在确定无渗漏情况后方可离开井场。

2. 采油树大法兰钢圈刺漏

采油树大法兰钢圈常见的故障是钢圈刺漏。大法兰钢圈刺漏时常有油污渗出，水井有漏水现象或成雾状喷射。这里通常是指上法兰钢圈刺漏，而下法兰钢圈刺漏时只有起出油管才能更换，所以这类故障只有作业或小修时才能更换。我们讲的主要是上法兰钢圈刺漏的更换，操作如下：

停机、泵，断电关生产阀，由油管接放空到土油池，将油管压力放净，如水井、电泵井可抬井口更换大法兰钢圈。如是抽油机井，应将抽油杆放到井底，也就是卸松方卡子，卸去抽油机负荷，使抽油杆自然落到井底，卸掉大法兰螺栓和生产阀的内卡箍，卸掉光杆密封圈盒压帽拿出密封圈，利用抽油机一次或两次把大法兰以上的部分从光杆中拔出，用大绳系牢拔出的部分，启机，使抽油机上行到上死点时，当吊出部分拔出光杆后停机刹紧车，利用放刹车来下放吊出部分，用大绳拉紧避免刮碰光杆，从大法兰上取下刺坏的钢圈，一直从光杆的末端拿掉旧钢圈换上新钢圈，新钢圈上要抹少许黄油，而后依次将采油树拔出的部件穿过光杆，装回到采油树上去，上紧法兰螺栓，卡好生产阀内卡箍，装上新的光杆密封圈、上好压帽，开生产阀，送电启机，收拾好工具、用具和现场。

3. 卡箍钢圈刺漏故障及处理

卡箍钢圈刺漏：从卡箍中渗漏油污、水，严重时刺油、水造成井场污染，损坏设备。

卡箍可分为：左右生产阀的内卡箍2个，外卡箍2个；左右套管阀的内卡箍2个，外卡箍2个；总生产阀，上下各1个卡箍；测试阀连接胶皮闸门的下卡箍上下各1个。整个采油树总计12个卡箍钢圈，各部分常见的故障是刺漏，其各部分的刺漏更换不一样。下面就依次说明各卡箍钢圈刺漏的处理方法。

1）左右生产阀的内卡箍钢圈刺漏的处理方法

自喷井或电动潜油泵井：可停泵关闭总闸门、生产闸门，有水套炉井应关小炉火，井内有测试仪器时不可关闭总闸门（在起出仪器后才能更换），有余压时应放空，无压力（大多数时是无压力，因关井后压力从刺漏部位卸净）后卸卡箍螺丝，拿下卡箍后用撬杠撬开小四通与生产闸门（250阀）取下钢圈，清理钢圈槽（应擦净），更换新钢圈。新钢圈应抹少许黄油上好卡箍片，上紧卡箍螺丝，应注意上平、两侧均匀，不准一侧卡箍开口大一侧卡箍开口小。两螺栓应与螺母齐平，不得一侧留得很长，一侧只上几扣，更换完及时倒回原生产流程。有水套炉的井应开大炉火，电动潜油泵井启英无异常后方可离开。

抽油机井首先压井，使中转站来的高压液由套管进入井底，2~4h停机后应无自喷的现象，接放空管线至土油池或污油桶，将压力放空，可参照自喷井或电泵井更换左右生产阀内卡箍钢圈的方法操作。

2）左右生产阀外卡箍钢圈刺漏的处理方法

左侧无生产管线连接的井：外卡箍钢圈刺漏可直接关闭左侧生产阀门，卸下卡箍片更换钢圈即可。但有些井左侧没有装生产阀只是一个卡箍头，如是自喷井或电泵井可关闭总闸门处理；当井下有仪器时，不可关闭总闸门，应先将仪器起出来后再处理刺漏。可在刺漏部位盖上毛毡等物以避免刺漏污染面过大。如果是抽油井，应参照内卡箍钢圈刺漏处理方法进行操作。

右侧有生产管线连接的井：应停机关闭生产阀、关回压阀、关掺水阀，开放空，有水套炉井应关小炉火，卸掉卡箍片，取出旧钢圈，更换新钢圈，技术要求与更换内卡箍钢圈相同。

3）套管左右外卡箍钢圈刺漏的处理方法

左侧无管线连接的可直接关闭左侧套管阀、更换钢圈即可，更换方法同上述2）。

右侧有管线连接的，应关闭右侧套管阀，关闭计量间内高压管来水阀，关闭掺水阀（电动潜油泵井应关闭双管出油闸门及计量间内高压管来水阀），检查直通阀是否关严，等待压力卸光（因此段无放空）后，方可参照更换卡箍钢圈的顺序进行更换。

4）总闸门卡箍钢圈刺漏的处理

自喷井、电动潜油泵井：在更换总闸门上卡箍钢圈时，有水套炉的井应先关小炉火，关闭总闸门、生产闸门，开放空卸掉压力即可更换。为了装卸方便，也可卸松生产闸门的内卡箍。

在更换总闸门下卡箍钢圈时，有水套炉的井应先关掉炉火，压井后实施更换。抽油机井因井中有抽油杆，应参照更换大法兰钢圈的操作顺序进行更换。

4. 表层套管与生产套管的支承开焊的处理方法

表层套管支承损坏、开焊后有以下现象：

(1) 采油树晃动；

(2) 抽油机井，当驴头上行时采油树上移，下行时回到原位；

(3) 热洗时采油树上升。

此类情况多发生在抽油机井，具体处理方法如下：将采油树底部挖开，直至表层套管，将抽油机停在近下死点位置，先将采油树校正，必要时采用倒链拉正后，才能由专业人员进行焊接操作。

应注意的事项：

(1) 不要在热洗之后进行，因套管加热后有一定的伸长不能在原位上，最短也应在 24h 后进行焊接；

(2) 不能将抽油杆的全部负荷卸到采油树上，以免采油树不正。

第二节 抽油机各部件的调整

抽油机的调整：即对整机的水平、对中、平衡、控制系统的调整，其中水平、对中的调整和抽油机冲程的调整将在技师部分抽油机安装中进行介绍。

一、抽油机的平衡调节

(1) 停止抽油机工作，曲柄停在水平位置，误差不超过 10°左右（使平衡块移动时保持平稳），刹紧刹车，切断电源。

(2) 松开平衡块的固定螺栓，但不允许卸掉螺母，卸掉牙块螺栓，拿掉牙块。

(3) 在一人左右晃动平衡块时（晃动时不得摆动过大，以防平衡块滑脱），另一人用撬杠向里（外）撬动配重块，这样就可以一点一点地把平衡块移到位置。

(4) 平衡块移到预定位置后扭紧固定螺栓，上好牙块螺栓。调整完一侧后调另一侧。平衡块调整时应做到 4 块配重块同时调整，以免配重块中心线不在同一位置上。

(5) 松刹车送电，按启动操作规程启机，待运转正常 30min 后测电流，检查调整平衡的效果，平衡率必须达到 85％以上。不能产生负平衡，以免使减速器齿轮产生背向冲击，降低减速器的使用寿命。

二、抽油机的冲速调整

1. 冲速与减速器减速比的关系

1) 减速器减速比

在现场的使用中，减速器多为三轴二级减速，即它有 3 根轴（输入轴、中间轴、输出轴），前后共有 2 次减速。

电动机的高速旋转，经皮带轮减速后，将动能传给输入轴。输入轴上有斜齿，将动力传给中间轴上的左右旋齿轮。左右旋齿轮带动中间轴，而中间轴齿将动力传给输出轴。输出轴将减速后的动力传给曲柄，带动曲柄做低转数的运转。通过计算可以得到减速比。

2) 皮带轮减速比

$$皮带轮减速比 = \frac{皮带轮周长}{电动机轮周长} = \frac{\pi D}{\pi d} = \frac{D}{d}$$

式中 D——大皮带轮直径，mm；

d——电动机轮直径，mm。

例如，某机型，输入轴齿齿数 $Z_1 = 30$ 齿，左右旋齿轮齿数 $Z_2 = 170$ 齿，中间轴齿数 Z_3

=24齿，输出轴齿数 Z_4=146齿，求本机总减速比是多少？高、低速减速比是多少？大皮带轮直径800mm，电动机皮带轮直径200mm，求皮带轮减速比是多少？本机冲速是多少？

减速器减速比：

第一级减速（高速级）：

$$传动比 = \frac{从动轮的齿数}{主动轮的齿数} = \frac{Z_2}{Z_1} = \frac{170}{30} = 5.667$$

第二级减速（低速级）：

$$传动比 = \frac{从动轮的齿数}{主动轮的齿数} = \frac{Z_4}{Z_3} = \frac{146}{24} = 6.08$$

减速器总传动比：

$$总传动比 = 一级传动比 \times 二级传动比 = 5.667 \times 6.08 = 34.46$$

$$皮带轮减速比 = \frac{D}{d} = \frac{800}{200} = 4$$

$$总减速比 = 减速器减速比 \times 皮带轮减速比 = 34.46 \times 4 = 137.84$$

如果本机使用的电动机转速为960r/min，则

$$抽油机的冲速 = \frac{电动机转速}{总减速比} = \frac{960}{137.84} = 6.96 \approx 7\text{min}^{-1}$$

一般抽油机的电动机轮有3个，直径大小不一，可以通过更换不同直径的皮带轮来达到改变抽油机的冲速。但也有高冲速的机型，大皮带轮也同时配备2个不同直径的皮带轮，通过更换减速器的大皮带轮达到调高冲速的目的。

在现场的调整中，多是电动机转速、冲速已定，可通过调整电动机轮的直径达到满足抽油机的要求。而三角皮带轮（现场多为三角皮带轮）的计算直径，是通过皮带轮上皮带断面重心的圆周直径计算的。在冲速已定、电动机转速已定的情况下，电动机的皮带轮直径 D_1 可按下式确定。

$$D_1 = \frac{D_2 n_2 Z}{n_1}$$

式中 D_2——减速器皮带轮直径；mm；

n_2——抽油机冲速，min^{-1}；

Z——减速器的减速比；

n_1——电动机额定转速，r/min。

例如，设定本机 D_2 为800mm，n_2 为 7min^{-1}，Z 为34.46，n_1 为960r/min，求电动机皮带轮直径 D_1 是多少。

代入上式：

$$D_1 = \frac{D_2 n_2 Z}{n_1} = \frac{800 \times 7 \times 34.46}{960} = \frac{192976}{960} \approx 200(\text{mm})$$

2. 冲速的调整

（1）停机，驴头停在上死点，刹车，切断电源。

（2）松刹车，松开电动机的固定螺栓，卸去皮带，卸下电动机轮的锁死螺母，用拉轮器拉住皮带轮（如果当拉轮器拉不动时，用大锤击打拉力器的后部，可在振动作用下拉下皮带轮）。

（3）擦净电动机轴套，不得有脏物。换装预调冲速的轮，检查新轮是否符合要求。

①皮带轮内径应与轴套相匹配，光滑无毛刺。
②皮带轮外径与冲速有一定的对应关系。
③皮带轮边缘不可有缺损。
④皮带轮的槽型应与皮带型号相对应。

（4）装好新皮带轮，上紧锁死螺母，松开刹车装皮带，调整好"四点一线"及皮带松紧，上紧电动机顶丝，并对角上紧电动机固定螺栓。

（5）送电启动抽油机，注意观察拆卸过的部分有无杂声、松动等现象。

（6）测量电流：运转正常 30min 后，视平衡状况确定是否需要进行调节平衡。

三、刹车系统的调整

抽油机的刹车系统是非常重要的操作控制装置，其制动性是否灵活可靠，对抽油机各种操作的安全起着决定性作用。刹车系统性能主要取决于刹车行程（纵向、横向）和刹车片的合适程度，如图 1-4-2 所示。

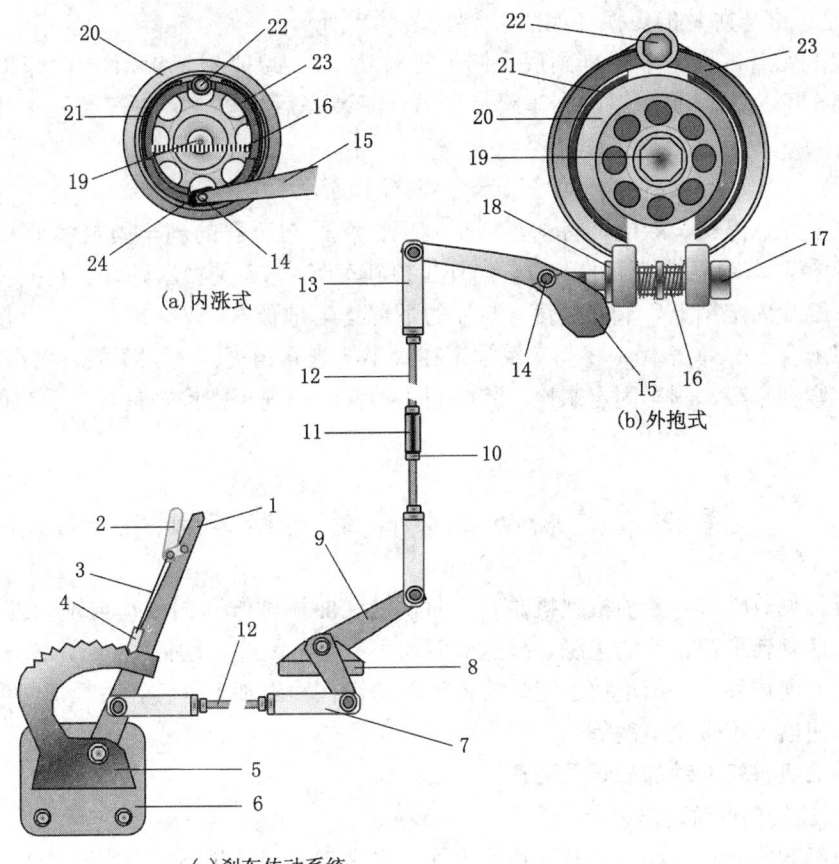

图 1-4-2 抽油机刹车装置示意图

1—刹车把；2—锁定刹车把；3—弹簧拉杆；4—锁死牙块；5—刹车座；6—刹车固定座；7—拉杆头；8—刹车中间座；9—刹车座摇臂；10—螺栓备帽；11—螺栓；12—（纵、横）拉杆；13—拉杆头；14—摇臂销；15—刹车摇臂；16—弹簧；17—刹车拉销；18—刹车蹄扶正圈；19—刹车固定螺栓；20—刹车轮；21—刹车片；22—刹车蹄轴；23—刹车蹄；24—凸轮

1. 纵向拉杆（行程长短）的调节

抽油机停在下死点，断电；松开刹车，用扳手卸开螺栓 11 的上下锁死备帽，顺时针卸螺栓 11 及缩短拉杆长度；逆时针可松长拉杆（使刹车不过紧）。

2. 横向拉杆（行程长短）的调节

如果纵向拉杆调整到没有余地时，刹车行程还没有达到要求，就要调节横向行程长短（刹车座的摇臂也调到位了）。调节方法与纵向拉杆调整基本相同。

3. 刹车把及锁销的调整（如图 1-4-2 所示）

刹车把锁销是锁定刹车把的，其在刹车时靠提拉弹簧拉杆把来实现的。通过它的调整能够锁死刹车，使其不能自行滑脱。调整锁死牙块在刹车的 1/3～2/3 之间，其间正好是刹车行程的范围。

4. 刹车片的更换

抽油机刹车是经常使用的，每次都是在大强度制动力下进行的，这对刹车片的磨损是很大的。在其被磨薄或损坏时，就要及时进行更换。

1) 外抱式刹车蹄片的更换［如图 1-4-2（b）所示］

停机在上死点，将刹车把推到底。卸掉摇臂销 14，卸掉刹车拉销 17，卸掉刹车蹄轴 22，卸掉刹车蹄片 23，更换新的刹车蹄片即可。安装完后再略调整刹车行程，达到要求范围。

2) 内涨式刹车蹄片的更换［如图 1-4-2（a）所示］

驴头在上死点停机、断电，将刹车把推到底。卸掉刹车毂的刹车固定螺栓 19，打下刹车轮 20，卸掉刹车蹄固定销上的卡簧，向外拉掉刹车蹄片 23 更换新蹄片。将同型号的新蹄片上到刹车蹄片固定销上，卡好卡簧，蹄片的下部均匀地放在凸轮 24 上，不可偏斜。用手钳和螺丝刀配合上好弹簧 16，将刹车蹄片定在最小的张开角度。上刹车鼓，对准键槽推进，打入键，上紧刹车毂、刹车固定螺栓，装好刹车摇臂。拉刹车把检查是否灵活，再调整好刹车行程。

第三节 抽油机故障的判断与处理

抽油机常见故障有：抽油机整机振动，曲柄销在曲柄圆锥孔内松动或轴向外移、拔出，连杆刮碰曲柄旋转平衡重块的边缘，减速器漏油，刹车不灵或自动溜车，尾轴螺丝松动，游梁顺着驴头方向位移，平衡重块固定螺栓松动，曲柄在输出轴上外移，悬绳器绳辫拉断，皮带松弛，减速器大皮带轮滚键等。

一、抽油机整机振动的故障及处理

1. 抽油机整机振动的原因

（1）地座的原因：主要有地基建筑不牢固、底座与基础接触不实有空隙、支架底板与底座接触不实。

（2）负载与对中的原因：驴头对中误差大、悬点负荷过重超载、平衡率不够、井下抽油泵刮卡现象或出砂严重、减速器齿轮打齿。

2. 检查方法

（1）首先要检查的是基墩与底板接触是否牢固。如果不牢固，当抽油机上行时基墩跟着抽油机的上行而上升，下行时又回到原位，此种故障多发生在墩式基础的第一、第二基礅上。下雨时发现比较明显的稀泥从基础与大地的缝隙中被挤出来，此种故障是底板的预埋件与基墩的焊接开焊造成整机振动过大。

（2）检查基墩和底座的连接部分，斜铁是否有松动，紧固螺钉是否松动。

（3）检查支架的3条支腿底座与抽油机的底座连接部分，两条前支腿部位水平是否达到要求，是否有缝隙。后支腿是否有缝隙、接触不牢固。抽油机运转时，梯子是否晃动严重。

（4）驴头对中差得较大、严重超出规定范围。检查时可卸掉负荷，用垂线法测量驴头打点（详见抽油机安装质量检查）。

（5）驴头悬点负荷严重超载。通过测示功图可以得到本机的悬点负荷是否严重超载。此类情况发生在井下更换大泵，加深泵挂，或是抽汲参数不合理——冲程大、冲速快，造成了悬点负荷和惯性负荷的增加而使整机严重超载，应及时处理，不然可能造成严重后果——拉断悬绳器、游梁、横梁等事故发生。

（6）平衡率不够，可通过用钳形电流表检测平衡率。听电动机的声音也能发现平衡率差得太多，电动机上下冲程速度不一致，发生不均匀的噪声。

（7）井下碰泵、刮卡现象也可造成整机的振动。每上下一次都有一次卸载、增载，抽油机摇摆、晃动，产生很大的冲击振动，还可造成其他部件损伤。

（8）减速器齿轮打齿或左右旋齿松动。减速器噪声很大、机身振动很大，检查减速器，打开减速器检查孔，检查齿轮是否有打齿现象，要逐一检查每个齿、左右旋齿、中间轴、人字齿和输出轴齿。

3. 处理故障的方法

（1）如基墩与底板预埋件开焊，可挖出基墩至底板预埋件重新焊接。

（2）基墩与底座的连接部位不牢时，可重新加满斜铁，重新找水平后，紧固各螺栓，并备齐止退螺帽。将斜铁块点焊成一体，以免斜铁脱落。

（3）支架与底座有缝隙时，可用金属垫片找平，重新紧固。

（4）驴头不对中时，应及时调整对中。

（5）严重超载时，应及时调小冲程、冲速，或换小泵径，或更换大点的机型。

（6）平衡率不够时，应及时调整平衡，平衡率应不小于85%以上。

（7）碰泵、刮卡现象时，应调整防冲距。如发现刮卡现象时，应将抽油杆调整一个位置，直至不刮卡为止。

（8）如减速器齿轮打齿，应立即更换。左右旋齿松动应及时更换，不然会造成更大的损坏。

二、曲柄销在曲柄圆锥孔内松动或轴向外移拔出的故障及处理

1. 故障现象

检查抽油机时，能听到周期性的轧轧声。严重时，地面上有闪亮的铁屑，发生掉游梁的事故，也就是翻机事故。

2. 故障原因

（1）曲柄销上的止退螺帽松动或开口销未插，使冕型螺母退扣。

（2）销轴与销套的结合面积不够，或上曲柄销时锥套内有脏物。

（3）销轴与销套加工质量不合格。

（4）曲柄销套的圆锥已被磨损。

3. 处理方法

重新安装曲柄销，将旧销打出冲程孔，检查锥套是否磨损。检测曲柄销轴与锥套的配合

情况。在锥套里抹上黄油，将曲柄销轴插入锥套内压紧，再拉出来看销轴上有多少面积粘有黄油，即可看到销与锥套的结合面积有多少，加工合格的销套（结合面积应能达到65%以上）。如果结合面积很小，可视为加工不合格应更换。重新上曲柄销时，应按操作规程和技术要求装配（可参照更换曲柄销的操作）。

三、连杆刮碰曲柄旋转平衡重块的故障及处理

1. 故障现象

有规律的声响。当抽油机运转到某一位置时发生声响，连杆和重块发生摩擦的部位有明显的痕迹。

2. 故障原因

(1) 游梁安装不正，中心线与底座中心线不重合。

(2) 平衡重块铸造不符合标准，凸出部分过高。

3. 处理方法

(1) 调整游梁位置，使其与曲柄完全一致。游梁的中心线应与底座中心线重合在一条线上，可用中央轴承座的前后4条顶丝调节。

(2) 削去平衡重块上突出过高的部分，可采用手提砂轮机磨掉多余部分。

四、减速器漏油的故障及处理

1. 故障现象

(1) 减速器发热，油箱温度高。

(2) 油从减速器上盖和底座的合口处或从输入轴、中间轴、输出轴的油封处一滴一股地流出。

2. 故障原因

(1) 减速器内润滑油过多。

(2) 合箱口不严，螺丝松或没抹合箱口胶。

(3) 减速器回油槽堵。

(4) 油封失效或唇口磨损严重。

(5) 减速器的呼吸器堵，使减速器内压力增大。

3. 处理方法

(1) 放掉减速器内多余的润滑油。打开放油孔将多余的润滑油放出，箱内的油面应在油面检视孔的 1/3～2/3 部位之间即可。

(2) 箱口不严可重新进行组装。组装时应抹合箱口胶；如无合箱口胶时，可用密封脂替代。如是箱口螺丝松动，可紧固箱口螺丝。

(3) 检查回油槽是否有脏物堵塞，清理干净。因现场采用的减速器润滑方式是飞溅式润滑和重力式润滑的混合式润滑，油道堵后油不能退回到箱内造成合箱口渗油、漏油。

(4) 油封在运转一段时间之后应在二级保养时更换，但有时不能更换，造成了油封的唇口磨损严重而漏油，应更换新油封。

(5) 减速器呼吸器堵塞造成减速器内压力增大，从油封处漏油。拆洗清理呼吸器。

五、刹车不灵活或自动溜车的故障及处理

1. 故障现象

(1) 刹车时不能停在预定的位置，拉刹车时感觉很轻。

(2) 松刹车时刹车把推不动。

2. 故障原因

（1）刹车行程未调整好——行程过大，拉到底时刹车片才起作用。

（2）刹车片严重磨损。

（3）刹车片被润滑油染（脏）污，不能起到制动作用。

（4）刹车中间座润滑不好或大小摇臂有一个卡死，拉到位置后刹车仍不起作用。

3. 处理方法

（1）调整刹车行程在 1/3～2/3 之间，并调整刹车凸轮位置，保证刹车时刹车蹄能同时张开。

（2）更换严重磨损的刹车片，取下旧刹车片重新铆上新刹车片。

（3）清理刹车毂里的油迹，保障刹车鼓与蹄片之间无脏物、油污。如果是刹车毂一侧的油封漏油，应更换油封。

（4）把刹车中间座拆开，因里面是铜套需要润滑，拆开后清理油道加注黄油即可。两个摇臂要调整好位置，不得有刮卡现象。

六、尾轴承座螺栓松的故障及处理

1. 故障现象

尾轴承固定螺栓剪断、螺栓弯曲，尾部有异常声响；轴承座发生位移。

2. 原因

（1）游梁上焊接的止板与横梁尾轴承座之间有空隙存在。尾轴承座后部有一螺栓穿过止板拉紧尾轴承座，这条螺栓未上紧，紧固尾轴承座的 4 条螺栓松动，或无止退螺帽。

（2）上紧固螺栓时，未紧贴在支座表面上，中间有脏物。

3. 处理方法

（1）止板有空隙时，可加其他金属板并焊接在止板上，然后上紧螺栓。

（2）重新更换固定螺栓并加止退螺帽，打好安全线加密检查。

七、游梁顺着驴头方向（前）位移的故障及处理

1. 故障现象

原位对正井口，发现光杆被驴头顶着上升，并伴有声响，振动增加。

2. 故障原因

（1）中央轴承座固定螺栓松，前部的两条顶丝未顶紧中央轴承座。中央轴承座固定螺栓松动，使游梁位移。

（2）游梁固定中央轴承座的"U"型卡子松了，使游梁向驴头方向位移了。

3. 处理方法

卸掉驴头负荷使抽油机停在近上死点，使游梁回到原位置上，检查"U"型卡子是否有磨损，如无磨损上紧"U"型卡子螺丝；如中央轴承座松，可用顶丝将中央轴承座顶回原位，扭紧固定螺栓即可。

八、平衡重块固定螺栓松动的故障及处理

1. 故障现象

检查时，发现有规律的声响，上、下冲程各有一次。严重时，平衡重块掉到地上，拉掉曲柄上的牙，使曲柄报废。下雨后，能够看到螺栓部位有水锈的痕迹。

2. 故障原因

紧固螺栓松动，曲柄平面与平衡重块之间有油污或脏物。

3. 处理方法

将曲柄停在水平位置,检查紧固螺栓及锁紧牙块螺栓,回复到原位置,上紧紧固螺栓。具体要求按操作规程安装调整。

九、曲柄在输出轴上外移的故障及处理

1. 故障现象

曲柄在输出轴上向外移,从后面看抽油机连杆不是垂直而是下部向外,严重时掉曲柄,造成翻机事故。

2. 故障原因

曲柄键不合格,输出轴键槽与曲柄键槽有问题。

3. 处理方法

更换键或加工异形键。

十、悬绳器绳辫拉断的故障及处理

1. 故障现象

绳辫粗细不均匀,腐蚀严重,锈很多,拉断砸在井口密封圈盒上。

2. 故障原因

(1) 绳辫钢绳中的麻芯断,造成钢绳间的互相摩擦,钢绳受到的损伤很大,最后拉断。

(2) 绳辫钢绳受到外力严重损伤,同部位断丝超过 3 根而检查时没有及时更换,最后拉断钢绳。

(3) 钢丝绳头与灌注的绳帽强度不够,使绳帽与钢绳脱落。

3. 处理方法

更换悬绳器。截取合适长度的钢绳 1 根,装上悬绳器的上、下压板。如果是绳帽灌注,灌绳锥套的总长度不得超过 100mm。灌铅时应在绳头上打入三角铁纤 2~3 根起涨开作用。铅里应加入少量锌以增加强度,避免拉脱。如果是用绳卡子卡时,下方预留绳头不得超过 20mm,以免运转到下死点时刺伤采油工。

悬绳器安装时的要求:

(1) 两侧长度相等,互相平行,上、下压板平行、不得倾斜。

(2) 上压板在驴头上死点时距驴头下方 250~300mm 之间,以免测示功图时挤坏动力仪。

(3) 下压板在驴头下死点时距密封圈盒 400~450mm 之间(因需要打一个防掉卡子)。

(4) 悬绳轨迹应在驴头弧面两侧的均匀位置运行、不得偏离,允许误差 20mm。

十一、皮带松弛的故障及处理

1. 故障现象

(1) 单根皮带有松有紧。

(2) 联组皮带有跳的现象、波浪状起伏现象。

(3) 打滑并伴有异常声响。

(4) 起火而烧皮带。

(5) 掉在地上。

2. 故障原因

(1) 使用的皮带长度不一致。

（2）电动机滑轨的固定螺栓松弛。
（3）电动机固定螺栓松弛。
（4）皮带拉长。

3. 处理方法

（1）选择合适的、长度一致的皮带。如果是新皮带就长短不一，可将长的用在一组，短的用在一组。

（2）紧固松弛的螺丝，并顶紧对角的顶丝螺丝。

（3）调整皮带的拉紧度，因皮带用一段时间后肯定会拉长，因此应相应的调整，以保持皮带的拉紧度，以单根皮带翻转 180°松手即能回复到原样为合适，联组带手掌下压一指松开即复位为合适。

十二、减速器大皮带轮松滚键的故障及处理

1. 故障现象

在运转时大皮带轮晃动，有异常声响。

2. 故障原因

（1）大皮带轮端头的固定螺栓松，使皮带轮外移。
（2）大皮带轮键不合适。
（3）输入轴键槽不合适。

3. 处理方法

更换大皮带轮键，检查输入轴键槽是否有损坏，如有损坏应更换输入轴。如果键槽是好的，即可根据键槽重新加工键。紧固大皮带轮的端头螺丝，锁紧止退锁片。

第五章 电工仪表

第一节 万用表的分类及使用操作

万用表又称为复用表或多用表,可用来测量直流电流、直流电压,交流电流、交流电压,电阻和电平等,有的万用表还可用来测量电容、电感以及晶体二极管、三极管的某些参数。由于万用表具有功能多、量程宽、灵敏度高、价格低和使用方便等优点,所以它是电工必备的电工仪表之一。随着电子技术的发展,目前常用的万用表有模拟(指针)式和数字式两种。由于指针式万用表的价格低,很适用于普通技术工人群体,所以目前它仍被广泛使用。

一、指针式万用表

指针式万用表主要由指示部分、测量电路、转换装置三部分组成。常用的万用表有 MF64 型、MF500 型等。图 1-5-1 就是最常用的 MF500 型万用表。其指示部分俗称表头,用以指示被测电量的数值。表头是万用表的关键部件,万用表的许多性能(如灵敏度、精确度等级、阻尼和指针回零等)大都取决于表头的性能。表头的灵敏度是以满刻度偏转电流来衡量的,满刻度电流越小,表头的灵敏度越高。测量电路的作用是把被测的电量转变成适合于表头要求的微小直流电流。它通常包括分流电路、分压电路和整流电路。分流电路将被测的大电流通过分流电阻变换成表头所需的微小电流。分压电路将被测的高电压通过分压电阻变换成表头所需的低电压。整流电路将被测的交流电转变成表头所需的直流电。万用表被测物理量和量程的选择是靠转换装置来实现的。转换装置通常由功能切换旋钮、接线柱或测试插孔组成。转换开关有固定触点和活动触点,接通相应的触点,就可构成相应的测量电路。

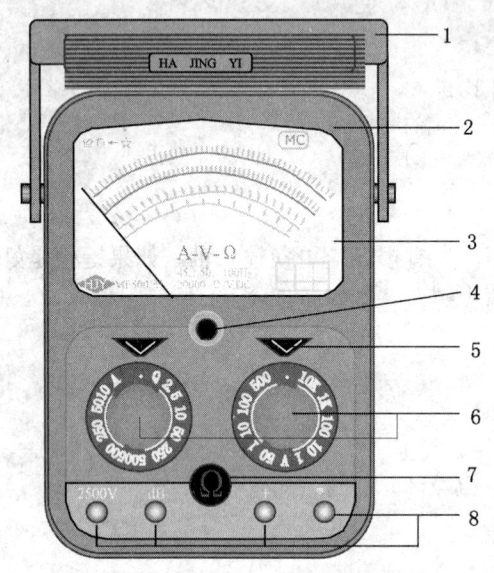

图 1-5-1 常用 MF500 型万用表示意图
1—表把;2—表体壳;3—仪表刻度盘;4—指针微调旋钮;5—功能指示键;6—功能切换旋钮;7—测电阻微调钮;8—测试插孔

1. 操作步骤(以 MF500 型为例)

1)熟悉万用表

万用表的结构形式很多,面板上旋钮、开关的布置也有差异,因此,使用万用表以前,应仔细了解和熟悉各部件的作用,并分清表盘上各条标度尺所对应的被测量。

2)机械调零

万用表应水平放置,使用前检查指针是否指在零位上。若未指零,则应调整指针微调旋钮(如图 1-5-1 中 4),将指针调到零位上。

3)接好测试表笔

应将红色测试表笔的插头接到红色接线柱上或标有"+"号的插孔内,黑色测试表笔的插头接到黑色接线柱上或标有"*"号的插孔内,如图1-5-2所示。

4)选择测量种类和量程

有些万用表的测量种类选择旋钮和量程变换旋钮是分开的,使用时应先选择被测量种类,再选择适当量程。如果万用表被测量种类和量程的选择都由一个转换开关控制,则应根据被测量的大小将开关置于适当的量程位置。如果事先无法估计被测量的数值范围,可先用该被测量的最大量程挡试测,然后逐渐调节,选定适当的量程。测量电压和电流时,万用表指针偏转最好在量程的1/2~2/3的范围内;测量电阻时,指针最好在标度尺的中间区域。

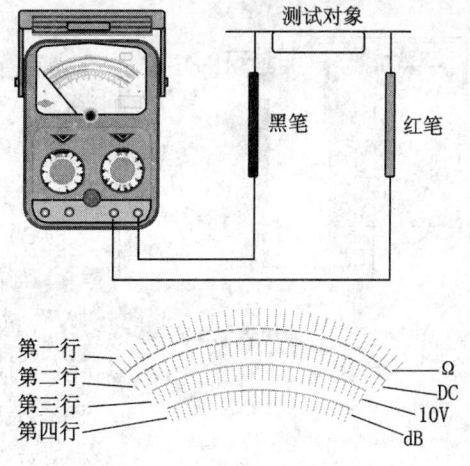

图1-5-2 万用表使用示意图

5)正确读数

MF500型万用表标度盘为例(如图1-5-2)。测量电阻时,应读取标有"Ω"的最上方的第一行标度尺上的分度线数字。测量直流电压和直流电流时,应读取第二行标度尺上的分度线"DC"数字,满量程数字是50或250。测量交流电压,应读取标有"10V"的第三行红色标度尺上的分度线数字,满量程数字为10。标有"dB"第四行绿色的标度尺只在测量音频电平时才使用。电平测量使用交流电压挡进行,如果被测对象含有直流成分,则应串入一只$0.1\mu F/400V$以上的电容,以隔断直流电压;若使用较高量程,则应加上附加分值。

2. 使用注意事项

(1)每次测量前对万用表都要做一次全面检查(检查1.5V干电池的使用情况),以核实表头部分的位置是否正确。

(2)测量时,应用右手握住2支表笔,手指不要触碰表笔的金属部分和被测元器件。

(3)测量过程中不可转动转换开关,以免转换开关的触点产生电弧而损坏开关和表头。

(4)使用R×1挡时,调零的时间应尽量缩短,以延长电池使用寿命。

(5)万用表使用后,应将转换开关旋至空挡或交流电压最大量程挡。

3. 具体应用

1)直流电流的测量

一般万用表只有直流电流挡而无交流电流挡。用万用表测量直流电流时,首先将左侧的转换开关旋到A位置,右侧的转换到标有"mA"或"μA"符号的适当量程上。一般万用表的最大电流量程在1A以内,若是用直接法只能测量小电流。如果要用万用表测量较大电流,则必须并接分流电阻。测量直流电流时,将红色表笔(表的正端)接到电源的负极,黑色表笔(表的负端)接到负载的一个端头上,负载的另一端接到电源的正极,也就是表头与负载串联。测量时要特别注意,由于万用表的内阻较小,切勿将两只表笔直接触及电源的两极;否则,表头将被烧坏,测量方法如图1-5-3所示。

2)交流电压的测量

测量前,先将右侧的转换开关旋到"V"上,左侧的转到标有"V"相应的量程符号

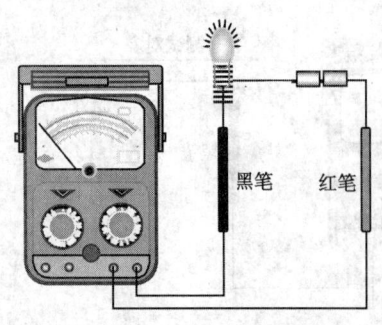

图1-5-3 万用表测量直流电流示意图

处,并将开关置于适当量程挡,然后将红色表笔插入万用表上标有"+"号的插孔内,黑色表笔插入标有"*"号的插孔内。手握红色表笔和黑色表笔的绝缘部位,先用黑色表笔触及一相带电体,用红色表笔触及另一相带电体(或中性线)。读数,读完数后立即脱开测试点,如图1-5-4(a)。

3) 直流电压的测量

与测量交流电压基本相同,区别是左侧切换开关旋至"V"量程线内。直流电压有正负之分,测量时,黑色表笔应与电源的负极相触,红色表笔应与电源的正极相触,两者不可颠倒,如图1-5-4(b)。如果分不清电源的正

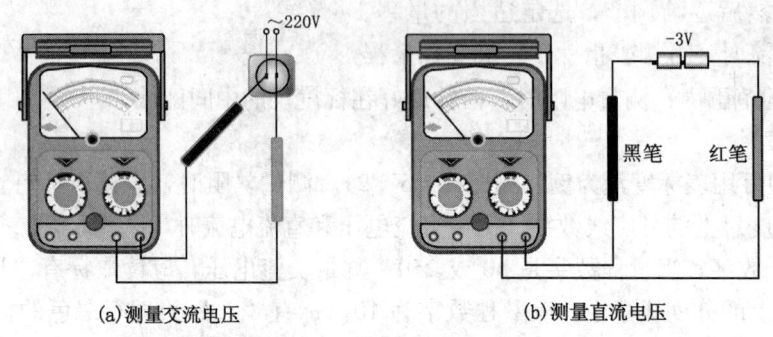

(a)测量交流电压　　　　(b)测量直流电压

图1-5-4 常用MF500型万用表测量电压示意图

负极,则可选用较大的测量范围挡,将2支表笔快触一下测量点,观察表针的指向,找出被测电压的正负极并选择挡位及极性测试。

4) 电阻的测量

测量前,将万用表的转换开关左旋"Ω"位置,右旋"Ω"量程范围内,先选择"1K"挡调零旋到标有"Ω"位置,然后将两表笔短接、调零,再将两表笔分别触及电阻的两端。将测得的读数乘以倍率数即为所测电阻值。测量时,必须注意:第一,切勿带电测量,否则不仅测量结果不准确,而且还可能烧坏电表。若线路中有电容,则应先放电。第二,使用间歇,不可使两表笔相碰短接,以免浪费干电池的电能。第三,不可用欧姆挡直接测量检流计、标准电池等的内阻。第四,使用欧姆挡判别仪表的正负端或半导体元件的正反向,万用表的"+"端应与内附干电池的负极相连,而"*"端则应与内附干电池的正极相连,即黑色表笔为正端,红色表笔为负端。

5) 电路通断的判断

在电器线路和电器设备的安装、维修中,电工经常要使用万用表检查电路是否导通。此时尽可能地选择大欧姆挡位测量,若是负载高绝缘度的电路时,不能测量断路(绝缘度)的必须用"摇表"兆欧表;若读数为零或接近于零,则表明电路是通的;若读数为无穷大,则表明电路不通。

二、数字式万用表

数字式万用表采用了大规模集成电路和液晶数字显示技术。与指针式万用表相比,数字式万用表具有许多特有的性能和优点:读数方便、直观,不会产生读数误差;准确度高;体

积小，耗电省；功能多。许多数字式万用表还具有测量电容、频率、温度等功能。因此，数字式万用表得到更为广泛的应用。

如图1-5-5所示属于DT890D型数字式万用表的外形图。DT8980D型万用表属于中低挡普及型万用表。液晶显示屏直接以数字形式显示测量结果，并且还能够自动显示被测数值的单位和符号（例如欧姆、千欧姆等）。由于首位不能显示0～9的所有数字，只能显示称作"半位"的1，所以习惯上叫做3又2分之1位数字式万用表。数字式万用表的位数越多，其灵敏度越高。如较高挡的4又2分之1位数字式万用表，其最大显示值为正负1999。功能选择开关位于万用表的中间。由于最大显示数为1999，不到满刻度2000，所以量程的首位几乎都是2，如200Ω，2kΩ，2V，200V等。

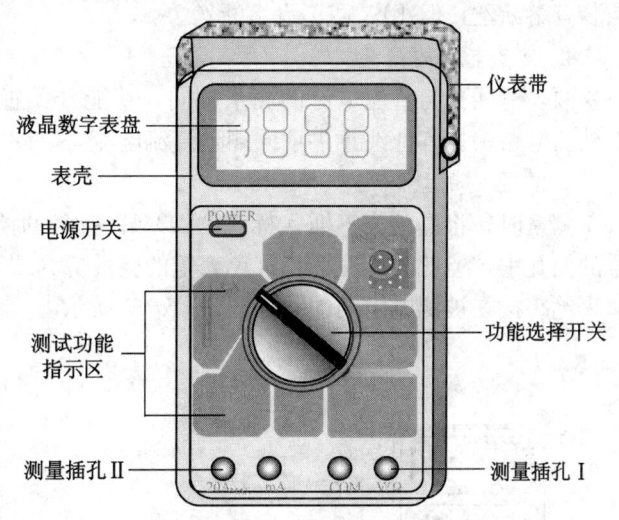

图1-5-5 常用数字式万用表示意图

数字式万用表的量程比指针式万用表多。DT890D型数字式万用表的电阻量程有七挡，从200Ω至200MΩ。数字式万用表的表笔插孔有4个。标有"COM"的插孔为公共插孔，通常插入黑色表笔；标有"V/Ω"的插孔应插入红色表笔，用以测量电阻值和交直流电压值。测量交直流电流有2个插孔，分别标有"mA"和"20A"，供不同量程挡选用，也插入红色表笔。

数字式万用表使用方法：将电源开关钮拨向"ON"一侧，接通电源。先用旋钮调零校准，使液晶屏显示屏显示"000"。用功能选择开关选择被测量的种类和量程。功能选择开关周围字母和符号的含义分别为："DCV"表示直流电压，"ACV"表示交流电压，"DCA"表示直流电流，"ACA"表示交流电流，"Ω"表示电阻，"C"表示电容等。

1. 直流电压的测量

测量时，将黑色表笔插入标有"COM"符号的插孔中，红色表笔插入标有"V/Ω"符号的插孔中，并将功能选择开关旋于"DVC"的适当位置，两表笔跨接在被测负载或电源的两端（如图1-5-6）。在显示屏上显示电压读数的同时，还指示红色表笔的极性。如果只在高位显示"1"，则表明被测量已超过量程，应将量程调至高挡。测试高电压时，严禁接触高电压电路。

2. 交流电压的测量

测量时，将黑色表笔插入标有"COM"符号的插孔中，红色表笔插入标有"V/Ω"符号的插孔中，并将功能选择开关旋于"AVC"的适当位置，两表笔跨接在被测负载或电源的两端，如图1-5-6所示。测量的注意事项与直流电压的测量相同。

3. 直流电流的测量

当被测最大电流为200mA时，将黑色表笔插入标有"COM"符号的插孔中，红色表笔插入标有"A"符号的插孔中。如果被测最大电流为10A，则红色表笔插入10A孔中，功能开关置于 DCA 量程范围内,并且两表笔串入被测电路中。红色表笔的极性将在数字显示的同时指示出来。标有警告符号插孔,最大输入电流为 200mA 或 10A(按插孔分),200mA 挡装有熔断丝,但 10A 挡不设熔断丝。

4. 交流电流的测量

两表笔插孔与直流电流的测量相同,功能开关置于"ACA"量程范围内,并将表笔串于被测电路中。其他注意事项同测量直流电流。

5. 电阻的测量

测量时,将黑色表笔插入标有"COM"符号的插孔中,红色表笔插入标有"V/Ω"符号的插孔中,但此时应注意,红色表笔的极性应为"+"。将功能开关置于欧姆量程范围内,两表笔跨接在被测电阻两端,如图 1-5-7 所示。

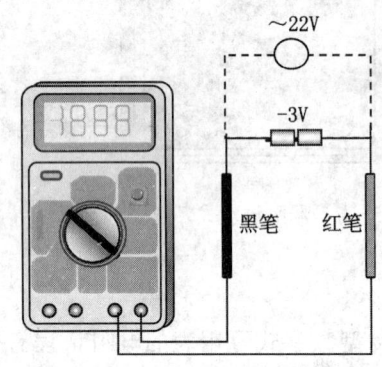

图 1-5-6 数字万用表测量直(交)流电压示意图

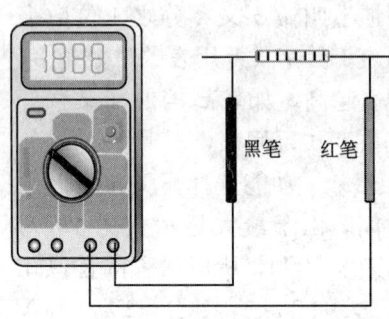

图 1-5-7 数字型万用表测量电阻示意图

测量时还要注意以下几点:

一是当两表笔开路时,表盘上显示超过量程状态的"1"是正常现象。

二是测量 1MΩ 以上的高电阻时,需经数秒表盘上才显示出稳定读数。

三是被测电阻不得带电。

第二节 兆欧表的测量原理及使用操作

兆欧表又称为摇表,是专门用来测量电器线路和各种电器设备绝缘电阻的便携式仪表。它的计量单位是兆欧,所以称为兆欧表。图 1-5-8 所示的就是常用的 ZC11D-10 型兆欧表。

一、组成和测量原理

兆欧表的主要组成部分是一个磁电式流比计和一只手摇发电机。发电机是兆欧表的电源,可以采用直流发电机,也可用交流发电机与整流装置配用。直流发电机的容量很小,但电压很高(100~500V)。磁电式流比计是兆欧表的测量机构,由固

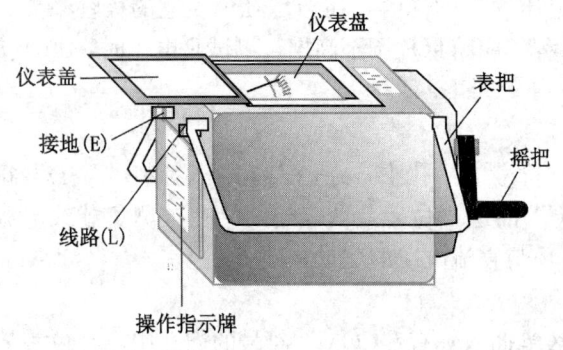

图 1-5-8 常用 ZC11D-10 型兆欧表示意图

定的永久磁铁和可在磁场中转动的2个线圈组成。当用手摇动发电机时，2个线圈中同时有电流通过，在2个线圈上产生方向相反的转矩，表针就随着两个转矩的合成转矩的大小而偏转某一角度，这个偏转角度取决于上述2个线圈中电流的比值。由于附加电阻的阻值是不变的，所以电流值仅取决于待测电阻阻值的大小。值得注意的是，兆欧表测得的是在额定电压作用下的绝缘电阻值。万用表虽然也能测得数千欧的绝缘电阻值，但它所测得的绝缘电阻，只能作为参考。因为万用表所使用的电池电压较低，绝缘材料在电压较低时不易击穿，而一般被测量的电器线路和电器设备均要在较高电压下运行，所以绝缘电阻只能采用兆欧表来测量。

二、使用方法和注意事项

1. 选择好兆欧表

选择兆欧表，应以所测电器设备的电压等级为依据。通常，额定电压在500V以下的电器设备，选用500V或1000V的兆欧表；额定电压在500V以上的电器设备，选用1000V或2500V的兆欧表。电器设备究竟选用哪种电压等级的兆欧表来测定绝缘电阻，有关规程都有具体规定，按规定选用即可。必须指出，切不可任意选用电压过高的兆欧表，以免被测设备绝缘击穿造成事故。同样，也不得选用电压过低的兆欧表，否则无法测出被测对象在额定工作电压下的实际绝缘电阻值。选择兆欧表量程的方法是：所选量程不宜过多的超出被测电器设备的绝缘电阻值，以免产生较大误差。

测量低压电器设备的绝缘电阻时，一般可选用0～200MΩ挡；测量高压电器设备或电缆的绝缘电阻时，一般可选用0～250MΩ挡。有些兆欧表的刻度不是从零开始，而是从1MΩ或2MΩ开始。这种兆欧表不宜用来测量潮湿环境中的低压电气设备的绝缘电阻，因为在潮湿环境下电气设备的绝缘电阻值有可能小于1MΩ，测量时在仪表上得不到读数，容易误认为绝缘电阻值为零而得出错误结论。

2. 测量前的准备

（1）测量前，应切断被测设备的电源，并进行充分放电（约需2～3min），以确保人身和设备安全。

（2）擦拭被测设备的表面，使其保持清洁、干燥，以减小测量误差。

（3）将兆欧表放置平稳，并远离带电导体和磁场，以免影响测量的准确度。

（4）对有可能感应出高电压的设备，应采取必要的措施。

（5）对兆欧表进行一次开路和短路实验，以检查兆欧表是否良好。实验时，先将兆欧表"线路（L）"、"接地（E）"两端钮开路，摇动手柄，指针应指在"∞"位置；再将两端钮短接，缓慢摇动摇把，指针应指在"0"处。否则，表明兆欧表有故障，应进行检修。

3. 测量方法和注意事项

（1）兆欧表接线柱与被测设备之间的连接导线，不可使用双股绝缘线、平行线或绞线，而应选用绝缘良好的单股铜线，并且两条测量导线要分开连接，以免因绞线绝缘不良而引起测量误差。

（2）摇动摇把的速度应由慢逐渐加快，一般保持转速120r/min左右为宜，在稳定转速下1min后即可读数。如果被测设备短路，指针摆到"0"，应立即停止摇动摇把，以免烧坏仪表。

（3）兆欧表上有分别标有"接地（E）"、"线路（L）"和"保护环（G）"的3个端钮。测量线路对地的绝缘电阻时，将被测线路接于L端钮上，E端钮与地线相接，如图1-5-9所示。测量电动机定子绕组与机壳间的绝缘电阻时，将定子绕组接在L端钮上，机壳与E

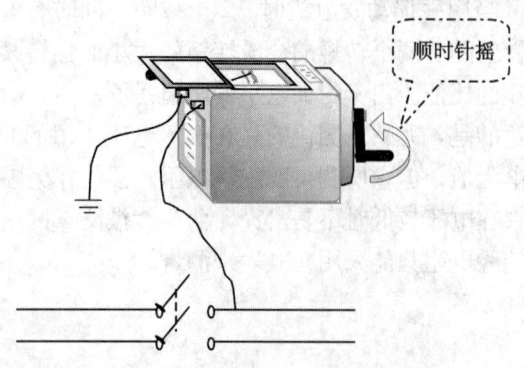

图 1-5-9 兆欧表测量线路绝缘电阻示意图

端钮连接;测量电缆芯线对电缆绝缘保护层的绝缘电阻时,将 L 端钮与电缆芯线连接,E 端钮与电缆绝缘保护层外表面连接,将电缆内层绝缘层表面接于保护环端钮 G 上。

(4) 测量电容器的绝缘电阻时应注意,电容器的击穿电压必须大于兆欧表发电机的额定电压值。测试电容后,应先取下兆欧表表线再停止摇动摇把,以免以充电的电容向兆欧表放电而损坏仪表。

(5) 同杆架设的双回路架空线和双母线,当一路带电时,不得测试另一路的绝缘电阻,以防感应高压危害人身安全和损坏仪表。

(6) 测量时,所选用兆欧表的型号、电压值以及当时的天气、温度、湿度和测得的绝缘电阻值,都应详细记录下来,为下一步检修维护提供准确依据。

(7) 测量工作一般由 2 人完成。测量完毕,只有在兆欧表完全停止转动和被测设备对地充分放电后,才能拆线。被测设备放电的方法是:用导线将测点与地(或设备外壳)短接 2～3min。

4. 仪表的维护和保养要点

前面介绍了几种电工常用的和与采油工有关的仪表,这里还要明确一下,仪表的维护与保养要点。为使仪表处于良好的工作状态,能测试出准确可靠的数据,必须做到:

(1) 搬运和使用电工仪表,应轻拿轻放,避免振动和撞击。

(2) 接线端必须洁净,表笔引线长短要适当。

(3) 仪表应存放于清洁、干燥、湿温度适当(温度 10～30℃,相对湿度 30%～80%)、无振动、无强电磁场干扰的环境中,并且不受阳光直接照射。由专人负责保管。

(4) 按有关规程规定,电工仪表应定期(一般每年 1 次)校验和调整,仪表的调整校验报告和有关记录资料应妥善保管,以便分析比较。

(5) 对电工仪表应定期进行擦拭,擦拭时禁止随便给仪表加注润滑油。

(6) 电工仪表发生故障时,应送有关单位或由有经验的人员修理,不得乱拆、乱卸。

第二部分　高级工技能操作与相关知识

第一章　管理油水井

第一节　跟踪描述抽油机井停产作业

学习目标　抽油机井停产作业是指抽油机井因泵况、换泵、堵水压裂等原因而进行的停产维护、调整的工作过程。这一过程对原井（作业前的）状况及要施工下泵等新的井下生产管柱状况是非常重要的，是今后生产的基础。这一过程通常是由作业队来负责完成的。对于采油工来说，主要是对全过程进行了解掌握、跟踪记录好各个环节。通过对本节的学习，使操作者能够以此为例，结合本油田油井施工作业规定，对抽油机井停产作业过程进行准确跟踪描述（记录）。

一、准备工作

（1）该作业井作业前生产数据、泵况、动液面及井下管柱等资料。

（2）记录本、笔、15m钢圈尺。

（3）劳保着装。

二、操作步骤

（1）掌握油井停产前的生产数据、维护作业的原因和油井的工艺设计要求。在作业施工队来交井准备作业时，询问要作业施工的原因和目的、时间和作业施工单位队号；在立架准备开始作业时，要施工队出示该井本次作业施工设计书及施工工序要求。

（2）以抬井口开始正式记录描述作业施工过程（以管式泵检泵作业为例）：

①起杆及活塞：抽油杆有无断脱、偏磨、弯曲等，有无结蜡显示迹象，这些现象的具体数据是在第几根杆的上、下、中间哪个部位；最后起出来活塞，看游动阀及阀罩情况，活塞表面有无刮磨痕迹。如果是杆断脱了（需起油管时），要记录清楚是多少根断脱的现状。

②起油管及管柱：起油管过程中注意每卸一根有无液体溢流出来，是否有断脱、弯曲等，并仔细观察螺纹有无损坏，泵筒出井口后要观察固定阀及尾部筛管情况（有无蜡、砂等机械杂物）。若是带分层采油管柱的，还要记录封隔器、配产器的各级情况——刮破、磨坏、堵死、刺大等现象，管柱整体有无变形等。

③在整个上提杆、管、泵及管柱过程中，有无拔不动情况等。

（3）原井管柱起出后，按施工设计是否要冲砂、刮蜡等工序，并记录清楚时间、用量等。

（4）下新井管柱：要询问、查看、核实所要下的管柱——泵型、管杆是否符合设计要求，每根杆、管的螺纹部分是否涂螺纹脂，是否上紧，有没有带脏物等。

（5）杆管全部下完，等坐上井口后检查光杆方余是多少（活塞处于碰泵状态），大法兰钢圈情况记录清，各阀门卡箍螺丝等都上正打紧。

(6) 最后审核一遍全部跟踪描述记录的内容，关键点要与施工设计（书）对照一下。

三、注意事项

(1) 对于有些井，如断杆、出砂、结蜡井等，作业队下管柱时，要到现场了解并检查井下工具配备及下入情况；如果是报油套窜的，要注意起油管时第几根开始有液量的。

(2) 认真积累停产维护井现场描述资料，并结合油井生产状况认真分析，用来修改完善油井单井管理措施，并为下次工艺设计提供依据。

(3) 描述要认真负责，如实记录现场发现的问题。

(4) 井场杆、管桥设置情况要符合要求。

四、相关知识

(1) 本油田作业施工质量标准。

(2) 作业施工设计书。

第二节 跟踪描述电动潜油泵井停产作业

学习目标 电动潜油泵井停产作业通常是指由井下机组（烧）故障而对其进行检泵施工的过程。由于其作业维护费用较高，所以对其作业质量要求也较高。对其作业施工过程的描述，把好质量关也是非常重要的。这些对高级采油工来说，只要求对前者能以此例结合本油田有关规定，对停产作业的电动潜油泵井施工过程进行准确描述。

一、准备工作

(1) 电动潜油泵井停产时的生产数据、测试资料、井下管柱等，停产时的故障原因。

(2) 记录本、笔、5m钢圈尺。

(3) 劳保着装。

二、操作步骤

(1) 在与作业施工队交井时，核对、询问本次作业原因及目的、时间、施工队队号；在正式作业抬井口时，同施工队要施工设计书。掌握本次作业施工目的及施工工序要点（本例是井下带丢手活门管柱）。

(2) 正式作业施工起原井管柱：

①抬井口、上提活门，此时观察井口有无溢流现象，以判断活门是否严（无溢流时是严的）。

②起油管及电动潜油泵机组和管外电缆，把每一根管及电缆情况观察记录清楚，有无刺漏，电缆有无刮破等现象。

③在泄油阀、单流阀及测压阀出井口时以询问为主，因施工现场非专业人员通常是看不出问题的，多数油田均不是在现场拆开检查的。

④在分离器起出来后观察出气孔情况，离心泵外表是什么也看不出来的。

⑤在潜油电动机与保护器出井口时看一下电缆进电动机处有无烧痕等。

⑥扶正器及捅杆有无问题（询问一下）。

(3) 刮蜡、清洗油管等。若连下部丢手管柱都起出，还有冲砂、探人工井底等工序；若是要堵水或调整层位的，还要进行磁性定位。

(4) 下新井管柱：

①若是起出丢手管柱的，要先下丢手管柱，到预定位置要在井口用水泥（高压）车正灌清水憋压释放丢手管柱，起出释放丢手管柱及油管。

②下新配机组管柱，注意按施工设计是否对扣，如泵型、长度、潜油电动机、离心泵节数、级数及总长等。

③在随机组油管下井过程中，注意电缆卡子打实情况（松紧、间隔距离等），决不能缠绕。

(5) 坐井口捅活门：在活门即将到位时，坐井口准备工作要就绪，重点是法兰钢圈，否则时间长了会发生井喷，特别是没压井（靠活门）就作业的。

(6) 井口大法兰上的电缆出口处密封情况要记录好。

(7) 记录好由施工作业队的专业人员对下井后机组电性检查情况的数据。

(8) 接电源控制屏，调整保护值，通电启泵试运，验证泵正反转、井口憋压情况。

(9) 最后检查记录，确认跟踪描述的内容，关键地方要与施工设计对照一下。

三、注意事项

(1) 施工前压井情况记录好。

(2) 地面刮蜡后还要用内径规检查油管。

(3) 起下泵过程中要时时注意电缆，特别是下泵过程中，电缆不能缠绕，更不能少打卡子。

四、相关知识

本油田有关电动潜油泵施工作业管理规定。

第三节　跟踪描述注水井停产作业

学习目标　注水井停产作业通常是指由井下注水管柱有问题或注水方案调整时而进行的施工过程。通过对本节的学习，使操作者能够对注水井停产作业维护等施工过程进行准确的跟踪描述。

一、准备工作

(1) 作业井停注前的注水生产数据、测试资料及井下注水管柱状况。

(2) 记录本、笔、5m钢圈尺。

(3) 劳保着装。

二、操作步骤

(1) 与作业施工队交接井时，询问本次作业原因及目的，是否与停注原因相符，以及本次作业时间、作业施工单位队号。

(2) 在作业队正式开始施工作业时，向施工队要施工作业设计书，掌握作业施工工序，核对施工目的及要求。

(3) 在抬井口前注水井关井降压的压力值是否降到本油田规定的要求标准。

(4) 抬井口：上提管柱解封封隔器，开始起油管及原井管柱，并记录起出油管有无损坏、伤痕管情况。

(5) 细查井下管柱：封隔器、配水器、工作筒、中球或下部筛管等起出井后逐一仔细观察记录好，特别是封隔器胶皮碗有无破损痕迹，配水器有无堵孔、刺大现象以及有无生锈情况。

(6) 下冲砂油管：下冲砂光油管进行冲砂，时间、排量、最后实探人工井底深度是多少，并起出冲砂管柱。

(7) 地面冲洗油管，丈量新下井配水管柱，记录各工具、配水器等规范、数量，与施工设计核对分段级数据等。

(8) 下新配注管柱，油管根数及深度是否到位，是否下磁性定位检测封隔器下入深度。

(9) 地面冲洗管线后反洗井，达到进出口一致。

(10) 释放下入井内封隔器，水泥车正注打压，记录多高压力封隔器释放，稳压时间多长，井口套管放空，溢流量有无，并通过其大小就可证明封隔器是否确实释放了。

(11) 在释放合格后，记录施工队捞出堵塞器情况以及是否按所配水嘴要求投放了。

(12) 最后核对记录，确认跟踪描述的有无漏错，关键之处要与施工设计核对一下。

三、注意事项

(1) 新下管柱有无顶部保护封隔器，是否是可洗井配水管柱，若是不可洗井管柱，在封隔器释放前一定要洗好井。

(2) 关井降压达不到要求时，禁止作业队施工。

(3) 释放时，井口套管溢流量不能大，否则就是封隔器没有释放。

四、相关知识

(1) 本油田注水井施工作业规定及质量标准。

(2) 人工实探井底质量标准：光油管下放到位后，提放 3 次，每次指重表下降指数相等。

第二章 维护保养设备

第一节 调整游梁式抽油机(井)曲柄平衡

学习目标 调曲柄平衡是抽油机井在运转过程中经常需要调整的,它是使整机在运转过程中上下冲程作用在输出轴上的扭矩尽量相等,从而电动机平稳运行。通过对本节的学习,使操作者能够正确进行调整游梁式抽油机曲柄平衡操作。

一、准备工作

(1) 穿戴好劳保用品。

(2) 选择工具、用具:专用死扳手、375mm 和 300mm 活动扳手、3.75kg 锤子各 1 把,1000mm 撬杠 2 根,钳型电流表 1 块,绝缘手套 1 副。

二、操作步骤

以游梁式曲柄平衡抽油机井为例(如图 2-2-1 所示)。本例是平衡过重(即下行电流大于上行电流),需要将配重块向内调整。

(1) 先用钳形电流表测量上下冲程电流值。通过测得电流情况,可确定调整的方向,经差值的计算定出移动调整后的具体位置。

(2) 停机:将抽油机曲柄停在水平位置,向内调整可使曲柄上翘 5°,刹车,切断电源。

(3) 卸松平衡块固定螺栓,有开口销的螺栓,应先拔掉开口销,不准全部卸掉螺母,以防滑脱出事故,卸掉锁块的固定螺栓拿掉锁块。

(4) 擦净曲柄平面,一人在后面用撬杠撬动平衡块,另一人站在内侧减速箱上,边撬边晃动配重块,不可用力过猛,以破坏曲柄上刷的漆面使曲柄与配重块紧密接触;直至移到预定的位置,或用专用摇把将配重块摇到预定的位置。

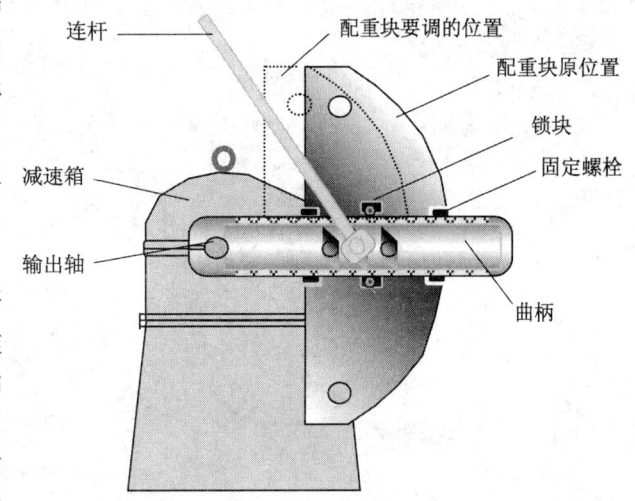

图 2-2-1 抽油机调整平衡示意图(向内调)

(5) 上紧锁块的固定螺栓,上紧配重块的固定螺栓及背帽或开口销。调完一侧再同样调另一侧。要求四块平衡块的中心在一个刻度上。

(6) 启抽:送电、松刹车启动抽油机,待运转平稳一段时间后测电流核对平衡率是否在 85% 以上,无刮碰、无松动现象为合格。如合格,可以收拾工具、打扫现场。

(7) 将有关数据填入报表。

(8) 如果是上行电流大于下行电流的情况,则要将配重块向外调整,其具体方法与上述一样。

三、注意事项

（1）调整后平衡率大于或等于85%。
（2）工具使用与摆放要合理，以免打滑或掉落伤人。
（3）站位要合适，平衡块前进方向不许站人。
（4）曲柄与水平位置的夹角不得超过5°。
（5）使用锤子时不准戴手套。
（6）固定螺丝不能卸掉，曲柄要擦净，移动平衡块时用力不要过猛。

四、相关知识

不同机型的配重块数、每个曲柄牙距约多少电流，可参照本机型的使用说明书，或查找配重扭矩曲线表。

第二节 更换抽油机刹车蹄片

学习目标 更换抽油机刹车蹄片是采油工维护、保养设备，确保抽油机安全运行的重要操作技能。通过对本节的学习，使操作者能够正确进行更换抽油机刹车蹄片操作。

一、准备工作

（1）准备工具、用具：375mm、250mm扳手各1把，手锤1把，手钳1把，150mm旋具刀1把，300mm铜棒1根，刹车蹄片1副，棉纱少许。
（2）穿戴劳保着装。

二、操作步骤

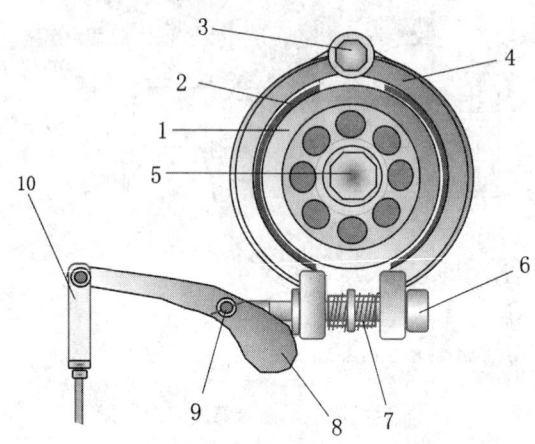

图2-2-2 抽油机刹车装置（外抱式制动部分）示意图
1—刹车轮（鼓）；2—刹车片（带）；3—蹄轴；4—刹车蹄片；5—轮轴；6—刹车销；7—刹车复位弹簧；8—刹车摇臂；9—刹车摇臂销；10—刹车拉杆

本操作以外抱式刹车装置为例，如图2-2-2所示。

（1）当驴头于上死点停机，切断电源，此时曲柄指向下方。用手钳卸开刹车摇臂与刹车拉杆接头穿销上的开口销，拿掉刹车拉杆接头穿销，使刹车蹄片与刹车轮离开最大距离。

（2）卸掉刹车摇臂与刹车销的穿销，此时两刹车蹄片立即被弹簧弹开，放好刹车摇臂，用手取下刹车销、弹簧垫片等。

（3）用扳手卸刹车蹄轴，即减速箱上的固定螺栓，然后就可以摘掉两刹车蹄片，注意不要损坏蹄轴上的螺纹。

（4）将组装好的刹车蹄片或新的刹车蹄片安装到蹄轴上，用扳手上紧固定螺栓。注意松紧要合适，使两刹车蹄片刚好能自由活动为宜。

（5）对正两刹车蹄片，穿好弹簧、刹车销及垫片，压紧（生产现场要有另一人协助配合），使刹车摇臂与刹车销孔对正穿上穿销，锁好开口销。

（6）连接刹车拉杆，把刹车拉杆连头插入摇臂小头，穿好穿销，装开口销，试调刹车的松紧度至合理位置。

(7) 送电启动抽油机,检测刹车效果启停 2~3 次,刹车行程在 1/3~2/3 之间为合适。

(8) 收工具,清理现场。

三、注意事项

(1) 内涨式刹车蹄片的更换及调整基本与上述一样。

(2) 换的刹车蹄片要与旧的刹车蹄片的几何尺寸一样,铆钉或固定螺帽要低于蹄片 2~3mm。

(3) 换完刹车蹄片还要及时重新调整一下刹车行程。

四、相关知识

刹车片的型号规格主要是指刹车片的宽度和厚度,还有材质。

第三节 电动机找头、接线(直流法)

学习目标 电动机找头、接线是检修电动机后,对安装正确的电动机接电源线必做的一项工作。对高级采油工要求操作此项目主要是提高对电动机工作原理及接线方式的再认识,并使操作者通过本节的学习,能准确熟练地进行三相异步电动机(抽油机井所配用的)找头接线操作。

一、准备工作

(1) 穿戴好劳保用品。

(2) 准备万用表 MF500 型 1 块,1 号电池 2 节,塑料软导线 0.5m,鳄鱼夹 2 个,胶布 6 小块,绝缘手套 1 副。

(3) 三相异步电动机 1 台。

(4) 200mm 扳手 1 把,250mm 螺丝刀 1 把。

二、操作步骤

(1) 打开电动机接线盒盖,在接线板上 6 个接线柱标出组号,通常是 U_1,V_1,W_1,W_2,U_2,V_2,如图 2-2-3(c)所示,在电动机上留出上下两组 6 个接线头(鼻子),用 6 块小胶布标出 1,2,3,4,5,6 编号,通常是上面 3 根留线分别是三相绕组的首端,下面 3 个线头是三相绕组的尾端。

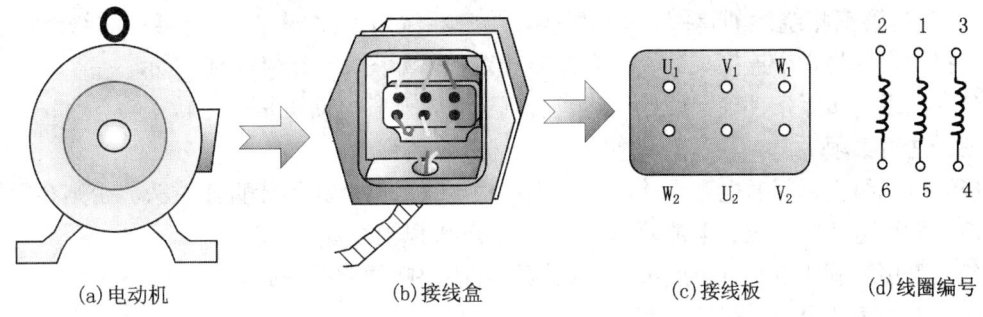

(a) 电动机　　　(b) 接线盒　　　(c) 接线板　　　(d) 线圈编号

图 2-2-3　三相异步电动机接线装置示意图

(2) 用万用表直接确定三相绕组:把万用表左侧功能转换开关拨至"Ω"位置,把右侧转换开关拨至"1R"位置,插好红黑测试杆;用"Ω"微调旋钮把表针调归零,(参见第一部分第五章相关内容)。在6个留线头中任意抽出1个,如上边标有"6"的一根与任一测试杆相连,再把另一测试杆分别与其余5个线头相接,其中阻值最小的一个(根),如"2"即为与第"6"是同一绕组,并做好记录(记住);在余下4个线头"1,3,4,5"中同样再先取一个(如"5"),找出同一绕组留线头如"1",这样最后剩下的"3"与"4"即为同一绕组,并把上述找绕组结果记录标好,如图2-2-3(d)所示。

(3) 用电池直流法找出3个绕组的首尾端:

① 将万用表的两转换旋钮调至直流电流挡 100μA 处。

② 将红色测试杆插入"+"孔,黑色测试杆插入"*"孔。

③ 将测试杆与一相绕组的两个抽头分别相接。

④ 将电池组与另一相绕组的两个抽头分别相接,并规定与电池组正极相接的抽头为首端,与负极相接的抽头为尾端。

⑤ 瞬间接通电源,若万用表指针反转(向左),则与万用表"+"相接的抽头为该绕组首端,另一端为尾端;若指针正转(向右),则与"*"相接的抽头为首端。

⑥ 用同样方法将三相绕组找出来,做出记号,如"1"为首端,"5"为尾端;"4"为首端,"3"为尾端;这样最后接线板上6个接线柱应固定的接线头符号如图2-2-4(a)所示。

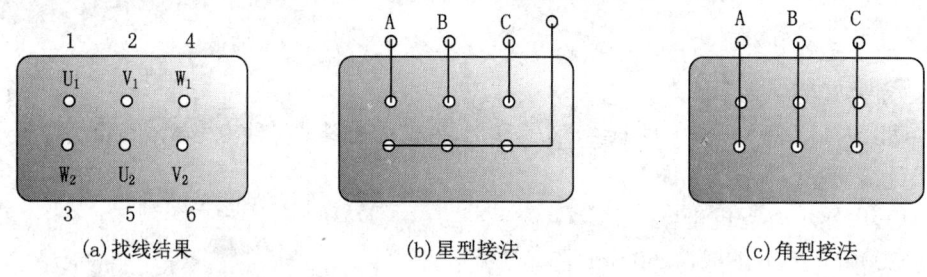

(a) 找线结果　　　　(b) 星型接法　　　　(c) 角型接法

图 2-2-4　电机不同接线方法示意图

(4) 接线:

① 星形接法:3个首端"1,2,4"分别接在三相火线 A,B,C 上,3个尾端"3,5,6"连在一起与零线相接,如图2-2-4(b)所示。

② 三角形接法:第一相绕组的尾端"5"与第二相绕组的首端"2"相接,第二相绕组的尾端"6"与第三相绕组的首端"4"相接,第三相绕组的尾端"3"与第一相绕组的首端"1"相接,最后将3个连接头分别接在三条相线上,如图2-2-4(c)所示。

(5) 以现场实际条件确定开始试运。合闸通电,观察电动机是否运转正常。

三、注意事项

(1) 电池组应瞬间通电,焊接的电池组两极电线及鳄鱼夹不能直接碰头,否则会短路烧坏电池。使用电池组电压、电流要够(3V,500mA 以上)。

(2) 万用表旋钮位置选择应准确,两测试杆不要随便碰在一起。

(3) 万用表要轻拿、轻放,摆平。

(4) 接电源试运时,注意不同接法的适用电压及额定电流值是不一样的,否则会烧坏电动机。

(5) 试运时,电动机外壳接地保护要接好。

第三章 操作仪器仪表（校对计量分离器量油常数）

学习目标 标定（校对）计量分离器量油常数是为了更准确地计算产量。通过对本章的学习，使操作者能够正确进行校对计量分离器量油常数的操作。

一、准备工作

（1）穿戴好劳保用品。

（2）375mm、300mm、250mm活动扳手各1把，450mm管钳1把，0.3m³ 水罐1只并装满相对密度为1的清水，水桶1只，钢卷尺1把，磅秤1台，纸、笔、计算器。

（3）清洗后的 ϕ800mm 计量分离器一座。

二、操作步骤

（1）清洗分离器操作：

①关分离器的排油阀，关气出口阀门，将一口井倒入分离器。

②待压力升至0.4MPa时，关掉单井进分离器的阀门，改正常生产流程。

③开分离器的排污阀门。开1～2min，关一会再重复开1～2min，直至将分离器的压力放至零，关闭排污阀门。

（2）校对计量分离器量油常数：

①卸掉玻璃管上旋转接头的死堵装上加水漏斗，往分离器里加入清水；如遇加水困难，可打开分离器的气放空阀门；直至使玻璃管内液面上升至距下阀门以上100mm处，做好标记。

②称出100kg清水，注入分离器，其体积为0.1m³。

③测量玻璃管内的液面从标记处上升的高度。

④根据实测玻璃管液面上升高度、分离器出厂标定的量油常数 $a_{标}$，即可计算出被校对分离器量油常数的误差。

例如：在 ϕ800mm、无人孔、量油高度为500mm的分离器中，加100kg的清水，玻璃管液面上升高度为20.85cm。其误差可计算如下：

分离器出厂标定的量油常数 $a_{标}$ 为21714.90。

$$H_{标} = \frac{W_{水}}{\frac{\pi}{4}D^2\gamma} = \frac{0.100}{2.00 \times 1} = 0.2(m) = 20.00(cm)$$

式中　$W_{水}$——加入清水质量，t；

　　　γ——清水的重度。

那么，校对量油常数 $a_{校}$ 就可计算出来：

$$a_{校} = a_{标} \times \frac{H_{标}}{H_{校}} = 21714.90 \times \frac{20.00}{20.85} = 20829.64$$

$$其误差 = \frac{20829.64 - 21714.90}{21714.90} \times 100\% = -4.08\%$$

误差为-4.08%，说明目前量油仍用标定常数计算，就会使结果偏高。

（3）把校对后的量油常数及资料（详细过程及使用的量具和方法）上报地质部门。

三、注意事项

（1）加水时不得有滴漏现象。

（2）玻璃管内液面高度测量误差不大于1mm，磅秤计量误差不大于0.05kg。

第四章 处理故障

第一节 处理抽油机曲柄销子退扣

学习目标 抽油机曲柄销在抽油过程中始终承受着巨大的负荷,稍有不当就会发生故障。曲柄销松动退扣就是最常见的,它是抽油机设备维护保养的重点部位(件)。通过对本节的学习,使操作者能够正确进行处理抽油机曲柄销退扣操作。

一、准备工作

(1)准备工具、用具:8in 手钳 1 把,紧螺帽的扳手 1 把,大锤 1 把,300mm 铜棒 1 根,棉纱少许。

(2)常规曲柄平衡式的抽油机曲柄销子装置 1 套。

(3)劳保着装。

二、操作步骤

(1)携带好准备的工具、用具,现场检查分析销子松动原因,确定处理方案,如图 2-4-1 所示。

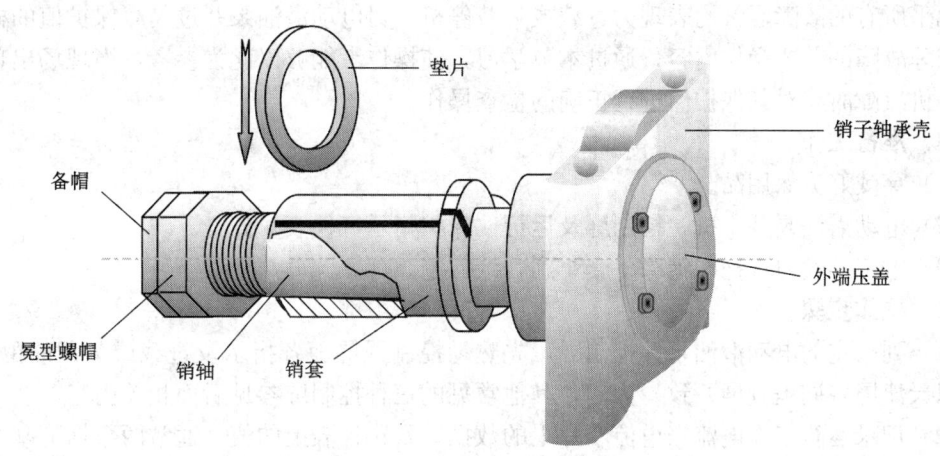

图 2-4-1 抽油机曲柄销组装示意图

①若是曲柄销止动螺栓备帽松:先卸松备帽并退出,打紧冕型螺帽后再上紧备帽;

②若是销与套的锥面接触不紧密:全部卸松退出取下,换新的合格的销子及套;

③若是圆锥孔内脏:卸松退出取下擦净,重新装上打紧;

④若是曲柄销套的锥面磨损:全部卸松退出取下,换新的合格的销套;

⑤若是曲柄销轴与销套不匹配:全部卸松退出取下,换新的合格的销轴及销套。

(2)处理操作如下:

①停机,曲柄接近于下死点时,刹紧刹车;在密封圈盒上面打卸载方卡子,点起抽油机卸掉驴头负荷,拉紧刹车,断电。

②卸掉止退螺帽(备帽)或开口销,卸松冕型螺帽,卸松同侧与连杆连接螺栓。

③当冕型螺帽与销轴头端面平齐时，用铜棒垫上击打销轴，直至退出。

④检查销轴、销套是否有脏物，是否磨损严重或是锥度比有问题。看轴套间的接触面是否大于 75%，接触的地方亮，不接触的地方有锈迹，根据情况进行处理。轴有问题的换轴，套有问题的换套。

⑤组装曲柄销，对正、上好并打紧与连杆连接的螺栓，在销轴上加入垫片，上紧冕型螺帽，上紧备帽并划好安全线。

（3）送电，启抽，观察曲柄销在运转时有无异常声响。

（4）收工具，打扫现场，将有关数据填入报表。

三、注意事项

（1）卸扣上扣及打销轴时不能伤螺纹；

（2）刹车一定要刹紧，若不好用，就要及时修好再进行操作；

（3）用大锤时不要戴手套，以防脱手。

四、相关知识

常见机型的曲柄销装置及技术参数，见随机出厂的《抽油机安装使用说明书》。

第二节　检查电动潜油泵井过欠载保护值

学习目标　电动潜油泵井由于费用高，油田实际管理工作中对其要求也较高，在生产管理中几乎所有的故障通常均表现为过载或欠载停机，对电动潜油泵井过欠载保护值的检查是分析处理故障的首要操作内容；通过本节学习，使操作者能够以此为参考，当现场出现过载欠载停机故障时，对其保护值进行正确的检查操作。

一、准备工作

（1）穿戴好劳保用品。

（2）电动潜油泵井 1 口，控制屏及运行、保护指示（仪表）齐全。

（3）电工螺丝刀 1 把，绝缘手套 1 副，纸，笔。

二、操作步骤

（1）到指定的电动潜油泵井控制屏，先熟悉控制屏屏面各指示及过载或欠载时的状态；本节以天津屏（同圣垂屏一致）为例，其他常见的三种控制屏参见后面相关内容。

（2）记录运行工作电流（电流卡片上的数据）及小仪表上的值，通常两数据值基本是一致的，如图 2-4-2 所示。

（3）停机检查操作：

①在控制屏上把选择控制开关拨到停位置（off）停机，此时正常是欠载灯（黄色的）亮，电流卡片记录笔及小仪表上指针均落零，即机组已停止运行了。

②缓慢打开控制部分的小门，就会在控制屏内看到如图 2-4-2 所示的调试中心控制器。

③检查电流保护设定值：在中心控制器上找到电流设定选择挡"SELECT"由上向下拨动换挡轮会依次看到"LINE3，LINE4，LINE6，LOSET，HISET"的指示，每拨 1 次挡位，在左侧的"ACAMPS"指示仪表上就会指示相应的数值，其中"LOSET"对应的值就是机组欠载保护设定值，此时记录其数值；"HISET"对应的值就是机组过载保护设定值，并记录下数值大小。

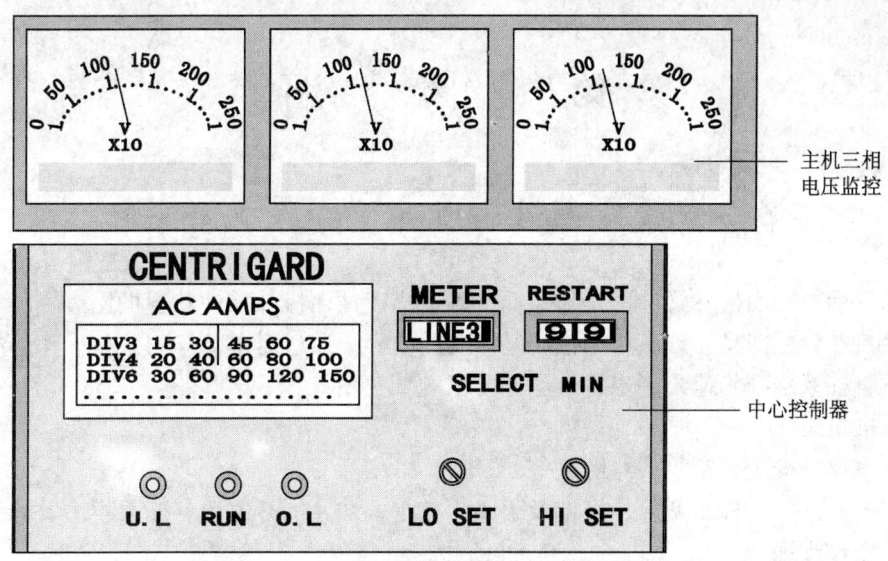

图 2-4-2　天津屏控制中心整流调试部分示意图

④检查记录完后把"SELECT"拨到"LINE3，LINE4，LINE6"中的某一挡上，确认无误后，小心关好门。

(4) 分析对比过载，欠载保护值设定与现在机组运行工作电流是否处在合理规定的范围内：即按现在机组实际运行工作电流值的 ±20% 计算，对比检查设定的值是否接近，若过大、过小都要重新进行调试（这是采油技师操作的范围了）。

(5) 确认记录好检查录取的数据后，把控制屏选择挡由停位（off）拨到手动（hand）挡位，确认黄色指示灯亮，按启动按钮启泵，见绿色指示灯"RUN"立即亮，电位片记录笔及小仪表指示正常，操作完毕。

三、注意事项

(1) 在检查时小心触电。
(2) 在停泵运行检查过程中的不能拉断闸刀。
(3) 如在检查后，拨到手动（hand）挡位时"红灯"亮，是控制屏假故障，可由手动（hand）挡位重新拨到（off）挡位后，再重新拨到手动（hand）挡位，一般就会黄色灯亮，否则就要等检查处理后，再启泵运行。

四、相关知识

本油田电泵井管理规定。

第五章 绘 图

第一节 绘制抽油机井（分采）管柱图

学习目标 抽油机井管柱图是形象而准确地描述抽油机井采油状况的图表资料，准确地绘制抽油机井管柱图是体现高级采油工基本功的内容。通过对本节学习，使操作者能够依据所给井下管柱数据准确地绘制出符合施工要求的管柱图。

一、准备工作

（1）直尺、橡皮、铅笔、绘图纸等。

（2）下井工具名称、型号、规范及下入深度等；油井射开层段，开采层段等油层资料。

二、操作步骤

（1）核对给定的管柱数据，有无不符的，做一个大致的布图构想（即管柱整体形式是否带分采管柱，还是悬挂的管柱等）。

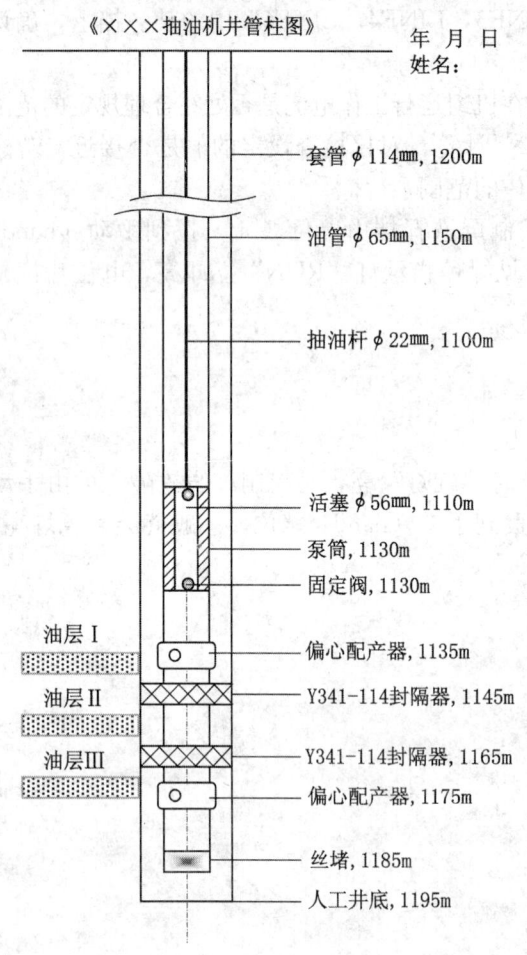

图 2-5-1 抽油机井管柱示意图

（2）在所用图纸正上方先画基线（横向实线），并在上方填写给定井号及管柱图名称，即《×××抽油机井管柱图》。

（3）画垂直基线，定油、套管线：在基线向下垂直方向，图幅中央偏左画一点划线，并在两侧对称处画 4 条垂直实线，最外 2 条为套管，内 2 条为油管，如图 2-5-1 所示，注意套管 2 条线长于油管线。

（4）在套管线左侧标定画出采油层段（位），位于垂向高度的中下部位，几段及厚度大致画出，这一定位关系到整个管柱图的布局是否合理，能否准确表达出要表达的内容，一定要选定好。

（5）画管柱图（本图例是带堵水分层管柱的）：

①在油层（生产或堵水）对应位置画出配产器堵水光油管段；

②在夹层位置画出封隔器；

③在最上一级配产器以上画抽油泵泵筒示意图（如是丢手的，要画筛管，再往上接着的是抽油泵）。

④在油管中心再画略粗些的实垂直线表示抽油杆。

（6）在泵筒与上横基线中间略偏上用橡

皮横向擦去油管、套管、抽油杆线，并画出横向波浪线，代表管柱间断线。

（7）在管柱图套管外右侧画一短标注线，并在后面注明：名称、规格（规范）深度三项内容。

（8）最后全部审核一遍，在图右上方填写年月日及姓名。

三、注意事项

（1）封隔器在密封段中间标出下入深度，其他下入工具均以下界面标出。

（2）线条清晰，比例对称，字迹工整，符号、数据准确。

四、相关知识

（1）封隔器、配产器标准系列代号及画法，工作筒、喇叭口等。

（2）油套管规范、筛管、人工井底等如图中标注的。

（3）光杆方余、抽油杆级数、柱塞深度与长度概念：

光杆方余是指抽油泵活塞座入泵筒底部时井口密封盒端面以上的光杆余留长度。

抽油杆级数是指下泵后活塞至井口抽油杆组合的级数，即不同规格（直径）的抽油杆。

柱塞深度与长度：柱塞深度是指下泵后游动阀至井口的深度；长度是指深度再加上方余。

第二节　绘制注水井分注管柱图

学习目标　注水井管柱图是形象而准确地描述注水井井下注水状况的，对注水井施工设计、注水分析者是极为重要的图表资料，对高级采油工绘制注水管柱图是必须会的基本功；通过对本节的学习，使操作者能够依据所给井下管柱数据准确地绘制出符合施工要求的管柱图。

一、准备工作

（1）直尺，橡皮，铅笔，绘图纸等。

（2）（给定）下井工具名称，型号，规范，下入深度等。

（3）射开层段，注水层段等数据。

二、操作步骤

（1）首先核对给定的管柱设计数据及注水层段数据是否相符，确认管柱是悬挂的还是整体的（直接坐到人工井底的），确认无误后准备正式画图。

（2）画基线，填图头名称：在给定纸幅的正上方适当位置画一横基线，并把"××注水井管柱示意图"，填写在基线上，如图2-5-2所示。

（3）画油管、套管线：在横基线略偏左侧画一垂直点划线，为管柱中心线，并在中心垂直线两侧对称画4条垂直实线，两内侧垂直线为油管，两外侧为套管，如图本例是悬挂注水管柱，套管线要略长于油管线，在最下端连横线，即为人工井底。

（4）画注水层段（油层位置）：在套管线左侧标画出给定的注水层段（几段、顺序等），位置在整个管柱高度的下1/3~2/3处，这是很关键的一步，它直接影响整幅图布局是否合理等。

（5）画配水器：在油管线内对准画定注水层段对应位置画配水器，一定要画在本注水层段内。

（6）画封隔器：在套管线内（等宽度）对准注水层段间夹（隔）层位置画出封隔器。

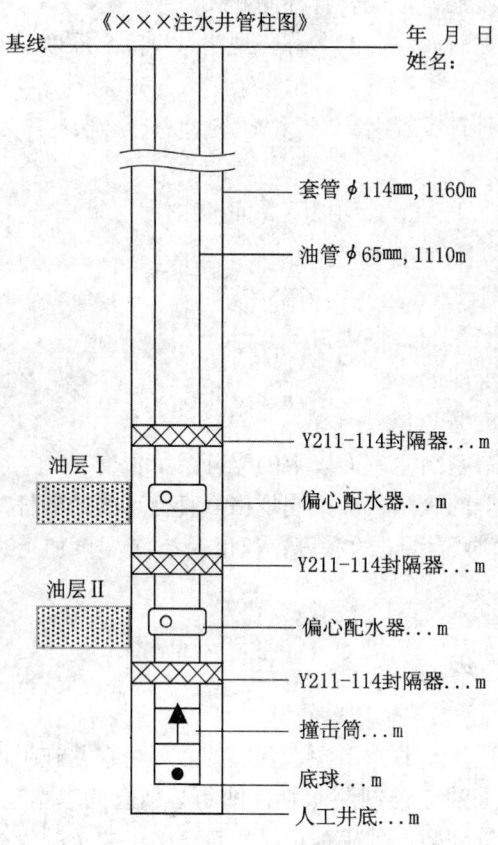

图 2-5-2 注水井管柱示意图

(7) 画工作筒、中球（底球、筛管）、丝堵：有工作筒的要在最上一级封隔器顶部画出，死堵要画在油管最末端，中球（筛管）要画在最下一级配水器与丝堵之间靠近丝堵位置。

(8) 画间断线：在工作筒子上横基线中间位置处，用橡皮把油管、套管 4 条垂线横向擦去约 0.5cm 左右，并在这一位置画出两条平行波浪线，即为管柱间断线。

(9) 标注工具：层段、配水器等横线，管柱图右侧的对应标注线后依次写出名称、型号（规范）、深度。

(10) 检查画好的管柱图，确认无误后在图的右上方填写绘图人姓名、年月日；交图。

三、注意事项

(1) 图线清晰，比例对称，字迹工整，数据准确。

(2) 各下井工具及附件准确、齐全，标注清楚。

(3) 未停注层数，保护封隔器一定要清楚。

(4) 单位准确。

第六章 分析资料

第一节 分析判断抽油机井典型示功图

学习目标 抽油机井典型示功图是采油技术人员在多年的生产实践中总结出来的，具有一定特征的、大多数一看就可直接定性的示功图；把这些具有典型图形特征的例子作为生产现场初步判断抽油机井泵况的参考依据，也是综合分析实测示功图的第一步；通过对本节的学习，使分析者能以此为参考，对具有典型特征的示功图做出准确的定性判断。

一、准备工作

(1) 准备 8~10 张具有典型特征的示功图，(标明理论 $P_大$、$P_小$ 载荷虚线)。

(2) 纸、笔、尺。

二、操作步骤

(1) 把给定的示功图逐一过一遍，按所理解的先初步给示功图定性定类（三大类）：

第一类：图形较大，除去某一个角外就近似于平行四边形的示功图——即抽油泵是在工作（抽油干活）的示功图；

第二类是图形上下幅度很小（窄图形），两侧较尖的示功图——即抽油泵基本不工作（不抽油干活）的示功图；

第三类（余下的）示功图：特征不明显的示功图——即最难直接定性的示功图。

(2) 按定类详细分析判断：

①第一类典型示功图：先看左侧下角，一般是基本不缺的，如有多出一点或显示打扭，那么就是碰泵示功图（防冲距过小，活塞撞击固定阀）如图 1-3-1（h）所示，在这一类图形中左上角是不缺的，特殊型较少；再看右上角，如果是缺的，通常是泵拔出工作筒（防冲距过大）如图 1-3-1（g）所示；接着再来看右下角，如果缺角，向内凹进的是"弧"形，通常是气体影响，如图 1-3-1（c）所示；如果是近似平行四边形，就是供液不足，如图 1-3-1（d）所示；如果四个角都不缺就是正常示功图，如图 1-3-1（a）所示；如果图形整体左高右低是冲速较高（大）影响的示功图，如图 1-3-2（d）所示；如果图形整体明显靠近下基线是油管漏（油套窜）示功图，如图 1-3-1（e）所示；如图形明显宽出 $P_大$、$P_小$ 载荷线通常是油稠示功图，如图 1-3-2（c）所示；如果图上下两边有明显的规则锯齿状，通常是井出砂示功图，如图 1-3-1（f）所示等。

②第二类典型示功图：如果图形整体在 $P_大$、$P_小$ 中间，通常是自喷或双阀均严重漏失的示功图，如图 1-3-1（i）所示；如果图形整体在 $P_小$ 外或略下位置，通常泵（抽油杆）断脱示功图，如图 1-3-1（j）所示。

③第三类典型示功图：如果图形左上角坡形，没有明显拐角，通常是游动阀漏失，如图 1-3-2（b）所示；如果是右下角缺形没有明显拐角，通常是固定阀漏失，如图 1-3-2（a）所示。

(3) 把上述分类并定性的分析判断结果，标注在示功图基线下方，如："气体影响"、"碰泵"等。

三、注意事项

（1）特殊机型的，如前置式抽油机井等示功图不在本分析范围内。

（2）定性用词、术语要准确。

（3）上刮（上死点刮井口、碰光杆）、卡泵、衬套乱等较少见的典型示功图不必列入正常分析内容之中。

第二节　电动潜油泵井电流卡片分析

学习目标　电流卡片是电动潜油泵井机组运行的主要记录资料，是判断机组运行状况的主要依据，对其分析是采油工日常管理电动潜油泵井必须做的；通过对本节的学习，使学习者能够正确分析、判断常见的电流卡片。

一、准备工作

（1）准备5~8张不同类型的实际电流卡片及每张卡片所下泵机组的过、负载保护设定值。

（2）纸、笔、计算器。

二、操作步骤

（1）熟悉电流卡片的规格，运行方式，标注实际记录的运行时间，即具体确定是75A的还是100A的，是逆时针运行的还是顺时针运行的，是日卡（24h1张），还是周卡（7d1张）。

（2）仔细观察卡片上记录笔所记录的曲线形状：定性卡片（给机组运行定性）：

①曲线均匀光滑近似一个等值单位的圆，即为机组运行正常的电流卡片，如图1-2-4中的（a），再把卡片上记录的电流值计算出±20%两个值，与给定的过负载设定值相比，是否超范围，以此进一步确定机组运行保护值的设定是否合理，需不需要调整。

②曲线整体均匀，近似一个等值半径的圆，但有很少较规律的波峰现象，通常为电压波动卡片，如图1-2-4中的（b），并且也要计算对比机组保护是否合理，需要调整否。

③曲线整体粗糙，也近似一个圆，那么通常是气体影响（泵充气、但不严重），如图1-2-4中的（e），同时也要计算对比机组保护是否合理，需要调整否。

④曲线整体不完整（没有正常运行1周）在运行记录的各段均近似等于半径圆弧曲线通常是正常停机（如井口维护设备而停产，供电线路停电，测静压等）的电流卡片。

⑤曲线图形不完整（没有正常运行1周），在停机附近弧线渐升（渐降），通常是过载（欠载）停机电流卡片，如图1-2-4中的（d）或（c），此时是机组有故障（或井供液不足而欠载）停机需检查原因，以及必须调整过、欠载保护值。

⑥曲线图形不完整（没有正常运行1周），在接近停机一段有明显的由小渐大的波峰起伏，通常是泵进气，产生气锁而导致欠载停机，如图1-2-4中的（f），这样的井需放套管气了。

⑦曲线图形不完整（没有正常运行1周），在某一段逐渐降低后再不降，且以均匀圆弧运行下去，通常为欠载保护失灵的电流卡片，这与其给定的欠载保护设定值一比就可进一步确定了。

（3）把上述的分析判断结果，准确地标注在电流卡片上。

三、注意事项

（1）判断电泵井工作状况要准确，不得误判。

（2）要抓住主要因素，提出整改措施。

第三节　分析注水井指示曲线

学习目标　注水井指示曲线是形象而直观地描述井下分层吸水状况的图像，对其分析是采油工（采油地质工）经常性的工作；通过对本节的学习分析，使操作者能依据分层测试成果对注水井分层注水状况作出准确的分析判断。

一、准备工作

（1）某口实际注水井（3个层段为最佳）分层测试成果（本次和上一次的）数据及指示曲线。

（2）测试时井口水表（卡表）记录数据。

（3）纸、笔、尺、计算器。

二、操作步骤

（1）核对指示曲线与测试成果及井口卡表水量记录数据是否无误（对扣）。

（2）分析本次测试曲线自身所反映的注水状况：

①全井测试水量与配注差值及各小层水量与配水量差值，要得出的结论是：全井注水量完成配注情况，是好、较好、差（超的原因、欠的原因，是平欠还是不对扣），各小层完成配注状况，哪个好，哪个差，一一找出。

②从测试3个压力点分析全井及各个小层随压力增加：水量不增、水量增加明显，并与各层段的注水性质对比。

③以测试曲线上不合理的异常拐点（压力和水量有明显矛盾的地方），判断是否井下管柱有问题，如水嘴堵、刺漏、封隔器不密封等原因。

（3）分析注水状况变化趋势：

①把上次测试成果数据（全井及各小层）与本次（全井及各小层）分别画在同一坐标系内，如图2-6-1所示。

②逐一对比分析：具体方法如前面基础知识部分所介绍的，同等压力下，水量增加还是降低了，或同一水量下需要的注水压力是变大了还是变小了，即吸水量是变好还是变差，以此方法把全井及各小层一一对比分析。

③根据上面的分析结果，再计算该井注水合格率是怎样变化的，即注水质量是在提高，还是在变差。

（4）最后根据上述分析结果提出相应的措施意见，参见第一部分第三章第二节的相关内容。

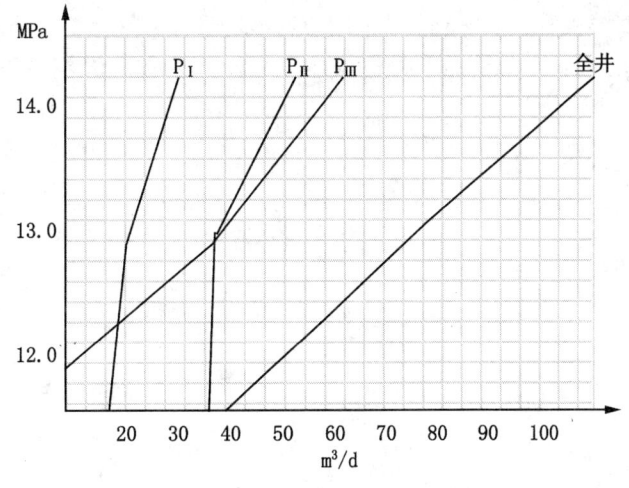

图2-6-1　注水井分层测试指示曲线

三、注意事项

（1）对比分析两次测试结果时，一定要分开画全井和各层的曲线，否则显得很乱，不利于准确分析。

（2）测试最高压力点与该井破裂压力值要对比，并作为提措施时的参考依据。

（3）不要单一分析对比吸水松散。

第七章 井组生产动态分析

学习目标 井组生产动态通常是指在注水开发油田中,采用面积注水方式开采的,以注水井或油井为中心的油水井间(开采单元)注与采的关系及生产状况的分析,井组生产动态分析是搞好井组开采,提出合理的、及时正确的(方案)调整措施意见是非常重要的,也是采油工经常性的工作内容,是一个综合性较全的分析判断工作。通过对本节的学习,使分析者能够依据所给的各项资料进行正确的分析判断,写出分析结果(书面材料)。

一、准备工作

(1) 某一井组的生产数据及所属单井的注水、采油等生产数据。
(2) 该井组的井位图,油层连通图。
(3) 纸、笔、尺、橡皮、计算器。

二、操作步骤

(1) 熟悉该井组开采基本概况及现状。
①从井位图和油层连通图上了解该井组所属油田哪一区块,开采哪一层系。
②从油水井间注采关系分析找出:主要驱油方向、井距、平面及层间连通上的差异。
③目前注采现状:井组及分层注水量、单井及井组产量、含水率、地层压力与供液能力。这一步要有以上三个具体方面简述的文字内容:对比表、井组注采关系及地质特点等,对井组现状有一个整体性的评价描述(较好、较差、变差等)。

(2) 绘制井组近期注采曲线,分析找出问题(矛盾)。
①根据所给生产动态数据,绘制出井组注采曲线,如图 2-7-1 所示。
②分析各曲线变化趋势及突变时刻,并从单井上找出可能引起变化的原因进行标注,如换大泵、调整、压裂、堵水以及注水井调整方案等。
③进一步对井组生产动态变化趋势做一个整体评价:产量变化情况,含水率控制程度如何,地层压力与供液状况如何。

(3) 对井组近期实施的生产措施及综合调整方案的效果进行必要的提出和分析:如×××单井××年××月上了××措施,措施的具体内容是:对××层或抽油泵等实施了××措施手段后,该井产量(或注水)、含水率、供液能力(吸水能力)前后变化情况,以及该井对井组整体影响程度和效果情况,还有其他配合措施,效果如何,要列出效果对比表,见表 2-7-1。

表 2-7-1 ×××井组××效果对比表

项目 阶段	工作制度	生产参数			动态数据				下泵深度 m	压力		备注
		泵径 ϕ, mm	冲程 m	冲速 min^{-1}	产液 t/d	产油 t/d	含水 %	动液面 m		流压 MPa	静压 MPa	
阶段前												
阶段后												
差值												

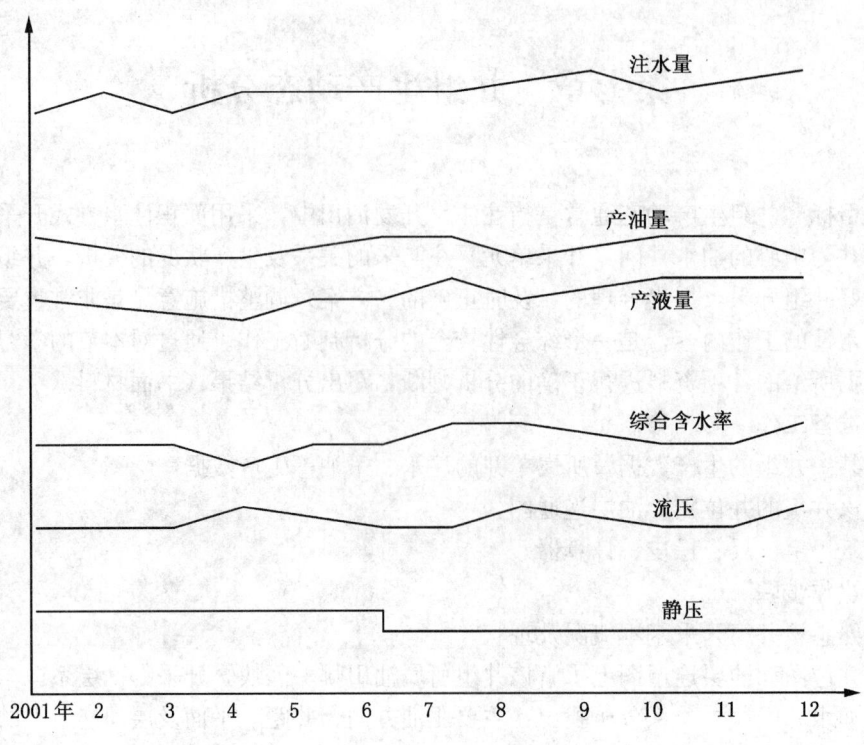

图 2-7-1 井组注采曲线示意图

(4) 针对 (2) 中找出的问题做具体分析 [不是 (3) 的内容]：主要是对找出矛盾内容，逐一在井组内各单井上进行分析，在找出来单井问题后，要对该井这一时期的生产动态进行分析。

最后把该井引起井组矛盾问题的大小（程度）用数据或简要文字加以描述，如果还有其他井或其他问题引起的井组变化，也要详细分析，找出量的变化，并用文字的内容加以评价描述。

(5) 提出措施意见：

①针对该井组问题提出应进行的具体调整措施方案、最佳的方案等。

②针对井组现状是否存在生产管理上的问题，如工作制度是否合理，其他技术环节上的问题等。

③对井组注采关系整体上应怎样保持或调整，以及进一步提高注采效果所采取什么样的措施等。

(6) 综合整理上述各步具体的分析结果，写出简要的该井组动态分析材料和所画的曲线、图表等。

三、注意事项

(1) 井组现状分析通常是以半年或一年中的某个阶段为对象。

(2) 生产动态分析不是偏重于油藏地质方面的分析。

(3) 所画曲线图表要清晰准确，问题要具体，措施要合理。

(4) 分析思路要从生产管理工程方面入手，不能单一分析地质方案调整等。

四、相关知识

(1) 绘制注采曲线要求标准（以本油田地质开发规定为准）。

(2) 开发调整常规措施内容：通常有压裂、酸化、堵水、换泵等。

第三部分 高级工理论知识试题

鉴定要素细目表

行业：石油天然气　　　　工种：采油工　　　　等级：高级工　　　　鉴定方式：理论知识

行为领域	代码	鉴定范围（重要程度比例）	鉴定比重	代码	鉴定点	重要程度	备注
基础知识 A（25%）	A	开发方案的编制及动态分析（10：04：02）	12	001	井网与层系的关系	Z	
				002	配产配注方案的编制内容	Y	
				003	配产配注方案的调整方法	Y	
				004	动态分析的概念	X	
				005	动态分析的内容	X	JD
				006	动态分析的形式	X	
				007	动态分析的基本方法	X	
				008	动态分析常用资料的分类	X	JD
				009	动态分析的常用动态资料的内容	X	
				010	动态分析的常用静态资料的内容	X	
				011	油层的三大矛盾的概念	Y	
				012	描述油层三大矛盾的有关参数	Y	
				013	动态分析常用的曲线	X	JD
				014	动态分析常用的表格	X	
				015	动态分析常用的图件	X	
				016	有关图件在动态分析中的应用	Z	
	B	电工仪表（11：03：00）	13	001	单相交流电路的概念	X	
				002	三相交流电路的概念	X	
				003	电路常用测量仪表的分类	Y	
				004	电工仪表的常见符号	X	
				005	交、直流电流表的接线方法及步骤	X	
				006	指针式万用表使用方法和要领	X	
				007	万用表的使用方法和要领	X	
				008	万用表测量直流电流方法及步骤	X	JD
				009	万用表测量直流电压方法及步骤	X	
				010	万用表测量交流电压方法及步骤	X	
				011	万用表测量电阻方法及步骤	X	
				012	万用表测量电路通断方法及步骤	X	
				013	数字式万用表的特点	Y	
				014	数字式万用表的使用方法	Y	

续表

行为领域	代码	鉴定范围（重要程度比例）	鉴定比重	代码	鉴定点	重要程度	备注
专业知识 B (75%)	A	机械采油与分层采油 (12:09:02)	20	001	前置式游梁式抽油机井的特点	Y	
				002	异相型游梁式抽油机井的特点	Y	
				003	无游梁式抽油机井的特点	Y	
				004	抽油机的悬点载荷	X	
				005	抽油机悬点载荷的计算方法	X	JS
				006	抽油机负载率的计算方法	X	JS
				007	抽油机扭矩的计算方法	X	
				008	抽油机井理论示功图的绘制方法	X	JD
				009	抽油机井实测示功图的用途	X	
				010	电动潜油泵井过欠载值的设定及原则	X	JD
				011	电动螺杆泵采油井的配套技术	Y	
				012	螺杆泵井泵况的诊断技术	Y	
				013	水力活塞泵的采油装置	Y	
				014	水力活塞泵的工作原理	Y	
				015	水力活塞泵的工作参数	Y	
				016	水力活塞泵的优缺点	Y	
				017	射流泵的采油原理	Z	
				018	非常规抽油机采油的特点	Z	
				019	分层开采的概念与原理	X	JD
				020	分层开采的井下工艺管柱的组成	X	
				021	常用封隔器的统一代号	X	
				022	常用的井下控制工具	X	
				023	分层注水的概念及原理	X	
	B	热力采油简介 (04:03:00)	5	001	热力采油知识	X	
				002	热力采油适用的条件	X	
				003	热力采油的方法	Y	
				004	蒸汽吞吐采油原理	X	
				005	蒸汽吞吐采油技术常识	Y	
				006	蒸汽吞吐采油常用的方法	X	
				007	热力机械采油井的管理	Y	
	C	油水井站管理 (09:07:01)	15	001	抽油机井示功图的整理分析内容	Y	JS
				002	抽油机井动液面的整理分析内容	Y	JS
				003	注水井测试资料的整理分析内容	Y	JS
				004	抽油机井生产参数的调整方法	X	JD
				005	抽油机井动态控制图的应用分析内容	X	
				006	生产参数与抽油机井生产指标的关系	X	JS
				007	抽油机井泵效变差的分析方法	X	

续表

行为领域	代码	鉴定范围（重要程度比例）	鉴定比重	代码	鉴定点	重要程度	备注
专业知识 B（75%）	C	油水井站管理（09：07：01）	15	008	电动潜油泵井生产动态的分析方法	X	JD
				009	注水井动态分析的内容	X	
				010	注水井管柱状况的分析方法	X	
				011	引起注水井动态变化的原因分析方法	X	
				012	注水井指示曲线的分析方法	X	
				013	同位素测吸水剖面的原理	Z	
				014	注水井调整作业内容	Y	
				015	抽油机井作业的原因	Y	
				016	抽油机井检泵作业与生产管理指标的关系	Y	
				017	抽油机井的检泵作业内容	Y	
	D	设备维修保养（10：04：01）	15	001	闸板闸门的故障类型及维修方法	X	
				002	胶皮闸门（封井器）的故障及维修方法	X	
				003	采油树大法兰钢圈常见的故障及处理方法	Y	
				004	卡箍钢圈刺漏故障及处理方法	Y	
				005	抽油机的平衡调节步骤及注意事项	X	
				006	抽油机的冲速调整方法及操作要点	X	
				007	刹车系统的调整要点	X	
				008	抽油机振动的原因及处理方法	Y	
				009	减速器漏油故障及处理方法	Z	
				010	刹车不灵活或自动溜车的故障及处理方法	X	
				011	尾轴承座螺栓松的故障及处理方法	X	
				012	游梁前移的故障及处理方法	Y	
				013	平衡重块固定螺栓松动的故障及处理方法	X	
				014	减速器大皮带轮滚键的故障及处理方法	X	
				015	计量分离器的使用与维护方法	X	
	E	常用工具、用具知识及量具的使用（08：04：00）	10	001	环链手拉葫芦操作要点	Y	
				002	液压千斤顶操作要点	Y	
				003	台虎钳操作要点	X	
				004	管子台虎钳操作要点	X	
				005	管子割刀操作要点	Y	
				006	丝锥操作要点	Y	
				007	管子铰扳操作要领	X	JD
				008	卡钳的使用方法	X	
				009	游标卡尺的使用方法	X	
				010	千分尺的使用方法	X	
				011	塞尺的使用方法	X	
				012	水平仪的测量原理及操作要领	X	

续表

行为领域	代码	鉴定范围（重要程度比例）	鉴定比重	代码	鉴定点	重要程度	备注
专业知识 B（75%）	F	计算机知识（10∶02∶01）	10	001	计算机的组成	Y	
				002	软、硬件系统的定义	Z	
				003	外存、内存的定义	X	
				004	输出、输入设备的定义	X	
				005	开关机程序及注意事项	X	
				006	汉字常用输入法	X	
				007	键盘上的几个常用特殊键	Y	
				008	光标、窗口与按钮	X	
				009	文件的保存	X	
				010	Word办公软件的基本功能	X	
				011	Microsoft Excel软件的基本功能	X	
				012	文件的删除	X	
				013	常用办公软件标识及识别	X	

注：X—核心要素；Y——般要素；Z—辅助要素。

理论知识试题

一、选择题（每题4个选项，只有1个是正确的，将正确的选项号填入括号内）

1. AA001　在如图所示的某油田 ABCD 区块开采示意图中，11 井与（　）井开采同油层。
   (A) 19　　　(B) 29　　　(C) 31　　　(D) 39

2. AA001　在如图所示的某油田 ABCD 区块开采示意图中，21 井与（　）井开采同油层。
   (A) 19　　　(B) 29　　　(C) 31　　　(D) 39

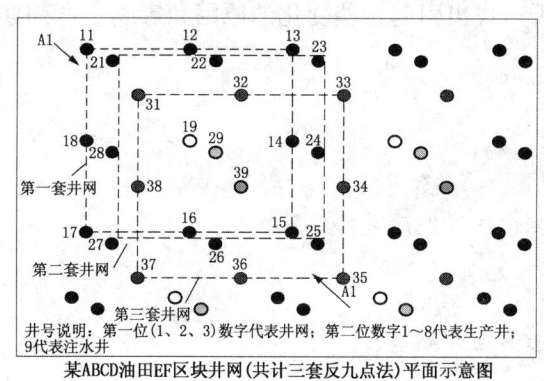 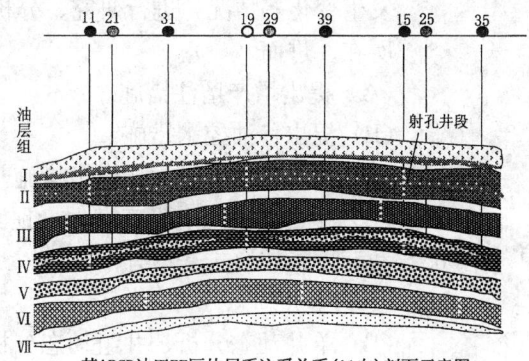

某ABCD油田EF区块井网（共计三套反九点法）平面示意图　　　某ABCD油田EF区块层系注采关系(A1向)剖面示意图

题1，2图

3. AA002　从开采过程和时间上配产配注可分为（　）的配产配注方案编制与某一个阶段（6～12月）配产配注方案的调整编制。
   (A) 某一个时期（1年）　　　(B) 某一个时期（1～2年）
   (C) 某一个时期（3～5年）　　(D) 某一个时期（5～10年）

4. AA002　配产配注方案的最终落脚点都是（　）。这也就是采油工为什么要学习好配产配注内容的根本所在。
   (A) 单井和小层　(B) 水淹小层　(C) 采油井　　(D) 低含水层

5. AA002　配产配注方案的总体目标是（　）。
   (A) 采液能力增强　　　　　(B) 注水能力提高
   (C) 完成生产任务　　　　　(D) 注采平衡

6. AA003　配产配注方案调整是指根据油田（　）对上一时期或前一阶段的配产配注方案进行必要的综合调整。
   (A) 系统压力水平和企业对原油产量的需求
   (B) 系统压力水平、油层吸水能力和企业对原油产量的需求
   (C) 开采现状、开采工艺技术的发展和企业对原油产量的需求
   (D) 开采现状、开采工艺技术的发展

7. AA003　配产配注方案调整总体上是为二个确保服务的，即（　）。
   (A) 确保差油层的改造和好油层的调整

(B) 确保注水能力提高和完成生产任务
(C) 确保地层压力不降和含水不升
(D) 确保油田地下能量的补充和企业对原油产量的需求

8. AA004 通过大量的油井、水井第一性资料，认识油层中油、气、水运动规律的工作是（ ）动态分析。
   (A) 单井　　　(B) 油井　　　(C) 油井、水井　(D) 水井

9. AA004 油水井动态分析是指通过大量的油井、水井（ ）资料，认识油层中油、气、水运动规律的工作。
   (A) 第一性　　(B) 工程　　　(C) 动态　　　(D) 静态

10. AA004 动态分析的三大步骤可以概括为：针对油藏投入生产后，油藏内部诸因素都在发生变化等情况，进行研究、分析；找出引起这些变化的原因和影响生产问题所在；进而（ ）。
    (A) 提出增产增注措施
    (B) 提出稳油控水措施
    (C) 提出调整挖潜生产潜力措施
    (D) 提出调整挖潜生产潜力、预测今后的发展趋势

11. AA005 动态分析的形式基本有：（ ）。
    (A) 单井动态分析
    (B) 单井动态分析、井组动态分析
    (C) 单井动态分析、井组动态分析、区块（层系、油田）动态分析
    (D) 井组动态分析、区块（层系、油田）动态分析

12. AA005 油井动态分析的任务是拟定合理的（ ），提出合理的管理及维修措施。
    (A) 生产时间　(B) 泵效　　　(C) 工作制度　(D) 采油指数

13. AA005 井组动态分析是在单井动态分析的基础上，以（ ）来进行的。
    (A) 注水井动态情况为主
    (B) 油井为中心，联系周围注水井
    (C) 注水井为中心，联系周围油井
    (D) 注水井为中心，联系周围油井和注水井

14. AA005 "井组"划分是以（ ）为中心。
    (A) 油井　　　　　　　　　　　(B) 注水井
    (C) 油井和注水井　　　　　　　(D) 油井或注水井

15. AA006 在一个井组中，（ ）往往起着主导作用，它是水驱油动力的源泉。
    (A) 油井　　　(B) 水井　　　(C) 层间矛盾　(D) 注水压力

16. AA006 油井动态分析主要分析产量、（ ）的变化及原因。
    (A) 压力、含水、动液面、气油比
    (B) 压力、含水、工作制度、气油比
    (C) 含水、工作制度、气油比、采油指数
    (D) 压力、含水、气油比、采油指数

17. AA006 注水井动态分析的任务和内容：分析分层吸水能力的变化、（ ）、注水井增注效果。

(A) 注水井井下工作状况
(B) 注水井井下工作状况、配注水量对油井的适应程度
(C) 配注水量对油井的适应程度
(D) 油、套压变化及注水量变化

18. AA007 动态分析的基本方法有（ ）。
    (A) 统计法、作图法
    (B) 统计法、作图法、物质平衡法
    (C) 统计法、作图法、地下流体学法
    (D) 统计法、作图法、物质平衡法、地下流体学法

19. AA007 井组分析时一般从注水井入手，最大限度地解决（ ）。
    (A) 压力平衡　(B) 平面矛盾　(C) 层内矛盾　(D) 层间矛盾

20. AA007 油田动态分析方法中，（ ）是把各种生产数据进行统计、对比，找出主要矛盾。
    (A) 统计法　(B) 对比法　(C) 平衡法　(D) 图表法

21. AA007 油田动态分析的方法中，（ ）是把生产中、测试中取得的数据整理成图幅或曲线，找出变化规律。
    (A) 统计法　(B) 作图法　(C) 平衡法　(D) 对比法

22. AA007 下列各项分析中主要是通过分层指示曲线来分析的是（ ）。
    (A) 分层吸水能力、注水井增注效果、配注水量对油井适应程度
    (B) 配注水量对油井适应程度、注水井增注效果
    (C) 分层吸水能力、注水井井下工作状况、注水井增注效果
    (D) 注水井井下工作状况、配注水量对油井的适应程度

23. AA008 油田开发中，动态分析所需要的基本资料有（ ）。
    (A) 动态分析、静态资料和工程资料三类
    (B) 动态资料、静态资料和化验资料三类
    (C) 动态资料、工程资料两类
    (D) 动态资料、化验资料两类

24. AA008 油田开发中，（ ）分析所需的基本资料有三类：动态资料、静态资料和工程资料。
    (A) 静态　(B) 动态　(C) 剖面　(D) 水淹状况

25. AA008 下列各项中不属于油井、水井静态资料的是（ ）。
    (A) 砂层厚度　　　　(B) 渗透率
    (C) 示功图　　　　(D) 油、气、水的分布情况

26. AA008 油井、水井的（ ）资料主要包括：油井生产层位（注水井注水层位），砂层厚度，有效厚度，渗透率，油层的连通关系，油、气、水的分布情况等。
    (A) 静态　(B) 动态　(C) 钻井　(D) 工程

27. AA009 注水井动态资料有：吸水能力资料、压力资料、（ ）资料。
    (A) 水质　　　　(B) 井下作业
    (C) 测试、水质完整　(D) 水质、井下作业

28. AA009 采油井产能资料包括（ ）等。

(A) 日产液量、日产水量、日产气量
(B) 日产液量、日产油量、日产气量
(C) 日产油量、日产水量、日产气量
(D) 日产液量、日产油量

29. AA009 采油井动态资料有：产能资料，压力资料，（ ）。
(A) 油、气、水物性资料，水淹资料
(B) 水淹资料，井下作业资料
(C) 油、气、水物性资料，水淹资料，井下作业资料
(D) 油、气、水物性资料，井下作业资料

30. AA009 油水井的（ ）资料是指钻井、固井、井身结构、井筒状况、地面流程等资料。
(A) 静态　　(B) 工程　　(C) 动态　　(D) 地质

31. AA009 井筒状况属于（ ）资料。
(A) 井下作业　(B) 地质　　(C) 工程　　(D) 动态

32. AA010 油井基本资料有射开层位、（ ）、上下油层与邻井的连通情况、储量、层系划分、井下技术状况等。
(A) 各层的厚度
(B) 各层的厚度、孔隙度
(C) 渗透率、孔隙度
(D) 各层的厚度、渗透率

33. AA010 在油井、水井分析时，必需的基础资料有（ ）。
(A) 静态资料、动态资料、完井数据和井下作业资料
(B) 油层参数、储量资料、断层资料、压力资料
(C) 油井资料、水井资料
(D) 油井综合记录、水井综合记录

34. AA010 在油井、水井分析时，常用的静态资料有（ ）。
(A) 油层参数、储量资料、断层资料、压力资料
(B) 油层参数、储量资料、断层资料、油气分布资料
(C) 储量资料、断层资料、油层参数、含水资料
(D) 油层参数、储量资料、压力资料、见水资料

35. AA010 油井、水井分析时需录取见水资料包括（ ）。
(A) 出水层位、来水方向、水淹程度
(B) 来水方向、水淹程序、见水时间
(C) 水淹程度、见水时间、出水层位
(D) 见水时间、出水层位、来水方向

36. AA011 所谓（ ）是指非均质多油层油田笼统注水后，由于高中低渗透层的差异，各层在吸水能力、水线推进速度、地层压力、采油速度、水淹状况等方面产生的差异。
(A) 层内矛盾　　　　(B) 平面矛盾
(C) 层间矛盾　　　　(D) 层间矛盾与层内矛盾

37. AA011 所谓（ ）是指在一个油层的内部，上下部位有差异，渗透率大小不均匀，高渗透层中有低渗透带，低渗透层中有高渗透带，注入水沿阻力小的高渗透带突进。

(A) 层内矛盾 (B) 平面矛盾
(C) 层间矛盾 (D) 层间矛盾与层内矛盾

38. AA011 所谓（ ）是指一个油层在平面上，由于渗透率的高低不一，连通性不同，使井网对油层控制情况不同，注水后使水线在平面上推进快慢不一样，造成压力、含水和产量不同，构成了同一层各井之间的差异。
    (A) 层内矛盾 (B) 平面矛盾
    (C) 层间矛盾 (D) 层间矛盾与层内矛盾

39. AA011 油井出的水，按其来源可分为外来水和地层水，下列不属于地层水的是（ ）。
    (A) 注入水 (B) 夹层水 (C) 边水 (D) 底水

40. AA012 层内矛盾的大小由（ ）表示。
    (A) 单层突进系数 (B) 层内水驱油效率
    (C) 扫油面积系数 (D) 地质系数

41. AA012 当油层有底水时，油井生产压差过大，会造成（ ）现象。
    (A) 指进 (B) 单层突进 (C) 底水锥进 (D) 单向突进

42. AA012 水井调剖技术主要解决油田开发中的（ ）矛盾。
    (A) 平面 (B) 注采失衡 (C) 储采失衡 (D) 层间

43. AA012 对于大片连通的油层，注入水的流动方向主要受（ ）的影响。
    (A) 油层厚度 (B) 油层渗透性
    (C) 孔隙结构 (D) 油层夹层发育程度

44. AA013 注水曲线中横坐标代表的是（ ）。
    (A) 注水压力 (B) 日注水量 (C) 日历时间 (D) 注水时间

45. AA013 油井、水井分析中，静态资料的收集和整理是一项很重要的工作，下列图幅中，不属于静态资料的是（ ）。
    (A) 构造图 (B) 油层连通图
    (C) 油水井平面分布图 (D) 吸水剖面图

46. AA013 在油井、水井动态分析中，应用最多的是（ ）。
    (A) 生产数据表 (B) 生产阶段对比表
    (C) 措施效果对比表 (D) 生产数据表和生产阶段对比表

47. AA013 在绘制采油曲线时，横坐标为（ ）。
    (A) 日历时间 (B) 生产时间 (C) 产量 (D) 压力

48. AA013 采油曲线是将（ ）数据以曲线的方式绘制在方格纸上。
    (A) 油井综合记录 (B) 井史
    (C) 产能资料 (D) 压力资料

49. AA014 油井采油曲线反映各开采指标的变化过程，是开采指标与（ ）的关系曲线。
    (A) 抽油井 (B) 开采层位 (C) 井段 (D) 时间

50. AA014 注水曲线主要指标包括（ ）、全井及分层段日注水量。
    (A) 泵压、油压、套压
    (B) 泵压、油压
    (C) 注水时间、泵压、油压、套压
    (D) 注水时间、泵压、油压

51. AA014 绘制采油、注水曲线的颜色一般要求：日产液量、日产油量、含水分别用（ ）色。
    (A) 红、深红、蓝   (B) 红、绿、黄
    (C) 红、黄、绿   (D) 深红、红、蓝

52. AA014 抽油机井采油曲线可以用来选择合理的（ ）。
    (A) 工作制度 (B) 泵径 (C) 采油方式 (D) 泵深、泵径

53. AA015 油水井连通图是（ ）组合而成的立体形图幅。
    (A) 水淹图和油砂体平面图   (B) 油层剖面图和单层平面图
    (C) 油层剖面图和水淹图   (D) 油砂体平面图和油层剖面图

54. AA015 油砂体平面图是全面反映（ ）的图幅。
    (A) 小层平面分布状况和物性变化
    (B) 油藏或单层水淹状况
    (C) 孔隙结构与润湿性变化
    (D) 油层内渗透率的分布及组合关系

55. AA015 油层连通图又叫栅状图，它表示油层各方面的岩性变化情况和层间井间的（ ）情况。
    (A) 对比   (B) 连通   (C) 注采   (D) 压力变化

56. AA015 水淹图可以分析研究（ ）的水淹状况。
    (A) 水井   (B) 油井
    (C) 注采井组、开发单元   (D) 气井

57. AA015 水线推进图是反映注入水推进情况和（ ）状况的图幅，用来研究水线合理推进速度和水驱油规律。
    (A) 油水分布 (B) 压力分布 (C) 岩性变化 (D) 开发

58. AA016 绘制油井、水井连通图时，一般按油层内的油、水分布上色，含油、含水、气层、各层的染色分别为（ ）。
    (A) 红、黄、蓝、不上色   (B) 黄、红、蓝、不上色
    (C) 蓝、不上色、红、黄   (D) 红、蓝、黄、不上色

59. AA016 油田注水以后，为了控制水线，调整层间矛盾，可以以（ ）为背景，画出水线推进图。
    (A) 水淹图   (B) 油水井连通图
    (C) 开采现状图   (D) 油砂体平面图

60. AA016 注水曲线是动态分析的最基础的资料，其横坐标为（ ），纵坐标为各项指标。
    (A) 注水压力 (B) 注水量 (C) 时间 (D) 层位

61. AB001 单相交流电路是交流电路中最简单的电路；最具有代表性的就是照明电路，工作电压通常为（ ）。
    (A) 60V   (B) 110V   (C) 220V   (D) 380V

62. AB001 单相交流电路是交流电路中最简单的电路；电路中有（ ）。
    (A) 三根火线   (B) 三根火线与一根零线
    (C) 二根火线与一根零线   (D) 一根火线与一根零线

63. AB001 下列各项如图所示的单相交流电路示意图的标注中，（ ）标注错了。
    (A) ①开关   (B) ②熔断器   (C) ③负载   (D) ④火线

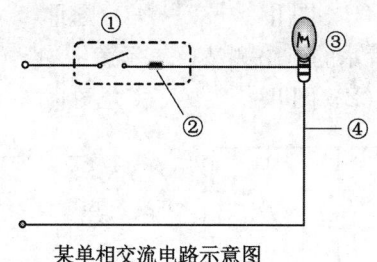

某单相交流电路示意图

题 63 图

64. AB002 三相交流电路是交流电路中应用最多的动力电路;通常电路工作电压均为( )。
    (A) 60V　　　(B) 110V　　　(C) 220V　　　(D) 380V

65. AB002 三相交流电路是交流电路中应用最多的动力电路;电路中有( )。
    (A) 三根火线
    (B) 三根火线与一根零线
    (C) 二根火线与一根零线
    (D) 一根火线与一根零线

66. AB002 下列各项如图所示的三相交流电路示意图的标注中,( )标错了。
    (A) ①闸刀　　(B) ②空气开关　(C) ③电源　　(D) ④负载

67. AB002 下列各项在如图所示的三相交流电路示意图的标注中,( )标对了。
    (A) ①开关　　(B) ②闸刀　　(C) ③负载　　(D) ④启动按钮

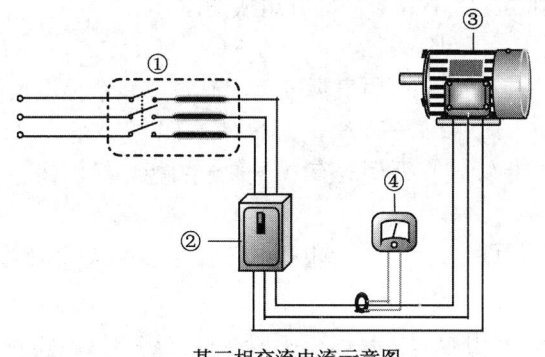

某三相交流电流示意图

题 66,67 图

68. AB003 在下列电工常用仪表名称中,( )是按其测量对象分的。
    (A) 电磁式　　(B) 电压表　　(C) 交流表　　(D) 携带式

69. AB003 在下列电工常用仪表名称中,( )是按其工作原理分的。
    (A) 电磁式　　(B) 电压表　　(C) 交流表　　(D) 携带式

70. AB003 电工常用仪表中精确度等级最高的是( )。
    (A) 0.05　　(B) 0.10　　(C) 0.15　　(D) 0.20

71. AB004 在电工常用仪表中表示仪表防护等级的符号是( )。
    (A) ∩　　　(B) □　　　(C) ☆　　　(D) ╱60

72. AB004 在电工常用仪表中表示仪表与附件工作原理的符号是( )。
    (A) ∩　　　(B) □　　　(C) ☆　　　(D) ╱60

73. AB005 下列各项在如图所示的电路测量仪表示意图中,( )是测量低压直流电路电流的。

(A) 图Ⅰ　　　(B) 图Ⅱ　　　(C) 图Ⅲ　　　(D) 图Ⅳ

74. AB005　下列各项在如图所示的电路测量仪表示意图中，（　）是测量交流电路电压的。

(A) 图Ⅰ　　　(B) 图Ⅱ　　　(C) 图Ⅲ　　　(D) 图Ⅳ

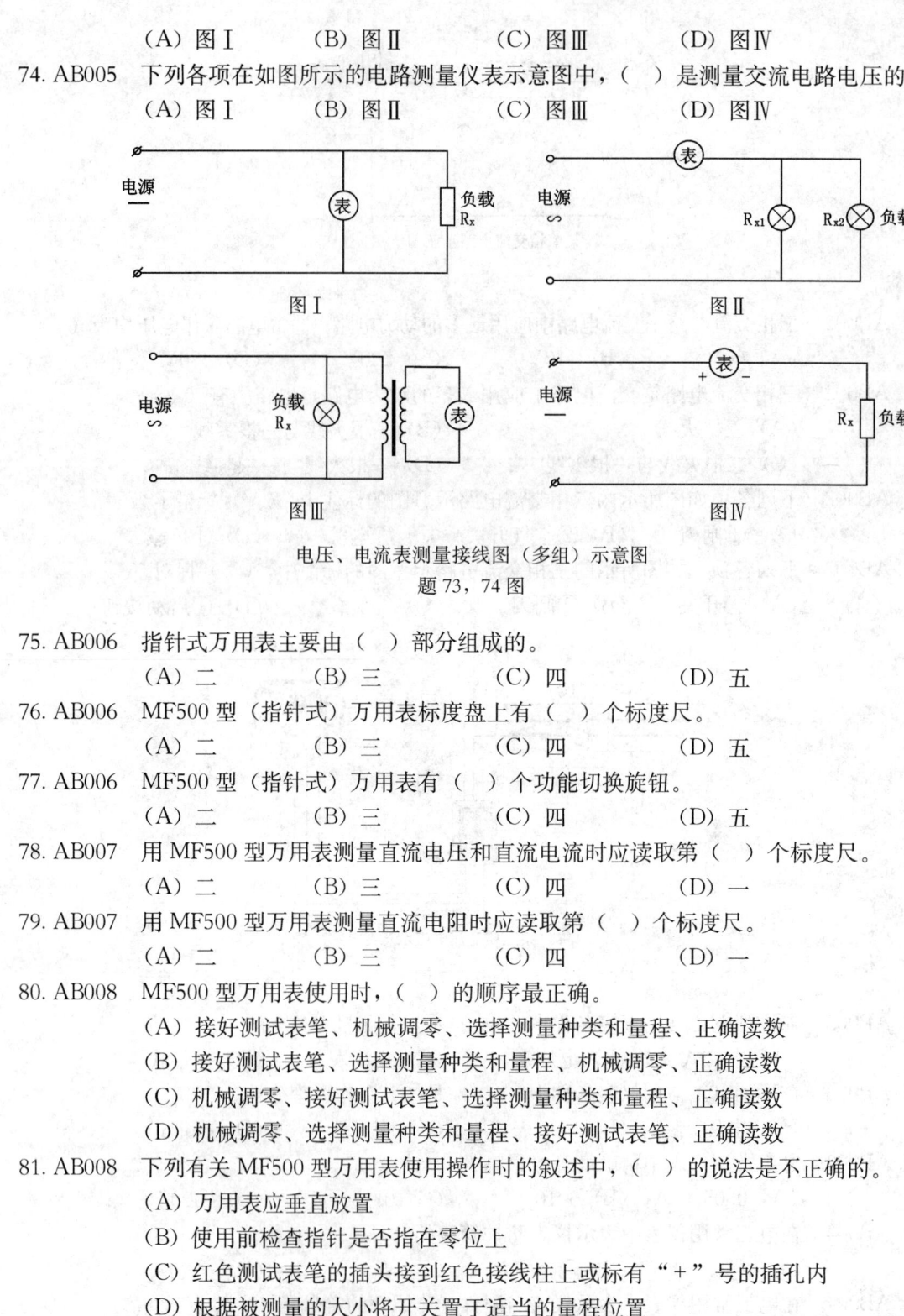

电压、电流表测量接线图（多组）示意图
题 73，74 图

75. AB006　指针式万用表主要由（　）部分组成的。
(A) 二　　　(B) 三　　　(C) 四　　　(D) 五

76. AB006　MF500 型（指针式）万用表标度盘上有（　）个标度尺。
(A) 二　　　(B) 三　　　(C) 四　　　(D) 五

77. AB006　MF500 型（指针式）万用表有（　）个功能切换旋钮。
(A) 二　　　(B) 三　　　(C) 四　　　(D) 五

78. AB007　用 MF500 型万用表测量直流电压和直流电流时应读取第（　）个标度尺。
(A) 二　　　(B) 三　　　(C) 四　　　(D) 一

79. AB007　用 MF500 型万用表测量直流电阻时应读取第（　）个标度尺。
(A) 二　　　(B) 三　　　(C) 四　　　(D) 一

80. AB008　MF500 型万用表使用时，（　）的顺序最正确。
(A) 接好测试表笔、机械调零、选择测量种类和量程、正确读数
(B) 接好测试表笔、选择测量种类和量程、机械调零、正确读数
(C) 机械调零、接好测试表笔、选择测量种类和量程、正确读数
(D) 机械调零、选择测量种类和量程、接好测试表笔、正确读数

81. AB008　下列有关 MF500 型万用表使用操作时的叙述中，（　）的说法是不正确的。
(A) 万用表应垂直放置
(B) 使用前检查指针是否指在零位上
(C) 红色测试表笔的插头接到红色接线柱上或标有"＋"号的插孔内
(D) 根据被测量的大小将开关置于适当的量程位置

82. AB009　用 MF500 型万用表测量直流电流时，（　）的操作是不正确的。
(A) 先将左侧的转换开关旋到 A 位置
(B) 右侧的转换到标有"mA"或"μA"位置

(C) 万用表的最大电流量程在 10A 以内
(D) 测量时表头与负载串联

83. AB009 在如图所示的 MF500 型万用表功能转换区示意图中,由开关现在所处的挡位可知该表最大测量范围( )。

(A) 1mA (B) 10mA (C) 100mA (D) 100mV

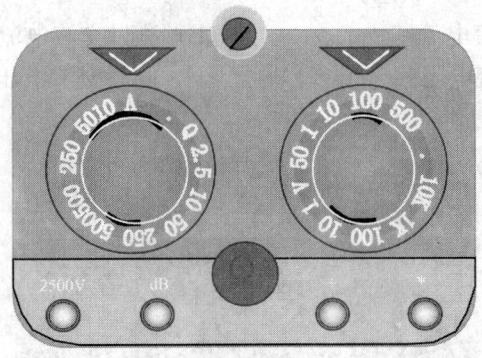

题 83 图

84. AB010 用 MF500 型万用表测量直流电压时,( )的操作是不正确的。

(A) 先将右侧的转换开关旋到"V"位置
(B) 左侧的转换到标有"V"区域某挡位
(C) 直流电压有正负之分
(D) 黑色表笔应与电源的正极相触

85. AB010 在如图所示的 MF500 型万用表功能转换区示意图中,由开关现在所处的挡位可知该表处于( )状态。

(A) 测量直流电压   (B) 测量直流电流
(C) 测量直流电阻   (D) 测量交流电流

86. AB010 在如图所示的 MF500 型万用表功能转换区示意图中,由开关现在所处的挡位可知该表最大测量范围( )。

(A) 10V (B) 50V (C) 100V (D) 100mV

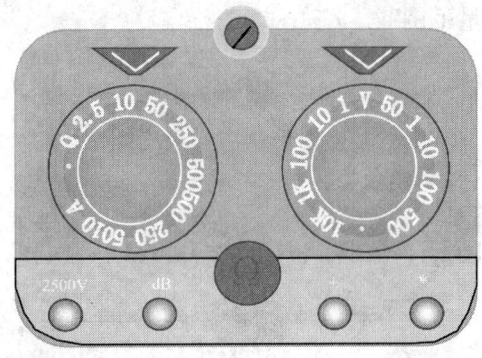

题 85,86 图

87. AB011 用 MF500 型万用表测量交流电压时,( )的操作是不正确的。

(A) 先将右侧的转换开关旋到"V"位置
(B) 左侧的转换到标有"V"区域某挡位
(C) 手握红色表笔和黑色表笔的绝缘部位
(D) 先用红色表笔触及一相带电体

88. AB011　在如图所示的 MF500 型万用表功能转换区示意图中，由开关现在所处的挡位可知该表处于（　）状态。
　　　(A) 测量直流电流　　　　　(B) 测量交流电流
　　　(C) 测量直流电阻　　　　　(D) 测量交流电压

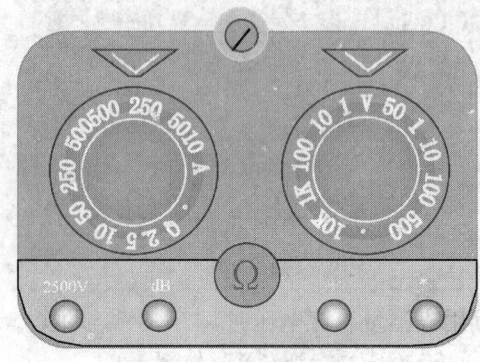

题 88 图

89. AB012　用 MF500 型万用表测量直流电阻时，（　）的操作是不正确的。
　　　(A) 将左侧的转换开关旋到"Ω"位置
　　　(B) 右侧的转换到标有"mA"区域某挡位
　　　(C) 先选择"1K"挡调零
　　　(D) 将两表笔短接、调零

90. AB012　在如图所示的 MF500 型万用表功能转换区示意图中，由开关现在所处的挡位可知该表处于（　）状态。
　　　(A) 测量直流电压　　　　　(B) 测量直流电流
　　　(C) 测量直流电阻　　　　　(D) 测量交流电压

91. AB012　在如图所示的 MF500 型万用表功能转换区示意图中，由开关现在所处的挡位可知该表最大测量范围（　）。

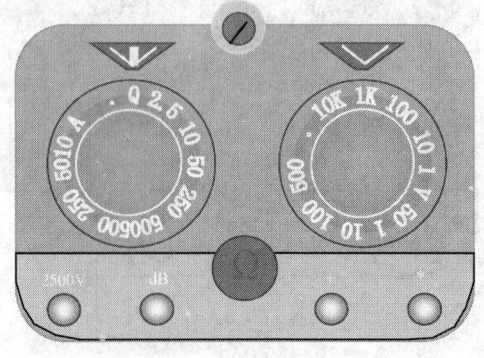

题 90，91 图

(A) 1kΩ　　　(B) 10kΩ　　　(C) 100kΩ　　　(D) ∞

92. AB013　不属于数字式万用表特有性能的是（　）。
    (A) 读数方便、直观　　　(B) 不会产生读数误差、准确度高
    (C) 体积小、耗电省　　　(D) 测量信号趋势明显

93. AB013　数字式万用表标有（　）的插孔为公共插孔。
    (A) "COM"　　(B) "Ω"　　(C) "+"　　(D) "*"

94. AB014　下列有关数字式万用表的使用注意事项中，（　）的说法是不正确的。
    (A) 当两表笔开路时，表盘上显示超过量程状态的"1"是正常现象
    (B) 测量 1MΩ 以上的高电阻时，需经数秒表盘上才显示出稳定读数
    (C) 首位能显示 0~9 的所有数字
    (D) 被测电阻不得带电

95. AB014　下列有关数字式万用表使用测量时的叙述中，（　）的说法是正确的。
    (A) 测量电阻时不用打开电源开关
    (B) 测量电流时不用打开电源开关
    (C) 测量电压时不用打开电源开关
    (D) 任何测量时都要打开电源开关

96. AB014　下列有关数字式万用表测量直流电压时的叙述中，（　）是不正确的。
    (A) 将黑色表笔插入标有 "COM" 的符号的插孔中
    (B) 将功能开关旋于 "DVC" 的适当位置
    (C) 在显示屏上显示电压读数的同时，不能指示红色表笔的极性
    (D) 测试高电压时，严禁接触高电压电路

97. BA001　前置型游梁式抽油机的结构特点是（　）。
    (A) 曲柄连杆机构位于支架前边
    (B) 曲柄连杆机构位于支架后边
    (C) 曲柄连杆机构与驴头均位于支架前边
    (D) 曲柄连杆机构与驴头各位于支架两侧

98. BA001　前置型游梁式抽油机上冲程时曲柄旋转约（　）。
    (A) 165°　　　(B) 180°　　　(C) 195°　　　(D) 215°

99. BA001　由于前置型游梁式抽油机上冲程时曲柄旋转约195°，下冲程时约165°，因此（　）。
    (A) 光杆加速度大　　　(B) 增加了悬点载荷
    (C) 降低了电机功率　　(D) 不具有节能效果

100. BA002　异相型游梁式抽油机的结构特点是（　）。
    (A) 曲柄连杆机构位于支架前边
    (B) 曲柄连杆机构位于支架后边
    (C) 曲柄连杆机构与驴头均位于支架前边
    (D) 减速器背离支架后移

101. BA002　异相型游梁式抽油机的平衡相位角约为（　）。
    (A) 60°　　　(B) 45°　　　(C) 30°　　　(D) 12°

102. BA002　由于异相型游梁式抽油机减速器背离支架后移，形成较大的极位夹角，因此（　）。

（A）光杆加速度大　　　　　　（B）增加了悬点载荷
（C）降低了冲速　　　　　　　（D）具有节能效果

103. BA003　下列抽油机中（　）是无游梁式抽油机。
（A）前置型抽油机　　　　　　（B）塔架型抽油机
（C）异相型抽油机　　　　　　（D）双驴头抽油机

104. BA003　塔架型抽油机结构特点是（　）。
（A）机形较矮　（B）顶部较重　（C）上冲程快　（D）驴头负荷小

105. BA003　塔架型抽油机适用于（　）。
（A）长冲程　　（B）高冲速　　（C）小排量　　（D）较浅井

106. BA004　已知某抽油机井的杆长为 L、杆截面积为 f_r、泵截面积为 f_p、液体相对密度为 ρ、钢的相对密度为 ρ_s、重力加速度为 g，那么该井抽油杆（柱）重力是（　）。
（A）$f_r \rho_s g L$　　　　　　　　　　（B）$f_p L \rho g$
（C）$(f_p - f_r) L \rho g$　　　　　　　（D）$f_r (\rho_s - \rho) g L$

107. BA004　已知某抽油机井的杆长为 L、杆截面积为 f_r、泵截面积为 f_p、液体相对密度为 ρ、钢的相对密度为 ρ_s、重力加速度为 g，那么该井活塞上的液柱载荷是（　）。
（A）$f_r \rho_s g L$　　　　　　　　　　（B）$f_p L \rho g$
（C）$(f_p - f_r) L \rho g$　　　　　　　（D）$f_r (\rho_s - \rho)$

108. BA004　抽油机在上、下冲程开始时惯性载荷（　）。
（A）最小　　　（B）不变　　　（C）为零　　　（D）最大

109. BA005　某抽油井冲次由 8r/min 下调到 5r/min，其他参数不变，此时抽油杆负载（　）。
（A）会减小　　（B）会增大　　（C）没有变化　（D）急速增大

110. BA005　3kg/m 等于（　）。
（A）39.4N/m　（B）29.4N/m　（C）20.4N/m　（D）19.4N/m

111. BA005　直径 19mm 抽油杆在相对密度 0.86 的液体中每米杆柱重量为（　）（$g = 10m/s^2$）。
（A）23N　　　（B）19.6N　　（C）20.5N　　（D）19.4N

112. BA006　抽油机负载利用率是指（　）载荷与铭牌最大载荷之比。
（A）上行　　　（B）下行　　　（C）平均　　　（D）实际最大

113. BA006　某抽油机铭牌载荷 100kN，上行平均载荷 70kN，下行平均载荷 50kN，上、下行平均载荷 60kN，上行最大载荷为 80kN，则该机负荷利用率为（　）。
（A）70%　　　（B）60%　　　（C）80%　　　（D）71%

114. BA006　某抽油机铭牌载荷 100kN，其负荷利用率为 80%，则下列说法正确的是（　）。
（A）上行负荷为 80kN　　　　　（B）实际最大负荷为 80kN
（C）上行平均负荷为 80kN　　　（D）平均负荷为 80kN

115. BA006　电动机功率利用率是（　）功率的利用程度。
（A）输入　　　（B）输出　　　（C）有功　　　（D）额定

116. BA006　下列参数中与电动机功率利用率的计算无关的是（　）。
（A）铭牌功率　（B）输入电流　（C）电动机效率（D）功率因数

117. BA007 下列参数中与抽油机扭矩利用率无关的是（　）。
　　　　　（A）电动机功率因数　　　　（B）冲程
　　　　　（C）冲次　　　　　　　　　（D）悬点载荷
118. BA007 下列参数中与抽油机扭矩利用率无关的是（　）。
　　　　　（A）油井工作制度　　　　　（B）油井产液量
　　　　　（C）悬点载荷　　　　　　　（D）电动机效率
119. BA007 抽油机扭矩利用率是（　）扭矩的利用程度。
　　　　　（A）变速箱输入　　　　　　（B）变速箱输出
　　　　　（C）铭牌　　　　　　　　　（D）曲柄轴最大
120. BA007 冲程利用率不影响抽油机的（　）。
　　　　　（A）悬点载荷　（B）曲柄轴扭矩　（C）总减速比　（D）电力消耗
121. BA008 如图所示的理论示功图中，（　）考虑的弹性变形较小。

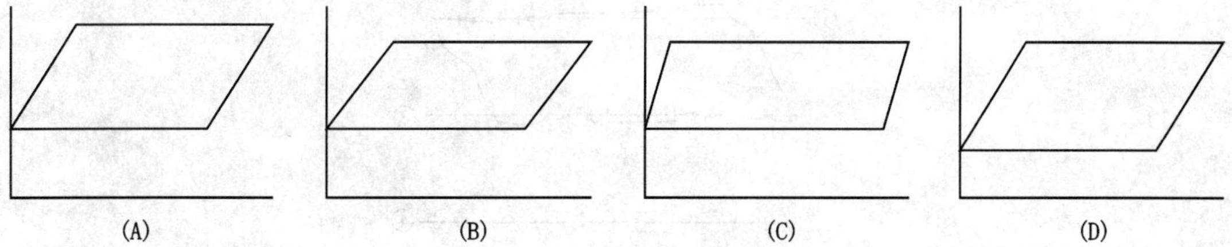

题 121 图

122. BA008 如图所示的理论示功图中，（　）考虑的液柱载荷较大。

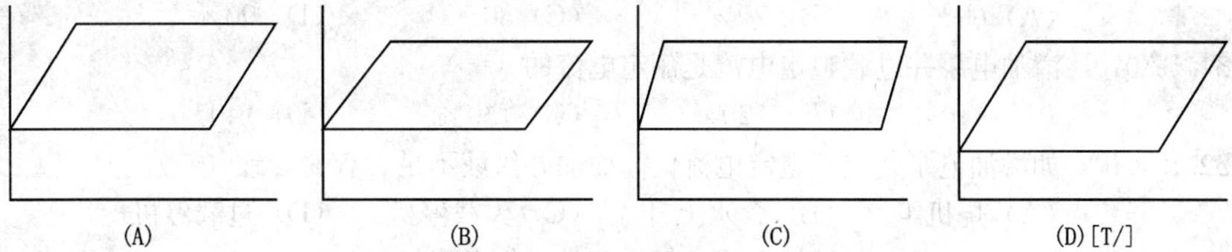

题 122 图

123. BA008 在理想状况下，只考虑驴头所承受的（　），引起抽油杆柱和油管柱弹性变形，而不考虑其他因素的影响，所绘制的示功图叫理论示功图。
　　　　　（A）静载荷　　　　　　　　（B）静载荷和液柱载荷
　　　　　（C）静载荷和抽油杆柱载荷　（D）静载荷、液柱载荷和抽油杆柱载荷
124. BA008 在理想状况下，只考虑驴头所承受的静载荷引起的（　）弹性变形，而不考虑其他因素影响，所绘制的示功图叫理论示功图。
　　　　　（A）抽油杆柱和液柱　　　　（B）抽油杆柱和油管柱
　　　　　（C）油管柱和液柱　　　　　（D）抽油杆柱、油管柱和液柱
125. BA008 绘制理论示功图的目的是与实测示功图比较，找出负荷变化差异，判断（　）的工作情况。
　　　　　（A）井下工具　　　　　　　（B）井下工具及设备
　　　　　（C）深井泵及地层　　　　　（D）地层

126. BA009 抽油机井实测示功图是对抽油机井（ ）的分析。
(A) 抽油杆柱重量　　　　　(B) 油管柱重量
(C) 液柱重量　　　　　　　(D) 抽油状况

127. BA009 完整的抽油机井实测示功图应有（ ）内容。
(A) 清晰闭合的几何图形
(B) 清晰闭合的几何图形及一条直线
(C) 清晰的二条曲线
(D) 清晰闭合的几何图形、一条直线及二条虚直线

128. BA009 如图所示是某抽油机井实测示功图，图中（ ）表示基线。
(A) ①　　(B) ②　　(C) ③　　(D) ④

129. BA009 如图所示是某抽油机井实测示功图，图中（ ）表示下载荷（理论小）线。
(A) ①　　(B) ②　　(C) ③　　(D) ④

题 128，129 图

130. BA010 潜油电泵井欠载整定电流是工作电流的（ ）。
(A) 60%　　(B) 70%　　(C) 80%　　(D) 90%

131. BA010 潜油电泵井过载整定电流是额定电流的（ ）。
(A) 110%　　(B) 120%　　(C) 130%　　(D) 140%

132. BA010 如潜油电泵井欠载整定电流偏高而油井供液不足，容易导致（ ）。
(A) 烧机组　　(B) 含水上升　　(C) 欠载停机　　(D) 过载停机

133. BA010 潜油电泵井欠载保护电流一般为正常工作电流的（ ）。
(A) 75%　　(B) 80%　　(C) 85%　　(D) 90%

134. BA011 为了防止电动螺杆泵在采油时因有蜡堵、卡泵、停机后油管内液体回流、杆柱反转等，必须采取（ ）技术。
(A) 管柱防脱　(B) 杆柱防脱　(C) 扶正　(D) 抽空保护

135. BA011 为了使电动螺杆泵在采油时减少或消除定子的振动，必须采取（ ）技术。
(A) 管柱防脱　(B) 杆柱防脱　(C) 扶正　(D) 抽空保护

136. BA011 为了防止电动螺杆泵在采油时，上部的正扣油管倒扣，造成管柱脱扣，必须采取（ ）技术。
(A) 管柱防脱　(B) 杆柱防脱　(C) 扶正　(D) 抽空保护

137. BA012 根据生产常见的故障而总结出的螺杆泵井泵况诊断技术主要有（ ）种方法。
(A) 一　　(B) 二　　(C) 三　　(D) 四

138. BA012 根据生产常见的故障而总结出的螺杆泵井泵况诊断技术主要有电流法和（ ）。
(A) 载荷法　(B) 测压法　(C) 憋压法　(D) 量油法

139. BA013 水力活塞泵采油装置是由（ ）大部分组成的。
    （A）二　　　（B）三　　　（C）四　　　（D）五
140. BA013 水力活塞泵采油装置是由（ ）装置、井口装置、水力活塞泵机组组成的。
    （A）地面离心泵　　　　　　（B）地面抽油机
    （C）地面集油泵　　　　　　（D）地面水力动力源
141. BA013 水力活塞泵的双作用是指（ ）。
    （A）动力液循环方式　　　　（B）按安装方式
    （C）结构特点　　　　　　　（D）投捞方式
142. BA013 水力活塞泵的抽油泵主要由（ ）、活塞、游动阀、固定阀组成。
    （A）缸套　　（B）阀座　　（C）拉杆　　（D）连杆
143. BA014 水力活塞泵采油时（ ）。
    （A）井液单独从油管排出井口
    （B）井液单独从油套环空排出井口
    （C）井液与动力液从油管排出井口
    （D）井液与动力液从油套环空排出井口
144. BA014 水力活塞泵采油方式是（ ）。
    （A）正采　　（B）反采　　（C）合采　　（D）自喷
145. BA015 水力活塞泵采油参数主要有（ ）。
    （A）活塞直径、冲程、扭矩
    （B）活塞直径、冲程、冲速、扭矩
    （C）活塞直径、冲程、冲速、悬点载荷
    （D）活塞直径、冲程、冲速、动力液排量
146. BA015 水力活塞泵采油参数中调整方便的是（ ）。
    （A）活塞直径及冲程　　　　（B）冲程及冲速
    （C）活塞直径及冲速　　　　（D）冲速及排量
147. BA015 水力活塞泵采油参数中调整不方便的是（ ）。
    （A）活塞直径　（B）冲程　（C）冲速　（D）排量
148. BA016 水力活塞泵采油突出的优点之一是（ ）。
    （A）费用小　（B）管理方便　（C）无级调参　（D）节能
149. BA016 水力活塞泵采油突出的优点之一是（ ）。
    （A）费用小　（B）管理方便　（C）流程简单　（D）检泵方便
150. BA016 水力活塞泵采油适用于（ ）的开采。
    （A）浅井　　　　　　　　　（B）浅井和中深井
    （C）中深井和深井　　　　　（D）深井和超深井
151. BA017 射流泵主要是由打捞头、胶皮碗、出油孔、（ ）、喉管、喷嘴和尾管组成。
    （A）活塞　　（B）扩散管　　（C）塞管　　（D）丝堵
152. BA017 下列有关射流泵工作原理的叙述中，（ ）的说法是错误的。
    （A）一定压力的工作液从油管注入，经泵的通路流至喷嘴
    （B）经泵的通路流至喷嘴的工作液流速变高射入喉管
    （C）利用高速流体对周围液体具有抽吸作用

(D) 混合液经油孔从油管流出地面

153. BA017　射流泵采油时，其工作液从油管注入，经过泵的通路先流至（　　）。
(A) 扩散管　　(B) 喷嘴　　(C) 喉管　　(D) 出油孔

154. BA017　射流泵适用于（　　）的油井。
(A) 液量较高　(B) 含蜡较高　(C) 含砂较高　(D) 含气较高

155. BA018　非常规抽油机采油主要是指（　　）。
(A) 根据油田生产特殊要求而设计抽油机应用于生产中
(B) 根据油田生产特殊要求而设计的特点突出的抽油机应用于生产中
(C) 根据节能需要而设计的特点突出的抽油机应用于生产中
(D) 根据油田生产特殊要求而设计的有利于提高产量的抽油机应用于生产中

156. BA018　塔架式抽油机（LCYJ10-8-105HB）是一种无游梁式抽油机，特点是把常规游梁式抽油机的（　　）换成一个组装的同心复合轮。
(A) 游梁、驴头
(B) 游梁、驴头、支架
(C) 游梁、驴头、连杆
(D) 游梁、驴头、尾梁、连杆

157. BA018　异形游梁式抽油机（CYJY10-5-48HB）又称为双驴头抽油机，其结构特点是：去掉了普通抽油机（　　），以一个后驴头装置代替。
(A) 游梁　　(B) 尾轴　　(C) 连杆　　(D) 尾梁

158. BA018　矮型异相曲柄平衡抽油机（CYJY6-2.5-26HB），是一种设计新颖、节能效果较好、适用的采油设备，其结构最大特点是（　　）。
(A) 配重合理
(B) 不存在极位夹角
(C) 四连杆机构非对称循环
(D) 游梁短

159. BA019　分层开采就是根据生产井的开采油层情况，通过（　　）把各个目的层分开，进而实现分层注水、分层采油的目的。
(A) 井下工艺管柱
(B) 井下 2 根油管
(C) 井下封隔器
(D) 井下套管

160. BA019　分层开采的原理是把各个分开的层位装配不同的配水器或配产器，调节（　　）而对不同生产层位的生产压差。
(A) 同一井底油压
(B) 同一井底套压
(C) 同一井底流压
(D) 同一井底静压

161. BA019　分层开采的原理是把各个分开的层位装配不同的配水器或配产器，调节同一井底流压而对不同生产层位的（　　）。
(A) 流饱压差　(B) 生产压差　(C) 采油指数　(D) 注水强度

162. BA019　对（　　）油田，如果笼统采油，势必使层间矛盾突出。
(A) 均质　　(B) 非均质　　(C) 均质多油层　　(D) 非均质多油层

163. BA020　注水井的管柱结构有（　　）管柱结构。
(A) 一级二级和二级三段
(B) 笼统注水和分层注水
(C) 油管注水和套管注水
(D) 合注和分注

164. BA020　空心活动配水管柱目前最多能配注（　　）层。
(A) 两　　(B) 三　　(C) 四　　(D) 大于四

165. BA020　偏心配水器主要由工作筒和（　　）两部分组成。

(A) 撞击筒　　(B) 配水器芯子　(C) 堵塞器　　　(D) 泄油器

166. BA020　空心活动配水管柱更换水嘴时,只需捞出( ),换上相应水嘴,重新下入即可。
(A) 配水器芯子　　　　　(B) 工作筒
(C) 撞击筒　　　　　　　(D) 堵塞器

167. BA020　空心活动配水管柱是由油管把封隔器、空心活动配水器和( )等井下工具串接而成。
(A) 水嘴　　(B) 撞击筒　　(C) 底部球座　(D) 筛管

168. BA021　封隔器是在( )封隔油层,进行井下分注分采的重要工具。
(A) 套管外　(B) 套管内　　(C) 油管内　　(D) 泵内

169. BA021　封隔器是在套管内封隔油层,进行井下( )的重要工具。
(A) 分采分注　(B) 全井酸化　(C) 全井压裂　(D) 聚合物驱

170. BA021　某封隔器型号为Y341-114,其中Y具体表示( )。
(A) 自封式封隔器　　　　(B) 压缩式封隔器
(C) 楔入式封隔器　　　　(D) 扩张式封隔器

171. [T]　某封隔器型号为Y341-114,其中114表示( )。
(A) 坐封压力　　　　　　(B) 解封压力
(C) 适用套管直径　　　　(D) 适用油管直径

172. BA021　压缩式封隔器、尾管支撑、提放管柱坐封、提放管柱解封、钢体最大外径114mm,其型号是( )。
(A) Z111-114　　　　　　(B) Y211-114
(C) Y122-114　　　　　　(D) Y111-114

173. BA021　压缩式封隔器、无支撑方式、液压坐封、提放管柱解封,其型号是( )。
(A) Y314　　(B) Y341　　(C) Y143　　(D) Y413

174. BA021　扩张式封隔器、无支撑方式、液压坐封、液压解封,其型号是( )。
(A) Z344　　(B) X344　　(C) K344　　(D) Y344

175. BA022　某配水器代号为KPX-114*46,其中114具体表示( )。
(A) 配水器流量　　　　　(B) 配水器开启压力
(C) 配水器外径　　　　　(D) 配水器内径

176. BA023　分层注水就是根据油田开发制定的配产配注方案,对注水井的各个注水层位进行分段注水,以达到各层均匀(配水量)注水,提高( )油层的动用程度,控制高含水层产水量,增加低含水层产量的目的。
(A) 差　　(B) 主力　　(C) 好　　(D) 各个

177. BA023　分层注水就是根据油田开发制定的配产配注方案,对注水井的各个注水层位进行分段注水,以达到各层均匀(配水量)注水,提高各个油层的动用程度,控制( ),增加低含水层产量的目的。
(A) 差油层的产水量　　　(B) 主力油层的产水量
(C) 高含水层产水量　　　(D) 各个油层的产水量

178. BA023　凡是( )个注水层段不属于分层注水范围。
(A) 一　　(B) 二　　(C) 三　　(D) 四

179. BB001　热力采油的方法有:( )、热油、注热水、火烧油层等。

(A) 注水　　(B) 注聚合物　　(C) 注蒸汽　　(D) CO_2

180. BB001　热力采油可分为（　）大类。
(A) 2　　(B) 3　　(C) 4　　(D) 5

181. BB001　中国稠油分类标准将稠油分为（　）。
(A) 稠油、特稠油
(B) 稠油、超稠油
(C) 稠油、特稠油、超稠油
(D) 超稠油、特稠油

182. BB002　热力采油适用于（　）油田。
(A) 注水开发
(B) 大厚层非均质
(C) 厚层均质
(D) 稠油

183. BB002　地层条件下，特稠油的粘度大于1000mPa·s，小于5000mPa·s，相对密度大于（　）。
(A) 0.920　　(B) 0.934　　(C) 0.950　　(D) 0.980

184. BB002　利用加温法开采稠油，国内外广泛应用的技术是（　）。
(A) 向油井注入热油
(B) 向油井注入热水
(C) 向油井注入湿蒸汽
(D) 火烧油层

185. BB002　对轻质稠油采用（　）开采效果较好。
(A) 稀释法　　(B) 加温法　　(C) 裂解法　　(D) 乳化降粘法

186. BB003　热力驱替（或驱动）法采油和热力激励法采油的采油方式称为（　）采油。
(A) 热力　　(B) 注热流体　　(C) 加温法　　(D) 裂解法

187. BB003　热力采油可分为两大类：即热力驱替（或驱动）法采油和（　）采油。
(A) 热力裂解法
(B) 热力激励法
(C) 单井吞吐法
(D) 蒸汽吞吐法

188. BB003　热力采油方式中，（　）采油是把生产井周围有限区域加热以降低原油粘度，并通过清除粘土及沥青沉淀物来提高井底附近地带的渗透率。
(A) 井筒加热法
(B) 注热流体法
(C) 热力激励法
(D) 热力驱替法

189. BB003　热力采油方式中，（　）可分为井筒加热法、注热流体法和火烧油层法。
(A) 单井吞吐法
(B) 热力裂解法
(C) 热力驱替法
(D) 热力激励法

190. BB003　热力激励法采油过程中，用井底加热器通过热传导来加热地层，热区的半径可能达到（　）。
(A) 0.3048～3.048m
(B) 3.048～30.481m
(C) 30.481～304.81m
(D) 304.81～404.81m

191. BB003　一般（　）可分为注入热流体法和火烧油层法两种。
(A) 热力采油法
(B) 热力激励法
(C) 热力驱替法
(D) 热力裂解法

192. BB003　通常（　）都是使热力推移过注采井之间的整个距离，注入流体即可携带在地面产生的热量。另外，注入流体也可在油层里产生热量。
(A) 热力驱替法
(B) 热力激励法
(C) 势力裂解法
(D) 热力采油法

193. BB004 一个油区内每口井都进行了蒸汽吞吐，地层压力下降到一定程度，就可进行（ ）采油。
(A) 单井吞吐　(B) 蒸汽驱　(C) 注热水　(D) 注热油

194. BB004 可分为蒸汽吞吐法和蒸汽驱法的采油方式叫（ ）采油。
(A) 热力　(B) 注热流体　(C) 单井吞吐　(D) 注蒸汽

195. BB004 一个油区冷采以后进入热采阶段，首先对冷采后的井进行（ ）采油。
(A) 蒸汽吞吐　(B) 蒸汽驱　(C) 注热水　(D) 注热油

196. BB004 油层温度升高，（ ）膨胀，从而增加了它的弹性能量。
(A) 油层　(B) 岩石　(C) 油层流体　(D) 油层流体和岩石

197. BB004 采用（ ）能清除由微小固体、沥青沉淀物以及石蜡沉淀物等引起的井底附近的各种堵塞和污染。
(A) 压力　(B) 热力　(C) 蒸汽　(D) 热油

198. BB004 注蒸汽采油完井，在借鉴国外双凝水泥法固井的基础上，采用了（ ）的方法。
(A) 地锚式预应力完井　(B) 砾石充填完井
(C) 尾管完井　(D) 衬管完井

199. BB005 来自蒸汽发生器的热能，在注入地层的过程中，为了减少热能损失，有效保护油井，使更多的热量加热油层，井筒中采用了（ ）管柱。
(A) 隔热采油　(B) 隔热蒸汽　(C) 隔热注汽　(D) 隔热生产

200. BB005 隔热注汽管柱由隔热管、井下热胀补偿器、（ ）、热封隔器、防砂封隔器及防砂筛管组成。
(A) 套管　(B) 油管　(C) 尾管　(D) 中心管

201. BB005 地面（ ）流程由蒸汽发生器、输气管网和井口热补偿器组成。
(A) 加热　(B) 蒸汽　(C) 注汽　(D) 集汽

202. BB005 由蒸汽发生器产生的干度为（ ）的蒸汽，由输气管网输送到各注汽井。
(A) 75％　(B) 80％　(C) 85％　(D) 90％

203. BB005 井下热补偿器就是为解决（ ）管线受热伸长的补偿而设计的。
(A) 套管和地面　(B) 油管和地面
(C) 套管和油管　(D) 套管、油管和地面

204. BB006 吞吐采油的方法有（ ）。
(A) 自喷采油、气举采油　(B) 气举采油、机械采油
(C) 机械采油、自喷采油　(D) 自喷采油、机械采油、气举采油

205. BB006 扩大（ ）半径的途径有两个，一是提高注汽速度，二是加大周期注入量。
(A) 驱替　(B) 激励　(C) 加热　(D) 吞吐

206. BB006 根据蒸汽吞吐实践经验，（ ）时间在不同时期、不同注入量下是不同的。
(A) 关井　(B) 焖井　(C) 注汽　(D) 吞吐

207. BB006 热采井自喷采油大多在蒸汽吞吐的（ ）和注气质量比较好的井。
(A) 第一周期　(B) 第二周期　(C) 第一阶段　(D) 第二阶段

208. BB007 热采井机械采油在管理上根据井口原油的流动温度，把抽油期分为（ ）个生产阶段。
(A) 二　(B) 三　(C) 四　(D) 五

209. BB007　热采井机械采油的中期阶段，井口温度在（　　）。
　　　　（A）40℃以下　（B）40～60℃　（C）60～80℃　（D）80℃以上
210. BB007　热采井机械采油初期阶段的生产时间和累计采油量与（　　）有着密切的关系。
　　　　（A）注汽量　　　　　　　　（B）总注汽量
　　　　（C）注汽质量　　　　　　　（D）总注汽量、注汽质量
211. BB007　某油井地层原油粘度为60mPa·s，相对密度0.941，采用以下四种工作制度均可满足需要，应优选方案（　　）。
　　　　（A）φ57×3.0×8　　　　　（B）φ57×4.2×6
　　　　（C）φ57×4.8×6　　　　　（D）φ57×4.8×4
212. BB007　稠油地面掺水井的操作要点是（　　）。
　　　　（A）开井前先冲洗，生产中水稳定，关井前水循环
　　　　（B）开井前先冲洗，生产中水稳定，关井后再冲洗
　　　　（C）开井前水循环，生产中水稳定，关井前再冲洗
　　　　（D）开井前水循环，生产中水稳定，关井后再冲洗
213. BB007　针对重质稠油粘度很高，流动阻力大的特点，一般使用降低粘度的办法进行开采。下列措施中无降粘作用的是（　　）。
　　　　（A）加温法　　　　　　　　（B）大泵径，小冲速
　　　　（C）稀释法　　　　　　　　（D）裂解法
214. BB007　热采井机械采油的中期阶段，（　　），产量较高，含水很低，抽油机负荷因粘度上升而上升。
　　　　（A）动液面不变　　　　　　（B）动液面上升
　　　　（C）原油温度上升　　　　　（D）原油温度、动液面下降
215. BB007　热采井机械采油的后期阶段，示功图显示为（　　）。
　　　　（A）气锁　　　　　　　　　（B）结蜡
　　　　（C）供液不足和油稠　　　　（D）油稠和结蜡
216. BC001　在如图所示的抽油机井理论示功图中，（　　）是对抽油泵工作状态正确的分析。
　　　　（A）A点活塞开始动　　　　（B）B点活塞正在上行
　　　　（C）C点活塞正在上行　　　（D）D点活塞开始下行
217. BC001　在如图所示的抽油机井理论示功图中，（　　）是对抽油泵工作状态正确的分析。
　　　　（A）A点活塞对泵筒没动　　（B）B点活塞开始下行

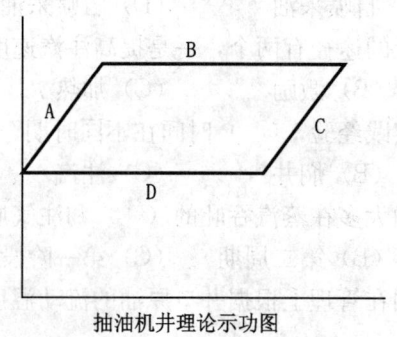

抽油机井理论示功图

题216，217图

(C) C 点活塞正在上行　　　　(D) D 点活塞对泵筒已动

218. BC001 抽油杆断脱后的悬点载荷实际上是断脱点以上的（　）的重量。
(A) 抽油杆　　　　　　　　(B) 液柱
(C) 抽油杆柱　　　　　　　(D) 抽油杆柱在液体中

219. BC001 抽油杆断脱示功图在坐标中的位置取决于（　）。
(A) 断脱点的位置　　　　　(B) 抽油杆在液体中的重量
(C) 断脱点以上液柱的重量　(D) 断脱点以上抽油杆重量

220. BC001 在如图所示的抽油机井实测示功图中，下列对各点的描述中（　）是对的。
(A) A 点时：泵筒进液，井口不排液
(B) B 点时：泵筒不进液，井口排液
(C) C 点时：泵筒不进液，井口不排液
(D) D 点时：泵筒不进液，井口排液

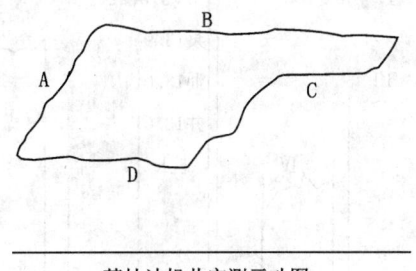

某抽油机井实测示功图

题 219，220 图

221. BC002 下列有关抽油机井动液面资料在现场验收曲线合格的标准的叙述中，（　）的说法是错误的。
(A) 两次返回波峰点对折后曲线上的距离基本相等
(B) 两次测的曲线波的距离基本相等
(C) 当第二次返回波不明显时，就要重复第一次过程再装子弹测第二张液面波曲线
(D) 两次的液面波的距离应基本相等

222. BC002 抽油机井测试的动液面是为了了解（　）的工作状况。
(A) 油层的变化情况和井下设备
(B) 油井的变化情况和井下设备
(C) 油层、油井的变化情况和井下设备
(D) 油层、油井

223. BC002 根据机采井测试资料可以分析判断机采井工作制度是否合理，找出影响（　）的原因。
(A) 正常生产　　　　　　　　(B) 泵效或正常生产
(C) 正常生产或抽不出油　　　(D) 泵效或抽不出油

224. BC002 根据机采井测试资料可以确定合理的（　）。
(A) 采油工艺措施和采油管理措施
(B) 采油工艺措施和检泵周期

— 115 —

(C) 采油管理措施和检泵周期

(D) 检泵周期

225. BB003　在如图所示的某注水井实测试卡片中,二个卡片中(　)是仪器下井过程。

(A) 第Ⅰ台阶　(B) 第Ⅱ台阶　(C) 第Ⅲ台阶　(D) 第Ⅳ台阶

226. BC003　在如图所示的某注水井实测试卡片中,二个卡片中(　)是第二层段水量。

(A) 第Ⅰ台阶—第Ⅱ台阶高度

(B) 第Ⅱ台阶高度—第Ⅲ台阶高度

(C) 第Ⅲ台阶高度—第Ⅳ台阶高度

(D) 第Ⅳ台阶高度

227. BC003　在如图所示的某注水井实测试卡片中,二个卡片中各有(　)测试(压)点。

(A) 一　　　(B) 二　　　(C) 三　　　(D) 四

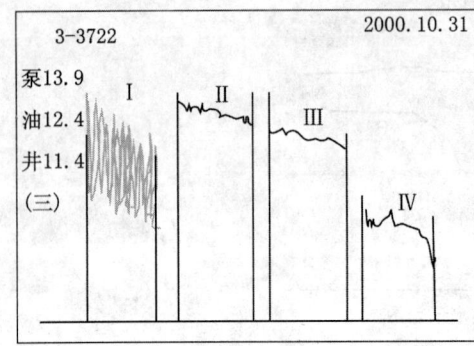 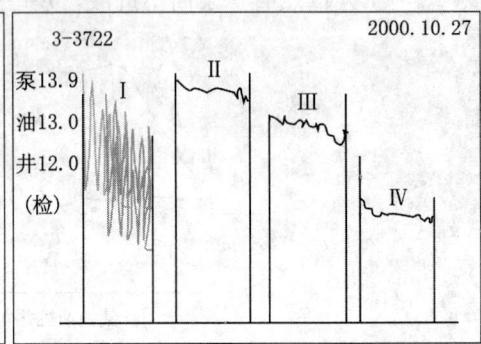

某油田 3-3722 注水井分层测试卡片

题 225,226,227 图

228. BC004　某抽油机井流压低、泵效低,在动态控制图中该井处于参数偏大区,该井可以进行(　)。

(A) 压裂改造　　　　　　(B) 下电泵

(C) 换大泵　　　　　　　(D) 下调对应水井注水量

229. BC004　一口抽油机井能量低、供液不足,(　)的措施可以提高其泵效。

(A) 换大泵　(B) 提高冲速　(C) 加深泵挂　(D) 提高套压

230. BC004　一口抽油机井的泵效通过做工作比原来提高后,产量(　)。

(A) 上升　　(B) 下降　　(C) 不变　　(D) 不一定变化

231. BC005　抽油机冲速利用率改变时,(　)不变。

(A) 冲程利用率　　　　　(B) 扭矩利用率

(C) 抽油机负载利用率　　(D) 电动机功率利用率

232. BC005　当抽油机冲速利用率高时,(　)的说法是错误的。

(A) 惯性载荷较大　　　　(B) 泵效一定低

(C) 理论排量较大　　　　(D) 冲程损失减小

233. BC005　抽油机冲速利用率对(　)无影响。

(A) 工作制度　(B) 泵效　(C) 惯性载荷　(D) 抽油杆柱重量

234. BC006　抽油泵在憋压中,压力上升速度(　),则说明阀漏失或不起作用。

(A)越来越小　(B)越来越大　　(C)趋向平衡　(D)波浪上升

235. BC006　抽油机井正常工作时井口憋压法，压力持续上升，上升速度后期（　）前期。
(A)大于　　(B)大于或等于　(C)小于　　(D)等于

236. BC006　把抽油泵活塞拔出工作筒正打液试泵，如果压力（　），则为固定阀严重漏失。
(A)波动　　(B)平稳　　(C)上升　　(D)下降

237. BC006　抽油井在停抽后，从油管打入液体，若井口压力（　），则为游动阀、固定阀均严重漏失或油管漏失。
(A)上升　　(B)下降　　(C)平稳　　(D)波动

238. BC006　抽油井不出油，活塞上升时开始出点气，随后又出现吸气，说明（　）。
(A)泵吸入部分漏　　　　(B)油管漏
(C)游动阀漏失严重　　　(D)固定阀漏

239. BC006　抽油井不出油，上行出气，下行吸气，说明（　）。
(A)游动阀漏　　　　　(B)固定阀严重漏失
(C)排出部分漏　　　　(D)油管漏

240. BC006　抽油机井在（　）后，沉没度上升。
(A)换大泵生产、泵挂不变　(B)冲程调大
(C)注水见效　　　　　　　(D)冲速调快

241. BC006　某抽油井泵况正常而产量突然下降较多，则其沉没度（　）。
(A)上升　　(B)不变　　(C)下降　　(D)无法判断

242. BC006　油井沉没度不影响（　）。
(A)泵效　　(B)静液面　(C)沉没压力　(D)产量

243. BC007　动态控制图是利用流压和（　）的相关性，以各自的角度反映抽油机的生产动态。
(A)沉没度　(B)泵效　　(C)电流　　(D)气油比

244. BC007　动态控制图是以（　）。
(A)流压为横坐标，泵效为纵坐标
(B)油压为横坐标，泵效为纵坐标
(C)流压为纵坐标，泵效为横坐标
(D)油压为纵坐标，泵效为横坐标

245. BC007　抽油井出砂后，下行电流（　）。
(A)不变　　(B)减小　　(C)上升　　(D)下降

246. BC007　结蜡不严重、不含水的抽油井，用热水洗井后，上行电流暂时（　）。
(A)下降　　(B)不变　　(C)无法判断　(D)上升较多

247. BC007　抽油杆断脱后，上行电流（　）。
(A)上升　　(B)下降　　(C)不变　　(D)剧增

248. BC007　抽油井油管严重结蜡后，下行电流（　）。
(A)上升　　(B)下降　　(C)不变　　(D)无法判断

249. BC007　抽油井油管断脱后，（　）。
(A)上行电流下降　　　(B)平衡率不变
(C)回压不变　　　　　(D)动液面不变

250. BC007　某抽油机井游动阀严重漏失，下列说法错误的是（　）。
　　　　　　（A）上行电流下降　　　　　　（B）泵效降低
　　　　　　（C）平衡率不变　　　　　　　（D）示功图面积变小

251. BC008　可以导致潜油电泵井过载停机的因素是（　）。
　　　　　　（A）含水下降　　　　　　　　（B）油管严重结蜡
　　　　　　（C）气体影响　　　　　　　　（D）供液不足

252. BC008　可以导致潜油电泵井运行电流下降的因素是（　）。
　　　　　　（A）含水上升　　　　　　　　（B）井液粘度上升
　　　　　　（C）气体影响　　　　　　　　（D）油井结蜡

253. BC008　可以导致潜油电泵井欠载停机的因素是（　）。
　　　　　　（A）含水上升　（B）油井出砂　（C）井液密度大　（D）气体影响

254. BC009　注水压力及日注水量变化大的井，当注水压力在实测点范围内，按原测试资料分水；如波动超过±（　），需重新测试后再分水。
　　　　　　（A）5MPa　　（B）4MPa　　（C）3MPa　　（D）2MPa

255. BC009　注水井分析的目的就是要使本井组内注水井和各油井之间做到分层注采平衡，（　）平衡水线推进相对均匀。
　　　　　　（A）采油强度　（B）注水强度　（C）压力　　（D）递减

256. BC009　注水井动态分析最主要的是掌握合理的（　）和各方向水线推进速度。
　　　　　　（A）分层注水压力　　　　　　（B）分层注水强度
　　　　　　（C）分层水量　　　　　　　　（D）含水上升速度

257. BC010　封上注下的注水井正注时套压（　），说明封隔器密封不严。
　　　　　　（A）上升　　（B）下降　　（C）波动　　（D）稳定

258. BC010　分注井第一级以下各级封隔器若有一级不密封，则油压（　），套压不变，油管注入量上升。
　　　　　　（A）上升　　（B）下降　　（C）波动　　（D）平稳

259. BC010　分注井配水器水嘴掉后，全井注水量突然（　）。
　　　　　　（A）上升　　（B）下降　　（C）平稳　　（D）波动

260. BC010　分层注水井，球与球座不密封时，（　），指示曲线明显右移。
　　　　　　（A）水量上升、油压上升　　　（B）水量下降、油压下降
　　　　　　（C）水量上升、油压下降　　　（D）水量下降、油压上升

261. BC010　分注井配水器水嘴堵后，全井注水量（　），指示曲线向压力轴偏移。
　　　　　　（A）下降较小　（B）上升或波动　（C）上升　　（D）下降或注不进

262. BC010　分层注水管柱脱时，测试的层段注水量（　）全井注水量。
　　　　　　（A）等于　　（B）大于　　（C）小于　　（D）不等于

263. BC011　下列原因中，（　）不会导致分注井洗井不通。
　　　　　　（A）油管堵塞　　　　　　　　（B）配水器堵
　　　　　　（C）封隔器不收缩　　　　　　（D）管柱砂埋

264. BC011　引起正注井套管压力变化的因素有：泵压变化，（　）底部阀球与球座不密封等。
　　　　　　（A）地面管线渗漏、穿孔或堵，封隔器失效，管外水泥窜槽

(B) 地面管线渗漏、穿孔或堵、封隔器失效、水嘴堵或脱、管外水泥窜槽
(C) 封隔器失效、水嘴堵或脱、管外水泥窜槽
(D) 封隔器失效、水嘴堵或脱、地面管线渗漏、穿孔或堵

265. BC011 不能引起注水量上升的因素是（ ）。
(A) 地面设备   (B) 井下工具
(C) 注水水质不合格   (D) 地层原因

266. BC011 引起注水量上升的原因有：地面设备的影响、（ ）。
(A) 井下工具的影响、地层原因的影响
(B) 井下工具的影响、注水井井况的影响
(C) 地层原因的影响、注水井井况的影响
(D) 地层原因的影响、注入水水质的影响

267. BC011 引起注水量下降的原因有：地面设备的影响、（ ）。
(A) 注入水水质不合格
(B) 井下工具的影响、水质不合格
(C) 地层原因、井下工具的影响、注水井井况
(D) 井下工具的影响、注入水水质不合格、注水井井况

268. BC012 正常注水井分层指示曲线常见的有（ ）。
(A) 直线式、折线式   (B) 直线式、上翘式
(C) 上翘式、垂线式   (D) 垂线式、直线式

269. BC012 注水井分层指示曲线非正常的有（ ）。
(A) 垂线式、直线式   (B) 垂线式、上翘式
(C) 直线式、上翘式   (D) 直线式、折线式

270. BC012 注水指示曲线平行上移，斜率（ ），吸水指数不变，地层压力升高。
(A) 无法确定 (B) 变大   (C) 变小   (D) 不变

271. BC012 注水指示曲线平行下移，斜率（ ），吸水指数不变，地层压力下降。
(A) 为1   (B) 不变   (C) 变大   (D) 变小

272. BC012 分析油层吸水能力的变化，必须用（ ）压力来绘制油层真实曲线。
(A) 有效   (B) 注水   (C) 油管   (D) 套管

273. BC012 影响注水井指示曲线的因素主要有：地质条件、地层吸水能力变化、（ ）等。
(A) 井下管柱工作状况、仪器仪表、准确程度
(B) 仪器仪表准确程度、资料整理误差
(C) 井下管柱工作状况、仪器仪表准确程度、资料整理误差
(D) 资料整理误差、井下管柱工作状况

274. BC013 同位素测吸水剖面是利用（ ）做载体，与注入水配制成一定浓度的活化悬浮液注入油层内，从而利用其浓度与吸水量成正比关系就可测试出一条变化曲线。
(A) 自然电位   (B) 放射性同位素
(C) 聚合物   (D) 活化水

275. BC013 同位素测吸水剖面曲线上的异常值就反映了对应层的（ ）。
(A) 吸水能力 (B) 注水厚度 (C) 油层状况 (D) 水嘴大小

276. BC013 吸水剖面除可以反映油层吸水状况外，还可以用来解释（ ）及封隔器不密封。

(A) 油管漏　　　　　　　　(B) 套管变形
(C) 套管外窜槽井段　　　　(D) 水嘴刺

277. BC014　注水开发的油田，限制和强化（　）是经常性的，也是不断改变的。
(A) 调整方案　(B) 调整措施　(C) 开发方式　(D) 开发方案

278. BC014　各油层的（　），常常在经过一段时间的生产以后进行调整，以保持地下流动处在合理的状态下，现场把这种调整工作叫配产配注。
(A) 产油量和产液量　　　　(B) 产量和注水量
(C) 注水量和注入量　　　　(D) 注入量和产液量

279. BC014　注水井作业基本工序有关井降压、冲砂、（　）、释放分隔器、投捞堵塞器。
(A) 起油管　(B) 下油管　(C) 起下油管　(D) 测试

280. BC014　注水井作业时地面要搭油管桥，其油管桥的标准是桥离地面（　）以上。
(A) 30cm　(B) 40cm　(C) 50cm　(D) 60cm

281. BC014　在下列有关注水井作业时的几道工序中，正确的施工工序是（　）。
(A) 关井降压、冲砂、起油管头、释放分隔器、投捞堵塞器
(B) 关井降压、起油管头、冲砂、释放分隔器、投捞堵塞器
(C) 关井降压、起油管头、投捞堵塞器、冲砂、释放分隔器
(D) 关井降压、起油管头、冲砂、投捞堵塞器、释放分隔器

282. BC015　下列各项中不属于井下落物的是（　）。
(A) 断落抽油杆　　　　(B) 断落油管
(C) 丢手封隔器　　　　(D) 落井电缆

283. BC015　在多油层油田的开发中，由于各油层的层间差异，（　）等因素的影响，常常会造成部分油水井的层间或管外窜通。
(A) 钻井、作业、采油
(B) 钻井、固井、采油
(C) 固井、采油、地层结构、作业
(D) 作业、采油、地层结构

284. BC015　常用的管外窜通封窜的方法有（　）。
(A) 循环法、挤入法、循环挤入法、堵料水泥浆法
(B) 正循环法、反循环法、挤入法、堵料水泥浆法
(C) 正循环法、反循环法、挤入法、循环挤入法
(D) 正循环法、反循环法、循环挤入法、堵料水泥浆法

285. BC015　在油田开发过程中，随着（　）的变化及井下作业工作量的增加，常常发生各种井下落物事故。
(A) 油水井数量　　　　(B) 油田产量
(C) 油田含水　　　　　(D) 油水井生产情况

286. BC015　在油田开发过程中，随着油水井生产情况的变化及（　）的增加，常常发生各种井下落物事故。
(A) 地面维修量　　　　(B) 井下作业工作量
(C) 措施作业井次　　　(D) 维护作业井次

287. BC016　油井的检泵周期不影响（　）。

(A) 开发指标 (B) 经济效益
(C) 抽油机水平率 (D) 管理水平

288. BC016 在下列各项中不属于躺井的是（ ）。
(A) 蜡卡停产 10h (B) 砂卡停产 25h
(C) 气锁停产 25h (D) 泵漏、上作业

289. BC016 在下列各项中不属于躺井的是（ ）。
(A) 砂卡上作业 (B) 计划检泵
(C) 设备故障 25h (D) 蜡卡 25h

290. BC017 油井一般维修内容有检泵、换泵、探冲砂、（ ）等以及一般的井口故障处理。
(A) 作业清蜡 (B) 侧钻 (C) 换套管 (D) 套管修复

291. BC017 油水井维修探冲砂时，口袋大于 15m 的井，砂柱大于口袋（ ）时冲至井底或按设计要求进行施工。
(A) 1/3 (B) 1/2 (C) 2/3 (D) 3/4

292. BC017 油水井维修需压井时，压井液用量应大于井筒容积的（ ）倍。
(A) 1.0 (B) 1.5 (C) 2.0 (D) 2.5

293. BC017 采油队和作业队双方在（ ）交接井。
(A) 采油站 (B) 施工现场 (C) 采油队部 (D) 作业队部

294. BD001 250 型闸门闸板阀，卸推力轴承的顺序是（ ）。
(A) 卸手轮，卸大压盖，取出轴承卸吊铜套
(B) 卸手轮，卸铜套，拿出轴承
(C) 卸铜套，卸手轮，拿出轴承
(D) 开大闸门，卸掉手轮及键，卸掉轴承压盖，退掉铜套取出推力轴承

295. BD001 250 型闸门闸板阀配套钢圈直径是（ ）。
(A) $\phi65mm$ (B) $\phi88.7mm$ (C) $\phi101mm$ (D) $\phi250mm$

296. BD001 250 型闸门闸板阀换闸板的顺序是（ ）。
(A) 卸手轮及铜套，卸掉大压盖，提出闸板更换
(B) 卸掉大压盖，提出闸板更换
(C) 卸掉手轮压帽、手轮及键、铜套、闸板、进行更换
(D) 卸掉手轮及键、铜套、轴承、闸板、进行更换

297. BD002 下列因素中（ ）不是导致抽油机井胶皮闸门不严的原因。
(A) 未开胶皮闸门就启抽
(B) 胶皮闸门在正常生产时一边开大一边未开大
(C) 导向螺丝断脱胶皮闸门芯移位
(D) 胶皮闸门两侧均开大

298. BD002 更换抽油机井胶皮闸门芯拆卸顺序首先是（ ）。
(A) 卸松导向螺丝 (B) 卸大压盖
(C) 卸密封圈压帽 (D) 摘掉闸门芯

299. BD003 采油树大法兰钢圈的维修顺序是（ ）。
(A) 压井、放空、卸生产闸门、关套管闸卡箍，卸大法兰螺丝即可维修
(B) 压井、卸生产闸门、关套管闸卡箍，卸大法兰螺丝即可维修

(C) 压井、放空，关闭生产闸门，卸掉卡箍螺丝，大法兰螺丝即可维修
(D) 压井、放空，关直通，关生产闸门，卸大法兰螺丝即可维修

300. BD003　CY-250采油树的最大通径是（　）。
　　　　　　（A）65mm　　（B）25mm　　（C）150mm　　（D）250mm

301. BD003　油层套管与底法兰之间，一般均采用（　）连接方式。
　　　　　　（A）焊接　　（B）卡箍　　（C）螺纹　　（D）法兰

302. BD004　维修抽油机生产闸门内卡箍钢圈的顺序是（　）。
　　　　　　（A）关总闸门，关生产闸门，关回压闸门
　　　　　　（B）关生产闸门，卸卡箍螺丝更换
　　　　　　（C）关套管闸门，关回压闸门，卸卡箍螺丝
　　　　　　（D）压井、放空、关生产闸门，卸卡箍螺丝，更换钢圈

303. BD004　在双管流程中处理采油树生产管线一侧套管外卡箍刺漏的方法是（　）。
　　　　　　（A）压井、放空，卸掉卡箍，即可维修
　　　　　　（B）关闭套管阀，关闭计量间掺水阀、井口掺水阀，放空后即可维修
　　　　　　（C）关闭套管阀，关生产阀，放空后即可维修
　　　　　　（D）关闭套管阀，关闭套管阀，卸掉卡箍，即可维修

304. BD005　抽油机运转时，如果上、下冲程中（　）所受负荷相差很大，这种上、下冲程中负荷的差异就称为抽油机不平衡。
　　　　　　（A）电动机　　（B）驴头　　（C）游梁　　（D）支架

305. BD005　抽油机平衡的目的是为了使上、下冲程中（　）的负荷相同。
　　　　　　（A）驴头　　（B）电动机　　（C）游梁　　（D）曲柄

306. BD005　测量抽油机平衡率常用的方法是（　）法。
　　　　　　（A）测示功图　　（B）测电流　　（C）观察　　（D）测时

307. BD005　不可能导致抽油机电机过热的原因是（　）
　　　　　　（A）抽油机负荷过大　　　　（B）轴承润滑油过多
　　　　　　（C）绕组有短路现象　　　　（D）风扇叶子断

308. BD005　不可能导致抽油机电动机过热的原因是（　）。
　　　　　　（A）"大马拉小车"　　　　（B）风扇叶子断
　　　　　　（C）电压过高　　　　　　（D）绕组有短路现象

309. BD005　不可能导致抽油机电动机过热的原因是（　）。
　　　　　　（A）缺相运行　　　　　　（B）电压过低
　　　　　　（C）抽油机严重不平衡　　（D）皮带过松

310. BD006　调抽油机井冲速时，卸电动机皮带轮的操作程序是（　）。
　　　　　　（A）停机在下死点，刹车断电，卸掉皮带轮，更换
　　　　　　（B）停机在上死点，刹车断电，卸掉皮带轮，更换
　　　　　　（C）停机，刹车，卸掉皮带轮，更换
　　　　　　（D）停机在上死点，刹车断电，待松开皮带轮、备帽后，卸掉皮带轮，更换

311. BD006　调抽油机井冲速上电动机轮时，边砸边转电动机轮的目的是（　）。
　　　　　　（A）使皮带轮均匀受力，打紧　　（B）因砸边缘方便
　　　　　　（C）更好对四点一线　　　　　　（D）冲掉电动机轮轴套上的赃物

312. BD007　下列各项因素是（　）不是刹车失灵的原因。
　　　　　　（A）刹车行程过大　　　　　（B）刹车轮有油污
　　　　　　（C）锁死牙块失灵　　　　　（D）剪刀差过大

313. BD007　抽油机井刹车行程的最佳范围应是（　）。
　　　　　　（A）1/3～1/2　（B）1/3～2/3　（C）1/2～2/3　（D）2/3～1/5

314. BD007　抽油机内涨式刹车凸轮的作用是（　）。
　　　　　　（A）涨开两刹车蹄片达到制动作用
　　　　　　（B）推动一侧刹车蹄片达到制动作用
　　　　　　（C）缩短刹车拉杆达到制动作用
　　　　　　（D）扶正刹车蹄片达到制动作用

315. BD008　下列各项因素中（　）不是引起抽油机整机振动的原因。
　　　　　　（A）底座与基础接触不实有空隙　（B）驴头对中误差过大
　　　　　　（C）基础墩开焊活动　　　　　　（D）曲柄销松

316. BD008　抽油机井基础墩开焊活动会使抽油机造成（　）。
　　　　　　（A）整机振动　　　　　　　（B）摇摆晃动
　　　　　　(C) 有规律的异常声　　　　　（D）上下冲程速度不一致

317. BD009　下列各项因素中（　）不是造成抽油机减速箱漏油的原因。
　　　　　　（A）合箱口不严　　　　　　（B）润滑油过多
　　　　　　（C）减速箱呼吸气堵　　　　（D）冲速过高

318. BD009　抽油机减速箱的油面保持在监视孔的（　）部位之间即可。
　　　　　　（A）1/3～1/2　（B）1/4～1/2　（C）1/3～2/3　（D）1/3～1/4

319. BD010　下列各项因素中（　）是造成抽油机刹车不灵活的根本原因。
　　　　　　（A）行程未调整好　　　　　（B）刹车片严重磨损
　　　　　　（C）刹车片被润滑油染污　　（D）冲速过高

320. BD010　处理抽油机刹车因刹车片有油而使刹车不灵活的最佳方案是（　）。
　　　　　　（A）调小刹车行程　　　　　（B）更换刹车片
　　　　　　（C）清理刹车片　　　　　　（D）调大刹车行程

321. BD011　下列各项因素中（　）不是造成抽油机尾轴承座螺丝松动故障的原因。
　　　　　　（A）焊接的止板与横梁尾轴承座之间有空隙
　　　　　　（B）穿过止板拉紧尾轴承座，这条螺栓未上紧
　　　　　　（C）抽油机负荷重
　　　　　　（D）4条固定螺栓无止退螺帽

322. BD011　处理抽油机尾轴因焊接的止板与横梁尾轴承座之间有空隙而造成尾轴承座螺丝松动故障的最佳方案是（　）。
　　　　　　（A）打紧4条固定螺栓
　　　　　　（B）更换横梁
　　　　　　（C）加其他金属板并焊接在止板上
　　　　　　（D）降低抽油机负荷

323. BD012　下列各项因素中（　）不是造成抽油机游梁前移故障的原因。
　　　　　　（A）中央轴承座固定螺丝松　　（B）中央轴承座顶丝未顶紧

(C) "U" 型卡子松了　　　　　　(D) 抽油机负荷重

324. BD012　下列各项因素中（　）是造成抽油机游梁前移故障的根本原因。
(A) 中央轴承座固定螺丝松　　(B) 中央轴承座顶丝未顶紧
(C) "U" 型卡子松了　　　　　　(D) 抽油机负荷重

325. BD012　处理抽油机因中央轴承座固定螺丝松而造成游梁前移故障的操作要点是（　）。
(A) 卸掉驴头负荷，在原位打紧 4 条固定螺栓
(B) 卸掉驴头负荷，使游梁回到原位置上，上紧"U"型卡子螺丝
(C) 卸掉驴头负荷，使游梁回到原位置上，用顶丝将轴承座顶回原位，打紧固定螺栓
(D) 卸掉驴头负荷，使游梁回到原位置上，打紧 4 条固定螺栓

326. BD013　下列各项因素中（　）不是造成抽油机平衡重块固定螺丝松动故障的原因。
(A) 紧固螺栓松动　　　　　　(B) 曲柄与平衡重块之间有赃物
(C) 冲速过高　　　　　　　　(D) 固定螺栓无止退螺帽

327. BD013　下列各项因素中（　）是造成抽油机平衡重块固定螺丝松动故障的根本原因。
(A) 紧固螺栓松动　　　　　　(B) 曲柄与平衡重块之间有赃物
(C) 冲速过高　　　　　　　　(D) 固定螺栓无止退螺帽

328. BD013　处理抽油机平衡重块固定螺丝松动故障的操作要点是（　）。
(A) 将抽油机停下，恢复到原位置上紧固螺丝
(B) 将曲柄停在水平位置，恢复到原位置上紧固螺丝
(C) 将曲柄停在水平位置，检查调整锁紧牙块螺丝，恢复到原位置上紧固螺丝
(D) 将曲柄停在垂直位置，检查调整锁紧牙块螺丝，恢复到原位置上紧固螺丝

329. BD014　下列各项因素（　）是造成抽油机减速器大皮带轮松滚键故障的原因。
(A) 皮带轮端头的固定螺丝松　(B) 轮键不合适
(C) 扭矩过大　　　　　　　　(D) 输入轴键不合适

330. BD014　防止抽油机减速器大皮带轮松滚键故障的最好方法是（　）。
(A) 选择合适的轮键　　　　　(B) 避免皮带轮端头的固定螺丝松
(C) 降低输入扭矩　　　　　　(D) 勤于检查

331. BD015　计量分离器人孔的作用是（　）。
(A) 便于更换玻璃管　　　　　(B) 便于量油操作
(C) 便于维修和校对安全阀　　(D) 便于维修或是清除分离器

332. BD015　带人孔的计量分离器与无人孔的计量分离器对下列（　）没区别。
(A) 量油高度　　　　　　　　(B) 量油常数
(C) 量油标高位置　　　　　　(D) 量油时间

333. BE001　环链手拉葫芦是一种悬挂式（　）的插孔为公共插孔。
(A) 手动加工工具　　　　　　(B) 手动提升机械
(C) 自动加工工具　　　　　　(D) 手动测试工具

334. BE001　环链手拉葫芦的规格有起重量（t）、（　）手拉力（kg）、起重链数。
(A) 起重高度（m）　　　　　(B) 起重力矩
(C) 起重宽度（m）　　　　　(D) 使用强度

335. BE001　下列是有关环链手拉葫芦的使用注意事项的叙述，其中（　）的说法是不正确的。

(A) 悬挂的支架或吊环必须有足够的支撑和悬挂强度
(B) 被起吊的重物不得超过环链葫芦的允许载荷 1.2 倍
(C) 拉动环链要缓慢平稳，不能用力过猛
(D) 环链葫芦吊起的重物摆动不要过猛

336. BE002 液压千斤顶是用（ ）来顶举重物的。
(A) 液体压力　(B) 液体力矩　(C) 杠杆力　(D) 旋转扭矩

337. BE002 下列是有关液压千斤顶的使用注意事项的叙述，其中（ ）的说法是不正确的。
(A) 使用液压千斤顶的重量大小选择合适的型号
(B) 打开回流阀使千斤顶活塞降到最低位置
(C) 千斤顶的底面要垫平，最好用方木板，增大承压面积
(D) 自动压泵打压举升千斤顶活塞，试顶无误后再继续顶升

338. BE003 台虎钳也称台钳，是中小型工件（ ）必备的专用工具。
(A) 凿削加工　(B) 增加力矩　(C) 加压　(D) 旋转

339. BE003 台虎钳的规格主要是指（ ）。
(A) 钳口最大长度　　　(B) 钳口最大啮合度
(C) 钳的最大尺寸　　　(D) 钳口最大宽度

340. BE004 管子台虎钳也称压力钳，其型号是按（ ）划分的。
(A) 大小　　　　　　　(B) 重量
(C) 夹持管子的最大承受压力　(D) 夹持管子的最大外径

341. BE004 用压力钳夹持长管子，应在管子（ ）用十字架支撑。
(A) 前部　(B) 中前部　(C) 中后部　(D) 尾部

342. BE004 1号压力钳所夹持管子的最大外径为（ ）。
(A) 70mm　(B) 90mm　(C) 200mm　(D) 250mm

343. BE005 管子割刀的型号是按（ ）划分的。
(A) 刀型（号）　　　　(B) 重量
(C) 管子的直径　　　　(D) 夹持管子的最大外径

344. BE005 ϕ63mm 管子切割时应选用（ ）号割刀。
(A) 2　(B) 3　(C) 4　(D) 6

345. BE005 Ⅱ型割刀的割轮直径为（ ）。
(A) 27mm　(B) 32mm　(C) 38mm　(D) 40mm

346. BE006 丝锥是用于铰制管路附件和一般机件上的（ ）的专用工具。
(A) 内螺纹　(B) 外螺纹　(C) 钻孔　(D) 切削

347. BE006 铰手是（ ）的工具。
(A) 夹持丝锥　　　　　(B) 传递扭矩和夹持丝锥
(C) 管子切削内螺纹　　(D) 管子切削外螺纹

348. BE006 某螺纹代号为 M16×1，表示的是（ ）螺纹。
(A) 公称外径为 16mm 的粗牙普通
(B) 公称外径为 16mm 的普通
(C) 公称外径为 16mm 的细牙普通
(D) 牙距为 16mm 的细牙普通

349. BE006 机用丝锥在攻通孔螺纹时，一般都是用（ ）一次攻出。
(A) 三锥　　　(B) 二锥　　　(C) 四锥　　　(D) 头锥

350. BE007 管子板牙是用于（ ）的专用工具。
(A) 夹持丝锥　　　　　　　(B) 传递扭矩和夹持丝锥
(C) 切削管子内螺纹　　　　(D) 切削管子外螺纹

351. BE007 管子板牙主要是由（ ）组成的。
(A) 板牙和丝锥两大部分　　(B) 丝锥和铰手两大部分
(C) 板牙和铰手两大部分　　(D) 板牙和铰手及丝锥三大部分

352. BE007 管子板牙套丝时，应使板牙端面与圆管轴线（ ），以免套出不合规格的螺纹。
(A) 成45°角　(B) 垂直　　(C) 水平　　　(D) 平行

353. BE007 每次套丝应将板牙用油清洗，主要是为了（ ）。
(A) 保证螺纹的光洁度　　　(B) 降低工件温度
(C) 减少摩擦　　　　　　　(D) 清洗脏物

354. BE008 卡钳是一种（ ）测量工具。
(A) 直接　　　(B) 间接　　　(C) 精确　　　(D) 普通

355. BE008 卡钳分为（ ）。
(A) 上卡和下卡　　　　　　(B) 内卡和外卡
(C) 固定卡和移动卡　　　　(D) 直卡和弯卡

356. BE008 调整卡钳的开度，要轻敲卡钳（ ）。
(A) 内侧　　　(B) 外侧　　　(C) 口　　　　(D) 脚

357. BE008 测量工件外径时，工件与卡钳应成（ ），中指捏住卡钳股，卡钳的松紧程度适中。
(A) 45°角　　(B) 60°角　　(C) 直角　　　(D) 水平

358. BE009 游标卡尺是一种（ ）的量具。
(A) 低精度　　(B) 中等精度　(C) 高精度　　(D) 普通

359. BE009 在如图所示的游标卡尺测结构示意图中，下列（ ）的标注是错的。
(A) ①为主尺　(B) ②游标　　(C) ③副尺　　(D) ④深度尺

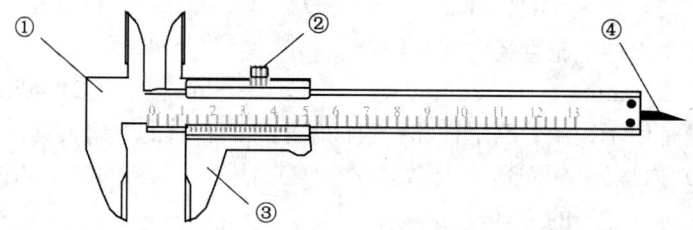

题 359 图

360. BE009 游标卡尺测量时，整数在零线（ ）的主尺刻度尺上读出。
(A) 左边　　　(B) 右边　　　(C) 上边　　　(D) 下边

361. BE009 下列对游标卡尺的精度：0.02mm的解释，其中的说法（ ）是正确的。
(A) 游标卡尺的最大误差值
(B) 游标卡尺的误差为0.2

(C) 游标卡尺每测 1mm 差 0.02mm

(D) 游标卡尺能测准 1mm 的 1/50

362. BE009　游标卡尺中固定在尺框背面能随着尺框在尺身导向槽中移动的是（　）。
(A) 游标　　　(B) 下量爪　　　(C) 深度尺　　　(D) 上量爪

363. BE009　游标卡尺由上、下量爪，固定螺丝，（　）和尺身组成。
(A) 游标　　　(B) 卡尺　　　(C) 导向螺丝　　　(D) 尺框

364. BE010　外径千分尺又称为分厘卡、螺旋测微器，它是一种（　）的量具。
(A) 精度较低精度　　　(B) 精度较中等精度
(C) 精度较高　　　　　(D) 普通

365. BE010　千分尺又是一种精度较高的量具，其精度可达（　）。
(A) 0.01mm　　(B) 0.02mm　　(C) 0.03mm　　(D) 0.10mm

366. BE010　下列是有关千分尺使用方法的叙述，其中（　）是不正确的。
(A) 先擦净测量面，检查零位
(B) 擦净被测工件测量（表）面
(C) 当千分尺测量面与被测工件表面一接触就转动棘轮
(D) 读数时，先读外尺刻度数，再读内尺刻度数

367. BE011　塞尺又称为分测微片，它是一种用来测量（　）的量具。
(A) 工件表面精度　　　(B) 工件表面水平度
(C) 两工件表面水平度　(D) 两工件表面配合间隙

368. BE011　塞尺是由（　）组成。
(A) 一个精度较高薄片　(B) 一定精度的薄片
(C) 一组精度较高薄片　(D) 一组不同厚度薄片

369. BE011　下列有关塞尺使用方法的叙述，其中（　）的说法是不正确的。
(A) 先清净被测工件表面间隙的污垢
(B) 擦净表面的油污，预测首选合适尺片
(C) 测量时不允许数片重叠同时插入
(D) 不允许测量温度较高的工件

370. BE012　水平仪又称水平尺，它是一种常用的（　）的平面测量仪。
(A) 精度高　(B) 精度不高　(C) 精度低　(D) 精度极高

371. BE012　常用的条形水平仪上除有纵横大小的水准器外，还有重要的（　）。
(A) 一个整形的底工作面　　　(B) 一个整形的水平底工作面
(C) 一个中间 V 形的底工作面　(D) 一个整形的圆形底工作面

二、判断题（对的画√，错的画×）

（　）1. AA001　井网与层系的关系实际是平面与平面的关系。

（　）2. AA001　某注水井与某油井是属同一井网关系，那么在油井射孔的相应层段水井也一定射孔。

（　）3. AA002　配产配注就是对于注水开发的油田，为了保持地下流动处于合理状态，根据企业生产任务、油田生产能力，对全油田、层系、区块、井组、单井直至小层，确定其合理产量和合理注水量。

（　）4. AA002　配产配注宏观上要合理注水、采油，微观上要保持压力平衡。

（　）5. AA002　配注水量对油井的适应程度必须与油井结合起来，以油井的反映作为检验标准。

（　）6. AA003　方案调整是一个对油层不断认识和不断发展的过程。

（　）7. AA003　方案调整是指根据油田（层系、区块）开采现状、开采工艺技术的发展和企业对原油产量的需求，对上一时期或前一阶段的配产配注方案进行必要的综合调整。

（　）8. AA004　动态分析主要是针对油藏投入生产后，油藏内部诸因素都在发生变化：油气储量的变化、地层压力的变化、驱油能力的变化、油气水分布状况的变化等情况，进行研究、分析，找出引起这些变化的原因和影响生产问题所在；进而提出调整挖潜生产潜力、预测今后的发展趋势。

（　）9. AA004　通过动态分析，对油藏注采系统的适应性进行评价，找出影响提高储量动用程度和注入水波及系数的主要因素，从而采取有针对性的调整措施，提高油藏的开发效果和采收率。

（　）10. AA005　油井动态分析要拟定合理的工作制度，提出合理管理及维修措施。

（　）11. AA005　油井的动态变化过程是不连续的。

（　）12. AA005　作业措施效果不属于油井动态分析内容。

（　）13. AA005　在注水开发过程中，原油的流度随着油层含水饱和度的增加而逐渐增大，造成采油指数即生产能力降低。

（　）14. AA005　油田开发指标有总压差、采油速度、含水上升率及油气比等。这些指标越高，说明开发效果越好。

（　）15. AA005　油井分析要联系井史进行分析，注水井分析时不需要联系井史，只需要研究目前吸水状况。

（　）16. AA005　注水井分析时，最主要的是掌握水线推进情况，避免局部舌进，避免出现低压油井。

（　）17. AA005　井组分析的核心问题，就是在井组范围内找出合理的分层配水强度。

（　）18. AA005　含水上升或下降直接影响到产油能力，含水每上升1%，日产油量的下降就大于1%。

（　）19. AA005　油井的日产油量不能完全准确地反映油井的产油能力，最能准确反映产能的指标是采油强度。

（　）20. AA005　注水井分析只分析水井配注完成情况就可以了，不用分析油井。

（　）21. AA005　注水井吸水能力变化可以从指示曲线分析得出结论。

（　）22. AA007　油井动态分析方法包括：（1）掌握油井基本资料；（2）掌握油井生产情况；（3）联系历史；（4）揭露矛盾；（5）分析原因；（6）提出措施。

（　）23. AA007　油井、水井动态分析方法有统计法、作图法、物质平衡法、地下流体力学法、隔离法。

（　）24. AA007　在油田动态分析中，把各种生产数据进行统计、对比，找出主要矛盾的方法叫对比法。

（　）25. AA008　动态分析所需要的基本资料有三类，即静态资料、动态资料和地质资料。

（　）26. AA009　油层的连通关系属于静态资料。

（　）27. AA009　油、气、水的分布情况属于动态资料。

( ) 28. AA009　水淹资料指油井全井含水率。
( ) 29. AA010　生产数据表包括油井生产数据表和注水井生产数据表。
( ) 30. AA010　如果集中反映某井某月的生产情况，应选用"单井月度综合记录表"上的数据。
( ) 31. AA010　油井、水井综合记录，每口井每天登记一次，每月一张，是油田动态分析的重要依据。
( ) 32. AA010　采油井资料的整理主要包括综合记录、采油曲线和井史数据等。
( ) 33. AA011　井组分析一般从水井入手，最大限度地调整平面矛盾，在一定程度上解决层间矛盾。
( ) 34. AA012　单层突进系数越大，则单层突进发展越快，说明层间矛盾越大。
( ) 35. AA012　平面矛盾由层内水驱油效率表示其大小。
( ) 36. AA013　采油、注水曲线是将综合记录上的数据以曲线方式绘制在方格纸上，每口井每月绘制一张。
( ) 37. AA013　抽油井采油曲线不能用来选择合理的工作制度。
( ) 38. AA014　在油水井动态分析中，生产数据表是应用比较多的。
( ) 39. AA014　根据注水曲线，可以经常检查分析配注指标完成情况。
( ) 40. AA015　用连通图无法了解射开单层的类型。
( ) 41. AA015　应用连通图可以了解油水井之间各小层的对应情况。
( ) 42. AA016　绘制水淹图可根据各井含水率变化范围，确定含水率等值线间距一般取10%或20%。
( ) 43. AB001　单相交流电路是交流电路中最简单的电路；最具有代表性的就是照明电路，工作电压通常为220V。
( ) 44. AB001　交流电的频率和周期成倒数关系。
( ) 45. AB001　我们通常所说和所用最广泛的交流电是指正弦交流电。
( ) 46. AB002　三相交流电路是交流电路中应用最多的动力电路，通常电路工作电压均为220V。
( ) 47. AB003　电工仪表的品种规格很多，按测量对象的不同，分为电流表（安培表）、电压表（伏特表）、功率表（瓦特表）、电度表（千瓦·时表）、欧姆表等。
( ) 48. AB003　电工仪表的品种规格很多，按测量对象的不同，分为磁电式、电磁式、电动式、感应式和静电式等。
( ) 49. AB003　电工仪表的品种规格很多，按读数装置的不同，分为指针类、数字式表等。
( ) 50. AB004　电工仪表盘（板）上都有很多符号，而每一块仪表的盘面（板）上都标出各种符号，以表示该仪表的使用条件、结构、精确度等级和所测电气参数的范围。
( ) 51. AB004　某电工仪表盘上的"口"符号表示绝缘等级。
( ) 52. AB005　用直流电流表测量电路负载电流时的接线要注意标有"＋"和"－"两个符号。
( ) 53. AB005　用交流电流表测量电路负载电流时的接线方法是电流表与被测电路一定要并联。
( ) 54. AB006　MF500型钳型电流表可以是指针式的，也可以是数字式的。

( ) 55. AB006　MF500型指针式万用表主要由指示部分、测量电路两部分组成。

( ) 56. AB007　MF500型指针式万用表使用操作时应仔细了解和熟悉各部件的作用，并分清表盘上各条标度尺所对应的被测量；表应水平放置，使用前检查指针是否指在零位上等。

( ) 57. AB007　MF500型指针式万用表使用操作时应注意：红色测试表笔的插头接到红色接线柱上或标有"∗"号的插孔内，黑色测试表笔的插头接到黑色接线柱上或标有"+"号的插孔内。

( ) 58. AB008　一般万用表只有直流电流挡而无交流电流挡。

( ) 59. AB008　用MF500型万用表测量直流电流时，首先将左侧的转换开关旋到Ω位置，右侧的转换到标有"mA"或"μA"符号的适当量程上。

( ) 60. AB009　用MF500型万用表测量直流电压时，先将右侧的转换开关旋到"V"上，左侧切换开关旋至"V"量程线内，并将开关置于适当量程挡，然后将红色表笔插入万用表上标有"+"号的插孔内，黑色表笔插入标有"∗"号的插孔内。

( ) 61. AB009　用MF500型万用表测量直流电压时，红色表笔应与电源的负极相触，黑色表笔应与电源的正极相触，二者不可颠倒。

( ) 62. AB010　用MF500型万用表测量交流电压时，先将右侧的转换开关旋到"V"上，左侧的转到标有"V"相应的量程符号处，并将开关置于适当量程挡，然后将红色表笔插入万用表上标有"+"号的插孔内，黑色表笔插入标有"∗"号的插孔内。

( ) 63. AB010　用MF500型万用表测量交流电压时，手握红色表笔和黑色表笔的绝缘部位，先用黑色表笔触及一相带电体，用红色表笔触及另一相带电体，读数，读完数后立即脱开测试点。

( ) 64. AB011　用MF500型万用表测量电阻时，表盘测得的读数即为所测电阻值。

( ) 65. AB012　用万用表测量电路通断时，尽可能地选择小欧姆挡位测量。

( ) 66. AB012　用万用表测量电路通断时，若读数接近零，则表明电路是断的。

( ) 67. AB013　数字式万用表采用了大规模集成电路和液晶数字显示技术。与指针式万用表相比，数字式万用表具有许多特有的性能和优点：读数方便、直观，不会产生读数误差；准确度高；体积小，耗电省；功能多。

( ) 68. AB013　DT8980D型万用表属于中低档普及型万用表。液晶显示屏直接以数字形式显示测量结果但还不能够自动显示被测数值的单位和符号。

( ) 69. AB014　数字式万用表使用方法：先将电源开关钮"ON－OFF"拨向"ON"一侧，接通电源。先用旋钮调零校准，使液晶显示屏显示"000"。

( ) 70. AB014　数字式万用表使用测量直流电压时，将黑色表笔插入标有"COM"的符号的插孔中，红色表笔插入标有"V/Ω"符号的插孔中，并将功能开关旋于"DVC"的适当位置，两表笔跨接在被测负载或电源的两端。

( ) 71. BA001　前置型游梁式抽油机的游梁支架位于驴头和曲柄连杆机构之间。

( ) 72. BA001　前置型游梁式抽油机结构特点是曲柄连杆机构存在一定的极位夹角和平衡相位角，使减速器输出扭矩在上冲程时滞后，下冲程时超前，降低了电动机功率，具有节能效果。

(   ) 73. BA002 异相型游梁式抽油机与常规游梁式抽油机相比,主要特点之一是平衡块重心与曲柄轴中心连线和曲柄销中心与曲柄轴中心连线重合。

(   ) 74. BA002 异相型游梁式抽油机与常规游梁式抽油机比,特点是减速器背离支架后移。

(   ) 75. BA003 塔架型抽油机的游梁支架位于驴头和曲柄连杆机构之间。

(   ) 76. BA003 塔架型抽油机悬点运动规律近似简谐运动,变向加速小,动载小,机器运转平稳。

(   ) 77. BA004 抽油机工作时驴头悬点只有上行时受交变载荷,从物理学分析这种交变载荷可分为静载荷、动载荷、摩擦力。

(   ) 78. BA004 理论和现场实践都已证明抽油机的摩擦力与静载荷、动载荷相比可以忽略不计。

(   ) 79. BA004 抽油机上行(上冲程)时,游动阀是关闭的,悬点(光杆)所受静载荷为:抽油杆重、活塞断面以上的液柱重。

(   ) 80. BA005 根据抽油机运动的特点,抽油机在上下冲程中悬点载荷是不同的,上冲程时为最大载荷,计算公式为:$W_{最大} = W_r + W_1 + W_{惯}$。

(   ) 81. BA005 根据抽油机运动的特点,抽油机在上下冲程中悬点载荷是不同的,下冲程时为最小载荷,计算公式为:$W_{最小} = W' - W_{惯}$。

(   ) 82. BA006 抽油机负载利用率是指平均载荷与铭牌最大载荷之比。

(   ) 83. BA006 如果某抽油机铭牌最大载荷为100kN,实际最大载荷为78.0kN,则该抽油机负载利用率是78.00%。

(   ) 84. BA007 冲程与抽油机扭矩利用率无关。

(   ) 85. BA007 抽油机扭矩利用率是铭牌扭矩的利用程度。

(   ) 86. BA008 抽油机井的理论示功图是在一定理想条件下绘制出来的,其中首要条件是不考虑砂、蜡、稠油的影响。

(   ) 87. BA008 如果考虑抽油机井杆管弹性变形,其变形越大,则理论示功图的平行四边形的倾角就越大。

(   ) 88. BA008 如果抽油机井下泵越深,则理论示功图为整体就越靠近基线。

(   ) 89. BA009 如图所示的某抽油机井的实测示功图,如果井口量油正常,则该示功图为漏失的示功图。

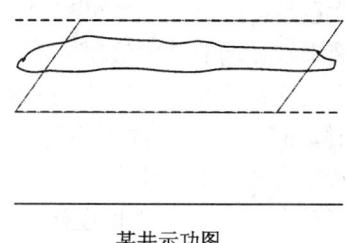

某井示功图

题89图

(   ) 90. BA009 如图所示的某抽油机井的实测示功图,如果井口量油有所下降,则该示功图为游动阀漏失的示功图。

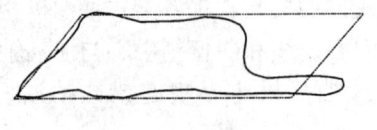

某井示功图

题 90 图

( ) 91. BA010　电动潜油泵井的过载值和欠载值的设定主要保证机组正常运行。
( ) 92. BA010　电动潜油泵井过载值的设定为最高工作电流的 1.2 倍。
( ) 93. BA011　目前电动螺杆泵采油井配套技术主要有井下管柱保护技术、机组运行保护技术。
( ) 94. BA011　电动螺杆泵井杆脱主要原因有蜡堵、卡泵、停机后油管内液体回流、杆柱反转等等，所以必须实施锚定工具防脱技术。
( ) 95. BA012　螺杆泵井泵况诊断技术主要是根据常见的故障现象而总结出来的诊断方法，常用的有：电流法、憋压法两种。
( ) 96. BA012　如果某螺杆泵井机组工作电流接近电机空载电流，井口无产量（排量），油套也不连通，那么该井结蜡严重。
( ) 97. BA012　如果某螺杆泵井泵无排量，井口憋压时油压不升，那么该井抽油杆断脱了。
( ) 98. BA013　水力活塞泵按其动力液循环方式可分为开式循环泵和闭式循环泵。
( ) 99. BA013　水力活塞泵主要由提升装置、液马达、抽油泵、泵筒等几部分组成。
( ) 100. BA014　水力活塞泵采油时，地面动力液经井口装置从油套环空进入井下，带动井下水力活塞泵中的液马达做上下往复运动，并使动力液与井液一起从油管排出井口。
( ) 101. BA015　水力活塞泵采油参数主要有：活塞直径（mm）、冲程（m）、冲速（min^{-1}）、最高额定排量（m^3/d）、动力液排量（m^3/min）。
( ) 102. BA015　在水力活塞泵采油参数中活塞直径（mm）调整最方便。
( ) 103. BA016　水力活塞泵适用于斜井和定向井及稠油井的开采。
( ) 104. BA016　水力活塞泵优点是：排量大，并可实现无级调速（日常控制方式），即井口控制动力液排量和调节动力液压力。
( ) 105. BA017　射流泵采油适用于稠油井和结蜡井，可使稠油降粘和除蜡。
( ) 106. BA017　射流泵采油时，需要从套管内不断打入高压工作液，经泵的喷射作用，就能将井下原油从油管带出地面。
( ) 107. BA018　矮型异相曲柄平衡抽油机是一种设计新颖、节能效果较好、适用的采油设备，具有整机重量轻、高度矮、冲程长、利于节能降耗等优点。
( ) 108. BA019　分层开采就是根据生产井的开采油层情况，通过井下工艺管柱把各个目的层分开，进而实现分层注水、分层采油的目的。
( ) 109. BA019　分层开采主要是解决平面矛盾。
( ) 110. BA019　分层开采就等于层系划分了。

( ) 111. BA020 分层开采井下工艺是由各种叫做封隔器、配产器、配水器等工具的不同部分组成的。

( ) 112. BA020 偏心配水管柱的特点是结构紧凑,调整水嘴方便,用钢丝投捞,可以逐级投捞,一口井可以下多级。

( ) 113. BA020 空心活动配水器由固定部分的工作筒和活动部分的堵塞器组成。

( ) 114. BA021 在常用的封隔器的支撑方式代号中"3"表示该封隔器为单向卡瓦封隔器。

( ) 115. BA021 在常用的封隔器的解封方式代号中"4"表示该封隔器为液压解封封隔器。

( ) 116. BA022 控制工具主要是指分层开采井下工艺管柱常用工具中除封隔器以外的工具,如配产器、配水器、活门开关、活动接头、喷砂器等其他零杂工具。

( ) 117. BA022 配水器是分层注水管柱中重要的配水工具。按其结构分为空心和偏心两种配水器,主要是由固定部分的工作筒和活动部分的配水芯子(或堵塞器)组成。

( ) 118. BA022 在常用的"KPX-95*46配水器"代号中"PX"表示该配水器为偏心配水器。

( ) 119. BA023 分层注水就是根据油田开发制定的配产配注方案,对注水井的各个注水层位进行分段注水,以达到各层均匀(配水量)注水,依次来提高各个油层的动用程度,控制高含水层产水量,增加低含水层产量的目的。

( ) 120. BA023 注水井只要超过一个层注水就叫分层注水;如果某井有两个层段注水,其中有一个层是停注层,因此该井叫笼统注水(井)。

( ) 121. BA023 分层注水是靠井下工艺管柱来实现的;目前各油田普遍采用的二种分层注水管柱,其中之一为Y341-114H——偏心式可洗井分层注水井管柱。

( ) 122. BB001 在地层条件下,原油粘度大于1000mPa·s,相对密度大于0.95的原油就属于热力采油开发的稠油油田。

( ) 123. BB001 对稠油藏常采用稀释法、加温法、裂解法、乳化降粘法开采。

( ) 124. BB002 地层条件下,特稠油的粘度大于1000mPa·s,小于5000mPa·s,相对密度大于0.920。

( ) 125. BB003 热力采油可分为两大类,即热力驱替(或驱动)法采油和热力激励法采油。

( ) 126. BB003 热力激励法是把生产井周围有限区域加热以降低原油粘度,并通过清除粘土及沥青沉淀物来提高井底附近地带的渗透率。

( ) 127. BB003 热力激励法可分为井筒加热法、注热流体法和单井吞吐法。

( ) 128. BB003 热力驱替采油根据注入热流体的类型不同又可分为注热水法和注热油法。

( ) 129. BB004 蒸汽驱就是把采油井划分为注气井和生产井,向注入井中注入高压蒸汽,使热力推移过注采井之间的整个距离,将油层中的油驱赶到生产井中,由生产井采出。

( ) 130. BB004 一个油区进入热采阶段,首先对冷采后的井进行蒸汽驱。

( ) 131. BB005 向油层注入蒸汽,对油层加热,蒸汽以气态形式置换油层里原油滞流空隙。

( ) 132. BB005 在蒸汽吞吐的一个周期中,套管的线性长度保持不变。

( ) 133. BB006 隔热注汽管柱由隔热管、井下热胀补偿器、热封隔器、尾管、防砂封隔器及防砂筛管组成。

( ) 134. BB006　隔热注汽管柱由隔热管、热封隔管、尾管、防砂封隔器及防砂筛管组成。
( ) 135. BB007　热采井自喷采油在管理上，同稀油自喷井一样，但温度资料尤为重要，它反映了地下油层温度的变化，进而显示出地下原油粘度的变化，可预测产量的变化情况。
( ) 136. BB007　热采井机械采油的后期阶段，常常出现脱、断、烧等现象，影响正常生产。
( ) 137. BB007　热采井机械采油的后期阶段，油层的供液能力差，原油流动性差，油层温度及粘度变化不大。
( ) 138. BC001　油井出砂后，由于有砂卡现象，出现强烈的振动载荷，示功图曲线成锯齿形。
( ) 139. BC001　抽油机井结蜡后，上冲程阻力增大，下冲程阻力降低，并出现振动载荷。
( ) 140. BC001　根据抽油杆断脱示功图计算断脱位置时，示功图到横坐标的距离应取上载荷线。
( ) 141. BC001　示功图窄条形、两头尖，这种示功图一定是游动阀和固定阀同时漏失。
( ) 142. BC001　利用示功图、井口憋压、试泵法、井口呼吸、观察法等可以判断抽油井故障。
( ) 143. BC002　机采井测试是为了了解油层、油井的变化情况。
( ) 144. BC002　某井的回音标深度为450m，从测得的动液面曲线中量得井口波至音标波的长度为120mm，井口波至液面波的长度为138mm，那么，该井液面深度是517.5m。
( ) 145. BC002　机采井测试的动液面曲线合格标准在现场是：一是两次反回波峰点对折后曲线上的距离基本相等；二是当第二次返回波不明显时，就要重复第一次过程再装子弹测第二张液面波曲线，并且两次的液面波的距离也应基本相等。
( ) 146. BC003　注水井测试资料是非常重要的资料，是通过井下测试流量计与井下配水管柱配合测试出的各段（分层注水井）或全井水量与压力的关系测试资料（注水井指示曲线）。
( ) 147. BC003　在注水井机械式测试卡片中，每次测试只需三张就可以了。
( ) 148. BC003　在注水井机械式测试卡片上，测试水量计算是先用直尺（mm）在卡片上测量各层的水量（视水量）；再与对应测试点压力一一整理后，就形成了分层测试成果表。
( ) 149. BC004　采油井生产调控就是指如何使油井的生产始终保持在一个合理的生产压差状态中，并在此基础上多采油（采出液）。
( ) 150. BC004　抽油机井沉没度是指深井泵在动液面以下的深度，沉没度对油井产量影响不大。
( ) 151. BC004　计算沉没度时，应考虑泵挂深度、动液面深度及套压高低。
( ) 152. BC005　某抽油机井换大泵生产，泵挂深度不变，则沉没度上升。
( ) 153. BC005　如果某抽油机井调大抽汲参数还不能使流压降低到合理值时，就要提出换小抽油泵了。
( ) 154. BC006　动态控制图合理区的特点是泵效与流压协调、参数合理、泵况良好、系统效率高。

( ) 155. BC006　在抽油机井的动态控制图中,相对流压为 0.9、泵效为 70%的点,位于潜力区。

( ) 156. BC006　在抽油机井的动态控制图中,断脱漏失区位于图的右上方。

( ) 157. BC006　在抽油机井的动态控制图中,油井生产的最佳区域为潜力区。

( ) 158. BC008　电动潜油泵井的生产动态分析被采油人在生产实践中总结出了一种有效分析方法,即电动潜油泵井动态控制图。

( ) 159. BC008　电动潜油泵井动态控制图中有 5 条界限,5 个区域。

( ) 160. BC008　电动潜油泵井动态控制图中的参数偏大区是指该区域的井流压较低、泵效低,即供液能力不足,抽吸参数过大。

( ) 161. BC008　电动潜油泵井气体影响严重时,易出现过载停机。

( ) 162. BC008　电动潜油泵井故障停机后允许二次启动。

( ) 163. BC008　电动潜油泵井在运行中常出现的停机现象有过载停机、欠载停机、人为停机、设备损坏或事故停机等。

( ) 164. BC009　正注井的套管压力表示油套环形空间的压力。

( ) 165. BC009　正注井的油管压力,用公式表示为:$p_{油} = p_{井口} - p_{井下管损}$

( ) 166. BC010　由于水质不合格,脏物堵塞了地层孔道,造成吸水能力下降。

( ) 167. BC010　分析地层吸水能力的变化,必须用有效压力来绘制地层真实曲线。

( ) 168. BC010　如分注井打开井口套管闸门无溢流,说明上部封隔器失效。

( ) 169. BC011　如分注井上部封隔器失效,则井口套压下降。

( ) 170. BC011　注水井常见故障有封隔器失效、配水器故障、油管漏失及地面仪表故障等。

( ) 171. BC011　分层注水井发现水嘴堵后,立即进行正洗井措施解除。

( ) 172. BC011　注水井洗井不通的主要原因有地面流程未改通或地面流程中闸门坏或管线堵、井下堵塞等。

( ) 173. BC011　如分注井配水器堵塞,则注水量下降而不影响反洗井。

( ) 174. BC012　注水井分层指示曲线不能用来分析井下工作状况。

( ) 175. BC012　注水指示曲线左移,斜率变小,说明吸水能力下降,吸水指数变小。

( ) 176. BC012　井下工作状况的变化,不会影响指示曲线。

( ) 177. BC012　注水井分层指示曲线常见的有倾斜直线、折线、垂线、上翘等四种形状。

( ) 178. BC012　套管外若出现水泥窜槽时,全井水量将会逐渐下降,层段指示曲线集中地平行排列,而两相邻层段指示曲线相重合。

( ) 179. BC013　同位素测吸水剖面不能直观清楚地反映出注水井各层的吸水能力变化情况。

( ) 180. BC013　同位素测吸水剖面还可以用来解决套管外窜槽井段及封隔器不密封故障。

( ) 181. BC014　注水井作业的基本工序有:关井降压、冲砂、通管、清管(压油管头)、分层测试、投捞堵塞器。

( ) 182. BC014　注水井作业时,地面搭油管桥的标准是:根据井深及单根油管长度计算需要几道油管桥,每道一般有 5 个支撑点,桥离地面 30cm 以上,每 10 根油管为一组,两侧悬点长度不大于 1.5m。

( ) 183. BC014　注水井作业释放(封隔器)并验封时,在洗井合格后井筒内满水,从井口油管连接水泥车(用清水)打压至设计压力值时,稳定 5min,看水泥车打的压力降不降及井口套管溢流量大小,越大越好(标准)。

( ) 184. BC014 注水井维修洗井时,必须达到配水间、井口、出水水质三点分析一致为合格。

( ) 185. BC015 抽油机井检泵施工的原因有:井下泵结蜡等影响泵效严重,活塞管杆断脱,调节泵挂深度,适应合理的生产压差,换(大、小)泵用以满足调整泵下部配产管柱等。

( ) 186. BC015 在油田开发过程中,随着油水井生产情况的变化及地面维修量的增加,常常发生各种井下落物事故。

( ) 187. BC016 油井的检泵周期不影响抽油机水平率。

( ) 188. BC016 蜡卡停产10h属于躺井。

( ) 189. BC017 抽油机井检泵施工工序通常是:洗井、起杆(活塞)、起油管(泵筒)、下刮蜡管柱、替蜡、起刮蜡管柱、下冲砂管柱、冲砂、探人工井底、起冲砂管柱、地面清蜡、丈量、配管柱;下完井管柱(泵筒);洗井、下抽油杆(活塞);碰泵、对防冲距、起抽;抽压、测示功图、交井。

( ) 190. BC017 抽油机井检泵作业时,地面搭杆桥的标准是:根据井深及单根杆长度计算需要几道杆桥,每道一般有4个支撑点,桥离地面50cm以上,两侧悬点长度不大于1.0m。

( ) 191. BC017 油水井维修交接时,采油队或作业队必须在施工现场进行交接。

( ) 192. BD001 CY250型采油树的工作压力为250MPa。

( ) 193. BD001 CY250型采油树通常适用于直径为114mm的套管。

( ) 194. BD001 更换250型闸门推力轴承与铜套的操作要点是:将闸门开大,卸掉手轮压帽,卸掉手轮及手轮键,卸掉轴承压盖,顺着丝杠螺纹退出铜套,取出旧轴承,换上新轴承,加上黄油。

( ) 195. BD001 更换250型闸门丝杠的"O"型密封圈时必须要卸掉闸门大压盖。

( ) 196. BD002 抽油机井采油树的胶皮闸门(封井器)常见的故障是关不上。

( ) 197. BD002 更换抽油机井采油树的胶皮闸门芯子时要先压好井,放空后就可操作了,并且两侧要同时换成规格一样的。

( ) 198. BD003 采油树大法兰钢圈常见的故障是钢圈掉。

( ) 199. BD003 采油树下法兰钢圈刺漏时只有起出油管才能更换,所以这类故障只有作业或小修时才能更换。

( ) 200. BD004 采油树卡箍钢圈常见的故障是钢圈掉。

( ) 201. BD004 采油树卡箍钢圈刺漏的故障原因主要是卡箍没打紧或装前钢圈有硬伤。

( ) 202. BD004 抽油机井采油树上一次生产阀门的卡箍钢圈刺漏故障处理时必须要先压好井,放空后才能进行拆卸更换卡箍钢圈操作。

( ) 203. BD005 抽油机平衡的目的是使上、下冲程时驴头的负荷相同。

( ) 204. BD005 抽油机上行电流小,下行电流大,平衡块应当向外调。

( ) 205. BD005 抽油机平衡率较高时,浪费电能较大。

( ) 206. BD005 抽油机的平衡率,对电动机负荷有很大影响。

( ) 207. BD006 在其他条件不变的前提下,抽油机冲速与电动机转速成正比。

( ) 208. BD006 在通常条件下,抽油机冲速调整是靠更换电动机皮带轮直径的大小来实现的。

( ) 209. BD006　电动机转速对抽油机系统减速比无影响。

( ) 210. BD007　抽油机的刹车系统是非常重要的操作控制装置，其制动性是否灵活可靠，对抽油机各种操作的安全起着决定性作用。

( ) 211. BD007　刹车系统性能主要取决于刹车行程（纵向、横向）的合适程度。

( ) 212. BD007　抽油机刹车纵向拉杆（行程长短）的调节要点是：抽油机停在下死点，断电；松开刹车，用扳手卸开螺丝的上下锁死备帽，顺时针卸螺丝及缩短拉杆长度；逆时针可松长拉杆（使刹车不过紧）。

( ) 213. BD008　处理抽油机由于底座与基础接触不实而造成的整机振动的故障方法是：重新加满斜铁，重新找水平后，紧固各螺栓，并备齐止退螺帽，将斜铁块点焊成一体，以免斜铁脱落。

( ) 214. BD008　处理抽油机由于支架与底座有缝隙而造成的整机振动的故障方法是：在有缝隙处点焊成一体。

( ) 215. BD009　减速器漏油故障原因主要有：减速器内润滑油过多、合箱口不严螺丝松或没抹合箱口胶、减速器回油槽堵、油封失效或唇口磨损严重、减速器的呼吸器堵，使减速器内压力增大。

( ) 216. BD009　处理减速器因箱口不严而漏油故障的方法是：直接抹好箱口胶。

( ) 217. BD010　刹车不灵活或自动溜车故障原因主要有：刹车行程未调整好、刹车片严重磨损、刹车片被润滑油染（脏）污、刹车中间座润滑不好或大小摇臂有一个卡死。

( ) 218. BD010　处理因刹车行程不适而造成的刹车不灵活故障方法是：调整刹车行程，在1/3~2/3之间，并调整刹车凸轮位置，保证刹车时刹车蹄片能同时张开。

( ) 219. BD010　处理因刹车片严重磨损而造成的刹车不灵活故障方法是：调整刹车蹄片即可。

( ) 220. BD011　抽油机尾轴承座螺栓松故障原因：游梁上焊接的止板与横梁尾轴承座之间有空隙存在；上紧固螺栓时未紧贴在支座表面上中间有脏物。

( ) 221. BD011　处理因止板有空隙而造成的抽油机尾轴承座螺栓松故障方法是：可加其他金属板并焊接在止板上，然后上紧螺栓。

( ) 222. BD012　抽油机游梁顺着驴头方向（前）位移故障为：中央轴承座前部的两条顶丝未顶紧中央轴，使游梁向驴头方向位移了。

( ) 223. BD012　处理抽油机游梁顺着驴头方向（前）位移故障方法：卸掉驴头负荷使抽油机停在近上死点，使游梁回到原位置上，检查"U"型卡子是否有磨损。如无磨损上紧"U"型卡子螺丝，如中央轴承座松可用顶丝将中央轴承座顶回原位，扭紧固定螺丝即可。

( ) 224. BD013　平衡重块固定螺栓松动故障原因主要有：紧固螺栓松动，曲柄平面与平衡重块之间有油污或赃物。

( ) 225. BD013　处理平衡重块固定螺栓松动故障方法是：将曲柄停在水平位置，检查紧固螺栓及锁紧牙块螺栓，回复到原位置上紧紧固螺栓。

( ) 226. BD014　减速器大皮带轮松滚键故障原因主要有：大皮带轮端头的固定螺栓松，使皮带轮外移，大皮带轮键不合适，输入轴键不合适。

（　）227. BD014　处理减速器大皮带轮松滚键故障方法是：更换大皮带轮键，检查输入轴键槽是否有损坏，如有损坏应更换输入轴，如果键槽是好的即可根据键槽重新加工键。

（　）228. BD015　计量分离器的使用主要是用来计量单井产液量、产气量，在使用过程中关键是要倒对流程，不能憋压。

（　）229. BD015　玻璃管量油法具有操作简便的优点，但因是手动瞬时量油，所以计量结果有误差。

（　）230. BD015　卧式分离器与立式分离器相比，具有处理量大的特点，因此，立式分离器不适用于高产井。

（　）231. BD015　卧式分离器不易于清洗泥沙等脏物。

（　）232. BD015　计量分离器的维护主要就是对其更换玻璃管操作。

（　）233. BE001　环链手拉葫芦是一种悬挂式手动提升机械，是生产车间维修设备和施工现场提升移动重物件的常用工具。

（　）234. BE001　环链手拉葫芦的规格是指：起重量（t）、起重架高度。

（　）235. BE001　环链手拉葫芦使用时应注意悬挂手拉葫芦的支架或吊环必须有足够的支撑和悬挂强度。

（　）236. BE002　液压千斤顶是用液体压力来顶举重物的。

（　）237. BE002　液压千斤顶的使用时，注意千斤顶的重量大小，选择合适的型号；打开回流阀，使千斤顶活塞降到最低位置；千斤顶的底面要垫平，最好用方木板，增大承压面积。

（　）238. BE003　虎钳是中小型工件，凿削加工必备的专用工具，分为回转式和固定式两种。

（　）239. BE003　虎钳的规格是以钳体长度表示，有75mm，100mm，125mm，150mm，200mm等几种。

（　）240. BE003　有砧座的虎钳，允许将工件放在上面做轻微的敲打。

（　）241. BE004　管子台虎钳也叫龙门台虎钳和管子压力钳，是管件加工时必用的一种专用工具。

（　）242. BE004　使用压力钳之后应检查压力钳三角架及钳体，将三角架固定牢固。

（　）243. BE004　2号压力钳夹持管子的最大外径是200mm。

（　）244. BE005　管子割刀是切割各种金属管子的手工刀具。

（　）245. BE005　割刀初割时，进刀量稍小些，防止刀片刃崩裂，以后各次进刀量应逐渐增大。

（　）246. BE005　切割管子时，割刀片和滚子与管子应成垂直角度，以防止刀片刀刃崩裂。

（　）247. BE006　丝锥是用于铰制管路附件和一般机件上的内螺纹的专用工具，俗称攻丝。

（　）248. BE006　攻丝时，螺丝底孔的孔口无须倒角。

（　）249. BE007　板牙套丝是一种在圆（管）棒上切削出外螺纹的专用工具，俗称套丝。

（　）250. BE007　套丝时，圆杆端头不应倒角。

（　）251. BE007　板牙套丝时装牙的操作要点是：将扳机以顺时针方向转到极限位置，松开小把柄（调节柄）转动前盘盖，使两条A刻线对正。然后将选择好的板牙块按1，2，3，4序号对应地装入牙架的四个牙槽内，将扳机逆时针方向转到极限位置。

( ) 252. BE008 卡钳是一种间接测量工具，用它来度量尺寸时要先在工件上测量，再与量具比较，才可得出数据。

( ) 253. BE008 调整卡钳的开度，要轻敲卡钳口，不要敲击或扭歪钳脚。

( ) 254. BE008 卡钳分内卡和外卡，外卡可以测量工件的厚度、宽度。

( ) 255. BE009 测量外径尺寸，游标卡尺两测量面的连线应水平于被测量物的表面，不能歪斜。

( ) 256. BE009 测量零件时，用力使卡尺的两个量爪微压紧零件表面。

( ) 257. BE009 使用游标卡尺前应将其擦干净，检查卡尺的两个测量面和测量刃口是否平直无损，把两个测量爪贴合游标和主尺，看是否对准 0 位。

( ) 258. BE010 外径千分尺又称为分厘卡和螺旋测微器，它是一种精度较高的量具。

( ) 259. BE010 千分尺主要是用来测量精度要求较高的工件，其精度可达：0.10mm。

( ) 260. BE010 千分尺测量工件读数时，要先从内套筒（即固定套筒）的刻线上读取毫米数或半毫米数，再从外套筒（即活动套筒）和固定套筒对齐的刻线上读取格数（每一格为 0.01mm），将两个数值相加，就是测量值。

( ) 261. BE011 塞尺用来测量两个零件配合表面的间隙。

( ) 262. BE011 塞尺又称测微片，它由许多相同厚度的钢片组成。

( ) 263. BE011 塞尺的使用受条件限制。

( ) 264. BE012 水平仪是一种常用的精度较高的平面测量仪器。

( ) 265. BE012 条形水平仪的主水准器用来测量纵向水平度，小水准器则用来确定水平仪本身横向水平位置。

( ) 266. BE012 使用水平仪应注意以下事项：测量前应检查水平仪的零位是否正确、被测表面必须清洁、必须在水准器内的气泡完全稳定时才可读数。

三、简答题

1. AA005 油井动态分析的重点内容是什么？
2. AA005 井组动态分析以什么为中心？重点分析的问题有哪些？
3. AA008 动态分析所需的采油井资料有哪些？
4. AA008 在油水井动态资料中有关压力资料有哪些？
5. AA013 什么是采油曲线？有何应用？
6. AA013 井组注采曲线有哪些主要内容？
7. AB008 万用表使用注意事项有哪些？
8. AB008 指针式万用表主要由哪几部分组成的？写出三种常用的万用表型号？
9. BA008 抽油机井理论示功图形成的条件是什么？
10. BA008 什么是抽油机井示功图？有何用途？
11. BA010 电动潜油泵的控制屏是电动潜油泵机组的专用控制设备，其功能是什么？
12. BA010 电动潜油泵井为何要设定过载值和欠载值？设定原则是什么？
13. BA019 什么是分层开采？其原理是什么？
14. BA019 偏心配水管柱的组成是什么？如何下井的？
15. BC004 什么是油水井生产调控？其基础是什么？
16. BC004 抽油井分析包括哪些内容？
17. BC004 抽油机井动态控制图分为哪些区？

18. BC008　影响电动潜油泵井生产的主要因素有哪些？
19. BC008　电动潜油泵井产量逐渐下降的原因有哪些？
20. BC008　电动潜油泵井欠载停机的原因有哪些？
21. BC008　电动潜油泵井机组运行时电流值偏高的原因有哪些？
22. BD007　抽油机的刹车系统在抽油机运转中的地位如何？其系统性能主要取决于什么？
23. BD007　抽油机井电动机振动大的原因有哪些？

四、计算题

1. BA005　已知某井使用的抽油杆直径 $d=25\text{mm}$，泵挂深度 $h=1000\text{m}$，该井含水率 $f_w=80\%$，原油相对密度 $\rho_o=0.8$，水的相对密度 $\rho_w=1.0$，求该井抽油杆在液体中的重量 W（抽油杆的材料重度 $\gamma_{杆}=7.8\times10^4\text{N/m}^3$，不计节箍重量，$g=10\text{m/s}^2$）。

2. BA005　已知某井深井泵泵径 $D=44\text{mm}$，泵挂深度 $H=1000\text{m}$，抽油杆直径 $d=25\text{mm}$，上行程时作用在柱塞上的液柱静载荷 $P_{液}=0.926\text{t}$，求该井液重度 $\gamma_{液}$？（$g=10\text{m/s}^2$）

3. BA005　已知某井深井泵泵径 $D=44\text{mm}$，泵挂深度 $H=1000\text{m}$，抽油杆直径 $d=25\text{mm}$，井液重度 $\gamma_{液}=0.9\times10^4\text{N/m}^3$，求上行程时作用在活塞上的液柱静载荷 $P_{液}$。

4. BA006　某井的实测示功图上，上冲程最高点到基线的距离为 $L=4\text{cm}$，动力仪力比为 $a=2\text{kN/mm}$，抽油机型号为 CYJ11－3－48B，求抽油机负载利用率（g 取 10m/s^2）？

5. BA006　某抽油井使用的三相异步电动机功率因数为 $\cos\phi=0.8$，线电压为 380V，平均线电流 $I=80\text{A}$，电机铭牌功率 $P_{额}=45\text{kW}$，求功率利用率？

6. BA006　某抽油井使用的三相异步电动机铭牌功率为 45kW，功率因数为 0.8，电动机采用 Y 型连接，已知相电压为 220V，相电流为 80A，求功率利用率（$\sqrt{3}=1.73$）？

7. BC001　示功图显示，某井抽油杆断脱，该示功图中线距横坐标 10mm，动力仪力比为 2kN/mm，抽油杆柱在液体中的重量为 3.624kg/m，试求抽油杆断脱点以上抽油杆的长度？（$g=9.8\text{m/s}^2$）

8. BC001　某抽油机井示功图的下载荷线距基线 12mm，上载荷线距基线 17mm，动力仪力比为 2.2kN/mm，试求该井液柱重？

9. BC002　某井抽油泵下入深度为 1500m，音标深度为 300m，液面曲线显示从井口波到音标反射波距离为 18cm，从井口波到液面反射波距离为 30cm，试求动液面深度和抽油泵沉没度。

10. BC002　已知某井泵挂深度 $H_{泵}=1000\text{m}$，实测动液面深度 $H_{液}=600\text{m}$，油井套压 $p_c=1.5\text{MPa}$，井液相对密度 $\rho=0.8329$，求该井折算沉没度 $H_{沉}$（g 取 10m/s^2）。

11. BC002　某抽油井实测动液面 $H_{液}=600\text{m}$，井口套压 $p_c=1.5\text{MPa}$，井液相对密度 $\rho_{液}=0.8329$，折算沉没度 $H_{沉}=580\text{m}$，求泵挂深度 $H_{泵}$（g 取 10m/s^2）。

12. BC003　某笼统注水井泵站来水压力 25MPa，正注地面管损 0.5MPa，井下管损 1.5MPa，试计算该井油压、套压。

13. BC003　某注水井油层中部深度为 1200m，关井 72h 后测得井口压力为 2.4MPa，求地层静压（注入水密度 1.05t/m^3，重力加速度 g 取 10m/s^2）。

14. BC003　某注水井油层中部深度为 1000m，该井注水闸门关至水表指针不动时的井口油压为 3.7MPa，求注水井启动压力（注入水密度 1.05t/m³，重力加速度 g 取 10m/s²）。

15. BC003　某注水井一级、二级分层注水，在注水压力 15.0MPa 下，注水 10m³/h，第一级、第二级吸水百分数分别为 40%，60%，那么每天注入试井各层的水量分别是多少？

16. BC003　某注水井一级二段注水，在 18.0MPa 下日注水量为 120m³，其中第一层日注水量为 73m³，求该注水井各层段吸水量百分数。

17. BC003　某注水井用降压法测得注水压力分别为 5.0MPa，4.0MPa 时的日注水量分别为 60m³，45m³，求该注水井的吸水指数。

18. BC006　已知某井冲次为 $n_1 = 6$r/min 时，电动机皮带轮 $D_1 = 240$mm，今将电动机皮带轮直径调为 $D_2 = 400$mm，求调整的冲次 n_2。

19. BC006　已知某井冲次为 $n_1 = 6$r/min 时，电动机皮带轮直径 $D_1 = 240$mm，今欲将其冲次调为 $n_2 = 8$r/min，电动机转速不变，则应选用的皮带轮直径 D_2 为多大？

五、工艺题

1. BC014　如图所示是某油田要投注的注水井井口设备，如果该油田采用反九点法面积注水方式开采，请画出（在原图基础上填）该井注水生产时的井口流程。

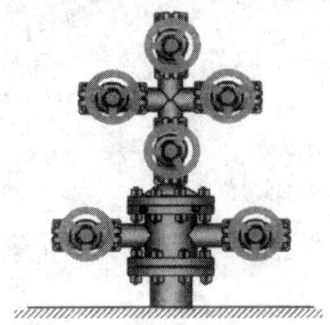

题 1 图

2. BC014　如图所示是某油田要投注的注水井井口设备，如果该油田采用行列注水方式开采，请画出（在原图基础上填）该井注水生产时的井口流程。

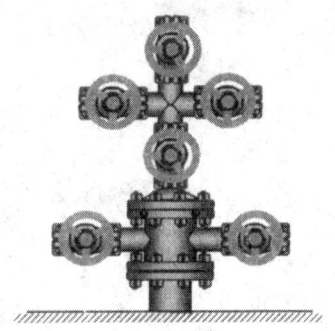

题 2 图

3. BC016　如图所示的抽油机井碰泵操作程序中是否有错？为什么？

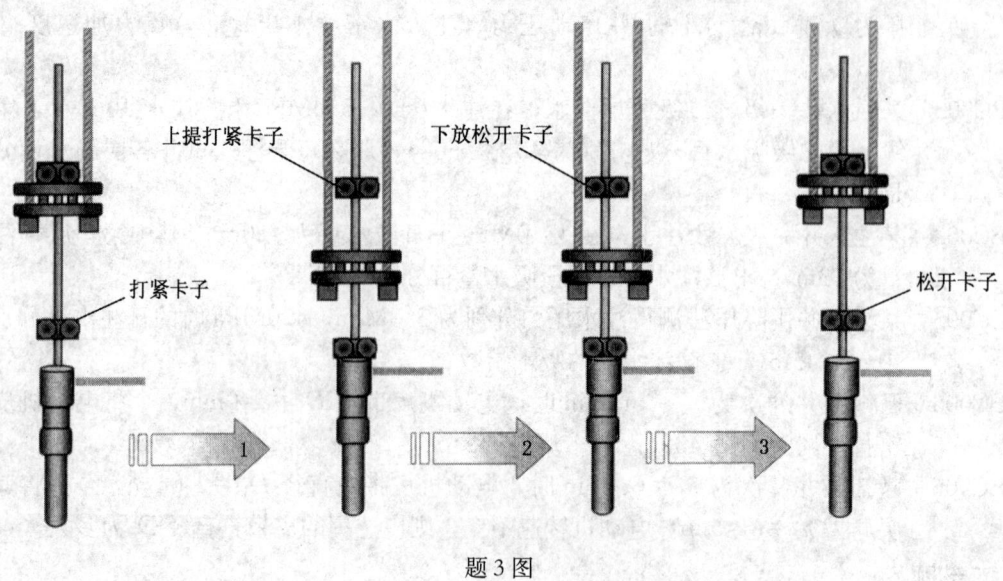

题 3 图

理论知识试题答案

一、选择题

1. A	2. B	3. C	4. A	5. D	6. C	7. D	8. C	9. A	10. D
11. C	12. C	13. D	14. B	15. B	16. D	17. B	18. D	19. D	20. A
21. B	22. C	23. A	24. B	25. C	26. A	27. D	28. B	29. C	30. B
31. C	32. D	33. A	34. B	35. D	36. C	37. A	38. B	39. A	40. B
41. C	42. D	43. B	44. C	45. D	46. D	47. A	48. A	49. D	50. C
51. D	52. A	53. B	54. A	55. B	56. C	57. A	58. D	59. D	60. C
61. C	62. D	63. D	64. D	65. D	66. D	67. C	68. B	69. A	70. B
71. B	72. A	73. D	74. C	75. B	76. C	77. A	78. A	79. D	80. C
81. A	82. C	83. C	84. D	85. A	86. A	87. D	88. D	89. B	90. C
91. D	92. D	93. A	94. C	95. D	96. D	97. C	98. C	99. C	100. D
101. D	102. D	103. B	104. B	105. A	106. A	107. C	108. D	109. A	110. B
111. C	112. D	113. C	114. B	115. D	116. C	117. A	118. D	119. C	120. D
121. C	122. A	123. A	124. B	125. C	126. D	127. D	128. C	129. C	130. C
131. B	132. A	133. B	134. B	135. C	136. A	137. B	138. C	139. B	140. D
141. C	142. A	143. D	144. B	145. D	146. D	147. A	148. C	149. D	150. D
151. B	152. D	153. B	154. C	155. B	156. A	157. C	158. B	159. A	160. C
161. B	162. D	163. B	164. C	165. C	166. A	167. C	168. B	169. A	170. B
171. C	172. D	173. B	174. C	175. C	176. D	177. C	178. A	179. C	180. A
181. C	182. D	183. C	184. C	185. D	186. A	187. B	188. C	189. D	190. B
191. C	192. A	193. B	194. D	195. A	196. D	197. C	198. A	199. C	200. C
201. C	202. B	203. A	204. C	205. C	206. B	207. A	208. B	209. C	210. D
211. D	212. D	213. B	214. D	215. C	216. B	217. A	218. D	219. A	220. C
221. B	222. C	223. D	224. B	225. A	226. C	227. A	228. A	229. C	230. D
231. A	232. B	233. D	234. A	235. C	236. D	237. B	238. C	239. B	240. C
241. A	242. B	243. B	244. C	245. C	246. D	247. B	248. A	249. A	250. C
251. B	252. C	253. D	254. D	255. D	256. B	257. A	258. B	259. B	260. C
261. D	262. A	263. B	264. B	265. C	266. A	267. D	268. A	269. B	270. D
271. B	272. A	273. C	274. B	275. D	276. C	277. D	278. B	279. C	280. A
281. B	282. C	283. C	284. A	285. D	286. B	287. C	288. A	289. B	290. A
291. C	292. B	293. D	294. D	295. C	296. B	297. D	298. D	299. C	300. A
301. C	302. D	303. B	304. A	305. B	306. B	307. B	308. A	309. D	310. D
311. A	312. D	313. A	314. D	315. D	316. D	317. D	318. C	319. A	320. B
321. C	322. C	323. D	324. A	325. C	326. C	327. A	328. C	329. B	330. A
331. D	332. A	333. B	334. A	335. B	336. A	337. D	338. A	339. D	340. D

341. D 342. A 343. D 344. A 345. B 346. A 347. B 348. C 349. D 350. D
351. C 352. B 353. A 354. B 355. B 356. D 357. C 358. B 359. B 360. A
361. D 362. C 363. D 364. C 365. A 366. D 367. D 368. D 369. C 370. B
371. C

二、判断题（×后为正确说法）

1. ×　井网与层系的关系实际是平面与剖面的关系。　2. √　3. ×　配产配注就是对于注水开发的油田，为了保持地下流动处于合理状态，根据注采平衡、减缓含水率上升等开发原则，对全油田、层系、区块、井组、单井直至小层，确定其合理产量和合理注水量。　4. ×　配产配注宏观上要保持压力平衡，微观上要合理注水、采油。　5. √　6. ×　方案调整也是一个对油层不断认识和不断改造挖潜的过程。　7. √　8. √　9. √　10. √　11. ×　油井的动态变化过程是连续的。　12. ×　作业措施效果属于油井动态分析内容。　13. ×　在注水开发过程中，原油的流度随着油层含水饱和度的增加而逐渐降低，造成采油指数即生产能力降低。　14. ×　油田开发指标有总压差、采油速度、含水上升率及油气比等。这些开采指标超出规定的界线就要采取措施调整。　15. ×　油井分析要联系井史进行分析，注水井也需要联系井史，但要着重研究不同时期注水指示曲线的变化，以便掌握吸水能力变化。　16. √　17. √　18. √　19. ×　油井的日产油量不能完全准确地反映油井的产油能力，最能准确反映产能的指标是采油指数。　20. ×　注水井分析要联系周围油井收效情况，及时调整水量、配注方案。　21. √　22. √　23. ×　油井、水井动态分析方法有统计法、作图法、物质平衡法、地下流体力学法。　24. ×　在油田动态分析中，把各种生产数据进行统计、对比，找出主要矛盾的方法叫统计法。　25. ×　动态分析所需要的基本资料有三类，即静态资料、动态资料和工程资料。　26. √　27. ×　油、气、水的分布情况属于静态资料。　28. ×　水淹资料包括油井全井含水率、分层含水率。　29. √　30. ×　如果集中反映某井某日的生产情况，可选用单井当月"综合记录"上的数据。　31. √　32. √　33. ×　井组分析一般从水井入手，最大限度地解决层间矛盾，在一定程度上解决平面矛盾。　34. √　35. ×　平面矛盾由扫油面积系数表示其大小。　36. ×　采油、注水曲线是将综合记录上的数据以曲线方式绘制在方格纸上，每口井每年绘制一张。　37. ×　抽油井采油曲线可用来选择合理的工作制度。　38. √　39. √　40. ×　应用连通图可以了解射开单层的类型。　41. √　42. √　43. √　44. √　45. √　46. ×　三相交流电路是交流电路中应用最多的动力电路，通常电路工作电压均为380V。　47. √　48. ×　电工仪表的品种规格很多，按工作原理的不同，分为磁电式、电磁式、电动式、感应式和静电式等。　49. √　50. √　51. ×　某电工仪表盘上的"口"符号表示防护等级。　52. √　53. ×　用交流电流表测量电路负载电流时的接线方法是电流表在一量程内，可以直接串联于负载电路中。　54. √　55. MF500型指针式万用表主要由指示部分、测量电路、转换装置三部分组成。　56. √　57. ×　MF500型指针式万用表使用操作时应注意：红色测试表笔的插头接到红色接线柱上或标有"+"号的插孔内，黑色测试表笔的插头接到黑色接线柱上或标有"∗"号的插孔内。　58. √　59. ×　用MF500型万用表测量直流电流时，首先将左侧的转换开关旋到A位置，右侧的转换到标有"mA"或"μA"符号的适当量程上。　60. √　61. ×　用MF500型万用表测量直流电压时，黑色表笔应与电源的负极相触，红色表笔应与电源的正极相触，二者不可颠倒。　62. √　63. √　64. ×　用MF500型万用表测量电阻时，将表盘测得的读数乘以倍率数即为所测电阻值。　65. √　66. ×　用万用表测量电路通断时，若读数接近零，则表明电路是通的。 67.√ 68.× DT8980D型万用表属于中低档普及型万用表。液晶显示屏直接以数字形式显示测量结果并且还能够自动显示被测数值的单位和符号。 69.√ 70.√ 71.× 前置型游梁式抽油机的曲柄连杆机构位于驴头和游梁支架之间。 72.√ 73.× 异相型游梁式抽油机与常规游梁式抽油机相比，主要特点之一是平衡块重心与曲柄轴中心连线和曲柄销中心与曲柄轴中心连线之间构成一定的夹角，即平衡相位角。 74.√ 75.× 塔架型抽油机是无游梁式抽油机。 76.√ 77.× 抽油机工作时驴头悬点始终承受着上下往复交变载荷，从物理学分析这种交变载荷可分为静载荷、动载荷、摩擦力。 78.√ 79. 80. 81. 82.× 抽油机负载利用率是指实际最大载荷与铭牌最大载荷之比。 83.√ 84.× 冲程与抽油机扭矩利用率有关。 85.√ 86.× 抽油机井的理论示功图是在一定理想条件下绘制出来的，其中首要条件是假设泵、管没有漏失，泵正常工作。 87.√ 88.× 如果抽油机井下泵越深，则理论示功图为整体就越远离基线。 89.× 如图所示的某抽油机井的实测示功图，如果井口量油正常，则该示功图为有自喷能力的示功图。 90.× 如图所示的某抽油机井的实测示功图，不管井口量油是否下降，该示功图已显示为活塞拔出泵筒示功图。 91.√ 92.× 电动潜油泵井过载值的设定为机组额定工作电流的1.2倍。 93.√ 94.× 电动螺杆泵井杆脱主要原因有蜡堵、卡泵、停机后油管内液体回流、杆柱反转等等，所以必须实施机械防反转装置、降压制动防反转、井口回流控制阀等防脱技术。 95.√ 96.× 如果某螺杆泵井机组工作电流接近电动机空载电流，井口无产量（排量），油套也不连通，那么该井抽油杆断脱。 97.√ 98.√ 99.√ 100.× 水力活塞泵采油时，地面动力液经井口装置从油管进入井下，带动井下水力活塞泵中的液马达做上下往复运动，并使动力液与井液一起从油套环空排出井口。 101.√ 102.× 在水力活塞泵采油参数中冲速（min^{-1}）和动力液排量（m^3/min）调整最方便。 103.√ 104.√ 105. 106. 射流泵采油时，需要从油管内不断打入高压工作液，经泵的喷射作用，就能将井下原油从套管中带出地面。 107.× 矮型异相曲柄平衡抽油机是一种设计新颖、节能效果较好、适用的采油设备，具有整机重量轻、高度矮、成本低、利于节能降耗等优点。 108.√ 109.× 分层开采主要是解决层间矛盾和层内矛盾。 110.× 分层开采主要是解决层间矛盾和层内矛盾的，是油田开发的一个细节内容，而层系划分是油田开发的宏观内容。 111.√ 112.× 偏心配水管柱的特点是结构紧凑，调整水嘴方便，用钢丝投捞，可以投捞其中的任意一级，一个井可以下多级。 113.× 空心活动配水器由固定部分的工作筒和活动部分的配水芯子配套使用。 114.× 在常用的封隔器的支撑方式代号中"3"表示该封隔器为无支撑封隔器。 115.√ 116.√ 117.√ 118.√ 119.√ 120.× 注水井只要超过一个层注水就叫分层注水；如果某井有两个层段注水，其中有一个层是停注层，但该井也叫做分层注水（井）。 121.√ 122.√ 123.√ 124.× 地层条件下，特稠油的粘度大于1000mPa·s，小于5000mPa·s，相对密度大于0.980。 125.√ 126.√ 127.× 热力激励法可分为井筒加热法、注热流体法和火烧油层。 128.× 热力驱替采油根据注入热流体的类型不同又可分为注热水法和注蒸汽法。 129.√ 130.× 一个油区进入热采阶段，首先对冷采后的井进行蒸汽吞吐。 131.× 向油层注入蒸汽，对油层加热，蒸汽变成热水流动，置换油层里原油滞流空隙。 132.× 在蒸汽吞吐的一个周期中，套管的线性长度随温度的变化而发生弹性伸缩。 133.√ 134.× 隔热注汽管柱由隔热管、井下热胀补偿器、热封隔器、尾管、防砂封隔器及防砂筛管组成。 135.√ 136.√ 137.× 热采井机械采油的后期阶段，油层的供液能力差，原油温度低，原油粘度成倍增长，流动性变差。 138.√ 139.× 抽油机井结蜡后，上、下冲程阻力增大，并出现振动载荷。 140.× 根据抽油杆断脱示功图计算断脱位置时，示功图到横坐标的距离应取示功图中线。 141.× 示功图窄条形、两头尖，这种示功图可能是固定阀完全漏失，或抽油杆断脱，也可能是连喷带抽等原因。 142.√ 143.× 机采井测试是为了了解油层、油井的变化情况和井下设备的工作状况。 144.√ 145.√ 146.√ 147.× 在注水井机械式测试卡片中，每次测试都要四张卡片，其中前三张为正常测试卡片，第四张为检配卡片。 148.× 在注水井机械式测试卡片上，测试水量计算是先用直尺（mm）在卡片上测量出每个测试台阶高度，再由仪器流量校检曲线上查出相应的水量（视水量）；再与对应测试点压力一一整理后，就形成了分层测试成果表。 149.√ 150.× 抽油机井沉没度是指深井泵在动液面以下的深度，沉没度对油井产量影响较大。 151.√ 152.× 该井换大泵生产而泵挂不变，则沉没度应下降。 153.× 如果某抽油机井调大抽吸参数还不能使流压降低到合理值时，就要提出换大抽油泵，如还不行，那只好提出更机或转电动潜油离心泵了。 154.√ 155.√ 156.× 在抽油机井的动态控制图中，断脱漏失区位于图的左下方。 157.× 在抽油机井的动态控制图中，油井生产的最佳区域为合理区。 158.√ 159.× 电动潜油泵井动态控制图中有4条界限，5个区域。 160.√ 161.× 电动潜油泵井气体影响易导致欠载停机。 162.× 电动潜油泵井故障停机后不允许二次启动。 163.√ 164.√ 165.× 正注井的油管压力，用公式表示为：$p_油 = p_泵 - p_{地面管损}$ 166.√ 167.√ 168.× 如分注井打开套管闸门无溢流，说明上部封隔器正常。 169.× 如分注井上部封隔器失效，则井口套压上升。 170.√ 171.× 分层注水井发现水嘴堵后，立即进行反洗井措施解除。 172.√ 173.√ 174.× 注水井井下工作状况可通过分层指示曲线来分析。 175.× 注水指示曲线左移，斜率变大，说明吸水能力下降，吸水指数变小。 176.× 井下工具工作状况的变化，也会影响指示曲线。 177.√ 178.× 套管外若出现水泥窜槽时，全井水量将会逐渐上升，层段指示曲线集中地平行排列，而两相邻层段指示曲线相重合。 179.× 同位素测吸水剖面能直观清楚地，几乎是准确无误地反映出注水井各层的吸水能力变化情况。 180.√ 181.× 注水井作业的基本工序有：关井降压、冲砂、通管、清管（压油管头）、释放分隔器、投捞堵塞器等。 182.√ 183.× 注水井作业释放（封隔器）并验封时，在洗井合格后井筒内满水，从井口油管连接水泥车（用清水）打压至设计压力值时，稳定30min，看水泥车打的压力降不降及井口套管溢流量大小，以不流水为最好（标准）。 184.√ 185.√ 186.× 在油田开发过程中，随着油水井生产情况的变化及井下作业工作量的增加，常常发生各种井下落物事故。 187.√ 188.× 蜡卡停产10h不属于躺井。 189.√ 190.√ 191.× 油水井维修交接时，采油队和作业队双方必须在施工现场进行交接。 192.× CY250型采油树的工作压力为25.0MPa。 193.√ 194.√ 195.√ 196.× 抽油机井采油树的胶皮闸门（封井器）常见的故障是关不严。 197.√ 198.× 采油树大法兰钢圈常见的故障是钢圈刺漏。 199.√ 200.× 采油树卡箍钢圈常见的故障是钢圈刺漏。 201.√ 202.√ 203.× 抽油机平衡的目的是使上、下冲程时电动机的负荷相同。 204.× 抽油机上行电流小，下行电流大，平衡块应当向内调。 205.× 抽油机平衡率较高时，节约电能。 206.√ 207.√ 208.√ 209.× 电动机转速影响抽油机系统减速比。 210.√ 211.× 刹车系统性能主要取决于刹车行程（纵向、横向）和刹车片的合适程度。 212.√ 213.√ 214.× 处理抽油机由于支架与底座有缝隙而造成的整机振动的故障方法是：用金属薄垫片找平，重新紧固。 215.√

216. × 处理减速器因箱口不严而漏油故障的方法是：可重新进行组装，紧固好箱口螺丝，组装时应抹好箱口胶，如无箱口胶时可用密封脂替代。 217. √ 218. √ 219. × 处理因刹车片严重磨损而造成的刹车不灵活故障方法是：取下旧刹车片重新铆上新刹车片。 220. √ 221. √ 222. × 抽油机游梁顺着驴头方向（前）位移故障为：中央轴承座固定螺丝松，前部的两条顶丝未顶紧中央轴承座，或游梁固定中央轴承座的"U"型卡子松了，使游梁向驴头方向位移了。 223. √ 224. √ 225. √ 226. √ 227. √ 228. √ 229. √ 230. × 卧式分离器与立式分离器相比，具有处理量大的特点，因此，卧式分离器适用于高产井。 231. √ 232. × 计量分离器的维护主要是对其更换玻璃管、测起挡板、定期冲砂、检查安全阀等操作。 233. √ 234. × 环链手拉葫芦的规格是指：起重量（t）、起重高度（m）、手拉力（kg）、起重链数。 235. √ 236. √ 237. √ 238. √ 239. × 虎钳的规格是以钳口最大宽度表示，有75mm、100mm、125mm、150mm、200mm等几种。 240. √ 241. √ 242. × 使用压力钳之前应检查压力钳三角架及钳体，将三角架固定牢固。 243. × 2号压力钳夹持管子的最大外径是90mm。 244. √ 245. × 割刀初割时，进刀量可稍大些，以便割出较深的刀槽，防止刀片刃崩裂，以后各次进刀量应逐渐减小。 246. √ 247. √ 248. × 攻丝时，螺丝底孔的孔口必须倒角。 249. √ 250. × 套丝时，圆杆端头应倒角。 251. √ 252. √ 253. × 调整卡钳的开度，要轻敲卡钳脚，不要敲击或扭歪钳口。 254. √ 255. × 测量外径尺寸，游标卡尺两测量面的连线应垂直于被测量物的表面，不能歪斜。 256. × 测量零件时，不能过分外加压力，当卡尺的两个量爪刚好接触到零件表面即可。 257. √ 258. √ 259. × 千分尺主要是用来测量精度要求较高的工件，其精度可达：0.01mm。 260. √ 261. √ 262. × 塞尺又称测微片，它由许多不同厚度的钢片组成。 263. √ 264. × 水平仪是一种常用的精度不高的平面测量仪器。 265. √ 266. √

三、简答题

1. ①主要分析产量、压力、含水、气油比、采油指数的变化及原因。②拟定合理的工作制度，提出合理管理及维修措施。③分析井下技术状况。④分析油井注水效果，见效、见水、水淹情况，出水层位及来水方向，油井稳产潜力等。⑤分析作业措施效果。

   评分标准：①②③④⑤各20％。

2. 井组动态分析是在单井动态分析的基础上，(1) 以注水井为中心，联系周围油井和注水井。

   (2) 重点分析以下问题：

   ①分层注采平衡、分层压力、分层水线推进情况。

   ②分析注水是否见效，井组产量是上升、下降还是平稳。

   ③分析各油井、各小层产量、压力、含水变化的情况及变化的原因。

   ④分析本井组与周围油井、注水井的关系。

   ⑤分析井组内油水井调整、挖潜的潜力所在。

   ⑥通过分析，提出对井组进行合理的动态配产配注，把调整措施落实到井，落实到层上，力求改善井组的开发效果。

   评分标准：(1) 40％，(2) 60％。

3. 动态分析所需的采油井资料有：①产能资料。②压力资料。③油、气、水物性资料。④水淹资料。⑤井下作业资料。

   评分标准：①②③④⑤各20％。

4. 油水井动态资料中有关压力资料有：①原始压力。②目前地层压力。③油、水井流压。④饱和压力。⑤总压差及生产压差等。
   评分标准：①②③④⑤各 20%。

5. (1) 采油曲线是油井的生产记录曲线，反映油井开采时各指标的变化过程，是开采指标与时间的关系曲线。
   (2) 应用：
   ①选择合理的工作制度。
   ②了解油井的工作能力，编制油井生产计划。
   ③判断油井存在问题，检查油井措施效果。
   ④分析注水效果，研究注采调整。
   评分标准：(1) 40%，(2) 60%。

6. 井组注采曲线主要内容有：①油水井开井数、②注水量、③产液量、④产油量、⑤综合含水率、⑥流静压等。
   评分标准：①②③④各 20%，⑤⑥各 10%。

7. 万用表使用注意事项有：
   (1) 每次测量前对万用表都要做一次全面检查（检查 1.5V 干电池时使用），以核实表头部分的位置是否正确。
   (2) 测量时，应用右手握住两只表笔，手指不要触碰表笔的金属部分和被测元器件。
   (3) 测量过程中不可转动转换开关，以免转换开关的触头产生电弧而损坏开关和表头。
   (4) 使用 R×1 挡时，调零的时间应尽量缩短，以延长电池使用寿命。
   (5) 万用表使用后，应将转换开关旋至空挡或交流电压最大量程挡。
   评分标准：(1)(2)(3)(4)(5) 各 20%。

8. ①指针式万用表主要由指示部分、测量电路、转换装置三部分组成。
   ②常用的有：MF28 型、MF64 型、MF500 型等万用表。
   评分标准：①60%，②40%。

9. 理论示功图是在一定理想条件下绘制出来的，主要是用来与实测示功图进行对比分析，以次判断深井泵的工作状况；其理想条件为：
   ①假设泵、管没有漏失，泵正常工作；
   ②油层供液能力充足，泵充满程度良好；
   ③不考虑动载荷的影响；
   ④不考虑砂、蜡、稠油的影响；
   ⑤不考虑油井连抽带喷；
   ⑥认为进入泵的液体是不可压缩的，阀是瞬时开闭的。
   评分标准：①②③④各 20%，⑤⑥各 10%。

10. ①抽油机井示功图是描绘抽油机井驴头悬点载荷与光杆位移的关系曲线。
    ②它是解释抽油机井的深井泵的抽吸状况的最有效的手段，有理论示功图和实测示功图；通过比较直观的图形分析可以判断抽油机井工作状况。
    评分标准：①40%，②60%。

11. ①能连接和切断供电电源与负载之间的电路；
    ②通过电流记录仪，把机组在井下的运行状态反映出来；

③通过电压表检测机组的运行电压和控制电压;
④有识别负载短路和超负荷来完成机组的超载保护停机功能;
⑤借助中心控制器,能完成机组的欠载保护停机;
⑥还能按预定的程序实现自动延时启动;
⑦通过选择开关,可以完成机组的手动、自动两种启动方式;
⑧通过指示灯可以显示机组的运行、欠载停机、过载停机三种状态。
评分标准:①②各20%,③④⑤⑥⑦⑧各10%。

12. (1) 电动潜油泵井的机泵都是在井下,工作时其承受高压、大电流的重负荷,对负载影响因素很多,所以要保证机组正常运行就必须对其进行控制,即设定工作电流的最高和最低工作值的界限,即过载值和欠载值的设定。
(2) 其值设定原则是:
①新下泵试运时,过载电流值为额定电流的 1.2 倍,欠载为 0.8 倍(也可 0.6～0.7 倍);
②试运几天后(一般 12h 以后就可以)再根据其实际工作电流值再进行重新设定,原则是:过载电流值为实际工作电流的 1.2 倍,但最高不能高于额定电流的 1.2 倍,欠载电流值为实际工作电流的 0.8 倍,但最低不能低于空载允许最低值。
评分标准:(1) 40%,(2) 60%。

13. ①分层开采就是根据生产井的开采油层情况,通过井下工艺管柱把各个目的层分开,进而实现分层注水、分层采油的目的。
②其原理是:把各个分开的层位(层段),装配不同的配水器(水嘴)或配产器(油嘴),调节同一井底流压即对不同生产层位生产压差的调整,实现不同的产量(配产)或不同的注水量(配注)。
评分标准:①40%,②60%。

14. ①主要由偏心配水器、水井封隔器、撞击筒、底部单流阀等组成。
②其管柱由(涂料)油管连接下入井内。
评分标准:①60%,②40%。

15. ①油水井生产调控对采油工来说主要是指根据油层产出或注入状况,在满足企业对生产(原油任务目标)需要的情况下,保持好合理的采油压差或注水压差,即采油人常说的如何采好油、多采油,怎样注够水、注好水。
②动态分析是生产调控的基础。
评分标准:①60%,②40%。

16. 抽油井分析主要内容有:
①分析产量、动液面、含水变化原因及规律;
②分析油井出砂、结蜡与出气的规律;
③分析抽油泵在井下的工作状况是否正常;
④分析抽油机与电气设备的使用情况和耗能情况;
⑤分析油井参数是否合理。
评分标准:①②③④⑤各 20%。

17. ①合理区;②供液不足区(参数偏大区);③潜力区(参数偏小区);④资料落实区;⑤断脱漏失区。

评分标准：①②③④⑤各20％。

18. ①抽吸流体性质；②电源电压；③设备性能；④油井管理水平。

    评分标准：①②③各20％，④40％。

19. ①油层供液不足；②油管漏失；③机组磨损，扬程降低；④机组吸入口有堵塞现象；⑤气体影响等等。

    评分标准：①②③④⑤各20％。

20. ①油层供液不足；②气体影响；③欠载电流整定值偏小；④油管漏失严重；⑤电路故障；⑥井下机组故障，如泵轴断、电动机空转等。

    评分标准：①②③④各20％，⑤⑥各10％。

21. ①机组安装在弯曲井眼的弯曲处；②机组安装卡死在封隔器上；③电压过高或过低；④排量大时泵倒转；⑤泵的级数过多；⑥井液粘度过大或密度过大；⑦有泥沙或其他杂质。

    评分标准：①②③各20％，④⑤⑥⑦各10％。

22. ①抽油机的刹车系统是非常重要的操作控制装置，其制动性是否灵活可靠，对抽油机各种操作的安全起着决定性作用。

    ②刹车系统性能主要取决于：刹车行程（纵向、横向）和刹车片的合适程度。

    评分标准：①40％，②60％。

23. ①滑轨固定螺丝松动或滑轨不水平或有悬空现象；②电动机固定螺丝松；③电动机底座有悬空现象；

    ④电动机轴弯曲；⑤皮带四点一线没调好。

    评分标准：①②③④⑤各20％。

四、计算题

1. 解：①混合液重度 $\gamma_{液} = [\rho_o \cdot (1-f_w) + \rho_w \times f_w] \times g \times 10^3$

   $= [0.8 \times (1-0.8) + 1.0 \times 0.8] \times 10^4$

   $= 0.96 \times 10^4$（N/m³）

   ②抽油杆在液体柱中的重量 $W = \pi d^2/4 \times h \times (\gamma_{杆} - \gamma_{液})$

   $= 3.14 \times (25 \times 10^{-3})^2/4 \times 1000 \times (7.8 - 0.96) \times 10^4$

   $= 3.356 \times 10^4$（N）

   答：抽油杆在液柱中的重量为 3.356×10^4 N。

   评分标准：第一步答出公式给20％，计算对给20％，结果对给10％。

   第二步答出公式给20％，计算对给20％，结果对给10％。

   公式、计算不对，结果对不得分。

2. 解：$P_{液} = (\pi/4) \times (D^2 - d^2) \cdot H \cdot \gamma_{液}$

   $\gamma_{液} = P_{液} / [\pi/4 (D^2 - d^2)] \cdot H$

   $= 0.926 / [\pi/4 \times (44^2 - 25^2) \times 10^{-6}] \times 1000$

   $= 0.9$（t/m³）$= 9000$（N/m³）

   答：该井井液重度为9000N/m³。

   评分标准：答出公式给40％，计算对给40％，结果对给20％。公式、计算不对，结果对不得分。

3. 解：$P_{液} = \pi/4 \times (D^2 - d^2) \cdot H \cdot \gamma_{液}$
   $= 3.14/4 \times (44^2 - 25^2) \times 10^{-6} \times 1000 \times 0.9 \times 10^4$
   $= 0.926 \times 10^4$ (N)

答：该井上行程时作用活塞上的液柱静载荷为 0.926×10^4 N。

评分标准：答出公式给 40%，计算对给 40%，结果对给 20%。公式、计算不对，结果对不得分。

4. 解：①悬点最大载荷 $P_{max} = L \times a = 4 \times 10 \times 2 = 80$ (kN)
   ②负载利用率 $P_{利} = P_{max}/P_{额} = 8/11 \times 100\% = 72.7\%$

答：该井抽油机负载利用率为 72.7%。

评分标准：第一步答出公式给 20%，计算对给 20%，结果对给 10%。
　　　　　第二步答出公式给 20%，计算对给 20%，结果对给 10%。
　　　　　公式、计算不对，结果对不得分。

5. 解：①电动机实际功率 $P_{实} = \sqrt{3}UI\cos\phi$
   　　　　　　　　　$= 1.73 \times 380 \times 80 \times 0.8$
   　　　　　　　　　$= 42073.6$ (W) $= 42.1$ (kW)
   ②功率利用率 $P_{利} = P_{实}/P_{额} = 42.1/45 \times 100\% = 93.6\%$

答：该井功率利用率为 93.6%。

评分标准：第一步答出公式给 20%分，计算对给 20%分，单位对给 10%分。
　　　　　第二步答出公式给 20%分，计算对给 20%分，单位对给 10%分。
　　　　　公式、计算不对，结果对不得分。

6. 解：①电动机实际功率 $P_{实} = 3 \times U_{相} \times I_{相} \times \cos\phi \times 1/1000$
   　　　　　　　　　　　$= 3 \times 220 \times 80 \times 0.8/1000 = 42.2$ (kW)
   　　或 $P_{点} = \sqrt{3} \times 380 \times 80 \times 0.8/1000 = 42.1$ (kW)
   ②电动机功率利用率 $= 42.1/45 \times 100\% = 94\%$

答：该井电动机功率利用率为 94%

评分标准：第一步答出公式给 20%，计算对给 20%，单位对给 10%。
　　　　　第二步答出公式给 20%，计算对给 20%，单位对给 10%。
　　　　　公式、计算不对，结果对不得分。

7. 解：$g'_{杆} = 3.624 \times 9.8 = 35.5152$ (N/m)
   　　　　$L = hc/g'_{杆} = 10 \times 2000/35.5152 = 563.14$ (m)

答：断脱点以上抽油杆长 563.14m。

评分标准：答出公式给 40%，计算对给 40%，结果对给 20%。公式、计算不对，结果对不得分。

8. 解：由示功图（驴头悬点载荷）组成内容可知：
   　　　　抽油机井井筒液柱重 =（上载荷 - 下载荷）× 动力仪力比
   　　　　即 $W_L = (17 - 12) \times 2.2 = 11.0$ (kN)

答：该井液柱重 11.0kN。

评分标准：答出公式给 40%，计算对给 40%，结果对给 20%。公式、计算不对，结果对不得分。

9. 解：动液面深度 $H_{液} = H_{标} \times L_{液}/L_{标} = 300 \times 30/18 = 500$ （m）

   沉没度 $H_{沉} = H_{泵} - H_{液} = 1500 - 500 = 1000$ （m）

   答：动液面深度为 500m，沉没度为 1000m。

   评分标准：第一步答出公式给 20%，计算对给 20%，结果对给 10%。

   第二步答出公式给 20%，计算对给 20%，结果对给 10%。

   公式、计算不对，结果对不得分。

10. 解：①折算动液面深度 $H_{折} = H_{液} - p_c \times 100/\rho_{液}$

    $= 600 - (1.5 \times 100)/0.8329 = 420$ （m）

    ②折算沉没度 $H_{沉} = H_{泵} - H_{折} = 1000 - 420 = 580$ （m）

    答：该井折算沉没度为 580m。

    评分标准：第一步答出公式给 20%分，计算对给 20%分，结果对给 10%分。

    第二步答出公式给 20%分，计算对给 20%分，结果对给 10%分。

    公式、计算不对，结果对不得分。

11. 解：$H_{泵} = H_{沉} + (H_{液} - p_c \times 100/\rho_{液})$

    $= 580 + (600 - 1.5 \times 100/0.8329) = 1000$ （m）

    答：该井泵挂深度为 1000m。

    评分标准：答出公式给 40%，计算对给 40%，结果对给 20%。公式、计算不对，结果对不得分。

12. 解：（1）$p_{油} = p_{泵} - p_{地面管损} = 25 - 0.5 = 24.5$ （MPa）

    （2）$p_{套} = p_{油} - p_{井下管损} = 24.5 - 1.5 = 23$ （MPa）

    答：油压为 24.5MPa、套压为 23MPa。

    评分标准：答出公式给 40%，计算对给 40%，结果对给 20%。公式、计算不对，结果对不得分。

13. 解：$p_{液柱} = h\rho g/10^3 = (1200 \times 1.05 \times 10)/10^3 = 12.6$ （MPa）

    $p_{静} = p_{井口} + p_{液柱} = 2.4 + 12.6 = 15.0$ （MPa）

    答：地层静压为 15.0MPa。

    评分标准：答出公式给 40%，计算对给 40%，结果对给 20%。公式、计算不对，结果对不得分。

14. 解：$p_{启动} = p_{井口} + p_{液柱} = p_{井口} + h\rho g/1000$

    $= 3.7 + 1000 \times 1.05 \times 10/1000 = 14.2$ （MPa）

    答：注水井启动压力为 14.2MPa。

    评分标准：答出公式给 40%，计算对给 40%，结果对给 20%。公式、计算不对，结果对不得分。

15. 解：该井日注水量 $= 10 \times 24 = 240$ （m³/d） 第一层注水量 $= 240 \times 40\% = 96$ （m³/d）

    第二层注水量 $= 240 \times 60\% = 144$ （m³/d）

    答：该井各层的日注水量分别为 96m³ 和 144m³。

    评分标准：第一问答出公式给 20%，计算对给 20%，结果对给 10%。

    第二问答出公式给 20%，计算对给 20%，结果对给 10%。

    公式、计算不对，结果对不得分。

16. 解：第一层吸水量百分数 $= 73/120 \times 100\% = 60.83\%$

第二层吸水量百分数 =（120－73）/120×100％ = 39.17％

答：第一、第二层吸水量百分数分别为60.83％、39.17％。

评分标准：第一问答出公式给20％，计算对给20％，结果对给10％。

第二问答出公式给20％分，计算对给20％，结果对给10％。

公式、计算不对，结果对不得分。

17. 解：$K_{吸}$ =（$Q_2 - Q_1$）/（$p_2 - p_1$）=（60－45）/（5－4）= 15 $[m^3/(d \cdot MPa)]$

答：该注水井的吸水指数为15m^3/（d·MPa）。

评分标准：答出公式给40％，计算对给40％，结果对给20％。公式、计算不对，结果对不得分。

18. 解：由：$D_1/n_1 = D_2/n_2$

可知：n_2 =（$D_2 \cdot n_1$）/D_1 = 400×6/240 = 10（r/min）

答：该井调整后的冲次为10r/min。

评分标准：答出公式给40％，计算对给40％，结果对给20％。公式、计算不对，结果对不得分。

19. 解：由：$D_1/n_1 = D_2/n_2$

可知：$D_2 = D_1/n_1 \times n_2$ = 240/6×8 = 320（mm）

答：该井应选用皮带轮直径为320mm。

评分标准：答出公式给40％，计算对给40％，结果对给20％。公式、计算不对，结果对不得分。

五、工艺题

1. 答：（1）该油田采用反九点法面积注水方式开采，其注水工艺系统应是：多井集中于一个配水间式注水管网，即井间分开（井口注水流程就简单了）。

（2）设计后的井口注水生产流程如图所示：其中：①为注水闸门（原采油树右上侧的250移过来即可）；②、③分别是井口油套压表装置。

评分标准：答出第一段给4分，画出正确的流程图给4分，标注清楚给2分。

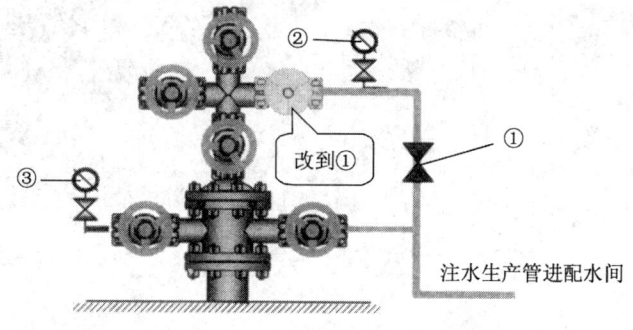

题1答案图

2. 答：（1）该油田采用行列注水方式开采，其注水工艺系统应是：单井配水间式注水管网，即井间同井场。

（2）设计后的井口注水生产流程如图所示：其中：①为来注水闸门（原采油树右上侧的250移过来即可，不改也可以）；②、③分别是注水油压表、井口套压表装置；④为注水调控闸门；⑤为干线来水阀门（水表上流阀）；⑥为水表计量装置。

评分标准：答出第一段给 4 分，画出正确的流程图给 4 分，标注清楚给 2 分。

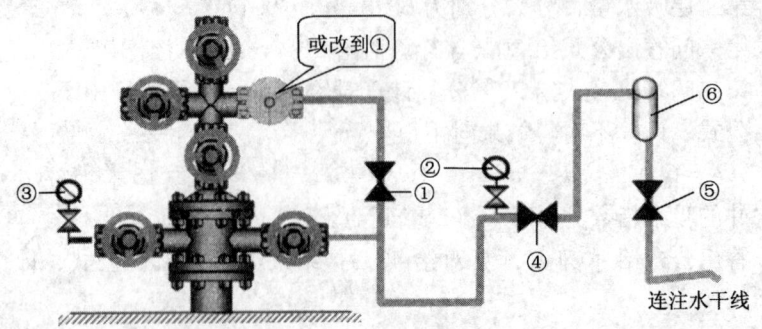

题 2 答案图

3. 答：图中所示的抽油机井碰泵操作程序有错误；第二步应到最后的图例（删除第 3 个图），即在上提负荷卡子并打紧后，接下来的是松开下部的卸载卡子进行碰泵，然后才能在打紧卸载卡子，松开上部碰泵时载荷卡子复位。

评分标准：第一问答对给 6 分，标注准确给 4 分。

第四部分 高级工技能操作试题

考核内容层次结构表

内容 项目 级别	技能操作					综合能力				合计
	基本技能（开关井、录取资料）	资料整理及分析	设备维护及保养	故障判断及处理	动态分析及生产维护、调控	操作计算机	培训指导	施工工艺编制、绘图	技术论文（报告）	
初级工	40分 10～30min	30分 10～30min	20分 10～30min	10分 10～30min						100分 40～120min
中级工	20分 10～30min	30分 10～30min	30分 10～30min	10分 10～30min	10分 10～30min					100分 50～150min
高级工		15分 10～30min	20分 10～30min	20分 10～30min	30分 10～30min	15分 10～30min				100分 50～150min
技 师			15分 10～30min	15分 10～30min	20分 10～30min	10分 10～30min	10分 10～30min	15分 10～30min	15分 10～30min	100分 70～210min
高级技师			10分 10～30min	15分 10～45min	20分 10～45min	10分 10～30min	10分 10～30min	20分 10～30min	15分 10～30min	100分 70～240min

说明：

(1) 本考核层次结构表是根据《采油工国家职业标准》而制定的。

(2) 制定本表的目的是便于职业鉴定部门执行时的科学性、统一性、公平性。

(3) 表中的各级别操作项目是依据《采油工国家职业标准》中工作内容要求而划分确定的。

(4) 表中各级别项目的配分和时间是根据《标准》中鉴定比重和内容难易程度而制定的。

(5) 表中各级的否定项目是指鉴定时必考选项（即是对被鉴定者成绩的否定项目）；初级工没有否定项目，中级工、高级工、技师、高级技师都有对下一级或二级选定的否定项目。

(6) 表中的考核项目组合方式是对考核鉴定时提出的原则性要求，即各级别鉴定时的项目不应少于5个。

鉴定要素细目表

行业：石油天然气　　　工种：采油工　　　等级：高级工　　　鉴定方式：技能操作

行为领域	代码	鉴定范围	鉴定比重	代码	鉴定点（20个）	重要程度	备注
技能操作 A 85%	A	资料整理及分析	15	001	电动潜油泵井电流卡片分析	X	
				002	抽油机井典型示功图分析	X	
				003	分析注水井指示曲线	X	
				004	绘制注水井分注管柱图	X	
				005	绘制抽油机井分采管柱图	X	
				006	绘制电动潜油泵井分采管柱图	X	
	B	设备维护及保养	20	001	调整游梁式抽油机井曲柄平衡	X	
				002	更换抽油机刹车蹄片	X	
				003	抽油机的二级保养	Y	
				004	抽油机井井口憋压	X	
	C	故障判断及处理	20	001	处理抽油机曲柄销子退扣	X	
				002	检查电动潜油泵井过欠载保护值	X	
				003	三相异步电动机找头、接线	Y	
	D	动态分析及生产维护	30	001	井组生产动态分析	X	
				002	跟踪描述抽油机井停产作业	X	
				003	跟踪描述电动潜油泵井停产作业	X	
				004	跟踪描述注水井停产作业	X	
				005	注水井动态分析	X	
综合能力 B 15%	A	操作计算机	15	001	文字录入及处理	X	
				002	制作简单表格	X	

技能操作试题

一、AA001 电动潜油泵井电流卡片分析

1. 准备要求

（1）材料准备：

序 号	名 称	规 格	数 量	备 注
1	实际电流卡片		3~5张	附有机组的过、负载保护设定值

（2）设备准备：

序 号	名 称	规 格	数 量	备 注
1	桌子、椅子		1套	

（3）工具、量具、刃具准备：

名 称	规 格	精 度	数 量	名 称	规 格	精 度	数 量
铅笔、钢笔	HB\2B		1支	记录纸	16开		2张

2. 操作程序的规定及说明

（1）准备工作；

（2）标注；

（3）定性；

（4）对比；

（5）记录；

（6）收工具。

3. 考核时间

（1）准备时间：2min；

（2）正式操作时间：10min；

（3）计时从正式操作开始，至操作完毕结束；

（4）规定时间内全部完成，每超1min，从总分中扣5分；超过3min，停止作业。

4. 配分、评分标准

评分记录表

序 号	考核项目	评分要素	配分	评分标准	检测结果	扣分	得分	备 注
1	准备工作	准备好工具、用具	10	不准备扣5分,少选一件扣2分				术语不准确一项扣5分
2	标注	熟悉电流卡片的规格、运行方式,标注实际记录的运行时间	20	不检查和确认卡片的规格等扣20分,一处不准确扣5分				
3	定性	观察卡片曲线形状:定性卡片	30	不会定性扣30分,不准确扣10分				
4	对比	计算对比机组保护是否合理	25	不对比扣25分,对比错误一处扣10分				
5	记录	审核确认分析结果,做好记录	10	未审核扣5分,不记录扣5分				
6	收工具	填写日期,收拾工具、用具	5	不收拾扣5分,少收一件扣3分				
7	安全文明生产及其他	在规定时间内完成操作		每超时1min扣5分,超过3min停止操作				从总分中扣除
	合计		100					

考评员:　　　　　　记分员:　　　　　　　　　　　　年　月　日

二、AA002　抽油机井典型示功图分析

1. 准备要求

(1) 材料准备:

序 号	名 称	规 格	数 量	备 注
1	典型示功图		3~5张	标有最大、最小理论载荷值

(2) 设备准备:

序 号	名 称	规 格	数 量	备 注
1	桌子、椅子		1套	

(3) 工具、量具、刃具准备:

名 称	规 格	精 度	数 量	名 称	规 格	精 度	数 量
铅笔、钢笔	HB\2B		1支	记录纸	16开		2张

2. 操作程序的规定及说明
(1) 准备工作；
(2) 定性分析；
(3) 细节分析；
(4) 综合分析；
(5) 记录；
(6) 收工具。

3. 考核时间
(1) 准备时间：2min；
(2) 正式操作时间：10min；
(3) 计时从正式操作开始，至操作完毕结束；
(4) 规定时间内全部完成，每超 1min，从总分中扣 5 分；超过 5min，停止作业。

4. 配分、评分标准

评分记录表

序号	考核项目	评分要素	配分	评分标准	检测结果	扣分	得分	备注
1	准备工作	准备好工具、用具	5	不准备扣 5 分，少一件扣 3 分				术语不准确一项扣 5 分
2	定性分析	初步给示功图定性、定类	20	不会定性、定类停止分析，定性不准确一处扣 10 分，定类一处不准确扣 5 分				
3	细节分析	按定类，结合定量等细节分析判断	40	不会结合具体细节分析扣 30 分，判断不准确扣 10 分				
4	综合分析	综合分析，写出结论	20	不能综合分析扣 20 分，结论不准确扣 10 分				
5	记录	审核确认分析结果，做好记录	10	未审核扣 5 分，不记录扣 5 分				
6	收工具	填写日期，收拾工具、用具	5	不收拾扣 5 分，少收一件扣 3 分				
7	安全文明生产及其他	在规定时间内完成操作		每超时 1min 扣 5 分，超过 5min 停止操作				从总分中扣除
	合计		100					

考评员：　　　　　　　记分员：　　　　　　　　　　　年　月　日

三、AA003 分析注水井指示曲线

1. 准备要求
(1) 材料准备：

序 号	名 称	规 格	数 量	备 注
1	分层测试成果数据	3个层段为最佳	2次	(本次和上一次的)

(2) 设备准备：

序 号	名 称	规 格	数 量	备 注
1	桌子、椅子		1套	

(3) 工具、量具、刃具准备：

名 称	规 格	精 度	数 量	名 称	规 格	精 度	数 量
铅笔、钢笔	HB\2B		1支	米格纸	16开		2张
彩铅笔			一套	橡皮			1块

2. 操作程序的规定及说明

(1) 准备工作；

(2) 核对数据；

(3) 绘制曲线；

(4) 分析；

(5) 趋势分析；

(6) 提出措施；

(7) 审核收工具。

3. 考核时间

(1) 准备时间：2 min；

(2) 正式操作时间：10min；

(3) 计时从正式操作开始，至操作完毕结束；

(4) 规定时间内全部完成，每超1min，从总分中扣5分；超过5min，停止作业。

4. 配分、评分标准

评分记录表

序号	考核项目	评分要素	配分	评分标准	检测结果	扣分	得分	备 注
1	准备工作	准备好工具、用具，测试成果等记录数据	10	不准备扣3分				曲线、图表不清晰，术语不准确一项扣5分
2	核对数据	核对指示曲线与测试成果及井口卡表水量，记录数据	10	未核对数据扣5分，少核对一项扣5分				
3	绘制曲线	绘制指示曲线：以本次为主	20	不会画指示曲线停止分析，坐标错一处扣10分，数据错一处扣10分				

续表

序 号	考核项目	评分要素	配分	评分标准	检测结果	扣分	得分	备 注
4	分析	分析本次测试曲线自身所反映的注水状况	20	分析方法不正确扣 20 分,分析错误一处扣 5 分				曲线、图表不清晰,术语不准确一项扣 5 分
5	趋势分析	分析注水状况变化趋势	20	不与上一次对比分析扣 20 分,分析错误一处扣 10 分,趋势不准扣 5 分				
6	提出措施	提出相应的措施意见	15	未提措施意见扣 10 分,意见不正确扣 5 分				
7	审核收工具	审核确认,填写日期,收拾工具、用具	5	未审扣 5 分,不收工具扣 5 分,少收一件扣 3 分				
8	安全文明生产及其他	在规定时间内完成操作		每超时 1min 扣 5 分,超过 5min 停止操作				从总分中扣除
	合　计		100					

考评员：　　　　　　　　　记分员：　　　　　　　　　　　　　年　月　日

四、AA004　绘制注水井分注管柱图

1. 准备要求

（1）材料准备：

序　号	名　　称	规　格	数　量	备　注
1	油层数据	各生产层射孔深度		顶界和底界
2	注水井管柱数据			名称及深度

（2）设备准备：

序　号	名　　称	规　格	数　量	备　注
1	桌子、椅子		1 套	

（3）工具、量具、刃具准备：

名　称	规　格	精度	数　量	名　称	规　格	精度	数　量
直尺	200mm		1 把	绘图纸	16 开		2 张
铅笔	HB\2B		1 支	橡皮			1 块

2. 操作程序的规定及说明

（1）准备工作；

(2) 确认构图；

(3) 绘图；

(4) 审核；

(5) 标注；

(6) 收工具。

3. 考核时间

(1) 准备时间：2min；

(2) 正式操作时间：15 min；

(3) 计时从正式操作开始，至操作完毕结束；

(4) 规定时间内全部完成，每超 1 min，从总分中扣 5 分；超过 6 min，停止作业。

4. 配分、评分标准

评分记录表

序号	考核项目	评分要素	配分	评分标准	检测结果	扣分	得分	备注
1	准备工作	准备好工具、用具、图纸	5	不准备扣 5 分，少一件扣 3 分				
2	确认构图	检查确认给定数据、井号，构图，画基线、填写图头	20	不检查确认扣 10 分，漏画一条扣 5 分，不垂直扣 5 分				
3	绘图	画出管柱、油层等轮廓线（草图）	20	不合理扣 10 分，不正确不得分				
4	审核	审核确认草图布局是否合理、准确，详细描绘出井下管柱及工具	20	顺序错一件扣 5 分，少绘一件扣 10 分，图幅不清晰扣 10 分				
5	标注	标注下井工具的名称、规格、下入深度	30	标错一处扣 5 分，比例不对称扣 5 分，少标一处扣 5 分，设计不能生产扣 30 分				
6	收工具	填写日期，收拾工具、用具	5	不收拾扣 5 分，少收一件扣 3 分				
7	安全文明生产及其他	在规定时间内完成操作		每超时 1min 扣 5 分，超过 6min 停止操作				从总分中扣除
	合计		100					

考评员：　　　　　　　　记分员：　　　　　　　　　　　　年　　月　　日

五、AA005 绘制抽油机井分采管柱图

1. 准备要求

(1) 材料准备：

序 号	名 称	规 格	数 量	备 注
1	油层数据	各生产层射孔深度		顶界和底界
2	抽油机井管柱数据			名称及深度

（2）设备准备：

序 号	名 称	规 格	数 量	备 注
1	桌子、椅子		1套	

（3）工具、量具、刃具准备：

名 称	规 格	精 度	数 量	名 称	规 格	精 度	数 量
直尺	200mm		1把	绘图纸	16开		2张
铅笔	HB\2B		1支	橡皮			1块

2. 操作程序的规定及说明
（1）准备工作；
（2）确认构图；
（3）绘图；
（4）审核；
（5）标注；
（6）收工具。

3. 考核时间
（1）准备时间：2min；
（2）正式操作时间：15min；
（3）计时从正式操作开始，至操作完毕结束；
（4）规定时间内全部完成，每超1min，从总分中扣5分；超过6min，停止作业。

4. 配分、评分标准

评分记录表

序号	考核项目	评分要素	配分	评分标准	检测结果	扣分	得分	备注
1	准备工作	准备好工具、用具、图纸	5	不准备扣5分，少一件扣3分				
2	确认构图	检查确认给定数据、井号，构图，画基线、填写图头	20	不检查确认扣10分，漏画一条扣5分，不垂直扣5分				
3	绘图	画出管柱、油层等轮廓线（草图）	20	不合理扣10分，不正确不得分				

续表

序号	考核项目	评分要素	配分	评分标准	检测结果	扣分	得分	备注
4	审核	审核确认草图布局是否合理、准确，详细描绘出井下管柱及工具	20	顺序错一件扣5分，少绘一件扣10分，图幅不清晰扣10分				
5	标注	标注下井工具的名称、规格、下入深度	30	标错一处扣5分，比例不对称扣5分，少标一处扣5分，设计不能生产扣30分				
6	收工具	填写日期，收拾工具、用具	5	不收拾扣5分，少收一件扣3分				
7	安全文明生产及其他	在规定时间内完成操作		每超时1min扣5分，超过6min停止操作				从总分中扣除
	合计		100					

考评员：　　　　　　　　记分员：　　　　　　　　　　　　　　年　月　日

六、AA006　绘制电动潜油泵井分采管柱图

1. 准备要求

(1) 材料准备：

序号	名称	规格	数量	备注
1	油层数据	各生产层射孔深度		顶界和底界
2	电动潜油泵井管柱数据			名称及深度

(2) 设备准备：

序号	名称	规格	数量	备注
1	桌子、椅子		1套	

(3) 工具、量具、刃具准备：

名称	规格	精度	数量	名称	规格	精度	数量
直尺	200mm		1把	绘图纸	16开		2张
铅笔	HB\2B		1支	橡皮			1块

2. 操作程序的规定及说明

(1) 准备工作；

(2) 确认构图;
(3) 绘图;
(4) 审核;
(5) 标注;
(6) 收工具。

3. 考核时间

(1) 准备时间:2min;
(2) 正式操作时间:15min;
(3) 计时从正式操作开始,至操作完毕结束;
(4) 规定时间内全部完成,每超 1 min,从总分中扣 5 分;超过 6min,停止作业。

4. 配分、评分标准

评分记录表

序号	考核项目	评分要素	配分	评分标准	检测结果	扣分	得分	备注
1	准备工作	准备好工具、用具、图纸	5	不准备扣5分,少一件扣3分				
2	确认构图	检查确认给定数据、井号、构图、画基线、填写图头	20	不检查确认扣10分,漏画一条扣5分,不垂直扣5分				
3	绘图	画出管柱、油层等轮廓线(草图)	20	不合理扣10分,不正确不得分				
4	审核	审核确认草图布局是否合理、准确,详细描绘出井下管柱及工具	20	顺序错一件扣5分,少绘一件扣10分,图幅不清晰扣10分				
5	标注	标注下井工具的名称、规格、下入深度	30	标错一处扣5分,比例不对称扣5分,少标一处扣5分,设计不能生产扣30分				
6	收工具	填写日期,收拾工具、用具	5	不收拾扣5分,少收一件扣3分				
7	安全文明生产及其他	在规定时间内完成操作		每超时1min扣5分,超过6min停止操作				从总分中扣除
	合计		100					

考评员:　　　　　　　　记分员:　　　　　　　　　　　　　年　月　日

七、AB001　调整游梁式抽油机井曲柄平衡

1. 准备要求

(1) 材料准备:

序 号	名 称	规 格	数 量	备 注
1	白纸		1张	
2	铅笔		1支	

(2) 设备准备：

序 号	名 称	规 格	数 量	备 注
1	游梁式曲柄平衡抽油机		1台	

(3) 工具、量具、刃具准备：

名 称	规 格	精 度	数 量	名 称	规 格	精 度	数 量
专用呆扳手			1把	锤子	3.75kg		1把
活扳手	300mm，375mm		各1把	钳型电流表			1块
绝缘手套			1套	撬杠			2根

2. 操作程序的规定及说明

(1) 准备工作；

(2) 测电流；

(3) 停机；

(4) 调平衡；

(5) 启抽检测；

(6) 收工具。

3. 考核时间

(1) 准备时间：2 min；

(2) 正式操作时间：30 min；

(3) 计时从正式操作开始，至操作完毕结束；

(4) 规定时间内全部完成，每超1min，从总分中扣5分；超过6min，停止作业。

4. 配分、评分标准

评分记录表

序号	考核项目	评分要素	配分	评分标准	检测结果	扣分	得分	备注
1	准备工作	工具、用具齐备	5	少一件扣3分选错一件扣2分				
2	测电流	测电流，计算平衡率，判断调整方向和位置	20	使用电流表错一次扣5分，测不准确扣5分，计算错误扣5分，方向错误本项不得分				工具使用错一次扣5分

续表

序号	考核项目	评分要素	配分	评分标准	检测结果	扣分	得分	备注
3	停机	停机	10	不断电扣10分,停机位置不对扣10分,刹车不锁、不断电停止操作				工具使用错一次扣5分
4	调平衡	调整、移动平衡块,紧固螺丝	30	卸掉固定螺丝扣10分,平衡块大幅度滑动扣20分,调整达不到位扣10分,重复一次扣10分,螺丝固定不合格扣10分				
5	启抽检测	测电流观察效果	25	启动不合格扣10分,不检测扣5分,计算错误扣10分				
6	收工具	将有关数据填入报表,收拾工具、用具	10	不收拾扣5分,少收一件扣3分,未填写记录扣5分				
7	安全文明生产及其他	严格按操作规程操作		违反操作规程扣5分				从总分中扣除
		严格遵守环保要求						
		在规定时间内完成操作		每超时1 min扣5分,超过6 min停止操作				
	合 计		100					

考评员:　　　　　　　　记分员:　　　　　　　　　　　　　年　月　日

八、AB002　更换抽油机刹车蹄片

1. 准备要求

(1) 材料准备:

序　号	名　称	规　格	数　量	备　注
1	黄油		若干	
2	棉纱		若干	
3	刹车蹄片		若干	

(2) 设备准备:

序　号	名　称	规　格	数　量	备　注
1	抽油机		1台	

(3) 工具、量具、刃具准备:

名　　称	规　　格	精　　度	数　　量	名　　称	规　　格	精　　度	数　　量
螺丝刀	250mm		1把	小锤子	1kg		1把
活动扳手	50mm，450mm		各1把	管钳	600mm		1根

2. 操作程序的规定及说明

（1）准备工作；

（2）停机；

（3）卸蹄片；

（4）装蹄片；

（5）启抽；

（6）收工具。

3. 考核时间

（1）准备时间：10min；

（2）正式操作时间：30min；

（3）计时从正式操作开始，至操作完毕结束；

（4）规定时间内全部完成，每超1 min，从总分中扣5分；超过6min，停止作业。

4. 配分、评分标准

评分记录表

序号	考核项目	评分要素	配分	评分标准	检测结果	扣分	得分	备注
1	准备工作	准备工具、用具，刹车蹄片	5	少一件扣5分，选错一样扣2分				工具使用错一次扣5分
2	停机	停机，切断电源	10	停机不当扣10分，未切断电源停止操作				
3	卸蹄片	卸刹车蹄片	25	不松刹车片就卸刹车蹄片扣10分，方法不对扣5分				
4	装蹄片	装刹车片，检查、调整蹄片张合度及刹车行程	40	不检查就装刹车蹄片扣10分，不到位扣10分，错一次扣5分，未检查、调整蹄片张合度扣10分，行程不在1/3~2/3之间扣10分				
5	启抽	启抽油机、试刹车	15	未试刹车扣10分，启机不合理扣10分				
6	收工具	将有关数据填入报表，收拾工具、用具	5	不收拾扣5分，少收一件扣3分，未填写记录扣5分				

续表

序号	考核项目	评分要素	配分	评分标准	检测结果	扣分	得分	备注
7	安全文明生产及其他	严格按操作规程操作		违反操作规程扣5分				从总分中扣除
		严格遵守环保要求						
		在规定时间内完成操作		每超时1 min扣5分，超过6 min停止操作				
合 计			100					

考评员：　　　　　　　记分员：　　　　　　　　　　　　　　年　月　日

九、AB003 抽油机的二级保养

1. 准备要求
(1) 材料准备：

序　号	名　称	规　格	数　量	备　注
1	黄油		5kg	
2	汽油		5kg	
3	棉纱		3kg	
4	煤油		20kg	
5	机油壶		1只	
6	黄油枪		1~2只	
7	安全带		1条	
8	绝缘手套		1副	
10	磁铁		1块	

(2) 设备准备：

序　号	名　称	规　格	数　量	备　注
1	抽油机		1台	游梁式10型机

(3) 工具、量具、刃具准备：

名　称	规　格	精　度	数　量	名　称	规　格	精　度	数　量
管钳	600mm		1把	管钳	900mm		1把
活动扳手	300mm,375mm		各1把	风扇拨轮器			1台
齐头扁锉			1套	手钳	200mm		1把
螺丝刀	250mm		1把	本机专用工具			1套
手锤	3.75kg		1把	水平尺			1把
钢卷尺			1把	金属软棒			1节
方卡子			1把	水桶			2只
中粗砂纸			2张				

2. 操作程序的规定及说明

(1) 准备工作；

(2) 停抽；

(3) 清洁润滑；

(4) 调整水平；

(5) 调整对中；

(6) 电气部分；

(7) 启抽；

(8) 收工具。

3. 考核时间

(1) 准备时间：5min；

(2) 正式操作时间：30min；

(3) 计时从正式操作开始，至操作完毕结束；

(4) 规定时间内全部完成，每超1min，从总分中扣10分；超过3min，停止作业。

4. 配分、评分标准

评分记录表

序　号	考核项目	评分要素	配分	评分标准	检测结果	扣分	得分	备注
1	准备工作	工具、用具齐备	10	少一件扣2分				工具使用错一次扣5分
2	停抽	停抽，刹车，切断电源	10	不刹车扣10分，不断电扣10分，刹车未刹紧扣5分，停抽位置不当扣5分				

续表

序号	考核项目	评分要素	配分	评分标准	检测结果	扣分	得分	备注
3	清洁润滑	润滑部分，各部位清除脏物，润滑点加足润滑油	15	各部轴承未清洁每处扣1分，各部轴承未加足黄油每处扣1分，润滑油过多或过少扣15分，未检查油封、垫子扣2分，若油封、垫子损坏，未更换扣1分，未清洗减速箱扣5分，未用磁铁吸出铁屑扣3分，机油过多或过少扣2分，呼吸阀不通扣2分				工具使用错一次扣5分
4	调整水平	检查、校对抽油机纵平衡水平及连杆长度	25	未紧固各部螺丝，每根扣2分，不会使用水平仪扣10分；水平达不到有关规定，误差每超出±1mm扣5分，未检查、校对连杆长度扣2分，连杆不一样长，未更换扣5分				
5	调整对中	刹车部分，与驴头调整对中	10	未检查刹车扣5分，未调整刹车片扣10分，未检查驴头对中，不会调整，调整后不合格扣5分				
6	电气部分	电气元件及电动机保养紧固	10	电气部分一项达不到要求扣2分，电动机保养一项不合格扣5分，各部螺丝未紧固每根扣5分				
7	启抽	按操作规程启抽	10	不松刹车扣5分，未送电扣10分，违反启机操作扣5分				
8	收工具	收拾工具	10	不收拾扣5分，少收一件扣2分				
9	安全文明生产及其他	严格按操作规程操作		违反操作规程扣5分				从总分中扣除
		严格遵守环保要求						
		在规定时间内完成操作		每超时1min扣10分，超过3min停止操作				
	合计		100					

考评员： 记分员： 年 月 日

十、AB004 抽油机井井口憋压（抽压）

1. 准备要求

（1）材料准备：

序 号	名 称	规 格	数 量	备 注
1	棉纱、生料带、黄油		若干	
2	米格纸	16开	2张	
3	笔		1支	

（2）设备准备：

序 号	名 称	规 格	数 量	备 注
1	抽油机		1口	油套压装置齐全

（3）工具、量具、刃具准备：

名 称	规 格	精 度	数 量	名 称	规 格	精 度	数 量
管钳	450mm		1把	扳手	200mm		1把
压力表	4MPa		1块	时钟			1只

2. 操作程序的规定及说明

（1）准备工作；

（2）画曲线坐标；

（3）检查流程；

（4）倒流程；

（5）憋压；

（6）恢复流程；

（7）收工具。

3. 考核时间

（1）准备时间：5min；

（2）正式操作时间：30min；

（3）计时从正式操作开始，至操作完毕结束；

（4）规定时间内全部完成，每超1min，从总分中扣10分；总超时5min，停止作业。

4. 配分、评分标准

评分记录表

序号	考核项目	评分要素	配分	评分标准	检测结果	扣分	得分	备注
1	准备工作	准备工具、用具、仪表	5	少一件扣3分，错选一件扣2分				

续表

序号	考核项目	评分要素	配分	评分标准	检测结果	扣分	得分	备注
2	画曲线坐标	画好憋压曲线的坐标、井号及日期等	10	未画好憋压曲线的坐标等扣10分				
3	检查流程	检查确认井口流程，更换合适量程的压力表	15	未检查确认井口流程扣10分，压力表量程不合适扣5分，拧表盘扣5分				憋压时倒错流程不及格
4	倒流程	开压力表闸门，关生产阀，关回油阀，关掺水阀	10	闸门关不严扣5分，压力表阀未开扣5分				
5	憋压	计时或计冲速，停机，计压力上升值、压降值	25	憋压时间小于5min扣5分，憋压值超过压力表量程2/3扣15分，压力表打坏扣30分，未记录压力随时间变化值扣10分，压力上升到2.5MPa时，未停抽扣10分，未记录压力随时间变化值扣10分				
6	恢复流程	恢复流程，换回原压力表，送电，松刹车，启机，整理好有关抽压数据	20	未换回原压力表扣5分，未打开闸门泄压扣10分，未按操作规程启抽扣5分，不会画憋压曲线扣10分，曲线不清晰扣2分				
7	收工具	收拾工具、仪表	10	不收拾扣5分，少收一件扣2分				
8	安全文明生产及其他	严格按操作规程操作	5	违反操作规程扣5分				从总分中扣除
		严格遵守环保要求						
		在规定时间内完成操作		每超时1min扣10分，超过5min停止操作				
	合　计		100					

考评员：　　　　　　　　记分员：　　　　　　　　　　　　年　月　日

十一、AC001　处理抽油机曲柄销子退扣

1. 准备要求

（1）材料准备：

序号	名　称	规　格	数　量	备　注
1	曲柄销锁销、备帽等		若干	
2	棉纱		100g	
3	红油漆		少许	

(2) 设备准备：

序 号	名 称	规 格	数 量	备 注
1	抽油机		1台	

(3) 工具、量具、刃具准备：

名 称	规 格	精 度	数 量	名 称	规 格	精 度	数 量
手钳	200mm		1把	呆扳手	具体定		1把
活扳手	350mm、375mm		各1把	大锤	18lb		1把

2. 操作程序的规定及说明

(1) 准备工作；

(2) 停机；

(3) 处理退扣；

(4) 画标记；

(5) 启抽；

(6) 收工具。

3. 考核时间

(1) 准备时间：5min；

(2) 正式操作时间：20min；

(3) 计时从正式操作开始，至操作完毕结束；

(4) 规定时间内全部完成，每超1min，从总分中扣5分；超过3min，停止作业。

4. 配分、评分标准

评分记录表

序 号	考核项目	评分要素	配 分	评分标准	检测结果	扣分	得分	备 注
1	准备工作	准备工具、用具，核实井号	10	少一件扣3分 选错一件扣2分，未核实井号扣5分				工具使用错一次扣5分
2	停机	停机在合适的位置，检查曲柄销损坏情况	20	停机不到位扣5分，未检查就操作扣10分，未断电扣5分，刹车不紧扣5分				
3	处理退扣	打松曲柄销的备帽螺丝，打紧冕型螺帽	35	操作错一次扣5分，不合理扣10分，伤扣20分，打大锤时戴手套扣10分				
4	画标记	在曲柄销轴头与冕型螺帽的备帽处画安全线	15	未画扣10分，不正确扣5分				

续表

序号	考核项目	评分要素	配分	评分标准	检测结果	扣分	得分	备注
5	启抽	启机试运行,观察曲柄销有无松动及杂音	15	一次启动扣5分,不松刹车启动扣5分,未检查处理后的情况扣5分				工具使用错一次扣5分
6	收工具	将有关数据填入报表,收拾工具、用具	5	不收拾扣5分,少收一件扣3分,未填写记录扣5分				
7	安全文明生产及其他	严格按操作规程操作		违反操作规程扣5分				从总分中扣除
		严格遵守环保要求						
		在规定时间内完成操作		每超时1 min扣5分,超过3min停止操作				
	合 计		100					

考评员:　　　　　　　记分员:　　　　　　　　　　　　　年　月　日

十二、AC002　检查电动潜油泵井过欠载保护值

1. 准备要求

(1) 材料准备:

序　号	名　称	规　格	数　量	备　注
1	纸、笔		各1	

(2) 设备准备:

序　号	名　称	规　格	数　量	备　注
1	电动潜油泵井		1口	控制屏显示仪表规范

(3) 工具、量具、刃具准备:

名　称	规　格	精　度	数　量	名　称	规　格	精　度	数　量
电工螺丝刀	150mm		1把	绝缘手套			1副

2. 操作程序的规定及说明

(1) 准备工作;

(2) 检查;

(3) 停机操作;

(4) 对比;

(5) 启机;

(6) 收工具。
3. 考核时间
(1) 准备时间：10min；
(2) 正式操作时间：20min；
(3) 计时从正式操作开始，至操作完毕结束；
(4) 规定时间内全部完成，每超 1 min，从总分中扣 5 分；超过 5min，停止作业。
4. 配分、评分标准

评分记录表

序号	考核项目	评分要素	配分	评分标准	检测结果	扣分	得分	备注
1	准备工作	准备工具、用具	5	少一件扣5分，选错一件扣2分				
2	检查	检查并熟悉控制屏屏面各指示，记录运行工作电流，检查流程	10	未检查、并确认仪表扣5分，不记录运行工作电流扣5分，未检查流程扣5分				工具使用错一次扣5分
3	停机操作	停机检查操作：停机、检查、记录电流保护设定值，复位	40	停机有误一次扣5分，找不到中心控制器停止操作，检查方法不对扣10分，过载、欠载保护挡位混扣20分，不复位扣10分				
4	对比	分析对比过载、欠载保护值设定	20	不会分析扣20分，不准确扣10分				
5	启机	确认检查数据，启动运行机组，绿灯亮	15	不确认就启动机组扣5分，启动运行机组不正确扣10分				
6	收工具	确认正常后，收拾工具、用具	10	不确认机组运行正常扣5分，不收拾工具、用具扣5分				
7	安全文明生产及其他	严格按操作规程操作		违反操作规程扣5分				从总分中扣除
		严格遵守环保要求						
		在规定时间内完成操作		每超时1min扣5分，超过5min停止操作				
	合计		100					

考评员：　　　　　　　　记分员：　　　　　　　　年　月　日

十三、AC003 三相异步电动机找头、接线

1. 准备要求
(1) 材料准备：

序 号	名 称	规 格	数 量	备 注
1	干电池	1#	2节	
2	胶布		6小块	
3	塑料软导线		0.5m	
4	鳄鱼夹		2个	

（2）设备准备：

序 号	名 称	规 格	数 量	备 注
1	三相异步电动机		1台	

（3）工具、量具、刃具准备：

名 称	规 格	精 度	数 量	名 称	规 格	精 度	数 量
螺丝刀	250mm		1把	万用表	MF500型		1块
活动扳手	50mm, 200mm		各1把	绝缘手套			1副

2. 操作程序的规定及说明

（1）准备工作；

（2）检查；

（3）测量确定；

（4）找头；

（5）接线；

（6）检查试运；

（7）收工具。

3. 考核时间

（1）准备时间：10min；

（2）正式操作时间：30min；

（3）计时从正式操作开始，至操作完毕结束；

（4）规定时间内全部完成，每超1min，从总分中扣5分；超过6min，停止作业。

4. 配分、评分标准

评分记录表

序号	考核项目	评分要素	配分	评分标准	检测结果	扣分	得分	备注
1	准备工作	准备工具、用具、万用表	5	少一件扣5分，选错一件扣2分				工具使用错一次扣5分
2	检查	检查并确认仪表、电源等是否符合要求，打开接线盒盖，给接线柱标出组号	10	未检查就确认仪表扣5分，不标出组号扣5分				

续表

序 号	考核项目	评分要素	配 分	评分标准	检测结果	扣分	得分	备 注
3	测量确定	用万用表直接测量,确定三相绕相	20	用表错误一次扣5分,方法不对扣10分,不会使用仪表停止操作				工具使用错一次扣5分
4	找头	用电池直流法测量,找出三个绕组的首尾端	20	电池用错一次扣5分,方法不对扣10分,不会使用停止操作				
5	接线	接线:星形接法或角形接法	20	接法错误一次扣10分,不会接线停止操作				
6	检查试运	检查、测试、确认接线是否正确,接电源线,合闸通电,试运转,确认正常后,拉闸断电	20	不检查、测试、确认接线扣5分,接错电源停止操作,不合闸试运扣10分,不拉闸停运扣5分				
7	收工具	记录好有关数据,收拾工具、用具	5	不收拾扣5分,少收一件扣3分,未填写记录扣5分				
8	安全文明生产及其他	严格按操作规程操作		违反操作规程扣5分				从总分中扣除
		严格遵守环保要求						
		在规定时间内完成操作		每超时1min扣5分,超过6min停止操作				
	合 计		100					

考评员:　　　　　　　　记分员:　　　　　　　　　　　　　年　月　日

十四、AD001 井组生产动态分析

1. 准备要求

(1) 材料准备:

序 号	名 称	规 格	数 量	备 注
1	某井组生产动态数据			某一阶段的数据
2	井组测试资料			示功图、动液面、静压等
3	井组有关井的管柱图			

(2) 设备准备:

序 号	名 称	规 格	数 量	备 注
1	桌、椅		1套	

(3) 工具、量具、刃具准备：

名　称	规　格	精　度	数　量	名　称	规　格	精　度	数　量
米格纸			3张	直尺	300mm		1把
铅笔、彩笔			1套	计算器			1个

2. 操作程序的规定及说明

（1）准备工作；

（2）熟悉现状；

（3）找出矛盾；

（4）分析；

（5）提措施；

（6）收工具。

3. 考核时间

（1）准备时间：1min；

（2）正式操作时间：20min；

（3）计时从正式操作开始，至操作完毕结束；

（4）规定时间内全部完成，每超1min，从总分中扣5分；超过6min，停止作业。

4. 配分、评分标准

评分记录表

序号	考核项目	评分要素	配　分	评分标准	检测结果	扣分	得分	备注
1	准备工作	准备工具、图纸及有关图表和曲线	10	少一件（样）扣5分				图表曲线、术语不清晰准确一处扣3分
2	熟悉现状	熟悉该井组开采基本概况及现状	10	不熟悉井组概况及现状扣10分				
3	找出矛盾	统计井组近期生产数据，绘制综合生产曲线，分析找出问题（矛盾）	20	数据用错一项扣5分，图表曲线错一处扣5分，问题不准一项扣10分，不会分析停止操作				
4	分析	提出井组实施措施、综合调整方案的效果，进行必要的分析，针对问题具体分析，用数据或简要文字加以描述	30	措施、方案及效果未提出扣20分，分析不准确扣10分，不能准确描述扣10分				

续表

序号	考核项目	评分要素	配分	评分标准	检测结果	扣分	得分	备注
5	提措施	提出措施意见：调整措施、最佳方案，综合整理分析结果，写出简要的井组分析材料	25	不抓住主要矛盾扣10分，方案不合理扣10分，条理不清晰扣5分，未形成材料扣10分，不清楚扣5分				图表曲线、术语不清晰准确一处扣3分
6	收工具	检查确认，收拾工具、用具	5	不检查确认扣5分，少收一件扣3分				
7	安全文明生产及其他	在规定时间内完成操作		每超时1 min扣5分，超过6 min停止操作				从总分中扣除
	合　计		100					

考评员：　　　　　　　　　记分员：　　　　　　　　　　　　年　月　日

十五、AD002　跟踪描述抽油机井停产作业

1. 准备要求

（1）材料准备：

序　号	名　称	规　格	数　量	备　注
1	有关生产数据		若干	
2	作业施工设计书		1份	

（2）设备准备：

序　号	名　称	规　格	数　量	备　注
1	抽油机井		1口	
2	作业施工用的杆、管桥		由需而定	

（3）工具、量具、刃具准备：

名　称	规　格	精　度	数　量	名　称	规　格	精　度	数　量
钢笔			1支	白纸			若干
卷尺	5m		1把				

2. 操作程序的规定及说明

（1）准备工作；

（2）熟悉设计；

（3）观察描述；

（4）咨询；

(5) 整理；
(6) 收工具。

3. 考核时间

(1) 准备时间：5min；
(2) 正式操作时间：30min（含口述部分时间）；
(3) 计时从正式操作开始，至操作完毕结束；
(4) 规定时间内全部完成，每超1min，从总分中扣5分；超过6min，停止作业。

4. 配分、评分标准

评分记录表

序号	考核项目	评分要素	配分	评分标准	检测结果	扣分	得分	备注
1	准备工作	准备资料、工具、用具	10	缺、漏一项扣5分				术语不准确一项扣5分
2	熟悉设计	熟悉油井生产数据、作业的原因和施工设计要求	20	未熟悉数据、原因和设计要求，一项扣10分				
3	观察描述	观察描述（指定某一内容），口述补充其余内容	30	一处观察不到扣5分，描述不清一处扣10分，口述不准确扣10分				
4	咨询	咨询并记录好不能确定的内容和情况	20	该咨询的未咨询、核对一处扣5分				
5	整理	核对整理所记录描述过的内容	15	未核对整理记录扣15分，一处描述不清扣5分				
6	收工具	签名，记录好跟踪准确时间	5	未及时记录时间、签名应扣5分				
7	安全文明生产及其他	严格按操作规程操作		违反操作规程扣5分				从总分中扣除
		严格遵守环保要求		违反环保要求一次扣5分				
		在规定时间内完成操作		每超时1min扣5分，超过6min停止操作				
合　计			100					

考评员：　　　　　　　　　记分员：　　　　　　　　　　　　　　年　月　日

十六、AD003 跟踪描述电动潜油泵井停产作业

1. 准备要求

(1) 材料准备：

序号	名称	规格	数量	备注
1	有关生产数据		若干	

（2）设备准备：

序 号	名 称	规 格	数 量	备 注
1	电动潜油泵井		1口	
2	作业施工用的杆、管桥		由需而定	

（3）工具、量具、刃具准备：

名 称	规 格	精 度	数 量	名 称	规 格	精 度	数 量
钢笔			1支	白纸			若干
卷尺	5m		1把	作业施工设计书			1份

2. 操作程序的规定及说明
(1) 准备工作；
(2) 熟悉设计；
(3) 观察描述；
(4) 咨询；
(5) 核对；
(6) 签名收工具。

3. 考核时间
(1) 准备时间：5min；
(2) 正式操作时间：30min（含口述部分时间）；
(3) 计时从正式操作开始，至操作完毕结束；
(4) 规定时间内全部完成，每超1min，从总分中扣5分；超过6min，停止作业。

4. 配分、评分标准

评分记录表

序 号	考核项目	评分要素	配分	评分标准	检测结果	扣分	得分	备 注
1	准备工作	准备资料、工具、用具	5	缺、漏一项扣5分				术语不准确一项扣5分
2	熟悉设计	熟悉油井生产数据、作业的原因和施工设计要求	20	未熟悉数据、原因和设计要求，一项扣10分				
3	观察描述	观察描述（指定某一内容），口述补充其余内容	35	一处观察不到扣5分，描述不清一处扣10分，口述不准确扣10分				
4	咨询	咨询并记录好不能确定的内容和情况	20	该咨询的未咨询、核对一处扣5分				

续表

序号	考核项目	评分要素	配分	评分标准	检测结果	扣分	得分	备注
5	核对	核对整理所记录描述过的内容	15	未核对整理记录扣15分，一处描述不清扣5分				术语不准确一项扣5分
6	签名收工具	签名，记录好跟踪准确时间	5	未及时记录时间、签名应扣5分				
7	安全文明生产及其他	严格按操作规程操作		违反操作规程扣5分				从总分中扣除
		严格遵守环保要求		违反环保要求一次扣5分				
		在规定时间内完成操作		每超时1min扣5分，超过6min停止操作				
	合 计		100					

考评员：　　　　　　　　记分员：　　　　　　　　　　　　　　年　月　日

十七、AD004　跟踪描述注水井停产作业

1. 准备要求

(1) 材料准备：

序　号	名　　称	规　格	数　量	备　注
1	有关生产数据		若干	

(2) 设备准备：

序　号	名　　称	规　格	数　量	备　注
1	注水井		1口	
2	作业施工用的管桥		由需而定	

(3) 工具、量具、刃具准备：

名　称	规　格	精　度	数　量	名　称	规　格	精　度	数　量
钢笔			1支	白纸			若干
卷尺	5m		1把	作业施工设计书			1份

2. 作程序的规定及说明

(1) 准备工作；

(2) 熟悉设计；

(3) 观察描述；

(4) 咨询；

(5) 核对；

(6) 签名收工具。

3. 考核时间

(1) 准备时间：5 min；

(2) 正式操作时间：30 min（含口述部分时间）；
(3) 计时从正式操作开始，至操作完毕结束；
(4) 规定时间内全部完成，每超1min，从总分中扣5分；超过6min，停止作业。

4. 配分、评分标准

评分记录表

序号	考核项目	评分要素	配分	评分标准	检测结果	扣分	得分	备注
1	准备工作	准备资料、工具、用具	5	缺、漏一项扣5分				
2	熟悉设计	熟悉油井生产数据、作业的原因和施工设计要求	20	未熟悉数据、原因和设计要求，一项扣10分				
3	观察描述	观察描述（指定某一内容），口述补充其余内容	35	一处观察不到扣5分，描述不清一处扣10分，口述不准确扣10分				术语不准确一项扣5分
4	咨询	咨询并记录好不能确定的内容和情况	20	该咨询的未咨询、核对一处扣5分				
5	核对	核对整理所记录描述过的内容	15	未核对整理记录扣15分，一处描述不清扣5分				
6	签名收工具	签名，记录好跟踪准确时间	5	未及时记录时间、签名应扣5分				
7	安全文明生产及其他	严格按操作规程操作		违反操作规程扣5分				从总分中扣除
		严格遵守环保要求		违反环保要求一次扣5分				
		在规定时间内完成操作		每超时1 min扣5分，超过6 min停止操作				
	合计		100					

考评员：　　　　　　　　记分员：　　　　　　　　　　　　年　月　日

十八、AD005 注水井动态分析

1. 准备要求

(1) 材料准备：

序号	名称	规格	数量	备注
1	某井阶段注水生产数据表			
2	井下注水管柱图			

(2) 设备准备：

序 号	名 称	规 格	数 量	备 注
1	桌、椅		一套	

(3) 工具、量具、刃具准备：

名 称	规 格	精 度	数 量	名 称	规 格	精 度	数 量
米格纸			1张	直尺	300mm		1把
铅笔、钢笔			各1支	计算器			1个

2. 操作程序的规定及说明

(1) 准备工作；

(2) 统计；

(3) 分析；

(4) 整改措施；

(5) 收拾工具。

3. 考核时间

(1) 准备时间：1min；

(2) 正式操作时间：20min；

(3) 计时从正式操作开始，至操作完毕结束；

(4) 规定时间内全部完成，每超1min，从总分中扣5分；总超时6min，停止作业。

4. 配分、评分标准

评分记录表

序 号	考核项目	评分要素	配 分	评分标准	检测结果	扣分	得分	备 注
1	准备工作	选工具、用具	5	少一件扣5分				
2	统计	统计数据绘制生产曲线	40	数据用错一项扣10分，坐标错一处扣10分，少标一处扣10分，曲线错一条扣20分				工具使用错一次扣5分
3	分析	找出存在问题，抓主要矛盾，条理清楚，层次分明	30	分析错扣10分，不抓住主要矛盾扣10分，情况不清扣10分，不会分析扣30分				
4	整改措施	提出整改措施	20	措施错误扣20分，不针对主要矛盾扣10分				
5	收工具	收拾工具、用具	5	不收拾扣5分，少收一件扣3分				
6	安全文明生产及其他	在规定时间内完成操作		每超时1min扣10分，超过3min停止操作				从总分中扣除
	合 计		100					

考评员：　　　　　　记分员：　　　　　　　　　　年　月　日

十九、BA001　文字的录入及处理

1. 准备要求

(1) 材料准备：

序　号	名　称	规　格	数　量	备　注
1	用户材料		1组	文字
2	软盘	3in	1张	已格式化的

(2) 设备准备：

序　号	名　称	规　格	数　量	备　注
1	桌、凳		1套	
2	计算机		1台	装有数据库软件（Microsoft Word）

(3) 工具、量具、用具准备：

名　称	规　格	精　度	数　量	名　称	规　格	精　度	数　量
直尺	400mm		1把	铅笔	2H	0.02mm	1支

2. 操作程序的规定及说明

(1) 准备工作；

(2) 开始；

(3) 创建文档；

(4) 输入正文；

(5) 保存文档；

(6) 编辑文档；

(7) 排版文档；

(8) 打印；

(9) 保存文件；

(10) 收工具。

3. 考核时间

(1) 准备时间：5 min；

(2) 正式操作时间：20min；

(3) 计时从正式操作开始，至操作完毕结束；

(4) 规定时间内全部完成，每超 1 min，从总分中扣 5 分；超过 5 min，停止作业。

4. 配分、评分标准

评分记录表

序号	考核项目	评分要素	配分	评分标准	检测结果	扣分	得分	备注
1	准备工作	准备好工具、用具，用户需要编辑的文档材料	5	漏一件扣3分，错选一件扣2分				
2	开始	进入 Microsoft Word	5	错一次扣5分，3次未进入 Microsoft Word 停止操作				
3	创建文档	创建文档	10	方法不正确扣10分，错误一次扣5分				
4	输入正文	输入正文	10	方法不对扣5分，切换错误一次扣3分				
5	保存文档	保存文档	10	路径错一次扣5分，不会扣10分				
6	编辑文档	编辑文档	20	不能准确选择对象扣10分，剪辑调整错一次扣3分				
7	排版文档	排版文档	15	文字格式、段落行距、对齐方式错一次扣5分				
8	打印文档	打印文档	10	不确定页码扣5分，错一处扣5分				
9	保存文件	保存文件，退出 Word 环境	10	不会保存扣5分，不退出扣5分				
10	收工具	确认无误，收拾工具、用具	5	不确认扣3分，不收工具扣2分				
11	安全文明生产及其他	在规定时间内完成操作		每超时1 min扣5分，超过5 min停止操作				从总分中扣除
	合　计		100					

考评员：　　　　　　　　记分员：　　　　　　　　　　　　　　　年　月　日

二十、BA002　制作简单表格

1. 准备要求

（1）材料准备：

序　号	名　　称	规　格	数　量	备　注
1	用户材料		1组	表格
2	软盘	3in	1张	已格式化的

（2）设备准备：

序　号	名　称	规　格	数　量	备　注
1	桌、凳		1套	
2	计算机		1台	装有数据库软件（Microsoft Excel）

（3）工具、量具、用具准备：

名　称	规　格	精　度	数　量	名　称	规　格	精　度	数　量
真尺	400mm		1把	铅笔	2H	0.02mm	1支

2. 操作程序的规定及说明

（1）准备工作；

（2）开始；

（3）建表格；

（4）修改；

（5）输入；

（6）存储；

（7）打印；

（8）保存；

（9）收工具。

3. 考核时间

（1）准备时间：5min；

（2）正式操作时间：20min；

（3）计时从正式操作开始，至操作完毕结束；

（4）规定时间内全部完成，每超1min，从总分中扣5分；超过5min，停止作业。

4. 配分、评分标准

评分记录表

序　号	考核项目	评分要素	配　分	评 分 标 准	检测结果	扣分	得分	备　注
1	准备工作	准备好工具、用具，用户需要编辑的表格	5	漏一件扣3分，错选一件扣2分				
2	开始	进入Microsoft Excel	10	错一次扣5分，3次未进入Microsoft Excel停止操作				
3	建表格	建立新表格	15	方法不正确扣10分，错误一次扣5分				
4	修改	修改列（行）宽度	20	方法不对扣5分　不会修改扣10分				

续表

序 号	考核项目	评 分 要 素	配 分	评 分 标 准	检测结果	扣分	得分	备 注
5	输入	输入数据	15	方法不对扣5分 切换错误一次扣3分				
6	存储	存储工作簿	10	路径不对扣10分，错一次扣5分				
7	打印	打印工作簿	10	不确定页面设置扣5分，错一处扣5分				
8	保存	保存文件，退出Excel环境	10	不会保存扣5分，不退出扣5分				
9	收工具	确认无误，收拾工具、用具	5	不确认扣3分，不收工具扣2分				
10	安全文明生产及其他	在规定时间内完成操作		每超时1 min扣5分，超过5 min停止操作				从总分中扣除
	合 计		100					

考评员：　　　　　　　记分员：　　　　　　　　　　　　年　月　日

组 卷 示 例

采油工（高级工）技能操作试题

试题一、抽油机井典型示功图分析（15分）

1. 准备要求

（1）材料准备：

序号	名 称	规 格	数 量	备 注
1	典型示功图		3～5张	标有最大、最小理论载荷值

（2）设备准备：

序号	名 称	规 格	数 量	备 注
1	桌子、椅子		1套	

（3）工具、量具、刃具准备：

名 称	规 格	精 度	数 量	名 称	规 格	精 度	数 量
铅笔、钢笔	HB\2B		各1支	记录纸	16开		2张

2. 操作程序的规定及说明

（1）准备工作；

（2）定性分析；

（3）细节分析；

（4）综合分析；

（5）记录；

（6）收工具。

3. 考核时间

（1）准备时间：2min；

（2）正式操作时间：10min；

（3）计时从正式操作开始，至操作完毕结束；

（4）规定时间内全部完成，每超1min，从总分中扣5分；超过5min，停止作业。

试题二、调整游梁式抽油机井曲柄平衡（20分）

1. 准备要求

（1）材料准备：

序号	名 称	规 格	数 量	备 注
1	白纸		1张	
2	铅笔		1支	

（2）设备准备：

序号	名 称	规 格	数 量	备 注
1	游梁式曲柄平衡抽油机		1台	

（3）工具、量具、刃具准备：

名 称	规 格	精 度	数 量	名 称	规 格	精 度	数 量
专用呆扳手			1把	锤子	3.75kg		1把
活扳手	300mm, 375mm		1把	钳型电流表			1块
绝缘手套			1套	撬杠			2根

2. 操作程序的规定及说明

（1）准备工作；

（2）测电流；

（3）停机；

（4）调平衡；

（5）启抽检测；

（6）收工具。

3. 考核时间

（1）准备时间：2min；

（2）正式操作时间：30min；

（3）计时从正式操作开始，至操作完毕结束；

（4）规定时间内全部完成，每超1min，从总分中扣5分；超过6min，停止作业。

试题三、检查电动潜油泵井过欠载保护值（20分）

1. 准备要求

（1）材料准备：

序号	名 称	规 格	数 量	备 注
1	纸、笔		各1	

（2）设备准备：

序号	名 称	规 格	数 量	备 注
1	电动潜油泵井		1口	控制屏显示仪表规范

(3) 工具、量具、刃具准备：

名　称	规　格	精　度	数　量	名　称	规　格	精　度	数　量
电工螺丝刀	150mm	—	1把	绝缘手套			1副

2. 操作程序的规定及说明

(1) 准备工作；

(2) 检查；

(3) 停机操作；

(4) 对比；

(5) 启机；

(6) 收工具。

3. 考核时间

(1) 准备时间：10min；

(2) 正式操作时间：20min；

(3) 计时从正式操作开始，至操作完毕结束；

(4) 规定时间内全部完成，每超1min，从总分中扣5分；超过5min，停止作业。

试题四、井组生产动态分析（30分）

1. 准备要求

(1) 材料准备：

序号	名　称	规　格	数　量	备　注
1	某井组生产动态数据			某一阶段的数据
2	井组测试资料			示功图、动液面、静压等
3	井组有关井的管柱图			

(2) 设备准备：

序号	名　称	规　格	数　量	备　注
1	桌、椅		1套	

(3) 工具、量具、刃具准备：

名　称	规　格	精　度	数　量	名　称	规　格	精　度	数　量
米格纸			3张	直尺	300mm		1把
铅笔、彩笔			1套	计算器			1个

2. 操作程序的规定及说明

(1) 准备工作；

(2) 熟悉现状；

(3) 找出矛盾；

(4) 分析；

(5) 提措施；

(6) 收工具。

3. 考核时间

(1) 准备时间：1min；

(2) 正式操作时间：20min；

(3) 计时从正式操作开始，至操作完毕结束；

(4) 规定时间内全部完成，每超 1min，从总分中扣 5 分；超过 6min，停止作业。

试题五、计算机文字的录入及处理（15 分）

1. 准备要求

(1) 材料准备：

序号	名　　称	规　格	数　量	备　注
1	用户材料		1组	文字
2	软盘	3in	1张	已格式化的

(2) 设备准备：

序号	名　　称	规　格	数　量	备　注
1	桌、凳		1套	
2	计算机		1台	装有数据库软件（Microsoft Word）

(3) 工具、量具、用具准备：

名　称	规　格	精　度	数　量	名　称	规　格	精　度	数　量
直尺	400mm		1把	铅笔	2H	0.02mm	1支

2. 操作程序的规定及说明

(1) 准备工作；

(2) 开始；

(3) 创建文档；

(4) 输入正文；

(5) 保存文档；

(6) 编辑文档；

(7) 排版文档；

(8) 打印；

(9) 保存文件；

(10) 收工具。

3. 考核时间

(1) 准备时间：5min；

(2) 正式操作时间：20min；

(3) 计时从正式操作开始，至操作完毕结束；

(4) 规定时间内全部完成，每超1min，从总分中扣5分；超过5min，停止作业。

技师、高级技师

国家职业标准（技师工作要求）

职业功能	工作内容	技 能 要 求	相 关 知 识
采油	（一） 管理油水井	1. 能组织人员调整抽油机冲速 2. 能进行抽油机井碰泵操作 3. 能调整电泵井过载值、欠载值 4. 能验收抽油机井检泵作业质量	1. 调整抽油机冲速的方法及安全操作规程 2. 抽油机井碰泵操作程序 3. 电泵井过载值、欠载值标准 4. 电泵井过载值、欠载值调整方法 5. 油水井作业质量验收标准
	（二） 维护保养设备	1. 能检查、验收抽油机安装质量 2. 能测量抽油机剪刀差	1. 抽油机安装基础知识 2. 抽油机安装标准 3. 抽油机安装质量检查方法 4. 测量抽油机剪刀差的方法
	（三） 处理故障	1. 能处理抽油机曲柄销、轴承壳磨曲柄 2. 能处理抽油机曲柄外移	1. 抽油机曲柄销安装标准 2. 抽油机曲柄安装标准 3. 抽油机曲柄外移原因分析方法 4. 抽油机曲柄调整方法
	（四） 分析资料	1. 能解释理论示功图 2. 能分析实测示功图	1. 理论示功图的原理 2. 实测示功图分析方法
	（五） 绘图	能测绘简单工件图	1. 简单工件的测量方法 2. 一般机械制图常识
	（六） 操作计算机	能录入和处理数据	1. 录入数据的方法 2. 数据库的基本知识
	（七）管理 1. 质量管理 2. 生产管理	1. 能组织QC小组开展活动 2. 能用质量管理方法指导生产	QC质量管理知识
		能编写阶段生产总结报告	生产管理运行的计划、要求、内容
	（八）培训	能对初、中、高级采油工进行技术培训	培训的相关知识

国家职业标准（高级技师工作要求）

职业功能	工作内容	技能要求	相关知识
采油	（一）处理故障	1. 能处理抽油机井出油不正常的故障 2. 能处理井和计量间（站）冻结管线 3. 能处理电泵井过载、欠载停机故障	1. 抽油机井的工作原理 2. 抽油机井出油不正常故障的处理方法 3. 管线解冻的方法和安全要求 4. 处理电泵井过载、欠载故障的方法
	（二）管理油水井	能组织人员调整抽油机冲程	1. 调冲程安全操作规程 2. 调冲程的方法
	（三）分析生产动态	能进行区块生产动态分析	区块生产动态分析方法
	（四）绘图	1. 能识读油水井、间（站）管道安装图 2. 能结合生产实际设计绘制工件加工图	1. 管阀标识知识 2. 金属材料的一般常识
	（五）操作计算机	能制作简单多媒体	1. 多媒体制作方法 2. 一般网络知识
	（六）外语应用	1. 能用外语进行简单对话 2. 能借助词典看懂简单外文科普文章	外语基础知识
	（七）管理 1. 质量管理 2. 生产管理 3. 撰写技术论文	能根据质量管理体系管理和指导生产	质量管理体系知识
		能参与一般性的生产施工设计并能组织实施	工艺设计基础知识
		能撰写技术论文	论文编写知识
	（八）培训	能对初、中、高级采油工和采油技师进行技术培训	培训的相关知识

第五部分　技师、高级技师基础知识

第一章　地球物理测井资料及应用

第一节　地球物理测井的原理及方法

一、地球物理测井的概念

地球物理测井是探井及生产井完钻时用专门的仪器沿井身对岩石的各种物理特性、流体特性的测试，简称测井。其测试成果资料是一组综合测试曲线。利用曲线可以间接划分地层，判断岩性和油气水层；还可以定量确定岩石物性、地层产状。它是每口井最原始的油层测试资料（数据），是以后油田开采和研究调整的主要基础资料，是石油工作者认识地下油层的两种方法之一（另一种方法是钻井取心）。

二、地球物理测井的原理

测井是一种技术性强、方法讲究、科学性强且复杂的测试方法，对于采油工（技师、高级技师）来说，只要求在知道测井是怎么回事的基础上，简单学习测井原理及应用。

地球物理测井的原理是利用岩石及其内流体的导电性、导热性、放射性、弹性等，通过地面测试仪器，对井下不同深度的岩层进行电性或非电性的测试，并且把测得的数值大小绘制成在同一纵坐标（井深）上的各种曲线即测井曲线。其方法有两种：

（1）电法测井是利用岩石的电学性质来认识地层，有电阻率测井、微电极测井、侧向测井、感应测井、自然电位测井及井径、井温测井等；

（2）非电法测井是利用岩石非电性原理进行测井，有声波测井（声波时差、声幅测井）、放射性测井（伽马测井、中子测井）、密度测井。

测井曲线随着时代发展、科学技术进步，从以前的 6 条曲线发展到 12～13 条曲线（参见图 5-1-2）；测试准确性、精度都达到了较高的水平。

第二节　地球物理测井曲线及应用

测井曲线及应用是本节重点学习的内容，这里主要介绍三种常见的测井曲线。

一、电阻率曲线

电阻率测井方法实质是利用不同岩石导电性能的差别，间接判断岩层的地质特性。把仪器测定岩层电阻率的变化情况与岩心（取心）等资料配合进行解释，可以较准确地划分地层的界限并确定岩性，如图 5-1-1 所示。

二、自然电位曲线

自然电位测井曲线是利用地面一个电极与井下一个沿井筒移动的电极配合，由于不同岩性具有不同的导电性,可形成不同自然电流的大小,即可测出一条井内自然电位变化的曲线,如图5-1-1所示。利用自然电位曲线的正负异常就可以:

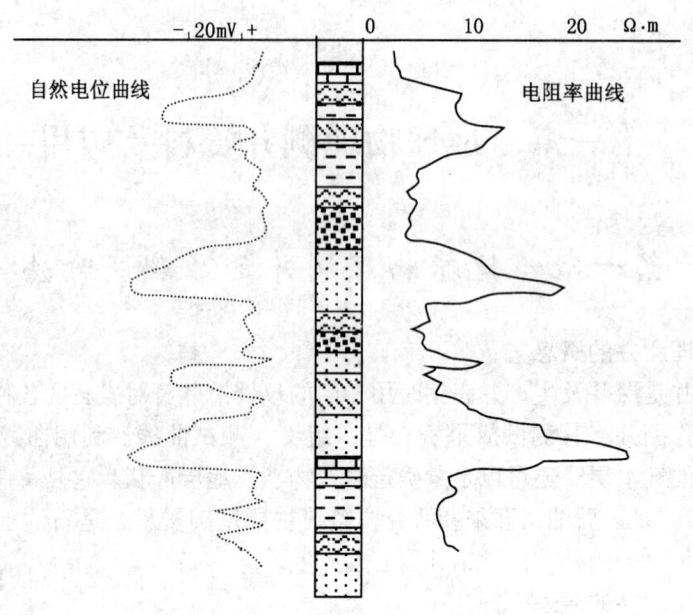

图 5-1-1 电阻率与自然电位曲线示意图

(1) 判断岩性,确定渗透性地层;
(2) 计算地层水电阻率;
(3) 估计地层泥质含量;
(4) 判断水淹层位等。

以上主要表现为大幅度异常台阶。

三、微电极测井曲线

微电极测井曲线主要是解决上述电阻率测井在测量薄层时曲线没有明显变化而对测试仪的电极系进行改进后的测井。微电极有两组电极系,即常用的 $A0.025M_1$,$0.025M_2$ 的微梯度电极系和 $A0.05M$ 的微电极系,如图 5-1-2 所示。利用该曲线确定岩层界面和划分渗透性岩层,①划分岩性剖面;②确定岩性界面;③确定含油砂岩的有效厚度;④确定井径、扩大井段。

总之,利用电性测井曲线,对评价地层的储集能力,检测油气藏的开采情况,细致研究分析油水层等都具有重要意义。

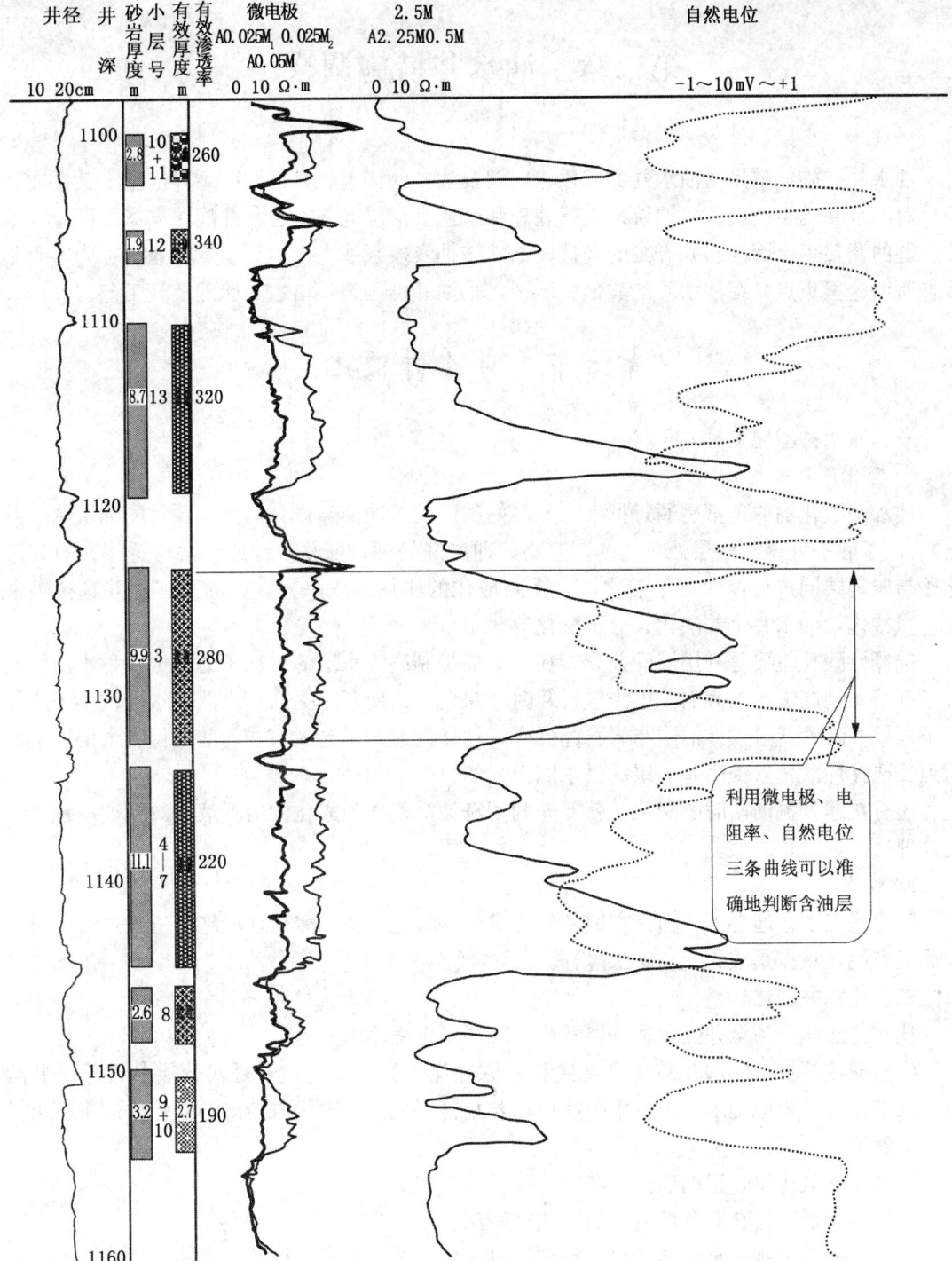

图 5-1-2 ××油田×××井测井解释成果图（选描其中四条曲线）

第二章　油水井措施调整

油水井措施调整是指油水井的酸化、压裂及油井的堵水、转抽、换泵等措施，其主要目的是对油水井的生产层位（油层）进行处理和改造、油层调剖，注水井配注方案的调整，油井产能的调整等。因注水井方案的调整、油井转抽及换泵基本上与其正常作业维护内容差不多，所以这里重点介绍注水井的酸化、压裂，采油井的压裂、堵水的原理及其工艺。

第一节　油水井酸化

一、油水井酸化

1. 酸化原理

油水井酸化的原理都是通过把事先配制好的酸液从地面经过井筒注入到目的油层内（井底），用于除去井壁（油层处）上的堵塞物，即酸洗处理，恢复油层原有的渗透率；有时酸化还与压裂共同进行，即压裂酸化，来提高酸化的质量和效果。常见的有注水井选择性酸化、强酸化、油水井全井酸化、分层酸化等。

选择性酸化主要是利用层间差异，在挤酸前控制高吸水层的启动压力，把一种水溶性的暂堵剂挤入到高吸水层表面，即先进行暂时性封堵，迫使泵压提高，当低吸水层或不吸水层被压开始，酸液就进入差油层与岩石起反应，这样就避开了高吸水层，酸化低吸水层，从而达到了选择性酸化（提高差油层的吸水能力）的目的。

还有在遇到稠油段时的酸化，就要先利用洗油溶剂作为酸化的前置液，对稠油段预先酸洗处理后再进行正式酸化。

2. 酸化工艺及施工程序

酸化施工工艺通常可分为：方案及施工设计、酸化准备、酸化现场施工三个过程；对于采油工来说，重点是酸化现场施工过程。

二、注水井酸化

注水井酸化分为全井酸化和分层酸化，现场施工程序为：

（1）酸化管柱：注水井酸化可直接利用原井注水管柱进行；若是对分层井进行全井酸化，只需捞出井内原配水器内的水嘴即可；若是分层酸化，则只需捞出不酸化层的水嘴再投入死嘴就可进行酸化。

（2）布好酸化车，正确连接好酸化管线。

（3）地面试压，在其合格后开始正式挤酸液。

（4）替挤清水；注意的是清水用量应超过地面管线与井下管柱的容积。

（5）待酸化液进入油层内，停注，关井等酸化（反应）。

（6）在酸化时间达到要求（以本油田规定为准）后，及时开井排酸。

（7）上测试投捞调整水嘴，开始试注。

三、油井酸化

油井酸化一般可分为：常规酸化与强化酸化（吞吐酸化），都是压裂前对油层进行处理和油层解堵。现场酸化施工工序如下：
(1) 起出原油井生产管柱，下酸化管柱（井底光油管）；
(2) 布好酸化车，正确连接好酸化管线及排酸时的放空管线；
(3) 地面试压，在其合格后开始正式挤酸液；
(4) 替挤清水，注意的是清水用量应超过地面管线与井下管柱的容积；
(5) 待酸化液进入油层内，停注，关井等酸化（反应）；
(6) 反洗井排酸，并准备压裂。

总之，注水井酸化是为了提高油层注水量，油井酸化是为了解除近井地带的污染。

第二节 油水井压裂

一、压裂原理

油水井压裂是改造油层最有效的增产增注措施，主要是利用水动力学原理，在井口利用高压泵组，在超过油层吸液能力排量的情况下，将压裂液泵入井中形成高压，或利用压裂管柱将高压作用于目的层，当压力超过油层地应力和抗张强度时，油层形成裂缝，然后利用携砂液将支撑剂带入裂缝并支撑裂缝，从而改善油层的导流能力，实现增产、增注的目的。压裂改造的对象通常是具有增产、增注条件的油层。

二、压裂工艺及施工程序

压裂这项非常有效的增产增注措施在油田开发中具有很长的历史了，其具体工艺技术也发展到很高水平，目前，压裂方式有普通压裂、多裂缝压裂、选择性压裂、限流法压裂、定位平衡压裂、高能气体压裂、CO_2 压裂等。油田常用的压裂方式主要为普通压裂、多裂缝压裂、限流法压裂等，下面进行介绍。

1. 普通压裂

普通压裂也叫分层压裂，普通压裂主要针对具有一定厚度的油层的改造；最简单的单层压裂如图 5－2－1 所示。由外加厚油管＋K344－114 封隔器＋喷砂器＋K344－114 封隔器＋丝堵组成，水力锚可以根据情况决定是否需要下。该压裂管柱简单，单层压裂效果好。

多层压裂管柱：多层压裂也是分层压裂较常用的一种管柱，如图 5－2－2 所示。现场叫做滑套喷砂分层压裂管柱，通常一次可最多压裂四个层位。该管柱是由外加厚油管＋K344－114 封隔器＋滑套喷砂器（ϕ47.5mm 球打 ϕ42mm 套）＋K344－114 封隔器＋滑套喷砂器（ϕ40mm 球打 ϕ37mm 套）＋K344－114 封隔器＋滑套喷砂器（ϕ36mm 球打 ϕ32mm 套）＋K344－114 封隔器＋无套喷砂器＋K344－114 封隔器＋丝堵组成的。其压裂时的施工顺序为：由下向上逐一进行，即先压第四段油层，再投金属球（ϕ36mm）打 ϕ32mm 滑套，启动压力压第二层段油层，即如图 5－2－2 所示的时刻压第二层；这样依次下去再投球（ϕ40mm）打掉 ϕ37mm 滑套压第三层段，投球（ϕ47.5mm）打

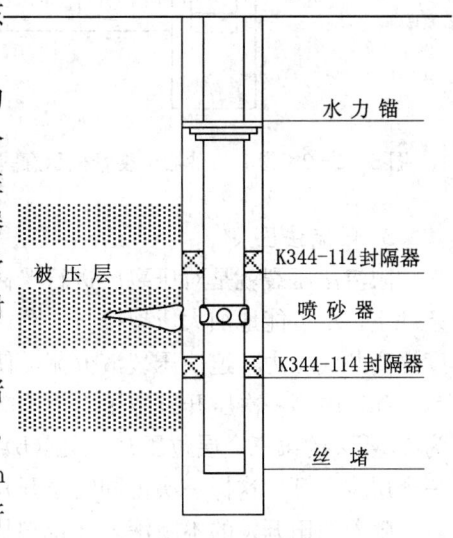

图 5－2－1 单层压裂管柱示意图

掉 φ42mm 滑套压第四层段；最后完成所要压裂的目的层段。

2. 投球堵塞多条裂缝压裂

投球堵塞多条裂缝压裂是利用各种球类如塑料球等，随压裂液将已压开的裂缝处的射孔孔眼暂时封堵起来，如图 5-2-3 所示，当继续打压（憋压）就可压开新的裂缝，这样根据需要还可以继续压其他目的层位，达到一次可压开多条裂缝。

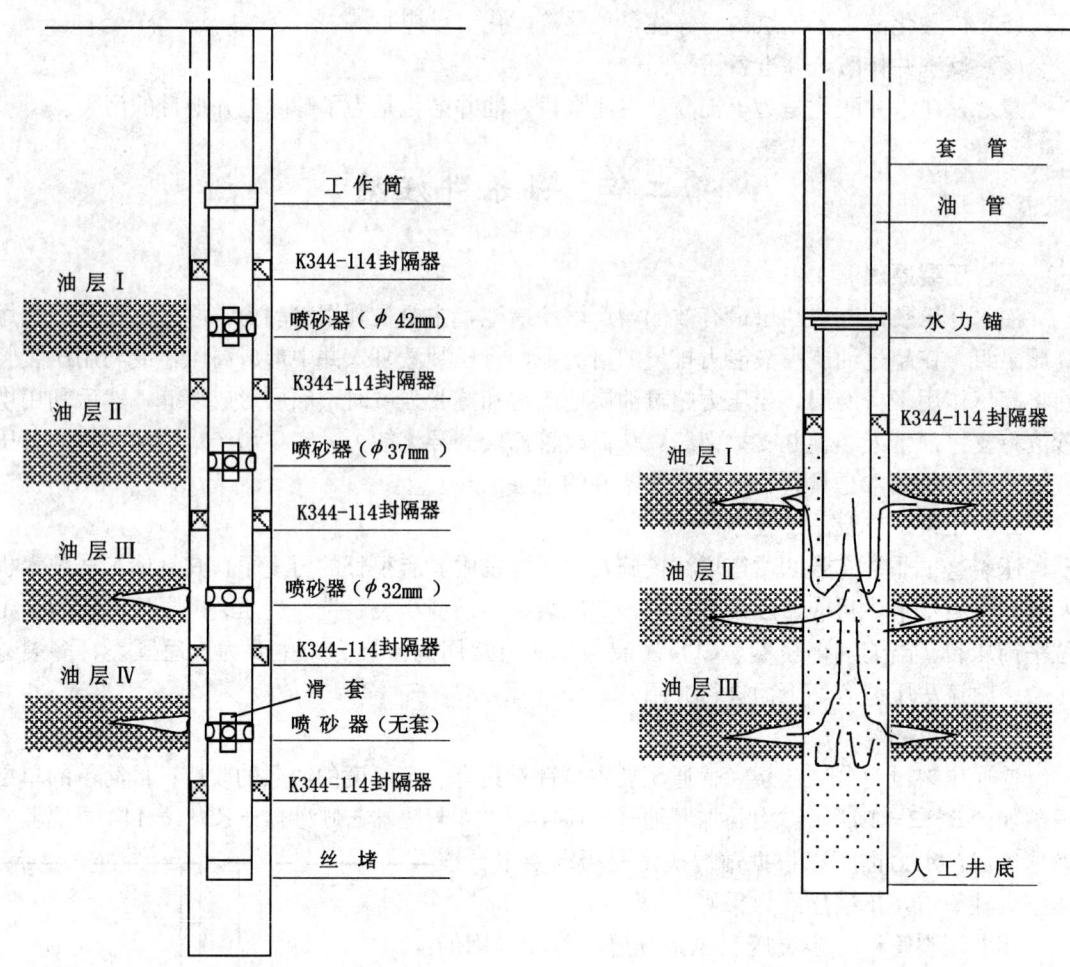

图 5-2-2 滑套喷砂器压裂管柱示意图　　　　图 5-2-3 投球堵塞多条裂缝压裂示意图

3. 限流法压裂

限流法压裂就是对压裂层进行严格控制的低密度射孔，使压力保持在各油层的破裂压力条件下，尽可能地加大压裂排量，利用最先被压开的层吸收压裂液时产生的炮眼摩阻，大幅度提高井底压力，迫使压裂液分流，使破裂压力相近的其他层相继被压开，如图 5-2-4 所示，（a）中第一次压开破裂压力为 18MPa 的第二个层位；在继续提高压力就会将破裂压力为 19MPa 的第三个层位压开，见（b）；同样再继续提高压力也会将破裂压力为 20MPa 的第一个层位压开。这样一次可同时压开几个性质相近的油层。

随着油田开发的不断深入，特别是在开发中后期调整挖潜方面难度越来越大，对压裂技术的要求也越来越高，现在有的油田对高含水层与潜力层之间的夹层，在很薄的条件下，应

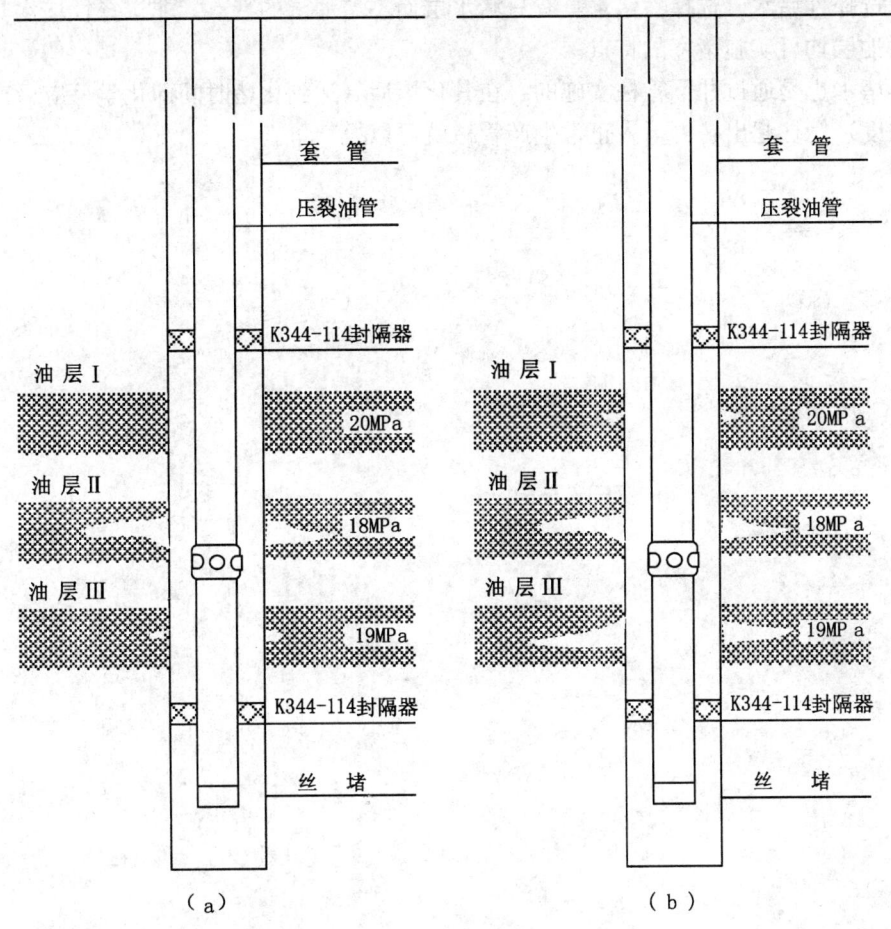

图 5-2-4 限流法压裂管柱原理示意图

用平衡限流法压裂取得了成功。

第三节 油井堵水

油井堵水是油田开发中后期不可缺少的一项调整措施，其中心内容就是针对油层厚、多，层间差异大，且有的层位水淹严重，即高含水，所以必须对出水严重的层位进行控制，针对油井所采取的这些井下措施就叫油井堵水。目前各油田通常采取的堵水方法有两种：机械堵水和化学堵水。

一、机械堵水

机械堵水就是通过在油井中下入封隔器管柱，把出水层位封隔起来堵死。如前面第一部分的分层采油管柱图（如图 1-2-11 至图 1-2-14 所示）就是油田常用的几种堵水管柱，这里就不再细讲了。

二、化学堵水

化学堵水就是在地面向出水层（要实施的堵水层）注入化堵剂，利用堵剂与油层发生的物理和化学反应的产物封堵油层的方法。按化学堵剂的化学性质，化学堵水可分为：选择性堵水和非选择性堵水。选择性堵水具有只堵水层而不堵油层的特点，非选择性堵水具有既对水层又对油层均可实施堵塞的特点。

化学堵水也是通过井下管柱实施的，在其化堵后（达到化堵时间即化学反应后产物形成一定的强度）管柱起出，再下入正常生产管柱就可以投产了。

第三章 抽油机设备管理与调整

第一节 抽油机的安装与验收

一、抽油机安装的标准

（1）抽油机的地基要夯实、找水平，基墩中心线通过井口中心，基础表面应完整，不得有裂纹、变形与曲柄摩擦的现象。

（2）抽油机底座应水平，其不水平度前后允许 0.5/1000 之内，左右允许在 0.15/1000 之内，为保证水平可用斜铁加垫找平（斜铁加垫数不能超过 2 块）。

（3）驴头中心线与井口中心线对正，偏差不超过 22mm（冲程为 2.5～3.0m）。

（4）游梁中心线与底座中心线对正，偏差不超过 3.0mm。

（5）支架中心线与底座中心线对正，偏差不超过 3.0mm。

（6）抽油机底座与基础墩接触面紧密切实，特别是有地角螺栓的地方不得有悬空现象。

（7）从侧面检查抽油机两连杆必须重合，长度误差在允许范围之内，平衡误差 3mm，长度误差 5mm。

（8）剪刀差，两曲柄尾端测出误差不得超过（冲程为 1～2.0m）2.0mm，（冲程为 2.5～3.0m）3.0mm，（冲程为 3～4m）4.0mm。

（9）悬绳上下压板必须水平，灌绳锥套总长度不得超过 100mm，悬绳用卡子卡时下方预留绳头不得超过 20mm。

（10）驴头下端与悬绳器上压板的距离应在 250～300mm 之间。

（11）减速器输入轴与电动机轴互相平行，电机轮与输入轴上的大皮带轮对应点的四个平面必须通过 2 个轴的中心线而成一条线，俗称"四点一线"，摆动差不得超过 1mm。

（12）刹车必须是灵活好用，张合均匀一致，刹车片完好清洁。

（13）安装螺丝上紧后，螺母处露出 3～5 扣，并加平垫片或弹簧垫片。应配防退螺帽或开口销的地方一定要配备齐全。

（14）电动机在滑道上固定好之后应水平，并调整好前后顶丝锁紧止退螺帽。

（15）启动设备的容量应符合电动机容量，电气设备的外壳均有良好的接地线（接地电阻≤10Ω），并配备相应的指示仪表（如电流表、电压表等）。

（16）电气设备：电动机的绝缘电阻不得低于 0.5MΩ，线路完整确保安全。

（17）电源导线容量应满足设备运转的要求。

（18）经检查验收合格后进行试运转。

（19）安装单位试运转，试运转时留专人看守 4～48h，随时出现问题随时解决，交与使用单位，3～5d 内必须回访一次。

二、抽油机的安装

抽油机安装质量的好坏是设备使用寿命长短的关键，安装抽油机要按安装标准去做，才能保证安装的质量。以常规型游梁式抽油机安装为例，需如下程序：

首先要选择抽油机的走向、放线、挖基础坑、下底板、下基础、吊底座、吊装减速器，其次，安装平衡重块、吊支架、装游梁、吊驴头、装配电气线路及电动机，然后，回填土等。

1. 抽油机的走向

抽油机走向要根据现场地形、井口流程、公路走向、电源线来路、出油管线走向、便于修井以及采取联动抽油等情况而定。

2. 放线挖坑

按照给定的机型及基础型号，参照本机给定的数据确定好标高，用白灰放线，放线面积必须大于底板并且径向要多出 300～500mm，深度一般为 50～180cm。在高纬度地区应挖至冻层以下，根据当地情况而定。在翻浆地带或水泡边上低洼地带需要砂砾石和水泥浇灌。其他地带可用三合土回填，层层夯实，达到所需要的深度即可。

3. 下基础

对基础的安装要求如下：

（1）底板下面必须垫一层工程砂，厚度在 100～200mm，找好水平。吊装底板，测量前后底板水平，水平度应在 1/1000～2/1000 之内。底板中心线对正井口中心线。预埋件牢固可靠，并加以防腐。

（2）安装基墩，基墩不能有裂纹、损坏、掉角现象。安装时不得有悬空现象，有空隙的地方可用铁板、薄铁皮等垫实，基础达到足够承受能力 $15t/m^2$。

（3）安装后应对照本机给定的数据，调整好距离，测量纵横向水平，两侧应无明显的突出部分，以免抽油机运转时发生摩擦，造成不应有的损失。

（4）焊接预埋件。接触不实或距离产生误差较大的地方，应用钢板连接上，并焊实。

注：采油技师应在抽油机安装过程中从挖坑开始监督，为以后的验收打下基础，以便于及时发现问题及时解决，避免全部安装完后验收不合格，留下难以解决的问题。

4. 组装抽油机的顺序

（1）吊装抽油机底座，注意第一节基墩上的定位螺栓，在底层的船型底座内侧开有两个定位孔。定位螺栓是预埋的从定位孔中穿出，不可损伤螺栓。

（2）垫好斜铁找平，斜铁要两个薄厚搭配，不可一侧全是厚的，一侧全是薄的。紧固地角螺栓底座平面找平，纵向不大于 3/1000mm，横向不大于 2/1000mm。中心线与底板中心线重合。

（3）地角螺栓要求上紧拉力要够，上紧后螺纹不得留得过多或过少，螺母外留 3～5 扣。斜铁不可留得太长，不得大于基础 5mm，多余部分用气焊扫掉，以免抽油机运转时刮碰。

（4）吊装减速器：检查底座筒顶水平应达到要求，减速器中心线与筒顶中心线重合，上紧固定螺栓。

（5）安装刹车部分，装刹车中间座、刹车把、刹车拉杆、调整刹车灵活好用，行程不超过规定要求 1/3～2/3 之间，锁死弹簧，使其不能自动弹开。

（6）安装配重块：将曲柄的平面擦干净，不得有油污、油漆等脏物，以保证重块的平面与曲柄的平面紧密接触。按配重设计要求的位置定位，紧固固定螺栓、配重块螺栓、止退螺帽或开口销。上紧定位螺栓（俗称狗牙螺丝）。另一侧重复作业一次即可。

（7）吊装支架：先将支架在地面组装好，由定位销装起，组装好后吊装到底座上三条支腿的底部要与底座紧密接触，上牢固定螺栓。测量中心线的偏移不得超出规定范围。支架平台测量水平度，横、纵向均不超过 1/1000，平台下部的中心点、投影点与底座的中心线能够达到重合。

(8) 吊装游梁：先在地面组装配件，如中央轴承座、尾横梁、尾轴、连杆（连杆要用大绳拴好做引绳用，以免碰坏其他部件，掌握好方向便于连接螺栓）；当游梁吊至支架平台平面时，方可上去1～2人，安装中央轴承座的固定螺栓时应防止压着手。装两连杆的穿销螺栓，并调整好两连杆与曲柄的距离。游梁中心线与底座中心线重合；然后上紧中央轴承座的固定螺栓，顶紧顶丝。

(9) 吊装驴头，挂好驴头，调整对中。在驴头的弧面上垫1/2光杆直径的厚木板，用垂线法使线垂自然下落，落点应在井口的中心线上，偏差不得超过规定范围，驴头多次打点不超过本机规定的范围。

注：驴头打点，即抽油机空运转，在线垂的最低点放一张白纸，当抽油机每运转一次到下死点时，都留下一个点，经多次打点，测量落点上的各点是否在半径为7mm的圆中，即检查抽油机的对中，现场上可采用拉动吊线垂的方法测得。

(10) 吊装电动机，并同时调皮带的松紧度，找好"四点一线"，上好固定螺栓和顶丝。

(11) 装配电气线路，接通电源，接地线齐全牢固，各种电器配件符合要求。起机空运3～5圈，两侧应无刮碰。整机应无异常声响。待正常运转后进行验收。

三、抽油机安装质量验收

抽油机安装质量的验收，应在抽油机安装完未回填土之前，由技师根据安装标准逐项进行检查验收。

1. 准备工作

(1) 穿戴好劳保用品；

(2) 水平尺一把、吊线锤一个、钢卷尺一个、手锤、活动扳手及各种专用工具、量具、电工工具等。

(3) 记录笔、纸。

(4) 绝缘手套一副、安全带一副。

2. 具体检查验收步骤

(1) 地基夯实找平。

检查内容：地基深、长、宽度是否达到要求。本地区是否挖到冻层以下，是否用三合土回填至要求深度，是否夯实。底板是否用达到要求量的工程砂（厚10cm）找平，水平是否达到标准的规定。

(2) 活动基础。

基础无裂纹、变形，高基础不与曲柄摩擦。基础中心线与井口中心在同一直线上。

检查内容：观看基础墩有无裂纹、变形，高基础在曲柄运转部位，有无突出底座部分，各焊接部位突出部分不超过3mm，并有防腐。

测量基础中心线是否与井口中心在同一直线上。两定位螺栓距井口中心距离是否一致。

(3) 抽油机不平度。

抽油机不平度为纵向3/1000mm，横向2/1000mm，基础与底盘地角螺栓处不得有悬空。

检查内容：用水平尺测量不平度，纵向不大于3/1000mm，整机两侧各测量三个点。横向不大于2/1000mm，整机测量三个点，前、中、后各选一点。

地角螺栓处不得有悬空现象。地角螺栓两侧垫入斜铁，不得有缺少现象。螺帽上紧后应加止退螺帽，剩余螺纹不得超过 3~5 扣。

(4) 减速器与底盘的对称中心线在同一垂直面内，支架纵横水平。

检查内容：检测减速器的中心线是否与底盘的对称中心线重合，允许误差在 0~2.5mm 之内。润滑油在合适的油位。有油位表的在上下线之间，无油位表的应在两检视孔之间。无渗漏现象，检测连接部位螺栓紧固无松动。支架纵横水平不超过 1/1000mm 为合格。前后四条顶丝应顶紧并拧紧锁紧螺帽。

(5) 驴头中心与井口中心线在同一垂线上。

检测内容：驴头中心线对井口中心。用垂线法，将吊线垂由驴头垂下，线下垫光杆直径 1/2 厚度的垫物。落点应在井口中心线上。其允许偏差 5 型机不大于 3mm，10 型机不大于 6mm，12 型机不大于 8mm，为合格。误差大时可用中央轴承座顶丝找正。

(6) 悬绳器的检查。

①检查悬绳器，两侧长度相等，并互相平行，上下压板水平，不得倾斜，上压板在上死点时距驴头下方应在 250~300mm 之间，以避免测示功图时挤坏动力仪。下压板吃上负荷，在下死点时距井口密封盒压盖应在 400~450mm 之间（指在最大冲程时）。

②悬绳器轨迹应在驴头弧面两侧的均匀位置运行，不得偏离，允许误差 22mm。

③悬绳器灌绳，锥套剩余长度不得超过 100mm，如用悬绳卡子卡时，下方预留绳头长度也不得超过 20mm。

(7) 两连杆平行倾斜度不大于 3°，测量方法是将驴头停在下死点（或上死点），用吊线锤拉分别测出两边的数据，然后计算出偏差数。长度应一致，其误差为：5 型机不大于 2.5mm，10 型机不大于 3mm，12 型机不大于 5mm。

(8) 曲柄剪刀差：以两曲柄尾端测量，5 型机不大于 5mm，10 型机不大于 6mm，12 型机不大于 7mm。

(9) 减速器输入轴与电动机轴相互平行，电动机轮与减速器皮带轮外端面通过两轴中心的四个点要求在一条线上称为"四点一线"，其摆动差不超过 1mm。

(10) 刹车灵活好用，拉杆调节适中，刹车蹄张合均匀，刹车片表面清洁，无松动。刹车中间座大小摇臂及刹车毂摇臂在刹车时无刮碰现象。刹车把锁死装置灵活好用。

(11) 各连接部位螺栓紧固齐全，应加平垫的加平垫，应加弹簧垫的加弹簧垫。

(12) 电动机启动装置的容量大于电动机容量，电器设备线路完整，必须有接地线。

(13) 填写验收报告单。

3. 技术要求

(1) 验收操作前，要保证设备断电。

(2) 高空作业时必须佩戴安全带，注意安全。

(3) 检查时要逐点检查，按"十字"作业法，先上后下，先前而后或先下后上、先后而前，不得遗漏。

(4) 抽油机各部配件齐全符合要求。

(5) 运转启动前，要加足润滑部位的润滑油。

4. 验收操作要点

(1) 抽油机验收有 6 个测水平点：基础回填土时要夯实测水平、基础大底板要求测水平、基础墩要求测水平、抽油机底盘测水平、减速器底座顶面测水平、支架平台测水平。

(2) 抽油机验收有 7 个对中：基础底板中心线对井口中心线、基础墩中心线对底板中心线、抽油机底座中心线对油井井口中心线、减速器中心线对底座中心线、游梁中心线对底座中心线、驴头中心线对井口中心线、支架平台中心点的投影点对底盘中心线。

不论是安装抽油机还是大型维修抽油机，都需要吊车的配合。因为是多人配合工作，弄不好就容易发生事故，因此准确指挥吊车很重要。

指挥吊车的信号有三种：哨音指挥信号、旗帜指挥信号、手势指挥信号。现场上多为手势指挥，下面就介绍手势指挥信号都有哪些，是怎样表示的：

①起吊信号：伸开手，拇指向上。②落吊信号：伸开手，拇指向下。③稍起稍落：基本和①②相似。④起扒杆信号：手心向内，握拳伸大拇指向上。⑤落扒杆信号：手心向外，握拳伸大拇指向下。⑥扒杆左转信号：握拳手心向上，向外伸大拇指。⑦扒杆右转信号：握拳手心向下，向内伸大拇指。⑧立即停止信号：大摆手。⑨前进扒杆信号：手掌向里挥动。⑩缩后扒杆信号：手掌向外挥动。

第二节 抽油机设备常见故障判断与处理

抽油机常见故障有：抽油机整机振动、曲柄销在曲柄圆锥孔内松动或轴向外移、拔出、连杆刮碰曲柄旋转平衡重块的边缘、减速器漏油、刹车不灵或自动溜车、尾轴螺丝松动、游梁顺着驴头方向位移、平衡重块固定螺栓松动、曲柄在输出轴上外移、悬绳器绳辫子拉断、皮带松弛、减速器大皮带轮滚键等。具体介绍如下。

一、抽油机整机振动

1. 抽油机整机振动的原因

1) 底座的原因

主要有：地基建筑不牢固、底座与基础接触不实有空隙、支架底板与底座接触不实。

2) 负载与对中的原因

驴头对中误差大、悬点负荷过重超载、平衡率不够、井下抽油泵刮卡现象或出砂严重、减速器齿轮打齿。

2. 检查方法

（1）首先要检查的是基墩与底板接触是否牢固。如果不牢固，当抽油机上行时基墩跟着抽油机的上行而上升，下行时又回到原位，此种故障多发生在墩式基础的第一、二块基墩上。下雨时发现比较明显的稀泥从基础与大地的缝隙中被挤出来，此种故障是底板的预埋件与基墩的焊接开焊造成整机振动过大。

（2）检查基墩和底座的连接部分，斜铁是否有松动，紧固螺栓是否松动。

（3）检查支架的三条支腿底座与抽油机的底座连接部分，两条前支腿部位是否水平达到要求，是否有缝隙。后支腿是否有缝隙，接触不牢固。抽油机运转时梯子晃动严重。

（4）驴头对中差得较大，严重超出规定范围。检查时可卸掉负荷，用垂线法测量驴头打点（详见抽油机安装质量检查）。

（5）驴头悬点负荷严重超载。通过测示功图可以得到本机的悬点负荷是否严重超载，此类情况发生在井下更换大泵、加深泵挂，或是抽汲参数不合理、冲程大、冲速快时，从而造成了悬点负荷和惯性负荷的增加而整机严重超载。此时，应及时处理，不然可能造成严重后果，产生拉断悬绳器、游梁、横梁等事故。

（6）平衡率不够，可通过用钳形电流表检测平衡率。听电动机的声音也能发现平衡率差得太多，电动机发出上下冲程不均匀的噪声，上下冲程速度不一致。

（7）井下碰泵，刮卡现象也可造成整机的振动。每上下一次都有一次卸载、增载，抽油机摇摆、晃动，产生很大的冲击振动，还可造成其他部件损伤。

（8）减速器齿轮打齿或左右旋齿松动。减速器噪声很大、机身振动很大，检查减速器，打开减速器检查孔，检查齿轮是否有打齿现象，要逐一检查每个齿、左右旋齿、中间齿、人字齿和输出轴齿。

3. 处理故障的方法

（1）如基墩与底板预埋件开焊可挖出基墩至底板预埋件重新焊接。

（2）基墩与底座的连接部位不牢时，可重新加满斜铁，重新找水平后，紧固各螺栓，并备齐止退螺帽。将斜铁块点焊成一体，以免斜铁脱落。

（3）支架与底座有缝隙时，可用金属垫片找平，重新紧固。

（4）驴头不对中时，应及时调整对中。

（5）严重超载时，应及时调小冲程、冲速，或换小泵径或更换大点的机型。

（6）平衡率不够时，应及时调整平衡率，使平衡率≥85％以上。

（7）发现碰泵现象时，应调整防冲距；如发现刮卡现象时，应将抽油杆调整一个位置，直至不刮卡为止。

（8）如减速器齿轮打齿应立即更换。左右旋齿松动应及时更换，不然会造成更大的损坏。

二、曲柄销在曲柄圆锥孔内松动或轴向外移拔出故障及处理

1. 故障现象

检查抽油机时，能够听到周期性的轧轧声。严重时地面上有闪亮的铁屑，发生掉游梁的事故，也就是翻机事故。

2. 故障原因

（1）曲柄销上的止退螺帽松动或开口销未插，使冕型螺母退扣。

（2）销轴与销套的结合面积不够，或上曲柄销时锥套内有脏物。

（3）销轴与销套加工质量不合格。

（4）曲柄销套的圆锥已被磨损。

3. 处理方法

重新安装曲柄销，将旧销打出冲程孔。检查锥套是否磨损。检测曲柄销轴与锥套的配合情况。在锥套里抹上黄油，将曲柄销轴插入锥套内压紧，再拉出来看销轴上有多少面积粘有黄油，即可看到销与锥套的结合面积有多少，加工合格的销套，使结合面积应能达到65％以上。如果结合面积很小，可视为加工不合格应更换。重新上曲柄销时，应按操作规程和技术要求装配（可参照更换曲柄销的操作）。

三、连杆刮碰曲柄旋转平衡重块故障

1. 故障现象

有规律的声响，当抽油机运转到某一位置时发生声响，连杆和重块发生摩擦的部位有明显的痕迹。

2. 故障原因

（1）游梁安装不正。中心线与底座中心线不重合。

（2）平衡重块铸造不符合标准，凸出部分过高。

3. 处理方法

(1) 调整游梁位置，使其与曲柄完全一致。游梁的中心线应与底座中心线重合在一条线上。可用中央轴承座的前后四条顶丝调节。

(2) 削去平衡重块上突出过高的部分，可采用手提砂轮机磨掉多余部分。

四、减速器漏油

1. 故障现象

(1) 减速器发热，油箱温度高。

(2) 油从减速器上盖和底座的合口处或从输入轴、中间轴、输出轴的油封处一滴一股地流出。

2. 故障原因

(1) 减速器内润滑油过多。

(2) 合箱口不严，螺栓松或没抹合箱口胶。

(3) 减速器回油槽堵。

(4) 油封失效或唇口磨损严重。

(5) 减速器的呼吸器堵，使减速器内压力增大。

3. 处理方法

(1) 放掉减速器内多余的润滑油。打开放油孔将多余的润滑油放出，箱内的油面应在油面检视孔的 1/3～2/3 部位之间即可。

(2) 箱口不严可重新进行组装，组装时应抹合箱口胶；如无合箱口胶时，可用密封脂替代。如是箱口螺栓松动，可紧固合箱口螺栓。

(3) 检查回油槽是否有脏物堵塞，清理干净。因现场采用的减速器润滑方式是飞溅式润滑和重力式润滑的混合式润滑，油道堵后油不能退回到箱内造成合箱口渗油、漏油。

(4) 油封在运转一段时间之后应在二级保养时更换，但有时不能更换，造成了油封的唇口磨损严重漏油，应更换新油封。

(5) 减速器呼吸器堵塞造成减速器内压力增大，从油封处漏油。拆洗清理呼吸器。

五、刹车不灵活或自动溜车故障

1. 故障现象

(1) 刹车时不能停在预定的位置，拉刹车时感觉很轻。

(2) 松刹车时刹车把推不动。

2. 故障原因

(1) 刹车行程未调整好——行程过大，拉到底时刹车片才起作用。

(2) 刹车片严重磨损。

(3) 刹车片被润滑油染（脏）污，不能起到制动作用。

(4) 刹车中间座润滑不好或大小摇臂有一个卡死，拉到位置后刹车仍不起作用。

3. 处理方法

(1) 调整刹车行程在 1/3～2/3 之间，并调整刹车凸轮位置，保证刹车时刹车蹄能同时张开。

(2) 更换严重磨损的刹车片。取下旧刹车片重新铆上新刹车片。

(3) 清理刹车毂里的油迹，保障刹车毂与蹄片之间无脏物、油污；如果是刹车毂一侧的油封漏油，应更换油封。

(4) 把刹车中间座拆开，因里面是铜套需要润滑，拆开后清理油道加注黄油即可。两个摇臂要调整好位置，不得有刮卡现象。

六、尾轴承座螺丝松故障

1. 故障现象

尾轴承固定螺栓剪断、螺栓弯曲，尾部有异常声响。轴承座发生位移。

2. 原因

(1) 游梁上焊接的止板与横梁尾轴承座之间有空隙存在。尾轴承座后部有一螺栓穿过止板拉紧尾轴承座，这条螺栓未上紧，紧固尾轴承座的4条螺栓松动，或无止退螺帽。

(2) 上紧固螺栓时未紧贴在支座表面上，中间有脏物。

3. 处理方法

(1) 止板有空隙时可加其他金属板并焊接在止板上，然后上紧螺栓。

(2) 重新更换固定螺栓并加止退螺帽，打好安全线加密检查。

七、游梁顺着驴头方向（前）位移故障

1. 故障现象

原对正井口，发现光杆被驴头顶着上升，并拌有声响，振动增加。

2. 故障原因

(1) 中央轴承座固定螺丝松，前部的两条顶丝未顶紧中央轴承座。中央轴承座固定螺丝松动，而使游梁位移。

(2) 游梁固定中央轴承座的"U"型卡子松了，使游梁向驴头方向位移了。

3. 处理方法

卸掉驴头负荷使抽油机停在近上死点，使游梁回到原位置上，检查"U"型卡子是否有磨损。如无磨损，上紧"U"型卡子螺丝；如中央轴承座松，可用顶丝将中央轴承座顶回原位，扭紧固定螺丝即可。

八、平衡重块固定螺丝松动故障

1. 故障现象

检查时，发现有规律的声响，上、下冲程各有一次，严重时平衡重块掉到地上，拉掉曲柄上的牙，使曲柄报废。下雨后能够看到螺丝部位有水锈的痕迹。

2. 故障原因

紧固螺栓松动，曲柄平面与平衡重块之间有油污或脏物。

3. 处理方法

将曲柄停在水平位置，检查紧固螺栓及锁紧牙块螺丝，回复到原位置，上紧紧固螺丝。具体要求按操作规程安装调整（可参照调平衡一节进行操作）。

九、曲柄在输出轴上外移

1. 故障现象

曲柄在输出轴上向外移，从后面看抽油机连杆不是垂直而是下部向外，严重时掉曲柄，造成翻机事故。

2. 故障原因

曲柄键不合格，输出轴键槽与曲柄键槽有问题。

3. 处理方法

更换键或加工异形键。具体操作方法可参照曲柄外移的处理操作内容。

十、悬绳器绳辫子拉断故障

1. 故障现象

绳辫子粗细不均匀,腐蚀严重,锈很多,拉断绳辫子砸在井口密封盒上。

2. 故障原因

(1) 绳辫子钢绳中的麻芯断,造成钢绳间的互相摩擦,钢绳受到的损伤很大,最后拉断。

(2) 绳辫子钢绳受到外力严重损伤,同部位断丝超过 3 根而检查时没有及时更换,最后拉断钢绳。

(3) 钢绳头与灌注的绳帽强度不够,使绳帽与钢绳脱落。

3. 处理方法

更换悬绳器,截取合适长度的钢绳一根,装上悬绳器的上、下压板。如果是绳帽灌注,灌绳锥套的总长度不得超过 100mm。灌铅时应在绳头上打入三角铁纤 2~3 根,起涨开作用。铅里应加入少量锌以增加强度,避免拉脱。如果是用绳卡子卡时,下方预留绳头不得超过 20mm,以免运转到下死点时刺伤采油工。

悬绳器安装时的要求:

(1) 两侧长度相等,互相平行,上、下压板平行不得倾斜。

(2) 上压板在驴头上死点时,距驴头下方 250~300mm 之间,以免测示功图时挤坏动力仪。

(3) 下压板在驴头下死点时,距密封盒 400~450mm 之间(因需要打一个防掉卡子)。

(4) 悬绳轨迹应在驴头弧面两侧的均匀位置运行不得偏离,允许误差 20mm。

十一、皮带松弛故障

1. 故障现象

(1) 单根皮带有松有紧。(2) 联组皮带有跳的现象、波浪状起伏现象。(3) 打滑并伴有异常声响。(4) 起火而烧皮带。(5) 掉在地上。

2. 故障原因

(1) 使用的皮带长度不一致。(2) 电动机滑轨的固定螺丝松弛。(3) 电动机固定螺丝松弛。(4) 皮带拉长。

3. 处理方法

(1) 选择合适的、长度一致的皮带,如果是新皮带可能长短不一,可将长的用在一组,短的用在一组。

(2) 紧固松弛的螺丝,并顶紧对角的顶丝螺丝。

(3) 调整皮带的拉紧度,因皮带用一段时间后肯定会拉长,因此应相应的调整。保持皮带的拉紧度,以单根皮带翻转 180°松手即能回复原样为合适。联组带手掌下压一指松开即复位为合适。

十二、减速器大皮带轮松滚键故障

1. 故障现象

在运转时大皮带轮晃动,有异常声响。

2. 故障原因

(1) 大皮带轮端头的固定螺丝松,使皮带轮外移。

(2) 大皮带轮键不合适。

（3）输入轴键槽不合适。

3. 处理方法

更换大皮带轮键，检查输入轴键槽是否有损坏，如有损坏应更换输入轴。如果键槽是好的，即可根据键槽重新加工键。紧固大皮带轮的端头螺丝，锁紧止退锁片。

第三节　抽油机设备的调整

一、抽油机冲程的调整

（1）将抽油机停在接近下死点的位置，刹紧刹车，在光杆上适当位置打好方卡子，再点起抽油机（使方卡子座在密封盒上），卸掉驴头负荷。

（2）根据抽油机的结构不平衡重情况确定挂手拉葫芦的位置：抽油机的结构不平衡重为负值（即驴头向上），手拉葫芦固定在尾梁部分，下面挂在减速器上；抽油机的结构不平衡重为正值（即驴头向下）时，手拉葫芦挂在驴头部位，下面挂在底座上；为了操作安全，在与挂手拉葫芦的对应角度位置应用大绳拉紧。

（3）将连杆销的固定螺丝松开，使连杆能够左、右有活动余地，以便于拔出曲柄销。

（4）卸掉曲柄销冕型螺帽。用铜棒垫在曲柄销轴上，用大锤击打铜棒，打出曲柄销。注意不要伤螺纹。打大锤的人不能戴手套，以防握不住大锤而造成伤人事故。更不能不垫铜棒直接击打曲柄销轴，以免将曲柄销轴头打涨而报废。如果实在打不掉可换一个角度打，直至曲柄销子打松。

（5）曲柄销活动后用撬杠撬出。在连杆上系好大绳，往两侧拉开避免碰到螺纹。根据调冲程的需要，用手拉葫芦调节，放到预调的冲程孔中。在装入前应将冲程孔内清理干净，不得有油污等杂物，清理干净后装上曲柄销。上紧冕型螺母装好开口销，或者是备帽挡板及螺栓。

（6）上紧连杆销的紧固螺栓，卸下手拉葫芦及大绳等物。

（7）调整防冲距。因卸载卡子未卸掉，可直接调整悬绳器上的方卡子即可。如果是大冲程调小冲程时，从原位置上提15～20cm；反之应下放15～20cm。

（8）松刹车使抽油机带上负荷卸掉卸载卡子。按操作规程启机。注意观察有无振动、刮碰现象，并在井口听是否有碰泵的声响。

（9）测量电流，调冲程后平衡效应改变，根据电流变化（平衡率的变化），决定调平衡的方向及位置。正常运转30min后，再测量一次电流进行测评调整结果。

二、防冲距调整

抽油机井调整防冲距有两种情况：

（1）新开抽井第一次启抽前调防冲距；

（2）运转时调整防冲距，一是调大防冲距，二是调小防冲距。

1. 开抽前第一次调防冲距

松开刹车启动抽油机，当驴头至下死点时停机，切断电源，因前面没负荷，应分2～3次启动直至抽油机能够将驴头停止在下死点时为止。人站在井口采油树上托起悬绳器的上下压板，如果光杆方余较长或上下压板过重，可由一人上到驴头上，用大绳将上下压板拉起，使光杆从两压板中间的孔中穿出。在压板上面打上方卡子，此时可用牙卡打，并在密封盒平面上将光杆作一记号，松开刹车，利用平衡块的重量上提光杆，一般现场上按每100m泵挂深度上提 8.5～10cm，φ56 泵径以下可按 8.5cm，φ70，φ83 泵径可按 10cm 高度计算（带脱卡器的井除外），以不碰固定阀为原则；提够长度时将刹车刹死。

在密封盒的平面上打一方卡子（不可用牙卡打，以防伤及光杆），一定要打紧。卸掉悬绳器的负荷。小型机可盘动抽油机卸载；大型机不能盘动的，可以再运转一圈卸掉载荷。使抽油机驴头重新转至下死点。刹死刹车，切断电源。

在悬绳器的上压板平面上，打好方卡子。大型机（或大泵径井）应同时打上两把方卡子（打方卡子时一反一正便于操作）以防滑脱，再把第一次打上的牙卡子卸掉。

松开刹车，让抽油机驴头吃上负荷，卸松密封盒上的方卡子，上移至距悬绳器下压板 25cm 处打死，作为防掉卡子用（即使光杆断掉时，此方卡子能坐在密封盒上不至造成喷油，便于更换光杆）。不可打得距离过大，否则距离近下死点时（距密封盒太近）易伤人。过小距离测示功图时不方便。

送电、启动抽油机观察有无碰泵现象，填入报表。

2. 运转一段时间后的抽油机井调整防冲距

有两种情况：

（1）发现碰泵时，需要调大防冲距。

（2）测示功图发现泵的活塞拔出工作筒后就需要调小防冲距。

1) 调大防冲距

驴头近下死点时停机、断电。在密封盒上打一个卡子，盘动抽油机；不能盘动的机型，送电启机，当驴头至下死点时停机拉紧刹车断电。

根据碰泵的程度（从实测示功图上大约计算出调的防冲距大小），在悬绳器上压板至上方卡子之间留下的距离要能够达到满足上提距离的需要。先卸松方卡子，落到预调的位置上；再上紧方卡子，松开刹车使驴头吃上负荷；再卸掉卸载卡子，送电启机观察，此时碰泵声响应消除。

2) 调小防冲距

根据示功图发现本井是由于防冲距过大拔出工作筒时，采用下放活塞使防冲距变小，而使井下柱塞不拔出泵筒。

当抽油机驴头近下死点时停机、刹车、断电。在密封盒平面上打一把平口方卡子，不得使用牙卡子以防伤到抽油杆，也可使用本机的防掉卡子，松开悬绳器压板上面的方卡子，将方卡子向上移至预调的高度。

示功图上死点至突然卸载的位置长度，乘以示功仪的减程比即得到拔出泵筒的长度。例如，示功图上死点至突然卸载的距离是 8mm，示功仪的减程比是 30：1，经计算，8×30 = 240mm，也就是说预调的距离不能低于 240mm。为了保证防冲距不大，不使泵再拔出工作筒，还可再增加 50mm，本井可上提至 240～300mm 左右即可。

上紧方卡子螺丝。松开刹车，使驴头吃上负荷，卸掉卸载卡子，送电、启机观察有无其他声响。运转正常后，测示功图检查防冲距调整的是否合适。

三、刹车系统的调整

抽油机的刹车系统是非常重要的操作控制装置。其制动性是否灵活可靠，对抽油机各种操作的安全起着决定性作用。刹车系统性能主要取决于：刹车行程（纵向、横向）和刹车片的合适程度，如图 5-3-1 所示。

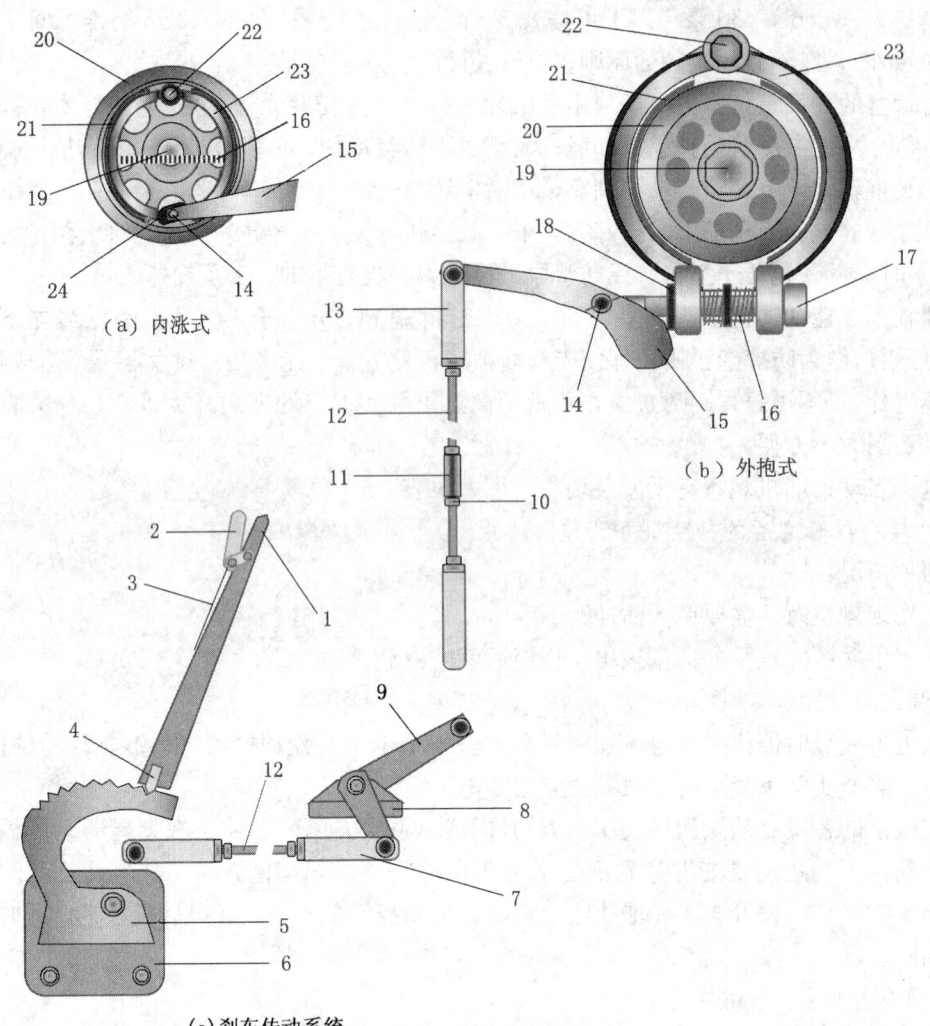

图 5-3-1　抽油机刹车装置示意图

1—刹车把；2—锁死刹车把；3—弹簧拉杆；4—锁死牙块；5—刹车座；6—刹车固定座；7—拉杆头；8—刹车中间座；9—刹车座摇臂；10—螺栓备帽；11—螺栓；12—（纵、横）拉杆；13—拉杆头；14—摇臂销；15—刹车摇臂；16—弹簧；17—刹车拉销；18—刹车蹄扶正圈；19—刹车固定螺栓；20—刹车轮；21—刹车片；22—刹车蹄轴；23—刹车蹄；24—凸轮

1. 纵向拉杆（行程长短）的调节

抽油机停在下死点，断电；松开刹车，用扳手卸开螺栓 11 的上下锁死备帽，顺时针卸螺栓 11 及缩短拉杆长度；逆时针可松长拉杆（使刹车不过紧）。

2. 横向拉杆（行程长短）的调节

如果纵向拉杆调整到没有余地时，刹车行程还没有达到要求，就要调节横向行程长短（刹车座的摇臂也调到位了），调节方法与纵向拉杆调整基本相同。

3. 刹车把及锁销的调整（见图 5-3-1）

刹车把锁销是锁定刹车把的，其在刹车时靠锁死刹车把锁定弹簧来实现的；它的调整是能够锁死刹车不能自行滑脱。调整锁死牙块在刹车的 1/3~2/3 之间，其间正好是刹车行程

— 218 —

的范围。

4. 刹车片的更换

抽油机刹车是经常使用的,每次都是在大强度制动力下进行的,这对刹车片的磨损是很大的;在其被磨薄或损坏时,就要及时进行更换;具体如下:

(1) 外抱式刹车片的更换[见图 5-3-1 (b)]:

停机在上死点,将刹车把推到底。卸掉摇臂销 14,卸掉刹车拉销 17,卸掉刹车蹄轴 22,卸掉刹车蹄 23,更换新的刹车片即可。安装完后再略调整刹车行程,并达到要求范围。

(2) 内涨式刹车片的更换[见图 5-3-1 (a)]:

驴头在上死点停机、断电,将刹车把推到底。卸掉刹车毂的刹车固定螺栓 19,打下刹车轮 20,卸掉刹车蹄固定销上的卡簧,向外拉掉刹车蹄 23,更换新刹车片。将同型号的新刹车片上到刹车蹄固定销上,卡好卡簧,刹车片的下部均匀的放在凸轮 24 上,不可偏斜。用手钳和螺丝刀配合上好刹车蹄弹簧 16,将刹车蹄定在最小的张开角度。上刹车毂,对准键槽推进,打入键,上紧刹车毂,锁死螺栓;装好刹车摇臂;拉刹车把检查是否灵活,再调整好刹车行程。

第四章 油田开发与三次采油

第一节 储量及提高采收率的方法

一、储量

储量是油田开发中的一个重要概念,是指油气田埋藏在地下的石油和天然气的数量,即在地层原始条件下,具有产油(气)能力的储层中所储存原油总量,它是油气田勘探成果的综合反映,是油气田开发的物质基础。

1. 地质储量

通常所说的地质储量就是指地下储存的石油和天然气的实际数量。

2. 可采储量

可采储量是指地质储量在现有的经济条件和开采工艺技术条件下,可以采出到地面的数量叫做可采储量。

3. 剩余可采储量

剩余可采储量是指油田投入开发后,可采储量与累积采出量之差,称为剩余可采储量。它是衡量油田今后开采速度可达到多高和尚可稳产年限的主要依据。

二、提高采收率的方法

1. 采收率的概念

采收率是指在某一经济极限内,在现代工程技术条件下,从油藏原始地质储量中可采出石油量的百分数,即:

$$采收率 = \frac{可采储量}{地质储量} \times 100\%$$

它是评价油田开发效果的重要指标,如果开发方式越符合油田客观实际,采油工艺技术水平越高,那么该油田获得的采收率就越高,开发效果就好。所以,如何提高采收率就显得尤为重要。

2. 提高采收率的方法

提高采收率实际是指油田开发中后期的采油方式(方法)。目前国内外多数油田的开采大都要经历三次采油:

一次采油——即依靠油藏天然能量进行油田开采的方法,如常见的溶解气驱、气顶驱和弹性驱等。

二次采油——即系指注水、注气的开采方法,它是一种保持和补充油藏能量的开采方法。

三次采油——即是指通常改变油层内残余油驱油机理的开采方法,如化学注入剂、胶束溶液、注蒸汽以及火烧油层等非常规物质。

第二节 聚合物驱油技术

一、聚合物采油简介

1. 聚合物驱油概念

聚合物驱油是油田开发中三次采油的方法之一,是继油田利用天然能量进行一次开采之后和人工补充油藏能量(注水、注气等)的继续开采之后,再采用某种(注水、注气以外的)新技术继续进行的开采,这就是三次采油。

聚合物驱油的作用就是利用聚合物水溶液的粘度,减少流度比,扩大体积波及系数,以达到提高油田采收率的目的。

2. 适合聚合物驱油油藏的基本条件

并非所有油藏都适合聚合物驱油,即使是适合聚合物驱油的油藏,其增产幅度也不一定,有可能大也有可能小。依据我国大庆油田近几年来的开发试验和研究,适合聚合物驱油的油藏地质特点,可简要归纳为以下几个方面:

(1) 油层温度:由于聚合物注入油层后,在高温条件下会发生降解和进一步水解,最适合聚合物驱油的油层温度为 45~70℃,如大庆油田油层温度为 45℃;

(2) 水质:油藏地层水和油田注入水矿化度的高低,对聚合物的粘度效果影响极大;

(3) 油层非均质性:一般来说,聚合物驱油适合于水驱开发的非均质砂岩油田。

3. 聚合物驱油后的动态变化特点

(1) 注入聚合物后,注入能力下降,注入压力上升;

(2) 油井含水大幅度下降,产油量明显增加,产液能力下降;

(3) 采出液含聚合物浓度逐渐增加;

(4) 改善了吸水、产液剖面,增加了吸水及新的出油厚度;

(5) 聚合物驱油见效的时间与聚合物突破时间存在一定的差距;

(6) 油井见效后,含水下降到最低点时的稳定时间不同。

4. 聚合物驱油的动态变化分析

聚合物驱油的动态变化分析大体包括:注入与采出状况的分析和动态变化及影响因素的分析;注入状况的分析,包括注入压力保持水平、注入聚合物浓度、注入粘度、注入速度及注入量、注采比及吸水能力的变化;采出状况的分析,包括含水率、产液(油)量、产液(油)量指数、产出聚合物浓度及产液剖面变化。

由于各井所处在的地质条件不同,注采井间连通状况各异,因而不同的区块、不同的井组、不同的油井会出现不同的聚合物驱油效果,但总的规律是相同的。

二、聚合物驱油采油工艺面临的特点

(1) 油田注聚合物以后,由于注入流体的粘度增高及流动度下降,导致油层内压力传导能力变差,油井流动压力下降,生产压差增大,产液指数大幅度下降。

(2) 油田注聚合物以后,随着采出井逐渐见到聚合物的水溶液,其粘度也随着聚合物浓度的增加而增大,这使机采井设备的采油效率有下降趋势。

(3) 由于聚合物可吸附地层中的细小颗粒和硫化铁颗粒,加上采出液粘度的增加,使采出液中的悬浮固体含量增加,导致井下设备损坏加剧。

(4) 在生产井见到聚合物的水溶液后,当聚合物浓度达到一定程度时,特别是抽油机井，在下冲程时将产生光杆滞后现象及杆管偏磨问题。

三、机采井的生产方式对聚合物驱油的适应状况

1. 聚合物对抽油机井生产的影响

随着采出液中聚合物浓度的增大，抽油机井的负荷增大，载荷利用率增加；示功图明显肥大，泵效也降低；杆管偏磨严重，检泵周期缩短。

2. 聚合物对电动潜油泵井生产的影响

随着采出液中聚合物浓度的增大，电动潜油泵效率也降低；泵的扬程明显降低，机组损坏加重，机组运行周期和检泵周期缩短。

3. 聚合物对螺杆泵井生产的影响

尽管随着采出液中聚合物浓度的增大，但在转速一定条件下，螺杆泵的排量效率基本不变，系统效率也基本不变，因此，螺杆泵不受采出液中聚合物的影响。

第六部分 技师技能操作与相关知识

第一章 管理油水井

第一节 调游梁式抽油机冲速

学习目标 调整抽油机冲速，简称调冲速。调冲速是针对抽油机井抽吸参数（抽油机理论排量）的调整，调大调小是依据油井供液能力来决定的，有时是相对抽油机负荷过大而降低冲速或产液粘度（如含水较低或油稠，尽量采用低冲速）。这项操作技能一般是需要3人来协作完成。通过本节学习，使学习者能够组织人员正确进行游梁式抽油机冲速的调整操作。

一、准备工作

(1) 抽油机井一口。

(2) 核实井号和调整冲速的值。

(3) 准备好需调换的合适（规格型号）皮带轮1个；工具为拔轮器及专用套筒各1个，扳手为300mm、375mm活动扳手各1把，24~27mm梅花扳手2把，450mm管钳1把，3.5kg锤子1把；用具为普通砂纸1张，黄油100g，1000mm撬棍2根；量具为钳形电流表1块。

(4) 组织素质合适人员3名，穿戴好劳保服装。

二、操作步骤

(1) 指定专人停机，把抽油机停在上死点，刹紧刹车，使电动机轮不转，如图6-1-1中的(a)、(b)所示，便于卸电动机轮备帽，分断空气开关。

(2) 卸电动机轮备帽及皮带（常见三种类型的电动机轮组装）：

①如图6-1-1(a)所示型号的电动机轮备帽，要用管钳（轴头带扣）与刹车配合卸掉电动机轮备帽。

②如图6-1-1(b)所示型号的电动机轮备帽，先用起子、手锤解除锁片后，用扳手（轴头带扣）与刹车配合卸掉电动机轮备帽。

③如图6-1-1(c)所示型号的电动机轮无备帽，可直接用扳手卸掉电动机轮挡片。

④松电动机底座固定螺帽及顶丝，使固定螺丝有0.5~1.0cm窜量余地，顶丝扣退到位，用手向下压上侧皮带或用撬棍撬电动机底座前移电动机，卸下皮带，并使皮带挂在减速箱大轮上。

(3) 卸电动机轮：两人端起拔轮器，另一人在后侧扶正，待前爪卡住皮带轮边缘后，用专用扳手上紧拔轮器顶丝，待顶丝吃力时，侧面人躲开（用一根撬棍插在拔轮器三爪内，并别在电动机基础槽上），缓慢用力继续紧顶丝至电动机轮突然被拔出为止，松开拔轮器顶丝，

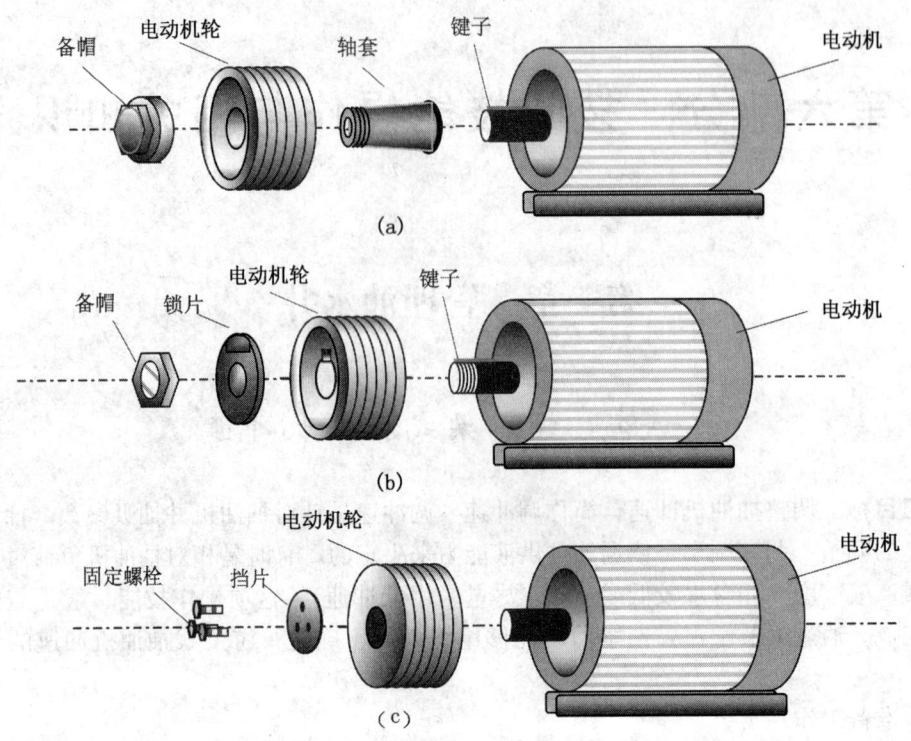

图 6-1-1 电动机轮组装示意图

取下拔轮器和电动机轮,检查修整电动机轮键及键槽,清理电动机轴头,准备装上要换的新电动机轮。

(4) 安装电动机轮:

①如图 6-1-1 (a) 所示型号的电动机轮,按其装配图进行组装,检查好套子和新换轮的孔径是否符合要求,确认后即可一个人端起(C 型或新 V 型;若是 D 型轮,需 2 个人一同抬起),对准键槽装上,另一人帮助转动电动机轴,使键槽对正装上,垫上铜棒,用锤子敲击轮的边缘,此时不能戴手套持锤,边砸边转电动机轮,使其各方向受力均匀打紧,用管钳与刹车配合上紧电动机轮备帽。

②如图 6-1-1 (b) 所示型号的电机轮,按其装配图进行组装,可直接安装到位,对好键槽套上,垫上铜棒,用锤子敲击轮的边缘,此时不能戴手套持锤,边砸边转电动机轮,使其各方向受力均匀打紧,垫好锁片,用扳手与刹车配合上紧电动机轮备帽,锁好锁片。

③如图 6-1-1 (c) 所示型号的电动机轮,按其装配图进行组装,注意测量好轴径和新换轮的孔径是否符合要求,配合间隙不超过±0.02mm 范围,对好键槽套上,垫上铜棒,用锤子敲击轮的边缘,此时不能戴手套持锤,边砸边转电动机轮,使其各方向受力均匀打紧,上好挡片,并将固定螺栓上紧。

(5) 安装皮带:在装好电动机轮后,在原位置把挂在大皮带轮上的皮带用力拉过套在电动机轮上,先紧顶丝,至皮带松紧合适后,再调整电动机底座螺栓(注意带滑道的和没有的),使电动机轮与减速箱大皮带轮四点一线(如图 6-1-2 所示)后,再对角上紧四根固定螺栓,最后确定一下四点一线合格,用力打紧固定螺栓。

(6) 试运:安装完毕,收拾好工具、用具,人躲开,合空气开关给电动机送电,松刹,启动抽油机，观察电动机轮有无摆动现象以及皮带松紧是否合适。

（7）核准调后的冲速数，测量上下电流（一般是在调后过1h进行测量电流值校准），算一下平衡情况，是否需要调节平衡。

（8）收拾好工具、用具，把调整后的冲速数值和电流大小记录好，回交技术员和资料组。

三、注意事项

（1）刹车要牢，必须切断电源。

（2）清理轴和孔要彻底，防止造成配合间隙过大，轮子晃动。

（3）用拔轮器扒电动机轮时，防止轮子掉下伤人。

（4）砸电动机轮时不准戴手套，防止锤子飞出伤人。

（5）启抽运转正常后方可离开。

（6）如井口有水套炉的，要及时调小水套炉的炉火。

四、相关知识

拔轮器的组成及使用：拔轮器是给电动机拆卸电动机轮专用的配套工具，其组成如图6-1-3所示。拔轮器的规格是指其所适用皮带轮的直径大小和最大拉力；常用的拔轮器有：300mm，450mm两种规格。

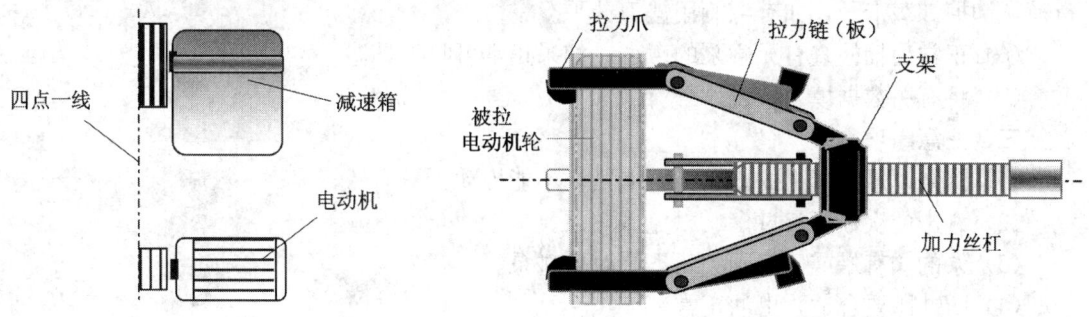

图6-1-2　电动机皮带安装
（四点一线）示意图

图6-1-3　拔轮器的组成及使用示意图

拔轮器的使用方法是：根据被拔轮规格的大小及安装位置情况，选准合适的拔轮器，用扳手将加力丝杠卸到适当位置后，将三爪挂在电动机轮边缘上，用手扶住，迅速紧加力丝杠，丝杠前尖端顶在电动机轴上待拉力爪吃力时，松开扶住的手，再用一个撬棍插入拉力爪之间，蹩在设备基础上，用扳手等专用工具用力紧丝杠，直至电动机轮被拔出为止。

第二节　抽油机井碰泵

学习目标　抽油机井碰泵是在生产过程中油井出现故障时进行处理的一种手段，通过碰泵消除阀球的结蜡所粘的脏东西等杂物，使油井恢复正常生产。通过本节的学习，使操作者能够正确进行抽油机井碰泵操作。

一、准备工作

（1）穿戴好劳保用品。

（2）准备600mm管钳、方卡子、300mm扳手、尺子、粉笔、绝缘手套、锉刀各一。

二、操作步骤

（1）计算预调到的位置应下放多少厘米。

（2）停机在近下死点位置刹车断电，在密封盒上面的 5~10cm 光杆上打卸载卡子，不得用牙卡子以免伤到光杆。停的位置应当为人站在采油树上能够摸到预调的位置，以方便打紧卡子。

（3）卸松悬绳器上的方卡子，移到预调的位置打紧卡子（见图 6-1-4），一定要打紧以防滑脱。可在打卡子的位置上用擦布（或砖头）将油污磨净后再打卡子。

（4）松刹车利用配重块的重量使驴头上行，使悬绳器吃上负荷，刹住车卸松密封盒上的卸载卡子；启动抽油机碰泵 3~5 次。

（5）碰完泵后，停机在原位置打好卸载卡子，重新启动抽油机，待回复到原来防冲距的位置时，

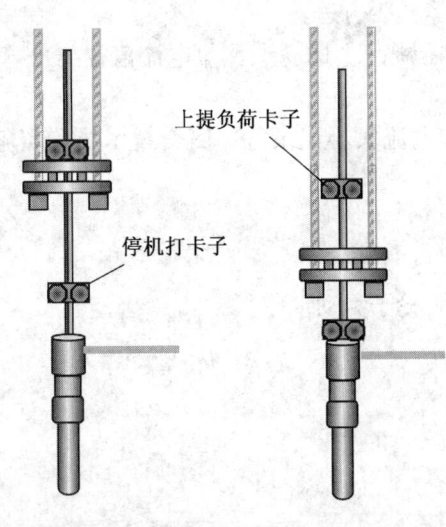

图 6-1-4 抽油机井碰泵示意图

停机刹车；将上面的方卡子回复到原来正常抽吸时的位置，打好方卡子，松刹车使驴头吃上负荷，卸掉卸载卡子，如有毛刺用锉刀锉平。

（6）正常启抽检查有无碰泵的声音，如果正常可收工具。

（7）将有关数据填入报表。

三、注意事项

（1）碰泵时悬绳器上的方卡子要卡紧，不能松动。

（2）碰击的次数不宜过多，以免撞坏泵。

（3）泵的阀有蜡或砂使阀关闭不严时要碰泵。

（4）防冲距要合适，出油正常。

（5）凡带有脱接器的井，不能碰泵。

第三节　调整电动潜油泵井过欠载值

学习目标　调整电动潜油泵井过载、欠载值是采油过程中一项必要的调整工作，是确保电动潜油泵井机组正常运行的基本操作技能。通过本节的学习，使操作者能够正确进行对电动潜油泵井过欠载值调整操作。

一、准备工作

（1）电动潜油泵井控制屏（见图 6-1-5）机组运行指示记录齐全的 1 口。

（2）电工螺丝刀 1 把、记录纸、笔 1 支、绝缘手套 1 副。

（3）近期运行卡片 1 张。

二、操作步骤

（1）带准备好工具、用具到指定的电动潜油泵井控制屏，如图 6-1-5 所示。首先熟悉控制屏，并仔细记录下正在运行的电流卡片指示电流值，结合近期运行电流值确定机组值，确定本次要调整过欠载值大小。

（2）确认机组电流值后，即可停机准备调整操作。

①首先把选择控制开关拨到标有"停"位置停机。

②转动控制屏中下部"PCC"显示仪,电流显示选择开关至过载或欠载位置,并分别记录好各自的数值(电子数字显示屏),与步骤(1)中初步计算要调整的过欠载值对比一下,确定最后各自实际应调整的数值是多少。

③小心缓慢打开控制屏门,就会看到如图6-1-6所示的机组电流保护调整设定中控器(箱),在箱面上找到"过载设定"调整螺旋电位器,用电工螺丝刀直接缓慢地边旋转边看门外侧"PCC"电子数字显示屏的数字,直到显示要调的过载保护值为止;同样找到"欠载设定"调整螺旋电位器,用电工螺丝刀一边旋转调整,一边看"PCC"显示屏,直到显示要调整欠载保护值为止;即可关好控制屏门,记好刚重新调整的过载与欠载保护值,准备启泵试运行了。

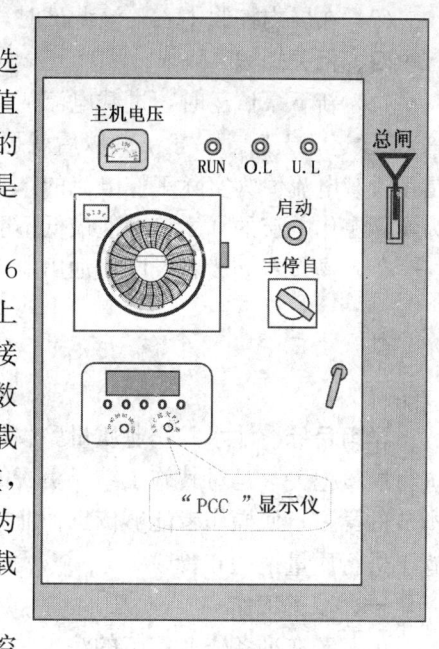

图6-1-5 天津新控制屏

[*]再如高级采油工中介绍的旧天津(圣垂)控制屏过欠载保护值的调整如下:在中心控制器的"SELECT"上把转换挡拨到"LOSET"欠载保护整流位置上,并在其下方找到对应的"LO SET"螺旋调整电位器,用螺丝刀直接旋转,观察"AC AMPS"显示仪上指针指到要调的欠载保护值;同样把"SELECT"上转换挡拨到"HISET",调整下边对应"HI SET"电位器,直到"AC AMPS"显示指定要调的数值。

[*]大庆控制屏(电子数字)调整过欠载值,参见第九部分第一章第三节内容。

[*]雷达屏(电子数字显示):参见大庆控制屏,详细内容略。

(3)确认调整无误后,启泵试运:

把控制屏面上选择开关由"停"转换为"手"位置,通常是黄色欠载指示灯立即亮,即可按启动按钮启泵,在听到"碰"一声时,黄灯立即转换为绿色灯,电流卡片记录笔立即打起来,并稳定在某一值上;观察片刻后,就可在"PCC"上转动选择开关,记录A、B、C三相电流各是多少,并与卡片上电流显示的值对照一下。

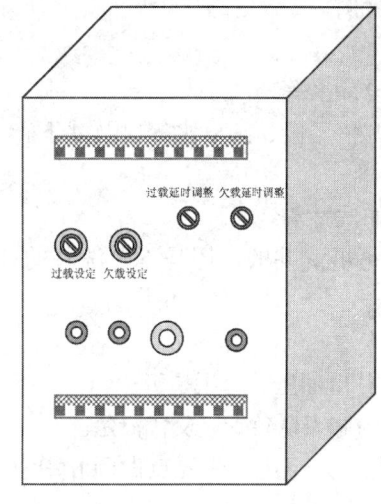

图6-1-6 天津新控制屏保护调整设定中控器

(4)等机组运行一会儿,再计算一下刚调整的数值与现在实际运行的电流值是否在±20%的保护值以内。

(5)把调整结果和时间记录好,并应填在电流卡片适当位置。

三、注意事项

(1)测试前一定要检查好控制屏外壳接地线是否接好。

(2)打开控制屏门时,注意主机电源总闸,不要碰或随意拉下、合上。

(3) 在屏内控制中心整流调试时，不要碰后面的电器元件（因多数元件都带高压电）。

四、相关知识

（1）新下泵试运时，过载电流值为额定电流的 1.2 倍，欠载为 0.8 倍（也可 0.6～0.7 倍）；试运几天后（一般 12h 以后就可以），再根据其实际工作电流值进行重新设定，原则是：过载电流值为实际工作电流的 1.2 倍，但最高不能高于额定电流的 1.2 倍；欠载电流值为实际工作电流的 0.8 倍，但最低不能低于空载允许的最低值。

（2）操作者（读者）所在油田电动潜油泵井管理规定。

第四节　注水井作业质量验收

学习目标　注水井作业质量验收是在其跟踪描述的基础上，对作业施工的各道工序环节进行质量把关，是对其施工结果负责的工作，对于采油技师必须具备这样的技术素质。通过本节的学习，使操作者能够依据作业施工设计书和本油田施工管理规定，对注水井常规作业施工进行质量把关和验收。

一、准备工作

（1）正在准备作业施工的注水井 1 口，熟悉本井生产状况。

（2）纸、笔、5m 钢圈尺、计算器。

（3）作业施工设计书 1 份（以×××注水井配施工作业为例）。

二、操作步骤

（1）到施工现场核实询问作业井号、施工目的，要施工设计书等。

①首先确定是修整更换井下工具、配水器，还是新方案调整层段、细分水等以及井下管柱影响正常测试（仪器下不去，卡住、掉等）施工原因。

②施工工序单及要求：是否需要管井的（读者）配合，如洗井等。

③配水管柱图：配水管柱是悬挂的，还是整体支撑的；是可洗井的，还是不可洗井的；有没有保护封隔器等。

④若是层段调整的，还要看调整的层段及层位、配水量等。

⑤其他相关工序：如冲砂、验封等有无特别的要求。落实井口油压、套压是否达到关井降压的要求标准，在全部确认后准许施工队开始作业，并把要求与施工队负责人交代清楚。

（2）详细看施工设计书，见表 6-1-1：细看施工设计书，并记住一些要点做到心中有数，便于下步跟踪检查，具体如下：

①作业施工目的：本作业井有二：一是细分层段，即把原 $SⅡ_{5+6}$～$SⅡ_{18}$ 一个层分为两个层，配水量没有增加，只是把原 $80m^3/d$ 的配水量分为上一段 $30m^3/d$ 和下一段 $50m^3/d$ 水量；二是原管柱偏 I 以上漏，也是本次施工的另一个需解决的问题。

②本次配水管柱除多加一级封隔器、配水器以及 SI 和 SⅡ 组之间下双级封隔器（以绝对保证 SI 和 SⅡ 间不窜）外，整体与原配水管柱功能是一样的，即最上一层仍有保护封隔器（施工完井口试压验封时，井口压力和套管放完溢流量必须很小，才是证明保护封隔器释放了），但还是不可洗井管柱。

③由磁性定位检查封隔器下入深度工序。

（3）认真做好现场监督施工（以现场能看到的为主要对象，无法检查的如封隔器不密封是否由于其机械性能影响的等）：

表 6-1-1　×××队×—×××　注水井重配施工设计书

2001年5月16日

注水井施工原因		细分层（偏1以上漏）		上次施工原因		压后分层		
采油树型号 CY-250	基础数据	完钻日期	1994.01.24	套管规范	下入深度 X 壁厚			
		完钻井深	1250m	φ140mm				
上次施工时间 1996.04.13		射孔情况	日期	校正值	枪型	射孔井段	人工井底	套补距
			1994.04.03	0.024	YD-89	991.7～1195.6m	1237.6m	3.28m
完井配水管柱								施工工序及要求
层位	井段,m	示意图		工具及型号	深度	配水	规范	
SI₁(1)	991.7			Y141-114	981.9m			1. 关井降压5.0MPa以下；
SI₃(2)	1005.1			665-2	982.9m	40m³/d	4mm	2. 抬井口，解封、卸压起出原油管及工具；
				Y141-114	1005m			3. 下冲砂管柱，探砂面冲砂至人工井底，核实人工井底深度；
				Y141-114	1045.2m			4. 起出冲砂管柱；
SII₅₊₆	1045.2							5. 地面刺油管，通油管，丈量油管及下配管柱；
SII₇₊₈	1053.2			665-2	1026.3m	30m³/d	4mm	6. 按完井管柱设计深度下入完井管柱，压油管头0.15m；
				Y141-114	1062.8m			7. 用磁性定位法检查封隔器下入深度；
SII₁₅₊₁₆	1072.1							8. 冲洗地面管线至进出口一致；
SII₁₈	1107.4			665-2	1063.8m	50m³/d	5mm	9. 反洗井至进出口一致；
				Y141-114	1136.9m			10. 释放封隔器：压力15.0～17.0MPa，稳压30min；
PII₅₊₆	1166.1							11. 试压合格；
GI₄₊₅	1195.6			665-2	1137.9m	70m³/d	7mm	12. 捞出偏心堵塞器，按设计规范投入水嘴；
				Y141-114	1205.8m			13. 转注。
				中球	1236.2m			备注：①卡距部分下防腐油管
				筛管	1237.0m			②SI组和SII组间有封隔器的要求下双级。1045.2～1005.0m处卡双级封隔器
				死堵	1237.6m			

设计单位：工程技术大队　　设计人：×××　　审核人：×××　　复核人：×××

①搭油管桥：井场有3道油管桥：每道一般有5个支撑点，桥离地面30cm以上，每10根油管为一组，两侧规定长度不大于1.5m，如图6-1-7如示，禁止作业工把其他杂物往上放，符合上述要求，抬井口、起油管作业工序就算具备了。

图6-1-7 油管桥示意图

②抬井口：抬井口四通前（实际卸大法兰螺丝时），要做好从套管连接至井场外污油池的放溢流管线，仪表及配件等不能损坏或丢失。

③观察起出油管：是否有刺漏的（若油管漏，现场可以看到在上提油管时刺漏水明显）、有无偏磨等现象，螺纹头要保护好。

④查看起出的井下工具情况：如该井的第一段封隔器皮碗有无破损，配水器水嘴有无刺漏，筛管等处水锈结垢情况是否严重，有无其他脏物。

⑤了解冲砂情况：冲砂时间、排量、核实人工井底数据是多少，要记录好；注意冲砂时中途不能停止。

⑥检查地面油管：清洗、通管及丈量油量情况检查记录好。

⑦查看新配管柱：查看管柱级数、封隔器型号、配水器型号及筛管中球、死堵情况，是否与设计书相符。

⑧下管柱及油管：下管柱及油管时，螺纹一定要涂螺纹脂、密封脂、密封胶等，工具、油管相互接连时要用管钳打紧，但不能在工具的中间主体部位紧扣。

⑨了解磁性定位结果：磁性定位资料是上交技术部门的，所以技师只需了解情况就可以了。

⑩坐井口：在坐井口时初期交代的问题解决了没有，法兰、卡箍螺丝要上齐扣，闸门压力表等方向要装正，法兰顶丝及备帽调整上紧。

⑪洗井：先冲洗地面管线至进出口一致，再改到井底反洗至进出口水质一致，排量一般由$15\sim20\sim25m^3/h$来进行调控冲洗。

⑫释放（封隔器）：在洗井（本井下的虽是整体管柱，但释放封隔器前是可以洗井的）合格后井筒内满水，从井口油管（一般在测试闸门上）连接水泥车（本井是用清水）打压至设计压力值（本井是15.0MPa），稳定30min（看压力降不降），目前多数油田都在释放同时从井口处装压力计打验封中卡来作为验封资料上交。

⑬验封：看水泥车打的压力降不降，井口套管溢流量（释放后打开或卸掉套管阀门）大小，以不流水为最好，一般都有一点点小水流；若溢流量大，证明释放不合格，这就是注水井作业施工时的试压工序。此时记录好释放压力值、释压时间、井口套管溢流量大小等数据，交地质资料组和技术员。

（4）查看捞出偏心堵塞器和下入的水嘴是否符合设计要求。

（5）转注：与配水间（站）联系好，倒好流程注水，注意按配水量120%（也叫水井作业后的初期放大注水）试注。

（6）交接井：按作业前交井情况及要求，达到合格标准后先交接地面，再根据测试和实际注水情况确定交接井下，签字，并及时整理好跟踪报告。

三、注意事项

（1）凡是下整体管柱的（如上述例子的管柱是不可洗井的），在释放前一定要洗好井。

（2）释放时严禁作业队用配水间（站）泵压正注直接来进行释放。

（3）从作业开始到结束水表底数要记准。

四、相关知识

本油田注水井施工作业质量标准。

第五节 抽油机井作业质量验收

学习目标 抽油机井作业质量验收是在其跟踪描述的基础上对作业施工的各道工序环节进行质量把关，是对其施工结果负责的工作，对于采油技师必须具备这样的技术素质。通过本节的学习，使操作者能对抽油机井常规作业施工，并依据作业施工设计书和本油田施工管理规定进行质量验收。

一、准备工作

（1）准备作业施工的抽油机井1口，正常生产数据。

（2）作业施工文件书1份。

（3）纸、笔、5m钢圈尺、计算器各1件。

（4）压力表1块，示功仪1台。

二、操作步骤

（1）核实井号、洗井：核实要作业的井号是否正确，并按通知要求洗好井，洗井时排量、温度、时间控制好，注意洗（压）井液密度。

（2）交井：待作业队来接井时，把井口采油树、仪表、悬绳器、方卡子等以及井场和抽油机有没有污油等记录好。若是地处寒冷地区的冬季，还要保护好管线，并告知作业施工队注意保护好管线流程。

（3）了解施工设计：向作业施工队要施工设计书，见表6-1-2所示，看如下内容：

①作业检泵的目的及原因：泵两阀漏失、油套间窜通、管断、杆断、换泵、调整泵挂（泵深），井下下配产管柱需要调整等。

②施工工序及要求：有无换管、换杆等。

③看管柱图：落实泵大小、泵深、抽油杆组合级数情况，井下配产器（有机械堵水的）是否重新调整，做到关键内容、关键工序心中有数。从该井施工设计书可以看出——井下配产管柱不动，所以只是普通检泵作业。

（4）作业施工现场具体跟踪：参见表6-1-2中的"施工工序"栏。

①排放杆管桥：起杆管前井场要有排放杆管桥。对杆桥要求标准是：杆桥4道，每个桥有4个支撑点，离地面大于0.5m，如图6-1-8所示，两端杆悬点不大于1.0m，严禁放其他杂物或人上去行走。

②抬井口、接排污管线：待洗井完后，吊下驴头，抬井口时设备配件不能碰撞损坏，要求在井口（套管闸门）死堵处接排污管线至土油池内。

③起杆、管、泵：

表6-1-2 ×××队×××× 抽油机井检泵施工设计

设计日期：2001.05.12

基本数据	套管	规范	140.0mm	完钻日期	1982.06.10	套补距	2.67m
		深度	1321.6m	完钻井深	1362.3m	四通高	32cm
		壁厚		人工井底	1322.1m	采油树型号	采油树
	射孔	日 期		层 位		井 段	
		1982.06.11				982.32～1210.54	

设计管柱示意图						施工工序

层 位	管 柱	工具名称	型号规范	深度，m
		光 杆	φ25mm	8.00
		抽油杆	φ25mm	473.28
		抽油杆	φ22mm	518.46
		油 管	φ76mm	994.00
油层Ⅰ		泵 筒	φ56/30G	1000.07
		厚臂筛管	φ90mm	1000.57
		防顿短接		1009.87
		丢手接头		1138.80
		封隔器	Y341-114	1139.97
			Y341-114	1149.02
油层Ⅱ		偏心配产器		1180.50
		封隔器	Y341-114	1199.09
		死 堵		1221.80

施工目的及原因：检泵，游动阀漏

施工工序：
1. 接井
2. 施工准备：做好开工准备
3. 洗井
4. 起抽油杆：清蜡，检查
5. 拆井口：配件不损不丢
6. 起原井管柱：清蜡，检查
7. 下清蜡管柱：下直径φ118mm 刮蜡器
8. 替蜡：刮蜡后必须替蜡
9. 起刮蜡管柱：起刮蜡管柱及刮蜡器
10. 地面清蜡：蒸汽清洗管、杆，管用内径规通过
11. 量配管柱：做到三丈量三对扣
12. 下完井管柱：按设计施工
13. 装井口：配件齐全，不刺不漏
14. 下抽油杆：方余1.2～1.8m
15. 对防冲距试抽 3～5MPa 降 0.3MPa 以内
16. 收尾：完工料净

设计单位：××   施工单位：××××   设计人：×××   审核人：×××

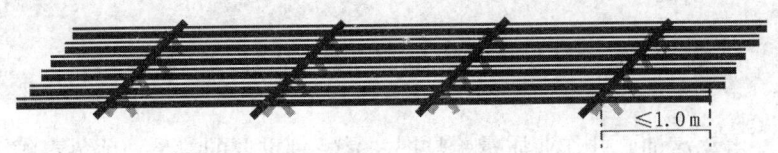

图6-1-8 抽油杆杆桥示意图

a 起杆及活塞：要求平稳提杆，防止弯曲变形，提放时要轻，检查接箍有无偏磨伤螺纹的现象，活塞上来时要仔细检查活塞表面有无伤痕，游动阀及阀座内有无脏物及磨损情况，都要记录清楚（若是抱杆断或脱扣，更一定要仔细核实是断、还是脱扣及损伤的根数）。

b 起管及泵筒：起管如同水井一样看有无偏磨、渗漏刺等现象，若是抱油套窜的一定要盯住，起卸油管时第几根管卸扣时突然刺水的，即漏刺的部位，待最后泵筒连同下部连接的扶正器、捅杆一起出来后，更要仔细查核好，特别是泵筒下部的固定阀及阀罩内情况，并记录好。

④刮蜡：先用 ϕ118mm 刮蜡器下井刮蜡，注意下入深度。再下替蜡管柱（实际光油管下井），反洗、冲蜡，注意排量（准确说是替蜡液为原井体积1.5倍为宜）和时间，再起出替蜡管柱。

⑤卸下活塞和泵筒准备换新的同规格活塞及泵筒（多数油田现场检泵均是以换为主，原井起出来的活塞和泵筒运回作业单位的检泵车间进行检修）。

⑥地面刺杆、管的蜡及污油，本井施工还要求进行现场通管（用内径规通），用蒸汽清洗杆、管时要到位，最后要逐根杆、管螺纹的检查，丈量杆、管（三丈量三对扣），组装好泵筒及扶正器、捅杆，开始下井。

⑦下油管及泵：下一根管（或组成好的泵筒），螺纹部分都要涂螺纹脂、密封胶、密封脂等，下最后一根管时一定要注意深度，因本井井下是丢手带活门的堵水管柱，注意防止过早捅开，否则会有井喷的可能。

⑧下活塞及杆：由于该井施工设计是组合杆，注意规格，待下到最后一根杆时要计算强度，与油管一起下到原深度，使捅杆正好进入活门。

⑨坐井口：首先注意封井器的密封闸门要开大，防止拉伤。光杆要放到井底碰泵，（方）余为 1.2～1.8m（最大冲程－最小冲程＋本油田规定的常数），安装连接打紧各部卡好，螺纹上齐，挂上驴头，法兰螺栓长短一致，撤去排污管线，（调）对防冲距。

（5）启抽憋压：加好密封圈，装好压力表，启抽，待确定井下不碰后，关生产闸门（二次闸门）抽压，一般标准为 5～8 冲程，憋压 3～5MPa，停抽 2min 不降 0.3MPa 以上的为抽压合格。

（6）清理井场，检查井设备及井场油污达到标准后，进行交接井，签字后及时量油等，整理好作业跟踪资料。有的油田标准是等量油、测示功图且稳定 3d 正常后，再与施工队接井。

三、注意事项

（1）除刮蜡后按正常检泵（无堵水或配产管柱的）还要冲砂、探井底工序。

（2）对防冲距时，活塞带杆一定要自由落入泵筒内，井口方余还要够。

（3）杆管螺纹有伤的一定要及时更换，决不允许把螺纹有伤的杆管下入井。

（4）起抽时，抽不起压、量不出油，一定要及时返工。

第六节　电动潜油泵井作业质量验收

学习目标　电动潜油泵井作业质量验收把关是特别重要的,是一项负责的工作。通过本节的学习,使采油技师能够依据本油田作业施工质量要求及具体施工设计书,对电动潜油泵井作业施工进行质量把关。

一、准备工作

(1) 作业施工的电动潜油泵井 1 口,作业施工设计书 1 份。

(2) 纸笔、15m 钢卷尺 1 个。

(3) 原电动潜油泵井生产数据。

二、操作步骤

(以××油田××电动潜油泵井检泵作业为例,见表 6-1-3)

(1) 核实井号及检泵原因和目的,并及时按通知要求洗井:由于电泵井要求较高,所以洗井时,温度、压力要重点控制好。本井例子实际洗井时,温度 80℃,洗井液为沉降污水,压力 4.0MPa,时间近 2h,正常洗通。

(2) 准备好与作业队交井:井口设备,特别是控制屏、接线盒(井场的)等要交接好,电源断开,井口流程(地处寒区时,逢冬季还要保护好地面管线)倒好。

(3) 向作业施工队要施工设计书,并仔细阅读,掌握以下内容:

①检泵施工目的:本井主要是正常检电泵,并有机组故障检测内容。

②施工工序及要求:本井就有另外的打捞落物工序,即打捞上次作业施工时留下的 1 节电动机上接头与机体连接处螺栓断的落物。

③看管柱图:有无变更调节或更换的机组及管柱工具等,做到心中有数,便于重点跟踪好。

(4) 待交井后,作业施工队开始吊井口房,校正作业架子,导轮(起下电缆用)挂好,管桥按标准(见抽油机井作业内容)等摆放好后,从套管(闸门外的油管头处)接排污管线至井场外的污油池内,开始拆井口,本井是电泵 II 型采油树,保证井口仪表、配件完好。

(5) 上提活门:上提油管 0.5m,实际是上提活门(活门与捅杆相互配合是为了起下电泵时不用压井,不会井喷),此时观察套管溢流量,标准是有很小很小溢流量,本井有一定的溢流量,证实活门不严,需压井;用准备好的水泥车打泥浆压井(其参数、过程略)至压住。

(6) 起电泵管柱:起油管、电缆及油管下部带起来的机组及捅杆、扶正器等,该井起出的管柱为:ϕ62mm 油管 109 根及电缆,圣垂 425m^3/d 电泵 4 级(节),电动机保护器。

①该井起出的结果是:ϕ62mm 油管 109 根及电缆,圣垂 425m^3/d 电泵 4 级(节),电动机保护器 2 级,测压阀、单流阀、分离器、防旋器各 1 个;各部件检查:实测电动机已烧,其他无问题。

②下打捞管柱:该井下 Y441 打捞器 1 件,ϕ62mm 油管 114 根,实施打捞(对于采油工管井的来说,该步骤只需注意结果,而不用管过程)最后原落物被捞出,捞出:Y441-114/41 级,拉簧活门、ϕ90mm 筛管、ϕ62mm 丝堵各 1 件、ϕ62mm 管柱 1 根;经检查结果:是丢手部分全部捞出。起出打捞管柱。

表 6-1-3　×××队××××　电泵井检泵施工设计书

设计日期：2000.07.19

基本数据	套管	规范	140.0mm	完钻日期	1973.08.21	套补距	2.31m
		深度	1262.6m	完钻井深	1262.3m	四通高	32cm
		壁厚	7.72mm	人工井底	1226.60m	采油树型号	Ⅱ电泵
	射孔情况	日　期		层　位		井　段	
		1973.08.05				912.32～1110.54m	

施工目的及原因：检电泵，机组故障

设计管柱示意图

层位	管柱	工具名称	型号规范	深度，m
		电缆		
		油　管	φ62mm	
		测压阀		928.23
		单流阀		937.92
		电泵		947.36
		电泵	425 m³/d	956.22
		分离器		956.98
		保护器		958.68
		电动机		968.48
		扶正器		977.89
		捅杆		988.16
		活　门		986.15
		封隔器	Y441-114/4	986.65
油层Ⅰ		配产器	635-Ⅲ	988.05
		死　堵	φ62mm	1084.36

施工工序

1. 接井
2. 施工准备：做好开工准备
3. 洗井
4. 拆电泵井口
5. 提活门：试提活门，观察井口溢流情况
6. 起电泵井管柱：起油管、电缆及电泵机组，检查
7. 下打捞管柱：捞落物
8. 起打捞管柱：捞落物记录全
9. 下刮蜡管柱：下φ118mm刮蜡器
10. 替蜡：刮蜡后必须替蜡
11. 起刮蜡管柱：起刮蜡管柱及刮蜡器
12. 下冲砂管柱：冲砂、探砂面冲砂至人工井底；起冲砂管柱。
13. 下丢手
14. 释放：正灌清水，憋压释放
15. 丢丢手
16. 起投送管柱：起出丢手管柱
17. 地面清蜡：蒸汽清洗管，并用内径规通过
18. 量配管柱：做到三丈量三对扣
19. 下电泵管柱：下电泵机组，油管及电缆
20. 捅活门
21. 坐电泵井口：装电泵井口，部件齐全，不刺不漏
22. 收尾：完工料净

设计单位：×××　　施工单位：××××　　设计人：×××　　审核人：×××

(7) 刮蜡冲砂：

①全管刮蜡：该井下 ϕ118mm 刮蜡器 1 个、ϕ62mm 油管 125 根，地面用水泥车清水正替蜡至出口见清水；泥浆浸泡 27h（该井油层压力高，便于下步工序不发生井喷）后，起刮蜡管柱，上来后仔细检查刮蜡器有无机械损伤和变形，以此来检查套管情况，该井检查结果无问题。

②冲砂：该井下 ϕ50mm×100mm 冲砂器 1 件，ϕ62mm 油管 125 根，冲砂管柱，先下放探砂面，该井初探（连续三次下放，数据一致）井底深为 1216.3m，上提管柱 1.0m，水泥车正打清水冲砂，该井压力、排量分别控制在 4.0MPa 和 21m³/d，共用量 36m³ 水，最后实探（三次）人工井底为 1218.38m，起冲砂管柱。

(8) 下丢手管柱：下前对采油工来说一定要仔细查好，看组装的丢手管柱与设计是否相符；该井丢手管柱是：下 ϕ62mm 死堵、Y441-114（4）封隔器、654-Ⅲ 开关各 1 件，ϕ62mm 油管 120 根，待下到确定位置，开始释放，用水泥车正灌清水 4.0m³ 打压，该井释放压力是 18.0MPa，稳压 30min，套管无溢流，说明释放成功；卸压后正转管柱 30 圈后上提负荷下降，证明丢手释放成功；起丢手管柱：起 ϕ62mm 油管 110 根，丢手接头 1 个，检查无问题。

(9) 地面油管清蜡：该井用锅炉车蒸汽清洗，洗净后，再用 ϕ57mm×80mm 内径规通油管，通油管时仔细检查每根油管头螺纹情况，有损伤的及时提出更换，丈量下配的机组管柱，并对照施工设计及要求检查好（此时对即将下井机组的检查还需专业技术人员对其进行电性测定，确保无问题），开始准备下井。

(10) 下电泵管柱：将电缆卡子、吊钩、滚筒地面摆好适合的位置，开下泵管及电缆，并按标准（每根 2~3 个卡子）及时卡好电缆卡子（绝不能出现电缆缠绕油管的现象），该井下的是 ϕ62mm 油管 106 根及电缆，圣垂牌 425m³/d×1000m 的电泵 4 级，电动机（ϕ116mm）2 级，测压阀、单流阀、分离器、保护器、扶正器、ϕ62mm~ϕ50mm 大小头、捅杆各 1 件，电缆卡子 230 个，电缆护罩 8 个。

(11) 捅活门，坐井口：在泵管下到接近预定位置时，缓慢下放并观察井口套管返出溢流量，此时该井有明显上返液流证明活门被捅开，要迅速坐好井口，此时井口大法兰内的电缆位置及密封一定要符合要求，装好井口后，配件齐全，达到不渗不漏。

(12) 机组电性测试：接线准备启抽投产（该步骤目前有的油田电泵作业起下和测试投产是两个队分开的），先在接线盒处把机组三相电源线及井口与接线盒间的地线接好，用仪表测试井下机组三相绝缘度及线间直流电阻平衡情况，确认无问题接电源，在控制屏上先调整好试投的欠载、过载整流值，井口倒好生产流程，就可准备投产试运了。

(13) 合闸通电，启动试运、验泵：

①观察电流卡片指针及电流表显示情况。

②在井口一看装好的油压表变化，二听井口动静（一般井深 900~1200m 半分钟就会有液流声冲上来）证实泵正转还是反转，若反转停机调相序（一般是任意二个相间调头即可）。

③验泵：待正常（液流声上来）后，关生产闸门（二次回压阀），憋压，观察压力表压力上升情况，证实泵是否正转，有无渗漏、油套窜现象，一切正常（否则需再调试电源线头）后，开二次生产闸门正式生产。

(14) 在作业施工队清理好井场，坐好井口房后，等量油核实后再与作业施工队进行接井，并及时整理作业施工跟踪记录，报队地质和技术员。

三、注意事项

(1) 压井时注意压井液一定要符合标准,且不能污染地下油层。

(2) 投产时的井口憋压压力不能超过 5.0MPa。

(3) 在启泵前,装好电流卡片,先把时钟快慢挡拨到"日卡"位置。

(4) 坐井口时电缆密封一定要严,否则过后无法处理。

四、相关知识

本油田电动潜油泵井作业施工质量标准。

第二章 抽油机设备维护保养

第一节 抽油机安装质量验收

学习目标 抽油机安装质量的高低,对抽油机的使用起着至关重要的作用;通过本节的学习,使操作者能够依据抽油机安装质量验收标准对新装的抽油机进行正确检测验收。

一、准备工作

（1）穿戴好劳保用品;

（2）水平尺 600mm 一把,吊线锤 0.5kg 一个,钢卷尺 2m 一把,活动扳手、各种专用扳手一套,安全带一副,记录笔、纸、计算器,抽油机安装质量验收书一份。

二、操作步骤

首先与施工单位核实安装机型（现场）、井号等,填写在抽油机安装质量验收书上的相应栏内,见表 6-2-1,然后按抽油机安装质量验收书项目逐一检测验收。

表 6-2-1 抽油机安装质量验收书

施工日期	年 月 日至 年 月 日				
甲方（采油队）	装机要求	井号	制造厂家	装机方位	负责人
乙方（施工单位）	实际装机	井号	制造厂家	装机方位	负责人
验收项目	质量标准	实验数据	施工人	验收人	备注
基础对中	误差<3mm				
底盘纵横水平	纵误差<0.5/1000,横误差<0.15/1000				
直角顶板水平对中	水平误差<0.5mm,对中误差<5mm				
悬绳器对中误差	冲程 1.5～2.5m 时<18mm,2.5～3m 时<22mm				
曲柄剪刀差	冲程 1～2m 时<2mm				
	冲程 2～3m 时<3mm				
	冲程 3～4m 时<4mm				
两连杆平行及长度	平行误差<3mm,长度误差<5mm				
两皮带轮周平面及皮带	皮带轮转 90°,前后两个四点一线				
各部分螺栓、螺纹、顶丝	齐全、紧固、无松动				
制动机构	灵活可靠				
曲柄转动	无磨无阻				
各不润滑点	按标准加好润滑油				

续表

施工日期		年 月 日至 年 月 日					
甲方（采油队）	装机要求	井号		制造厂家	装机方位		负责人
乙方（施工单位）	实际装机	井号		制造厂家	装机方位		负责人
验收项目		质量标准	实验数据		施工人	验收人	备注
试运48h机座振动		60～360周波/s，振动＜127μm；601～120周波/s，振动＜76.2μm					
控制箱各元件		灵活好用、符合标准、不许以小代大					
各触点接合面		清洁无污					
接地线		接地电阻小于10Ω					
穿孔线		有绝缘套					
电动机绝缘		绝缘大于0.5MΩ					
井场标准		30m×40m，平整好					
资料交接		抽油机装箱单、说明书、零件图					
抽油机配件		复合装箱单					
专用工具		复合装箱单					

（1）用水平尺测量底盘的纵横水平，纵向误差小于0.5/1000，横向误差小于0.15/1000，检查方法：左右各测4点（支架左右、减速箱左右），前后各测3点（支架前和减速箱前后）。活动基础无裂纹、变形，高基础不与曲柄摩擦，基础中分线与井口中心在同一直线上。

（2）用水平尺测量支架顶板水平，对中用吊垂线分别从支架顶板前后中心线与底座中心线对正。

（3）抽油机不平度每米前后不超过3mm，左右不超过2mm，基础与底盘地脚螺栓处不得有悬空。

（4）测量减速箱与底盘的对称中心线在同一垂直面内，支架纵横水平。

（5）测量驴头中分线与井口中心线在同一垂线上，其偏差：5型机不大于5mm，10型机不大于7mm，12型机不大于8mm。

（6）测量悬点距：当驴头位于上死点时，驴头下端距悬绳器上平面0.25～0.3m；当驴头位于下死点时，悬绳器下平面距密封盒0.4～0.5m。

（7）测量两连杆平行及长度：两连杆倾斜度不大于3°；长度必须一致，其误差：5型机不大于2.5mm，10型机不大于3mm，12型机不大于3.5mm。

（8）测量曲柄剪刀差：5型机不大于6mm，10型机不大于7mm，12型机不大于8mm（以两尾端测量），具体参见下一节的详细内容。

（9）检查减速箱输入轴与电动机轴相互平行，电动机轮与减速箱皮带轮外端面达到："四点一线"，摆动差不超过1mm。

（10）检查刹车系统：灵活好用，刹车蹄张合均匀，刹车片表面清洁，无松动。

（11）检查各部分连接螺栓：齐全、紧固，无松动；检查减速器油位，标准油位应在油位计的1/3～2/3之间，各润滑点的润滑油量要足量。

（12）检查电气设备：电动机启动装置的容量应大于电动机容量，线路完整，均有接地线。

（13）把以上检查结果认真填写在抽油机安装质量验收书内，并签名和验收日期。

三、注意事项

（1）验收前要保证设备断电。

（2）要逐点检查，不得遗漏。

（3）抽油机各部分配件齐全，符合要求。

（4）启动前要加足减速箱机油和各部分润滑油。

四、相关知识

抽油机安装水平、对中，如图6-2-1所示，基础相对井口中心、自身的纵横向水平，是安装的基础；驴头最终对正井口是结果。

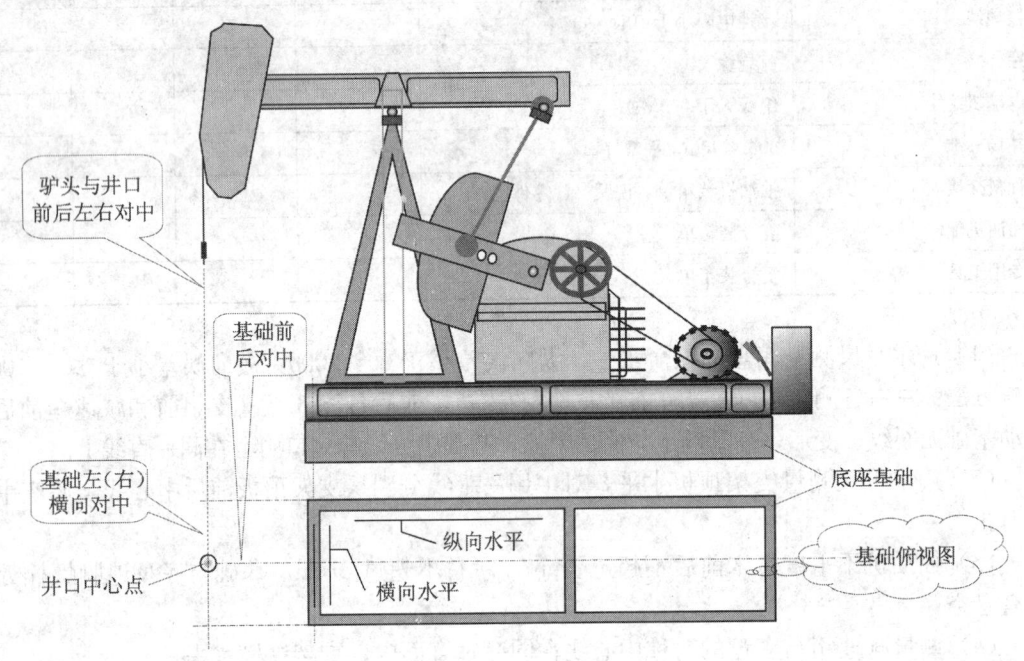

图6-2-1 抽油机安装（水平、对中）示意图

第二节 测量抽油机剪刀差

学习目标 剪刀差是指曲柄两侧面不重合度形成像剪刀一样的开差，叫剪刀差。剪刀差过大使曲柄不在一个平面上工作，抽油机运转时，抽油机一侧受力大，另一侧受力小，长时间的运转就可能拉断连杆，拉断尾轴、尾梁螺栓，造成翻机、扭坏游梁等事故，造成不应有的损失。

通过本节的学习，使操作者能够正确利用必要的测量工具，对抽油机曲柄剪刀差进行检测操作。

一、准备工作

（1）穿戴好劳保用品；

(2) 用具：一根超过两曲柄间距长的木直尺，垫片若干；
(3) 工具：水平仪、检测棒，游标卡尺各一个。

二、操作步骤

(1) 调小水套炉的炉火；
(2) 将抽油机曲柄停在水平位置；
(3) 刹紧刹车，切断电源；
(4) 测量剪刀差的方法有：

①直尺检测法：

工具准备：超过两曲柄间距的木直尺一根、水平尺一把、各种厚度的垫片一组或塞尺一把、笔一支、记录本一个。

操作如下：停机，曲柄停在 90°水平位置，断电，将木直尺放在两曲柄的尾端平面上，水平尺放到木直尺的中间部位，如水平尺的中间水泡偏向于右侧，则在木直尺的左侧曲柄平面上、木直尺的下面加垫或用塞尺垫起直至水平尺水泡停在中间位置时为止，计算垫片或塞尺的总厚度，即可得到两曲柄的剪刀差数据，如图 6-2-2 所示。记录此数据，测量完数据后收工具、送电、启抽。

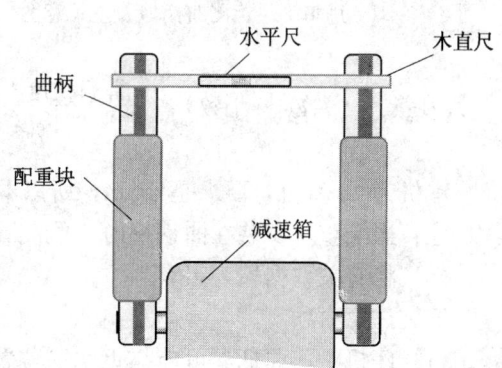

注：平衡块的四块配重块应在一个平衡位置上不得错开。

图 6-2-2　用直尺检测曲柄剪刀差示意图

②使用检测棒检测法：

工具准备：专用检测棒一副、水平尺一把、塞尺一把或不同规格厚度的垫片一组、笔一支、记录本一个、手锤 3.5kg 一把。

操作如下：停机，曲柄停在 90°水平位置，断电，将专用检测棒放入曲柄的最大冲程孔。要求放置要水平不可偏斜，装紧不得有松动现象，将水平尺放到两检测棒中间，用塞尺或垫片找水平，记录塞尺或垫片的厚度，即可得到剪刀差的数据，如图 6-2-3 所示。收工具、送电、启机。

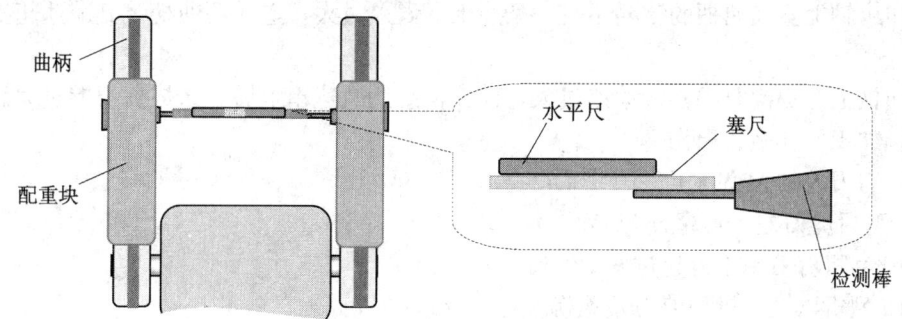

图 6-2-3　用检测棒检测曲柄剪刀差示意图

注：检测棒要求精度较高，运输过程中应固定在工具箱内，以保持检测棒的精度，使用时也应轻拿轻放，不可摔打。

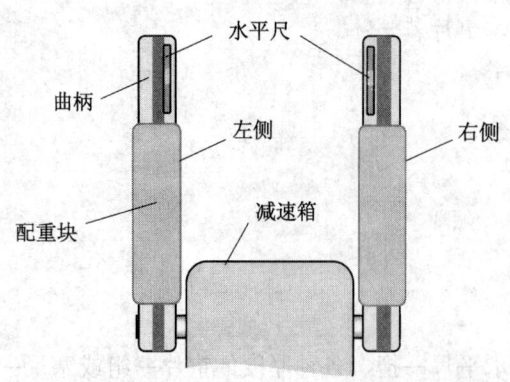

③曲柄测量法：

工具准备：水平尺一把、塞尺一套或不同规格厚度的垫片一组。

操作如下：停机，曲柄停在 90°位置，尽可能水平，先用水平尺测量一侧曲柄的水平度，再测另一侧曲柄的水平度；然后用大数减去小数乘以曲柄长除以水平尺长度，即可得出剪刀差数据，如图 6-2-4 所示。

例如，测得 A 曲柄不水平度为 28mm，B 曲柄不水平度为 30mm，曲柄长度为 2450mm，水平尺长度为 600mm，其剪刀差为：

图 6-2-4 用水平尺检测曲柄剪刀差示意图

$$剪刀差 = (大数 - 小数) \times \frac{曲柄长度}{水平尺长度} = (30-28) \times \frac{2450}{600} = 2 \times 4.08 = 8.16 (mm)$$

本机为 10 型机，要求是 6mm，所以本机剪刀差过大应调整。

注：当配重块安装在曲柄上时不能测量，需要在摘掉抽油机配重块后进行测量。

（5）将有关数据填入报表。

三、注意事项

（1）停机时，曲柄尽可能靠近水平位置。

（2）刹车一定要刹紧。

（3）电源一定要切断，防止自动启动。

（4）剪刀差超过标准时要及时调整。

（5）在无木直尺的情况下，可先用水平仪量一端曲柄（径向平行），然后测量另一曲柄，用游标卡尺分别测出水平仪在两曲柄上处于水平位置时所垫垫片的厚度，并用大数减小数，得出厚度差值；用差值乘以输出轴至曲柄末端长度，再除以水平仪长度，即为该抽油机剪刀差。

四、相关知识

（1）造成剪刀差过大的原因（主要是产品质量不合格）：

①输出轴上安装曲柄的键槽不在一条线上，误差过大，造成两曲柄装到减速箱上后剪刀差过大。

②曲柄上开键槽时中心线偏差过大，使曲柄装到减速箱上后，造成剪刀差过大。

③键加工不合格或损伤。

（2）剪刀差的大小与机型的关系：

①5 型机剪刀差不得超过 5mm。

②10 型机剪刀差不得超过 6mm。

③10 型机以上的机型剪刀差不得超过 7mm。

第三章　抽油机设备故障处理

第一节　处理抽油机曲柄销轴承壳磨曲柄

学习目标　通过本节的学习，使操作者能够根据故障现象，准确判断出故障原因，并能组织人员正确进行处理抽油机曲柄销、轴承壳磨曲柄故障的操作。

一、准备工作

（1）穿戴好劳保用品。

（2）工具：0.75kg、3.5kg 铁锤子各一把，375mm、400mm 扳手各一把，200mm 手钳一把，400mm 平锉一把，冕形螺母套筒扳手一个，600mm 管钳一把，方卡子一副，1000mm 撬杠两根，黄油、棉纱若干，铜棒一根，绝缘手套一副。

二、操作步骤

（1）停机检查，分析故障原因是整机安装不合格造成的偏磨、曲柄销子安装不合格，还是曲柄销与锥套配合不合格（需要拆卸下来方可确定），根据故障原因确定具体处理方案。

（2）处理操作：如常见的曲柄销安装不合格故障，具体步骤如下：

①调小水套炉的炉火，检查刹车灵活好用；

②停机，使曲柄在便于操作位置，刹紧车，切断电源；

③打方卡子，盘皮带卸下驴头负荷；

④用手钳拔下曲柄开口销（或用扳手卸掉盖板螺丝拿下盖板），用套筒卸掉备帽和冕形螺母；

⑤用扳手将连杆销拉紧螺丝和固定螺丝松开；人站在侧面用撬杠撬（或击）出销子；

⑥垫铜棒用锤子将锥套外移至合适位置；

⑦仔细检查打出的销子和锥套，从拆卸下的销子和锥套及键的现状进一步核实验证故障真正的原因；如果锥度或键槽及键已磨损严重不能再用时一定要换新的；

⑧把新（或旧的能用的要擦拭干净）配件组合好，销子和锥套及键均要对正，预装松紧度要适当；

⑨把组装好的销子移至曲柄孔处，对正曲柄孔键槽插进，如图 6-3-1 所示，在确认无误后用铜棒敲击打入，最后再用锤子垫上铜棒打紧；

⑩安装曲柄销螺母，拧紧冕形螺母和备帽，上开口销（或装上盖板）；

⑪用扳手拧紧连杆拉紧螺丝和固定螺丝；

⑫松刹车，卸掉光杆方卡子，锉净光杆毛刺。

（3）整机安装不合格造成的偏磨和曲柄销子与锥套配合不合格造成的偏磨两种情况的处理：整机安装不合格造成的则重新校对装机；曲柄销子与锥套配合不合格的则重新更换合格的。

（4）送电，启抽试运：在检查确认无问题可以启抽试运后，启机，观察有无刮碰、有无摩擦的声音等现象。

（5）在一切正常后就可正常生产了；调大水套炉的炉火，收拾工具，填写记录。

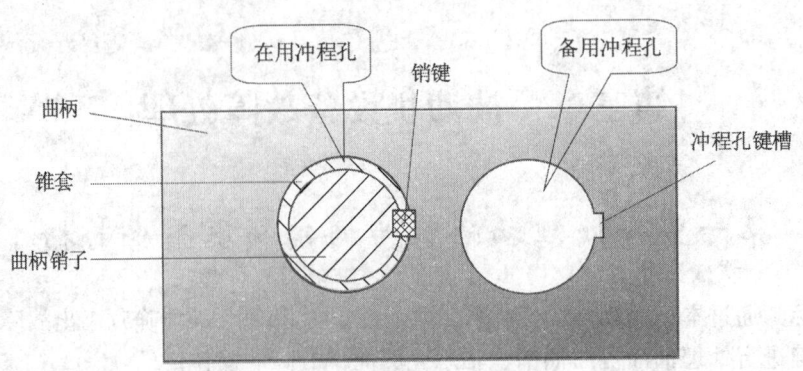

图 6-3-1 曲柄销子安装（局部剖面）示意图

三、注意事项
（1）刹车一定要灵活牢固。
（2）打卡子要牢固，撬销子时人在侧面。
（3）装卸衬套时一律用铜棒垫击。
（4）打锤子时不准戴手套。
（5）压紧垫圈与曲柄孔端面保持 4~10mm 的间隙。
（6）无扭，无杂音，运转正常。

四、相关知识
曲柄销、轴承壳磨曲柄原因
（1）整机安装不合格造成的偏磨：主要是连杆长度误差大；高基墩矮支架（老机型多）；
（2）曲柄销安装不合格造成的偏磨：主要是销子锥套安装时打得太靠里，使曲柄与连杆距离小；
（3）曲柄销与轴套配合不合格造成的偏磨：锥套锥度及直径与销轴锥度及直径尺寸加工误差大（多发生在新系列机型中）。

第二节 处理抽油机曲柄在输出轴上外移

学习目标 通过本节的学习，使操作者能够根据故障现象，准确判断出故障原因，并能组织人员正确处理抽油机曲柄在输出轴上的外移故障操作。

一、准备工作
（1）穿戴好劳保用品。
（2）工具准备：4.5kg、2.2kg 手锤各一把，375mm 扳手一把，65mm 呆扳手一把，200mm 手钳一把，平口方卡子一副（与本井光杆直径相符合），400mm 平锉一把，绝缘手套一副，拔键器一台（自制的），150mm 游标卡尺一把，300mm 铜棒一根。
（3）手拉葫芦（5t）或吊车一台。

二、操作步骤
首先停机检查，分析故障原因：是安装不合格造成的曲柄外移，还是曲柄和输出轴与键配合不适造成的曲柄外移；然后根据故障不同的原因确定出具体处理方案。
常用的两种操作方法如下：

1. 第一种操作方法（安装不合适，键松了、锁紧螺丝没打紧）

（1）当驴头到上死点时，停机断电，拉紧刹车（检查刹车各部件灵活好用，刹车毂无油污，刹车锁死装置好用无滑脱现象，如刹车部位有问题应先修刹车部位，否则不可施工）。有井场水套炉的井关小炉火。

（2）在井口光杆密封盒上打上方卡子。如果结构不平衡重为负值时，将手拉葫芦固定在尾梁上；如果结构不平衡重为正值时，手拉葫芦拉紧驴头部位。

（3）卸松连杆销的紧固螺丝，卸掉曲柄销与连杆连接的穿销螺丝，将连杆拉开，可用手拉葫芦调节，将连杆移至曲柄插头以上即可。因为此时的位置是曲柄在180°，连杆正好将曲柄键挡住不能操作，所以要拉开一连杆为拔键做准备，如图6-3-2所示。

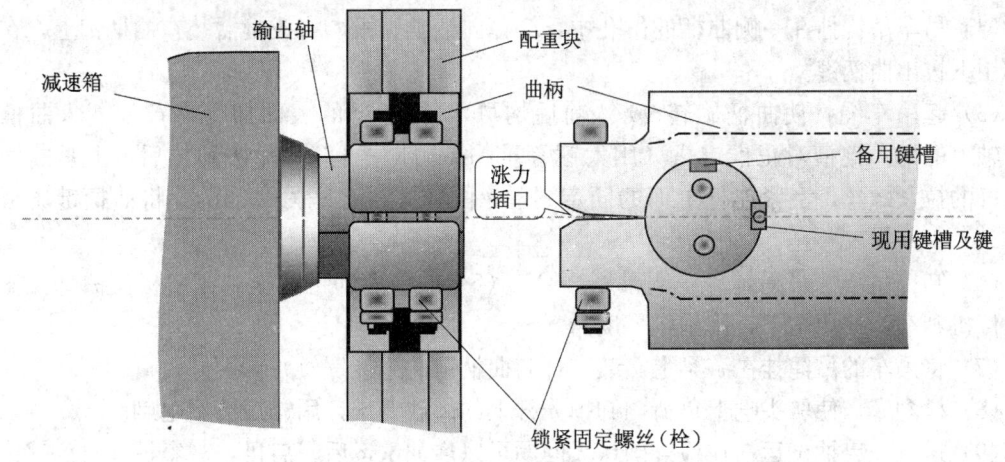

图6-3-2 输出轴与曲柄安装示意图

（4）卸掉曲柄拉紧螺栓，使曲柄处于自然挂在输出轴的位置上。在曲柄的叉头部位加斜铁，用大锤打紧为的是涨开曲柄的叉头便于拔键操作。卸掉曲柄键挡板，上拔键器把与曲柄键合适的接头螺丝上紧到曲柄键上。通过拔键器后部振荡重块的震荡作用拔出曲柄键。

（5）检查曲柄键的尺寸，是否符合设计尺寸、加工精度等要求。如果各项指标都能达到要求，就要检查曲柄键槽和输出轴键槽，是否符合曲柄键的尺寸要求，配合间隙是否匹配。

（6）如果确定能够使用，可将曲柄键重新加入到键槽中，如果是曲柄的键槽与输出轴键槽不相匹配可加工异形（非标准件）键解决。

（7）装曲柄键，输出轴键槽与曲柄轴键槽对正，在对键槽时，如少量错开键槽可松开刹车，一人盘动电动机轮，另一人拉刹车控制，要求两人配合好，对正键槽拉刹车后装键，如果键槽错开的角度比较大，可用手拉葫芦拉动曲柄，转动一个角度对正曲柄键槽，将曲柄键抹少许黄油，插入键槽，也可将皮带卸掉转动大皮带轮使键槽对正。

（8）将铜棒垫在曲柄键上，用手锤击打铜棒直至曲柄键到位。上好曲柄键挡板及两条紧固螺丝，卸掉叉头上的两块斜铁，上紧曲柄的两条拉紧螺丝及开口销。

（9）连杆复位，穿上曲柄销的穿销螺丝，紧固好。松刹车使驴头吃上负荷，卸掉卸载卡子，撤去吊车或手拉葫芦。光杆上有毛刺时，用锉刀挫平。

如果操作时加拔键器拉曲柄键也拉不动，可用吊车或手拉葫芦调节角度直至将键拉出键槽，用游标卡尺检查曲柄键是否符合要求，用内卡测量键槽是否受损。如键不能用可更换一新键。如键槽不能用时，可更换输出轴上的另一组键槽。确定能使用时，可重新装好键。用手锤来打键，击打时应垫铜棒直至曲柄键复位即可。

2. 第二种操作方法（换键槽，即现用的键槽已磨旷，不能再用了。）

(1) 在下死点位置停机，断电拉紧刹车，有井场水套炉的井关小炉火。

(2) 在光杆密封盒上打卸载卡子，卸掉驴头负荷。吊车吊挂在游梁前部（结构不平衡为正值时，吊车的吊钩应挂在尾梁部位上）。

(3) 卸掉连杆与曲柄销连接螺栓，放下游梁，如结构不平衡为负值时，中央轴承座前垫一木方。结构不平衡为正值时，中央轴承座后部垫一木方，为的是不使游梁直接压在中央轴承座的顶丝上，以免压弯顶丝，同时游梁的倾斜角也不太大，便于吊装，放下吊钩。

(4) 吊车吊钩挂在一侧曲柄的吊孔中，卸掉曲柄键压板，将拔键器装在曲柄键上，在振荡作用下拔出曲柄键。

(5) 起吊车绳，使曲柄旋转90°（前后均可），把新键的表面加少许黄油插入曲柄与输出轴上的另一键槽对正推进去（用大锤等重物敲击向里打），确认到位后，上紧曲柄销与连杆的拉紧螺丝，上紧连杆上面的固定螺丝；同样方法上好另一侧的。将曲柄键压板装好。

(6) 卸掉吊车的吊绳，另一侧重复（4）、（5）的内容即可，松刹车启机使曲柄至零度角，停机刹车，或用吊车直接吊至零度角。

(7) 将吊车的吊绳挂在游梁上，装连杆与曲柄销的连接螺丝并紧固好。

(8) 松刹车，使驴头吃上负荷，卸掉光杆上的卸载卡子，用锉刀锉平毛刺。

(9) 送电，启抽试运：在检查确认无问题可以启抽试运后，启机，观察拆卸过的部位有无异常声音。

(10) 在一切正常后就可正常生产了；调大水套炉的炉火，收拾工具，填写记录。

三、注意事项

(1) 停机后必须切断电源，防止自动启动；

(2) 高空作业时必须佩带安全带，在给游梁垫木方时人必须站在侧面；

(3) 吊车配合时，注意不要伤人。

四、相关知识

拔键器：拔键器是把曲柄键从键槽中拉出，因为键比较大配合间隙小，长时间使用不是很容易就拉出来的，因此需要做一个拔键器，才能省力地拔出键，它是由接头螺栓M20（根据机型曲柄键上开孔大小来决定，或做成一套几种直径的可以更换），拔键器杆，振荡块，挡板等部件组成，如图6-3-3所示。

使用方法：把接头螺栓拧在曲柄键的螺孔中（如果平时处理此类故障比较少，接头螺栓与拔键器的连接可以采用一次性焊接的方法，如果处理此类故障较多，可以采用卡头接头螺

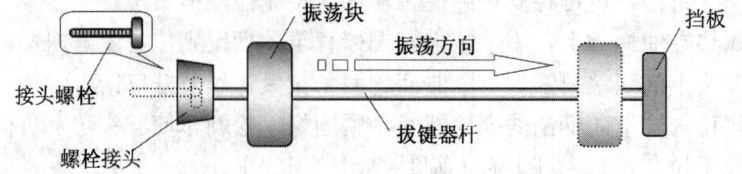

图6-3-3 拔键器及使用操作示意图

栓的方法，接头螺栓两侧均为螺纹的连接方式）将拔键器杆与接头螺栓连在一起。将振荡块推到前面，猛用力将振荡块推向挡板，产生反推动作用和振荡作用，使键在振荡与拉力的作用下离开键槽，如果键比较紧，一人的力不足以拉出键时，在振荡块上有两个吊环，可拴上绳子，两人加力使键拔出，应注意的是键拔出一大部分时，就把拔键器卸掉，以免拉弯接头螺栓或掉下来时砸到人。

第四章 分析资料

第一节 解释抽油机井理论示功图

学习目标 抽油机井理论示功图是理想化地描述了深井泵工作状况,它是分析实际示功图的基础,只有对其真正理解掌握,才能对实测示功图有一个正确的分析思路;通过本节学习,使学习者能够对理想的理论示功图进行全部内容的准确分析和解释。

一、准备工作

(1) 理论示功图一幅(只考虑弹性变形)如图 6-4-1(a)所示;

(2) 示功图力比,减程比;

(3) 直尺一把,记录笔一支。

二、操作步骤

(1) 在给定的理论示功图上,建立悬点载荷纵向坐标,光杆冲程横向坐标,如图 6-4-1(b)所示,OP 为悬点载荷坐标,OS 为光杆冲程坐标。

(2) 标出理论示功图光杆上下死点:上下死点 A 和 C,增载终止点 B 和卸载终止点 D,如图 6-4-1(c)所示,其中 AB 斜直线段为增载线段,即井口光杆卡子到井下活塞间的抽油杆和油管的弹性变形(杆伸长,管缩短)过程;BC 平等直线段为悬点最大载荷线段,即活塞与光杆同步上行的抽油过程;CD 斜线段为卸载线段,即悬点到活塞间杆管变形(杆缩短、管伸长)的过程;DA 直线段为悬点最小载荷线段,即泵吸油过程。

(3) 作 B、C、D 三点分别到纵坐标与横坐标垂直线段,如图 6-4-1(d)所示:

其中:CC' 垂线高度为光杆悬点最大载荷值,大小等于 CC' 图长度乘以力比为实际计算的该井理论 $P_大$ 值;DD' 垂线高度为光杆悬点最小载荷值,大小等于 DD' 图上长度乘以力比为实际计算的该井理论 $P_小$ 值;CC' 长度减去 DD' 长度为活塞截面以上的液柱载荷值,大小等于 AB' 图上长度乘以力比为计算的实际液柱载荷;BB' 为光杆上行时活塞的冲程损失,它也等于 $D'C'$ 的长度,即光杆对活塞下行时的

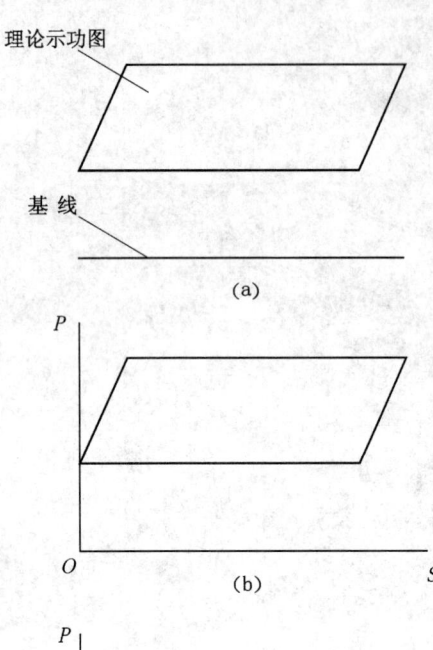
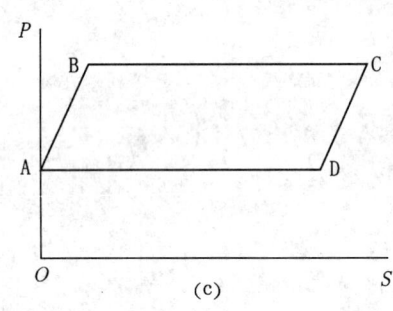
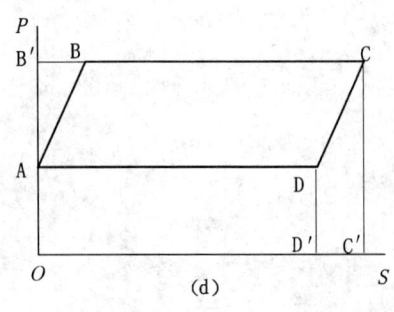

图 6-4-1 抽油机井理论示功图分析示意图

冲程损失；图中 OD′AD、BC 均为活塞的实际冲程长度（相对井口光杆，非井下泵筒）；OC′把为光杆实际冲程长度。

(4) 计算抽油泵做功：上冲程（A—B—C 过程中）所做功的面积（力乘距离）减去下冲程（C—D—A 过程中）所做功的面积，实际上就是理论示功图 ABCD 平行四边形自身的面积的大小。

三、注意事项

标出线清晰，标出点明确。

第二节 分析抽油机井实测示功图

学习目标 分析抽油机井实测示功图是采油工经常性的重要技能（工作）；对理论示功图，典型示功图的分析学习都是为了一个目的，即对抽油机井现场实测的示功图服务（分析），以此来帮助操作者（分析者）能够对现场实测的示功图进行准确的分析；通过本节的学习，使分析者能够根据抽油机生产数据（同步测试、量油等），对实测的示功图进行准确的分析判断，并提出合理的可行的措施意见。

一、准备工作

(1) 某井实测近期连续 3 张示功图，其中至少有 1 张（是重点分析的一张）图有同步测试、量油资料；

(2) 纸、笔、计算器；

(3) 测试仪（器）力比、减程比；

(4) 该井抽吸参数（冲程、冲速）。

二、操作步骤

1. 进行定性

根据所给示功图图形进行初步定性示功图的类型，即抽油泵是干活的、还是不干活的（生产现场叫正抽图、非正抽图）、二者之间的、或是特殊的图形。

2. 进行定量

(1) 根据所给生产参数、力比，计算理论 $P_大$ 与 $P_小$ 值并标注在实测示功图上；此步骤从国内各油田测试技术发展水平趋势看，目前都基本普遍采用了电子示功仪，这样在实际测试示功图的同时，理论 $P_大$、$P_小$ 就直接打印在示功图上了，如图 6-4-2 所示，见图中的虚线。

(2) 对实测示功图进一步（定量）判断为：在理论 $P_大$、$P_小$ 标出后，图形整体位置就一目了然了，可根据图形整体是在 $P_大$ 与 $P_小$ 之间，还是在接近 $P_小$ 或是接近 $P_大$，甚至是低于 $P_小$。就可判断出：泵正常、游动阀漏失、固定阀漏失、脱泵等；

(3) 结合测试液面资料、量油资料就可准确判断出示功图所反映的井下实际状况；具体参见第一部分第三章资料分析相关内容。

最后得出结论：泵况是好的、一般（有一点漏失、结蜡等）、较差、脱泵等。

3. 结合前期图形和资料定趋势

把本此实测示功图与前期图形和资料进行对比分析就可得出：

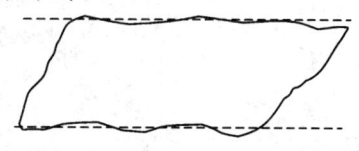

图 6-4-2 抽油机井示功图（电子式）

（1）图形没有变化：泵效保持稳定，就可判断：泵况是处于较好的状态上；

（2）图形变好：动液面不管如何变化，只要泵效没有变化，泵况是处于较好的状态上；

（3）图形变差：动液面若升高，泵效肯定是降低，也就是泵况在变差；动液面若是降低，泵效也降低，可判断该井泵况是受供液能力影响，必须在改变供液能力的基础上，改变泵况。

4. 提出措施意见

根据上述分析，提出具体措施意见，如泵较好，但液面较高，是否可再调大生产参数；供液能力不足的，要调少生产参数；固定阀有轻微漏失迹象的，是否要进行洗井；液面高，图形好，但泵效小于 30% 的，是否油套窜等，要抽压核实等措施。

三、注意事项

（1）要综合分析各种资料，准确判断出抽油泵工作状况。

（2）当多种因素影响时，要抓住主要原因分析，提出措施。

第五章　测绘工件图

学习目标　测绘工件图就是依据工件（零件）实物画出草图，再将草图整理成零件图的过程；这在采油工的工作中虽然是很少遇到的，但作为采油技师在采油工程技术工作中，特别是技术改造、革新等实际生产问题中是必须做的，这也是体现采油技师水平的地方；通过本节的学习，使操作者能根据给定的简单工件实物测量并绘制出符合加工要求（标准）的零件图。

一、准备工作

（1）被测绘工件或模型实物1件，图例中为抽油机井电动机底座顶丝块，如图6-5-1（a）所示；

（2）常规测量绘图工具一套，游标卡尺一把；

（3）图纸、笔、尺、橡皮、擦布、图板等。

二、操作步骤

（1）用擦布擦净被测工件并仔细观察其结构，了解工件用途等，确定要表达的视图方案。

（2）根据确定要画图方案及图纸尺幅，画基线和轮廓线，定位线（比例），如图6-5-1（b）所示，本工件实际只需主、侧二个视图就可表达清楚。

（3）画出主视图、侧视图的草图，如图6-5-1（c）所示：用铅笔轻画细线、轮廓线、基准线，关键几何形状（孔、拐角等）。

（4）用卡尺等测量工具，先量整体几何尺寸（长、宽、高等）并标注在草图上，本工件关键定位尺寸是上螺纹孔（顶丝杆）与第二台阶面的距离，因它与顶丝块固定螺栓（帽）不

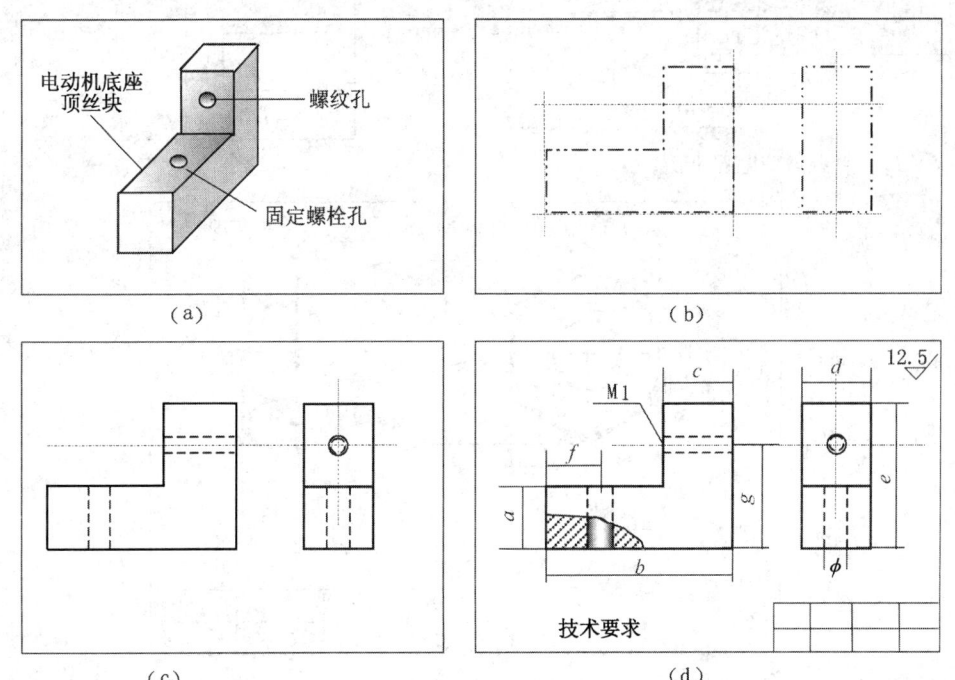

图6-5-1　抽油机井电动机底座顶丝块测绘

能相碰；逐一测量标注清楚后，再逐一测量核对一遍标注的数据有无错误，还要标写尺寸单位（如常用的 mm）。

（5）核对图中各尺寸，无误差后逐一用直尺等工具描清，粗细得当，如图 6-5-1（c）；全部描完后，确认无误用橡皮擦去多余线条。

（6）再根据工件图特点和视图表达情况确定那个部位需画出局部剖面图，并在原图上画出剖面图；如图 6-5-1（d）所示。

（7）标注尺寸（按标准重描或写）圆孔、倒角、表面光洁度等，如图 6-5-1（d）；在图上适当位置填写技术要求和图例、工件名称、比例、测绘人、单位等。

三、注意事项

（1）图纸要符合制图基本要求，文字数据准确清楚，标注准确。

（2）视图以能表达清楚工件为原则，能少画的一定不要多画，求全。

（3）标注尺寸不能重复，更不能丢掉，尺寸单位、标注和说明要一致，比例尺合理。

四、相关知识

1. 机械制图知识

（1）画图方法及尺寸标注，三视图、零件图如图 6-5-2 中的（a）、（b）、（c）所示：

（2）常用工件标准代号：参见《机械制图知识》有关书籍（内容略）。

2. 测量工具及使用方法

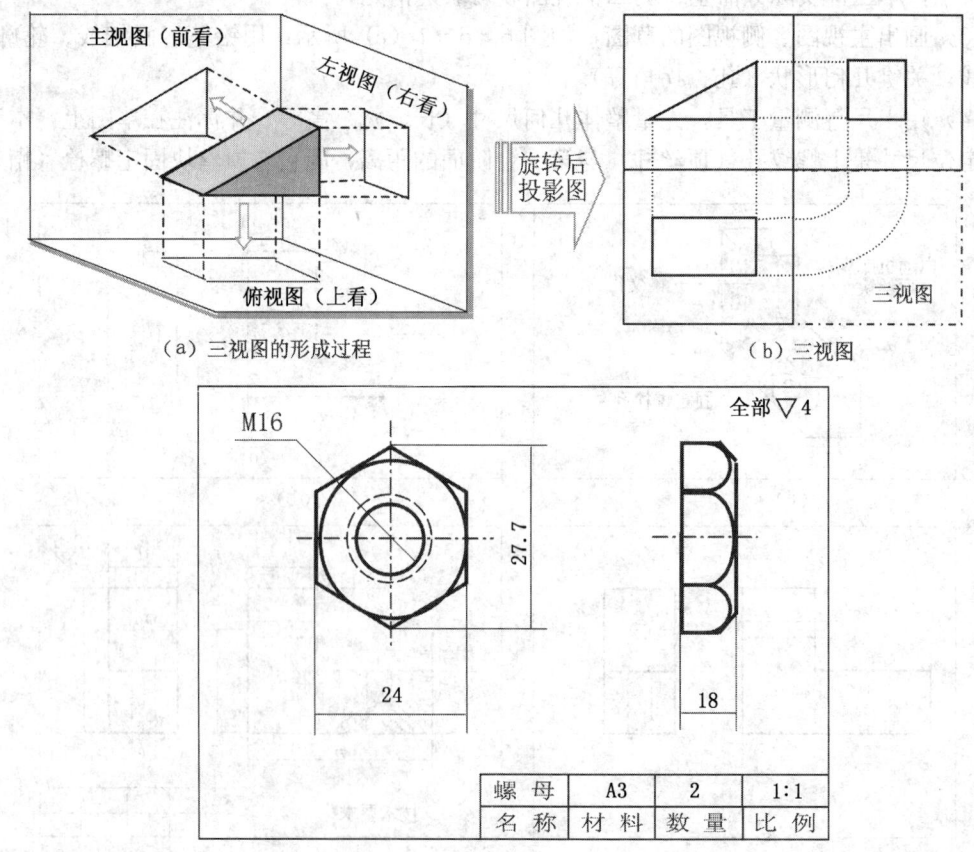

图 6-5-2 三视图与零件图（样例）

第六章 管　　理

第一节　组织 QC 小组开展活动

学习目标　QC 小组是企业实现全员参与质量改进的有效形式，组织开展好 QC 质量小组活动是技师参与本单位生产管理、提高效率的分内职责，通过本节学习使操作者能依据 QC 质量管理小组活动程序，对本单位已建立的 QC 小组按其活动课题（时）进行开展活动。

一、准备工作

（1）本单位 QC 小组状况表。
（2）目前确定的活动课题（目标）。

二、操作步骤

（1）对已组建的 QC 小组基本情况进行摸底了解：对其成员情况、基本条件、已往活动简历、曾达到的水平和保持的现有成果等进行了解掌握。

（2）对已确定的课题内容和性质进行分析。
①课题是上级业务部门指定的还是小组从现场生产实际存在的问题中选定的。
②选定的课题本身是否符合质量管理标准：即一目了然、具体准确。
③并依据所掌握的知识初步评定课题的可行性、有多大的价值等。

（3）积极组织、参与小组活动，进行现状调查。
①对收集调查的数据进行整理、分析，用数据说明问题、存在的原因。
②调查的方法要科学合理，常用的方法有：调查法、列图表，排列图、直方图，控制图等。

（4）组织成员对调查的结果进行讨论分析，设定小组活动目标：即小组活动要把问题解决到什么程度（为以后检查活动的效果提供依据），并确定其量化值以及对制定目标理由作必要的陈述；使所有成员都能从中得到启发和坚定信心，最后用柱状图或折线图等（表达出来）形象地描绘出来。

（5）在问题调查目标明确后，广泛发动小组成员开动脑筋（思路）分析原因：找究竟是什么原因造成的这个问题，可把所设想的全部要素（认为是可能产生问题的原因）一个一个地分析、判断，再逐个排除，确定出真正的原因（见附例中图 2、图 3），经过反复的、恰当的方法分析后，在最后确定原因中，分头组织成员到生产现场去逐一验证、测试、测量，根据哪一个对问题影响程度大从而确定主要原因是什么（见附例中表 3、表 4）。

（6）针对主要原因制定对策：
①首先让小组成员提对策，集思广益；
②把提出所有对策针对每一个原因加以分析确定；
③选出的对策列表，为下一步实施对策提供依据（见附例中表 6）。

（7）实施对策：即在对策制定后，组织成员按照对策表所指严肃、细致、认真、负责任地去实施，并对其过程和有关数据详细地记录，对实施过程如遇到困难进行不了的，可组织成员讨论并制定新的对策。

(8) 检查效率：在对策表所列项目都实施后，把每个过程的记录数据和结果进行计算对比分析，对达到的程度是否需要再进行 PDCA 的值进行确定；经济效益是多少。

(9) 制定巩固措施：即认真组织小组把措施中有效的措施内容如何巩固下去等。

(10) 总结及下步打算：组织成员一起进行分析：①解决和没有解决的；②成功和不足的地方；③编写本次小组活动报告（成果报告）。

三、注意事项

(1) 所有活动内容及数据要客观求实，不能虚拟应付了事。

(2) 方法、图表要规范合理。

(3) 不能把 QC 活动小组搞成单一的技术分析小组。

四、相关知识

(1) QC 小组概念：是在生产或工作岗位上从事各种劳动的职工，围绕企业的经营战略方针目标和现场存在问题，以改进质量、降低消耗、提高人的素质和经济效益为目的组织起来，运用质量管理的理论和方法开展活动的小组。

(2) PDCA 循环：PDCA 循环是 QC 质量小组活动的规律（程序）中的 4 个阶段：即 P (Plan) 计划、D (Do) 执行、C (Check) 检查、A (Action) 处理；其中 P 阶段通常包含四个步骤：找出存在问题、分析产生问题原因、找出主要原因、制定对策；D 阶段只有按制定的对策实施；C 阶段为检查所取得的效果；A 阶段包含两个步骤：制定巩固措施，防止问题再发生；指出遗留问题及下一步打算。

(3) 附实例：

[附例]《运用 QC 方法降低烧电动机事故率》

1. 前言

目前，抽油机井所占比例逐年增加，抽油机的动力装置电动机的故障率逐年增加，为保证油田的高效益可持续发展，我队在依靠科学技术的同时，还要依靠科学的管理方法来强化管理，因此，我队在降低烧电动机事故率，降低生产成本上应用 QC 方法。

2. 小组概况

小组概况见图 1，小组成员见表 1。

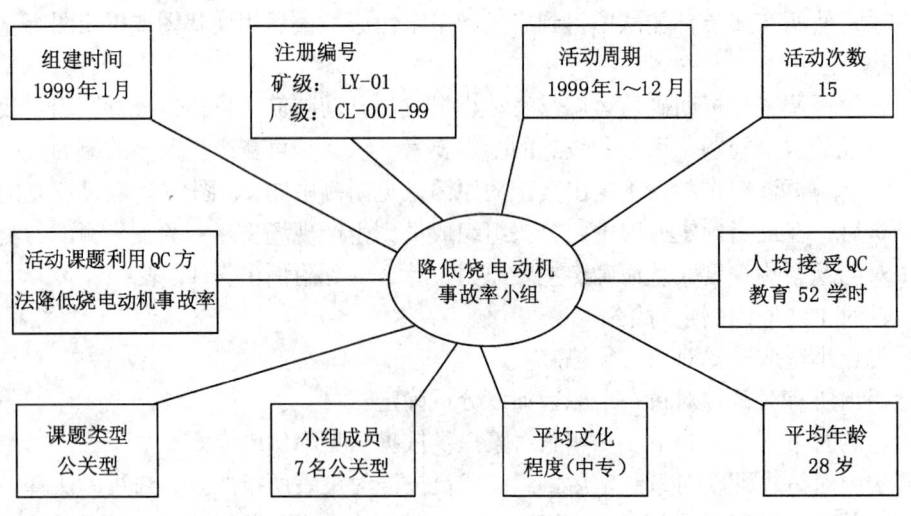

图 1 小组概况图

表1　QC小组成员明细表

序号	职务	姓名	年龄	文化程度	成员分工
1	组长	韩××	29	大专	全面协调
2	组员	王××	28	大专	组织协调
3	组员	卢××	40	中专	设备安装及维修
4	组员	褚××	26	大学	设备安装及维修
5	组员	康××	28	中技	设备安装及维修
6	组员	常××	26	中技	设备安装及维修
7	组员	张××	29	中专	资料整理

(1) 1998年，我队共烧电动机8台，按平均每台11500元算，经济损失达9.2万元，同时，还给生产管理带来了很大的工作量，浪费了大量的人力、物力，企业损失较大。

(2) 烧电动机问题存在着普遍性。我矿共有12个采油队，据统计1997年烧电动机121台，1998年烧电动机109台。

(3) 目前，企业管理从生产数量型向质量效益型转变。为保证少投入、多产出，走质量效益型发展道路的厂质量方针，需加强管理，从管理中要效益，降低故障率，减少成本消耗。

(4) 活动目标值：确定烧电动机事故率从去年的14.2%（8台）降为3.5%（2台）。

3. 基本情况分析

通过对101队1998年烧电动机情况统计分析和调查验证，我们基本上找出了烧电动机的因素，见表2及图2。

表2　存在问题统计表

序号	存在问题	频数	累积频数	频率	累积百分数
1	配电箱缺少保护装置	6	6	75.0%	75.0%
2	电动机绝缘老化	1	7	12.5%	87.5%
3	电动机轴断	1	8	12.5%	100.0%
合计			$N=8$		

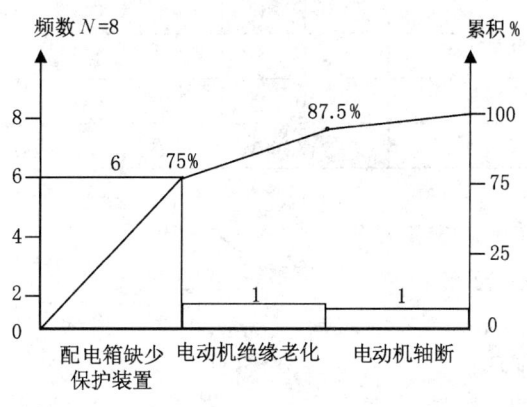

图2　问题排列图

由以上统计表和排列图可以看出,存在问题最大的是电动机配电箱缺少保护装置,其累计频率达到 75.0%,对此,我们进行了原因分析见图 3。

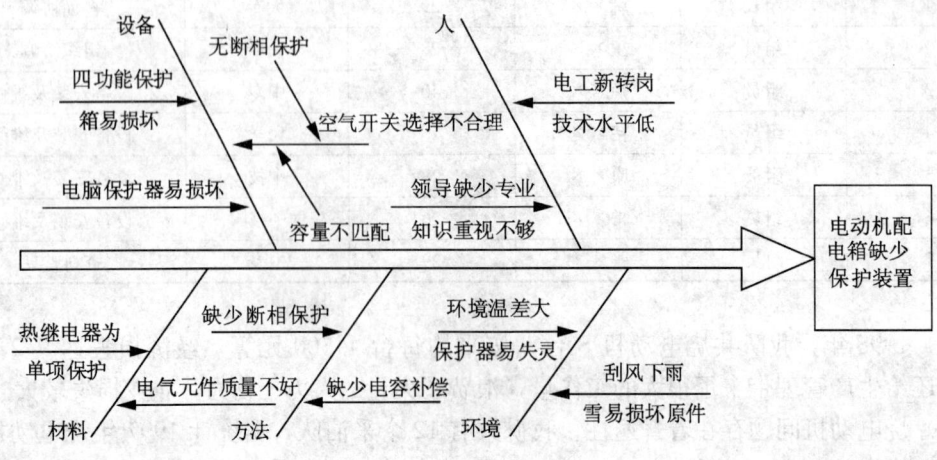

图 3　因果分析示意图

通过以上分析,我们找出了五个方面的 11 项因素,为了找出主要因素,我们 QC 小组聘请了我矿有经验的电器责任工程师和小组成员一起,用 01 评分法,对 11 项因素进行了原因重要程度评价,重要打 1 分,次要打 0 分,详见表 3。

表 3　因素重要程度评分表

因素 评委 得分	电工新转岗水平低	领导缺少专业知识	空气开关选择不合理	四功能保护箱易损坏	电脑保护器易损坏	热继电器为单项保护	电气元件质量不好	缺少断相保护	缺少电容补偿	环境温差大易失灵	刮风下雨雪易损坏
韩××	0	1	1	1	1	1	1	1	1	0	0
王××	1	1	1	1	1	1	1	1	1	0	0
卢××	0	0	1	1	1	1	0	1	1	0	1
康××	0	0	1	1	1	1	1	1	1	1	0
褚××	0	0	1	1	1	0	0	1	1	0	1
张××	1	0	0	1	1	1	1	1	1	1	1
常××	1	0	1	1	1	1	0	1	1	0	0
方××	0	0	1	1	1	1	0	1	1	1	0
总分	3	2	7*	8*	8*	7*	3	8*	8*	3	3

通过评分,确定了主要因素是 6 条:

(1) 空气开关选择不合理;

(2) 四功能保护箱易损坏;

(3) 电脑保护器易损坏;

(4) 热继电器为单相保护;

(5) 缺少断相保护;

(6) 缺少电容补偿。

4. 要因验证

为了进一步验证结果是否正确，我们QC小组进行了要因验证，详见表4。

表4 要因验证表

项目	序号	原因	现状	影响程度	验证人员	验证时间	是否要因
设备原因	1	空气开关选择不合理	容量不匹配，部分无速断保护	60%	韩×× 卢××	1.10～1.11	是
	2	电脑保护器易损坏	有5台损坏不能修复	56%	王××	1.10～1.11	是
	3	四功能保护箱易损坏	有4台损坏不易修复	80%	常××	1.12～1.14	是
材料原因	4	热继电器为单相保护	大多数井采用单相保护	54%	康××	1.12～1.14	是
方法	5	缺少断相保护	大多数缺少断相保护	91%	褚××	1.15～1.16	是
	6	缺少电容补偿	大多数缺少电容补偿	90%	张××	1.15～1.16	是

通过要因验证，进一步证明目前找出的6条主要原因是正确的。

5. 制定对策

根据我队抽油机井配电箱种类和实际情况，我们QC小组进行了功能方案对比，详见表5。

表5 功能方案对比表

序号	种类	保护功能	所占比例	缺点	优点
1	磁力启动器系统	过载保护	75%	保护少	线路简单价格便宜
2	电脑保护器配电箱	过载保护，短路保护，断相保护	11%	不适应恶劣环境易损坏，不易修复，价格昂贵	体积小，保护功能全
3	四功能保护配电箱	过载保护，短路保护，断相保护，自动启机	9%	线路复杂，元件多，易损坏，不易维修，价格贵	保护功能全

通过QC小组的反复比较讨论，制定出了新的配电箱保护系统，决定取消电脑保护器和四功能配电箱，在磁力启动器系统配电箱的基础上，进行改造，选择了合理匹配的空气开关（具有过载和短路速断保护），把单相热继电器改为三相保护的热继电器，并且改造线路，加装一个中间继电器，起断相保护，加装一个电容器，起电容补偿作用，改造后的配电箱具有线路简单，易于维修和更换，保护功能全，价格便宜，受环境影响小等特点，实用性较强，原理详见图4，图5。

6. 对策实施

根据制定的对策，截止到3月1日，我队QC小组逐步完成了各项措施，见表6，具体实施如下：

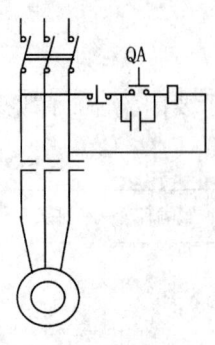
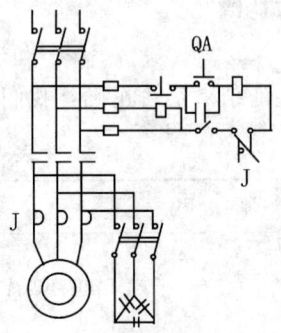

图 4　磁力启动器线路原理图　　　图 5　改造后线路原理图

表 6　对策措施表

项目	序号	要因	措施内容	目标	实施人	完成时间
设备原因	1	空气开关选择不合理	选择带过载和短路保护,合理选择容量,使匹配合理	100%	韩×× 卢××	
	2	电脑保护器易损坏	拆除改造	100%	康×× 常××	
	3	四功能保护箱易损坏	拆除改造	100%	康×× 常××	
材料	4	热继电器为单相保护	改用三相式保护的热继电器	加强过载保护	韩×× 常××	
方法	5	缺少断相保护	加装一个中间继电器	杜绝缺相烧电动机	康×× 常××	
	6	缺少电容补偿	加装一个电容器	减少电动机启动负荷,延长电器使用寿命	常×× 褚××	

实施一　针对空气开关选择不合理问题,我们 QC 小组严格进行了选择,选择沈阳低压开关厂出的 DZ10-100/380,DZ10-250/380 两种型号,根据电动机的功率,进行合理匹配,杜绝大配小或小配大,具体如下:

(1) 30kW　配备 DZ10-100/380　60A 型空气开关;
(2) 40kW　配备 DZ10-100/380　80A 型空气开关;
(3) 45kW　配备 DZ10-100/380　100A 型空气开关;
(4) 55kW　配备 DZ10-250/380　120A 型空气开关;
(5) 75kW　配备 DZ10-250/380　140A 型空气开关。

实施二　针对电脑保护器和四功能保护箱易损坏失灵的问题,根据现场使用环境和不易维修及缺少配件等原因,把原箱配件拆除,改为新型配电保护系统。

实施三 针对热继电器为单相保护的问题，采取更换为带三相保护的热继电器，加强保护功能，型号为 JR16-150/3D，并按电动机功率匹配为 85A、120A、160A 三种：

(1) 30kW，40kW，采用 18#，额定电流 85A；

(2) 45kW，55kW，采用 19#，额定电流 120A；

(3) 75kW，采用 20#，额定电流 160A。

实施四 在线路中加装一个中间继电器，把 a、c 两相控制小线以外的 b 相引入线圈，使任意一相熔断器烧坏都能立即断相保护停机，杜绝两相运转烧电动机事故（中间继电器为 10A，价格 20~30 元）。

实施五 加装一个三相移相式电容器进行电容补偿，保护电器设备受启动大电流的冲击，保护电动机，延长电动机使用寿命，而且能达到减少网络电压波动大和节能的效果。

7. 效果分析

1）统计分析

通过 QC 小组全体成员的努力工作，这种保护性强的配电箱在我队得到实际应用，得到了检验，烧电动机的事故明显下降，我们于 12 月 15 日~12 月 20 日对烧电动机的因素重新进行了调查分析，效果见表 7。

表 7 效果对比表

项 目	措施前（1998 年）	措施后（1999 年）	差 值
配电箱缺少保护装置	6	0	6
电动机绝缘老化	1	0	1
电动机轴断	1	1	0
累积频率	8	1	7

从表 7 明显看出，措施前后截然不同，出现问题的频率明显下降，配电箱缺少保护装置因素，造成的烧电动机的事故率降为 0，截止到 12 月，今年烧电动机一台，烧电动机事故率为 1.75%，达到目标要求。

2）经济效益

从经济效益上看，由于烧电动机事故率的降低，减少直接损失 8.05 万元，并且提高了油井的时率，保证了产量的完成，减少工程维修费用，具有较高的间接经济效益。全矿在 2000 年将全面推广使用这一成果，预计可减少损失 95.7 万元。

8. 巩固措施及标准化

为了巩固我队 QC 小组取得的成果，小组成员对本次活动所采取的措施进行了认真总结，制定了以下标准措施：

(1) 编制《多功能保护配电箱的配备说明及维修手册》，应用在生产实际中；

(2) 加强岗位练兵和技术培训，提高采油工及电工的日常巡回检查能力；

(3) 加强配电箱的维修保养工作，制定维修保养制度，做到旬检查、月保养；

(4) 将岗位工人对配电箱的维修保养工作考核到队奖金制度中，强化管理。

9. 下步打算

通过这次 QC 小组的活动，取得了一定的成绩，使我们认识到了 QC 在生产管理中的重要性，同时，也看到在我队的生产管理工作中，还存在很多的问题，例如，抽油机井皮带消耗较大，成本较高。因此，我们下步针对《利用QC方法，延长抽油机井皮带使用周期》这一课题进行活动，目标值为由平均102d延长到150d。

第二节　编写阶段生产总结报告

学习目标　生产总结报告是生产单位每年（阶段）对其完成企业所下达的经营目标和生产管理进行的有目的性的回顾和对下一年的工作进行展望；编写年度生产总结报告也是展现采油技师的技术水平和综合分析能力；通过本节的学习，使采油技师能够围绕本单位的生产经营目标，按照相关的必要格式要求，对采油生产管理中有关地质开发、采油技术、工程改造、管理模式等实际情况，进行本单位（区块）的年度生产工作总结，为生产决策者提供必要的参考管理模式，为上级业务部门提供可靠的工程数据。

一、准备工作

（1）本单位过去一年的有关生产方面工作量及完成生产任务的统计数据；
（2）本单位过去一年的有关采油工程、地质、技术培训等方面的资料；
（3）本年度单位从事相关的专业技术成果及具体数据资料等。

二、操作步骤

1. 首先拟定标题

如果本年度里在生产经营管理方面有新成果或新思路（被上级认可的）应用的，可以突出其内容为标题写年度总结；否则按常规写即可：如"×××采油队（区块）××××年度工作总结及××××年工作安排设想（计划）"。

2. 简要概括性地交代过去一年的工作总体情况

通常以"××××年我单位（区块）按照油田开发方针××××××××及××××要求，积极努力地××××同时，认真落实×××××××，结合生产实际情况，在采油生产管理、采油工程技术、地质开发和××××专项攻关等方面积极开展工作，不仅按期（计划）较好地完成了各项生产任务（经营目标），而且在采油技术应用上也取得了突破性的进步。"特别是拟有某项（方面）的标题时，一定要扣题。

3. 重点详细写过去一年里所做的主要工作及结果

可直接用小标题来描述每项具体工作：是在什么环境条件下着手干的，具体是如何实施开展的，采用了什么手段（技术），得到了哪些业务部门的指导和帮助，目前取得的成果如何，还存在哪些问题，等等；通常主要有以下几个方面（具体可参考本油田生产工作再添加）：

1）生产管理方面

重点描述本单位在上级下达的经营指标任务后，面对设备老化、新技术××××××××等困难，在加强管理和发扬×××××××精神外，充分依靠技术的提高，员工素质的提高，上下共同努力取得了××××××××成绩；并列出当年的各项生产管理指标（油水井、设备、计量仪表的完好率、利用率、时率、机采井的正抽率、利用率、时率、合理率、断脱率、检泵率等）完成情况，最好是画出表格对比。

接着可以再细写：抓好基础工作（日常管理如何，制度健全如何，资料录取如何，生产参数优化等）；生产规章制度落实（热洗、加药、套管放气、三定三率注水等）；施工作业（以油井检泵作业施工质量监督为主的压裂、酸化、堵水、方案调整等）等方面的具体工作内容。

2）采油工程技术方面

现有成熟采油技术坚持应用抓好——根据本油田及本单位采油特点和共性（各个油田均采用的）概述说明即可；针对生产中的难题——自己或上级业务部门帮助进行了哪几项专题攻关，是什么样的难题（如抽油机井杆管偏磨问题），影响的程度，采取了什么样的技术手段，规模如何，效果（对生产管理和原油产量）如何，下一步打算，等等；新技术推广或应用——就本单位采油生产状况，应用或推广了什么样的新技术，重点解决或促进提高的是什么，新技术的可操作性如何，在本单位员工中实际推广应用的范围大小，结果如何，存在问题是什么，是员工技术的差距，还是生产客观实际情况不适宜采用（生搬硬套）等，或对其进行部分改进一下（当然不是原技术的关键点），再进行应用。

3）员工技术培训方面

员工技术培训总目标——外培训、内操练全面提高员工技术素质；具体的外培情况——全年培训多少人，培训形式如何，结果如何（多少人或得了什么级别的证书）；内部培训操练情况——分工种、分级别、分岗位的具体培训，整体与个别等形式的岗位实际操练，有多少人次，结果如何，岗位实际生产操作水平达到什么程度，技术比赛中有多少人次获得什么级别的称号等；对新技术的学习——室内怎样教学的，现场如何示范操练的、帮教的；在整体氛围上干部是如何带头学的，各种比赛成绩好的，是如何奖励表彰的；以上的结果对单位各项生产管理水平的提高和任务的出色完成起到了什么样的作用。

4）其他方面

如抓好以 HSE 管理体系为主的安全工作等。

4. 下一年工作安排设想（计划）

1）总体工作思路（参考如下）

根据企业（油田开发）"××××"方针，结合上级业务部门的"××××"采油技术会议精神，确定下一年的工作总体思路："以油田原油生产任务为重点，以经济效益为中心，加强基础工作，抓好队伍建设，精细管理，依靠技术进步和××××实现全年××××目标。

2）工作目标

把全年要完成或达到的开发管理指标、工程技术管理指标、安全等其他重要的指标，用图表或曲线逐一列出具体内容。

3）做好几项主要工作

为了完成上述工作目标，在总体工作思路的指导下，全年要做好哪几项主要工作（具体逐一写出，并简单交代一下每项工作制定的相应保障措施）。

三、注意事项

（1）年度生产总结报告是技术人员站在生产管理者的角度，对一个采油单位生产整体的总结分析活动。

（2）年度生产总结报告不能写成技术论文或生产动态分析，生产动态分析只是生产总结报告的一个具体部分，它可以更具体、更细致地进行描述，而工作总结是全方位的、综合性较强的整体叙述。

（3）对总结的内容要实事求是，应用的术语、参数概念清楚标准，数据及指标要准确可靠。

四、相关知识

（1）本油田各项生产规章制度、生产计划。

（2）总结报告文体格式。

第七章　理论和技能培训

学习目标　对企业员工的技术培训是关系企业发展的一项重要工作，作为技师有责任有义务搞好本单位员工的技术培训；通过本节对培训知识及培训范例的学习，使学习者能依据所掌握的知识，按教学方针目标和具体培训对象（初级、中级、高级工）情况，对学员进行理论知识和技能操作培训。

一、准备工作

（1）上级业务（培训）部门制定的教学方针和本期培训具体目标及要求；

（2）本期学员技术（资历）状况统计表；

（3）专业知识和相关知识参考书籍，笔、本等教学用具；

（4）教室、实习场地等必备的培训教学设施。

二、操作步骤

1. 制定教学计划

制定教学计划主要是针对培训目标、课程设置、基本原则、实例等具体内容的陈述，具体如下：

（1）首先熟悉掌握本期学员技术（资历）状况，结合培训目标和现有的教学设施，制定本期培训（班）的具体教学计划；应准备的教材等。

（2）制定具体培训目标及要求（以某期的采油工培训班为例）：

培训目标：通过本期理论学习和岗位实际操作，使学员的职业道德水平、业务理论知识水平和实际技能操作达到（某级别水平）要求，适应油田发展需要；

具体要求：①正确认识本职业（工种、岗位）在油田开发过程的重要性；在具体技术管理环节中每位成员的技术素质都起着至关重要的作用；要求人人都要认真学习，珍惜从事本职业的机会等（刚从事本职业的、初级工做此项要求）。②熟悉各种注采设备；③掌握注采工艺技术；④掌握油田地质和开发基础知识；⑤掌握井下分采分注工艺及技术；⑥熟悉各种常用工具、量具和电工基础知识；⑦明确本职业（岗位、工种）的工作范围和操作规程。

（3）课程的设置和要求（刚从事本职业和初级工的课程设置和要求）：

职业道德课：通过学习国家、企业的法律法规和形势教育等，使学员的职业道德水平、理论知识水平、思想水平不断提高，达到热爱祖国、热爱党、热爱企业、热爱本职工作。

专业技术理论：

①采油工程：使学员掌握采油、注水的基本原理；掌握抽油机井、电动潜油泵井设备的使用，并会一般的维护和保养。

②油田地质：使学员具有一定的普通地质、油田地质基础知识，掌握油藏的形成及开发原理。

③常用工具、量具及电工基础知识：使学员能正确使用工具、量具；具有一定的电工知识，掌握安全用电、合理使用电器设备。

实际操作技能：

①能进行注水井、抽油机井、电动潜油泵井的常规操作；

②能对抽油机设备进行一级保养、二级保养操作；
③能够分析简单故障，并能正确进行处理；
④会分析油水井第一性资料，能对生产动态进行简单分析并提出建议；
⑤会进行地下状态分析。

(4) 课时分配：

课时分配就是把上述所设置的课程及内容按轻重合理地分配本学期的学时，具体见表6-7-1所列。

表6-7-1　课时分配表

序 号	课程名称	课 时	备 注
1	采油工程	110	
2	油田地质	30	
3	常用工具、用具知识	20	
4	电工基础知识	20	
5	实际操作	100	
6	职业道德	30	初级工以上可不设

2. 制定教学大纲

制定教学大纲就是在上述课程设置及要求的基础上，依据课时分配，对各课程内容做更进一步具体要求和布置。

[课程一]：采油工程教学大纲（的制定）

1) 教学的目的和要求

(1) 了解钻井和完井与采油的关系；
(2) 明白油井自喷的原理；
(3) 掌握机械采油的原理及其有关的制度与管理；
(4) 掌握油田注水的目的及工艺流程；
(5) 掌握电动潜油泵的装置及工作原理。

2) 课时分配

课时分配见表6-7-2。

表6-7-2　课时分配表

序 号	章 节	课 题	课 时
1	第一章	完钻及井深结构	10
2	第二章	抽油机井采油	50
3	第三章	电动潜油泵井采油	40
4	第四章	注水工艺	20
5	第五章	分层开采	40
6		复习考试	10

3) 教学内容

第一章　完钻及井深结构：生产井射开油层及完井、井身结构、油水井结构及数据；

第二章 抽油机井采油：采油原理、生产参数及调整、示功图分析及泵况管理；
第三章 电动潜油泵井采油：采油原理、电流卡片分析、过欠载指示的判断；
第四章 注水工艺：井间注水生产流程、注水量调控、洗井及水质化验结果判断；
第五章 分层开采：分层开采原理、水井分注工艺、油井分层采油工艺技术、井下作业。

复习考试：对本课程内容各个部分的所学知识点进行考试：如初级工的重点是判断是与非；中级工的重点是理解和认识上；高级工的重点是分析、判断、应用、发挥等进行考核。

[课程二] 油田地质教学大纲（的制定）
[课程三] ……教学大纲（的制定）
……
[课程五] 实际操作技能教学大纲（的制定）

1) 教学的目的和要求

能够使学员了解和掌握注水井、抽油机井、电动潜油泵井的开关操作，第一性资料的录取方法、会分析判断油水井常见的简单故障，能根据油水井动态变化情况提出相应的措施和建议。

2) 课时分配

课时分配见表6-7-3。

表 6-7-3 课时分配表

序号	章节	课题	课时
1	第一单元	油、水井开关及资料录取操作	20
2	第二单元	抽油机井、电动潜油泵井热洗等流程操作	10
3	第三单元	电动潜油泵井过载、欠载停机	10
4	第四单元	油水井常见故障分析与判断	20
5	第五单元	抽油机设备的维护与保养	10
6	第六单元	抽油机井、电动潜油泵井动态分析	20
7	复习考试	复习考试	10

3) 教学内容

第一部分：实际操作注水井、开关井、抽油机井启停、电动潜油泵井启停；录取油套压、产液量、取样、测电流；给抽油机井加密封填料、换皮带。

第二部分：实际操作抽油机井——倒正常热洗流程、双管出油流程；电动潜油泵井控制双管出油流程、掺水流程。

第三部分：检查电动潜油泵井过载、欠载停机原因。

第四部分：更换抽油机配电箱熔断器；检查电动潜油泵井油嘴。

第五部分：实际进行抽油机设备一级保养、二级保养操作。

复习考试：对本课程内容各部分实习的重点（且具有代表性的）操作项目进行实际操作考试：如初级工的重点是开关井；中级工的重点是检查和准确操作上；高级工的重点是分析、判断处理故障上等进行考核。

3. 教学手段（方法）

教学手段主要是指就本期培训班的具体情况，利用现有的教学设施和条件，做出具有针对性的、较为具体的、可行的授课方法；常见的方法有：
（1）先感性后理性教学；
（2）示范操作法；
（3）启发性法；
（4）战略战术法；
（5）阶段性反复法：温故知新、举一反三等。
（6）现代化工具：现场不好操作（实际操作不了的）的，如井下抽油泵抽油过程，就可通过幻灯片进行室内模拟演示等；

4. 考评

考评是教学者对培训对象（学员），某阶段（其中、期末）所学的各方面内容进行一次综合评定；通常有两部分（方面）内容；一是考试：书面的理论答卷和现场实际操作考试，二是教学者根据培训对象（学员）在这一阶段平时所掌握的成绩（表现）进行综合评定。

三、注意事项

（1）培训不同于日常的技术课，后者是前者的一个具体内容的体现；
（2）教学大纲和课时分配一定要符合实际（学员状况和教学设施）；
（3）某具体实际操作课不能现场示范的，可在室内模拟进行；
（4）考试时对级别高的可适当加些计划外的内容（生产实际操作），但比例要小些。

四、相关知识

（1）本油田（厂、矿）员工年度培训计划及目标有关的文件。
（2）有关培训教学手册。
（3）技术培训：技术培训就是指国家或企业单位某部门对某职业（工种）的在岗及岗前的员工，依据本职业（工种）标准所进行的业务知识和操作技能的教学活动。

第七部分 技师、高级技师理论知识试题

鉴定要素细目表

行业：石油天然气　　　工种：采油工　　　等级：技师、高级技师　　　鉴定方式：理论知识

行为领域	代码	鉴定范围（重要程度比例）	鉴定比重	代码	鉴定点	重要程度	备注
基础知识 A（25%）	A	机械制图（06：04：02）	10	001	尺寸标注方法	X	
				002	三视图的概念	X	
				003	零件图的概念	X	
				004	常用零件的标准代号	Y	
				005	表面粗糙度的概念	Y	
				006	尺寸偏差的概念	Z	JS
				007	管道安装图的识别方法	X	JD
				008	工艺流程图的识别方法	X	
				009	工艺布置图的识别方法	Y	
				010	工艺安装图的识别方法	Y	
				011	平面布置的定位尺寸	Z	
				012	管道安装中常见图例	X	
	B	金属材料一般知识（04：03：02）	5	001	金属材料的分类	Y	
				002	金属材料的机械性能	X	
				003	金属材料的强度和硬度	X	
				004	金属材料的塑性和韧性	X	
				005	金属材料的工艺性能	X	
				006	金属材料的可铸性	Z	
				007	金属材料的可锻性	Z	
				008	金属材料的可切削性	Y	
				009	金属材料的可焊性	Y	
	C	地球物理测井资料及应用（04：02：00）	10	001	地球物理测井的概念	Y	
				002	地球物理测井的原理	Y	
				003	电阻率测井曲线及应用	X	
				004	自然电位测井曲线及应用	X	
				005	微电极测井曲线及应用	X	
				006	横向图及其应用	X	JD

续表

行为领域	代码	鉴定范围（重要程度比例）	鉴定比重	代码	鉴 定 点	重要程度	备 注
专业知识 B (75%)	A	油田开发与增产、增注措施（07：06：03）	15	001	储量的概念	Y	
				002	采收率的概念	Y	
				003	提高采收率的方法	X	
				004	油田开发的概念	X	JD
				005	机械采油工艺技术	X	JD
				006	分层开采工艺的原理	X	
				007	采油新工艺、新技术的应用	Z	JD
				008	油水井酸化的原理	X	JDJS
				009	注水井酸化及现场施工工序内容	Y	
				010	油井酸化及现场施工工序内容	Y	
				011	普通压裂的机理	Y	
				012	普通压裂的选层原则	Y	
				013	多裂缝压裂的机理	Z	
				014	限流法压裂的机理	Z	
				015	机械堵水的概念	X	
				016	化学堵水的概念	X	JD
	B	抽油机井设备管理及故障处理（06：04：01）	10	001	抽油机井冲程的调整方法		
				002	抽油机井防冲距的调整方法	X	JD
				003	抽油机的安装标准	Y	
				004	抽油机的安装方法	Z	
				005	抽油机安装质量的验收标准	Y	JD
				006	曲柄销的故障及处理方法	X	JD
				007	连杆刮平衡块的故障及处理方法	X	
				008	曲柄在输出轴上外移的故障及处理方法	X	
				009	井口设备管理及维护方法	X	JD
				010	抽油机设备管理及维护方法	X	
				011	间（站）设备管理及维护方法	Y	
	C	三次采油（04：03：01）	10	001	三次采油的概念	X	JD
				002	聚合物驱油的概念及油藏条件	X	
				003	影响聚合物驱油效果的因素	X	
				004	聚合物驱油的动态变化分析方法	Z	
				005	聚合物驱油采油工艺面临的特点	Y	
				006	聚合物对抽油机井生产的影响	X	
				007	聚合物对电动潜油泵井生产的影响	Y	
				008	聚合物对电动螺杆泵井生产的影响	Y	

续表

行为领域	代码	鉴定范围（重要程度比例）	鉴定比重	代码	鉴定点	重要程度	备注
专业知识 B (75%)	D	常用工用具知识（01:01:01）	2	001	拔轮器的组成及使用方法	X	
				020	吊线锤的使用注意事项	Y	
				003	拔键器的组成及使用方法	Z	
	E	计算机知识（12:05:02）	13	001	Visual FoxPro办公软件的基本功能	X	
				002	数据库基本概念	X	
				003	数据库的建立知识	X	
				004	数据库文件的打开与关闭知识	X	
				005	数据的录入概念	X	
				006	移动记录指针知识	Y	
				007	数据库记录的显示及编辑知识	X	
				008	数据库的统计操作方法	X	
				009	文件的复制内容	X	
				010	Office办公软件的基本功能	Y	
				011	多媒体的概念	Y	
				012	演示文稿的操作方法	Y	
				013	创建、保存演示文稿内容	Y	
				014	文件夹的内容	X	
				015	Office办公软件的工具栏内容	Z	
				016	Office办公软件的格式	Z	
				017	幻灯片切换方法	X	
				018	Office办公软件的页面设置内容	X	
				019	Office办公软件的绘图工具知识	X	
	F	管理知识（09:07:02）	15	001	QC质量管理小组的概念	Y	
				002	PDCA循环原理	Z	
				003	排列图的概念	X	
				004	因果分析示意图的内容	X	
				005	要因验证表的内容	X	
				006	实施对策的制定原则	X	
				007	生产总结报告的概念	Y	
				008	生产总结报告常用的格式	Y	
				009	HSE管理体系概念	Y	
				010	HSE作业计划内容	X	
				011	HSE管理体系中的"两书一表"内容	X	
				012	《HSE作业计划书》内容	X	
				013	《HSE作业指导书》内容	X	

续表

行为领域	代码	鉴定范围（重要程度比例）	鉴定比重	代码	鉴定点	重要程度	备注
专业知识 B (75%)	F	管理知识 (09：07：02)	15	014	《HSE现场检查表》内容	X	
				015	HSE管理体系中的操作指南	Y	
				016	HSE管理体系中的危险点源	Y	
				017	HSE管理体系中的风险识别	Y	
				018	HSE管理体系中的岗位要求、职责、考核方法	Z	
	G	培训 (09：05：01)	10	001	技术培训的概念	Y	
				002	教学计划及制定内容	X	
				003	课程的设置内容	X	
				004	课时的分配原则	X	
				005	教学大纲及制定方法	X	
				006	教学的目的和要求	X	
				007	常用的教学手段	Y	
				008	考评的方法	X	
				009	技术论文的概念	Y	
				010	技术报告的结构内容	X	
				011	标题拟定的要点	X	
				012	正文编写的要点	X	
				013	前言、摘要的要点	Y	JD
				014	正文结尾的要点	Y	
				015	参考文献的内容	Z	

注：X—核心要素；Y—一般要素；Z—辅助要素。

理论知识试题

一、选择题（每题4个选项，只有1个是正确的，将正确的选项号填入括号内）

1. AA001 在机械制图中，零件实际尺寸标注是（　）。
   (A) 随图样比例大而大
   (B) 随图样比例大而小
   (C) 随图样比例小而小
   (D) 不随图样比例大小而改变

2. AA001 机械制图中零件尺寸数字标注，说法错误的是（　）。
   (A) 尺寸数字的书写方向是有严格规定的
   (B) 标注角度尺寸时，数字都要写成水平方向
   (C) 标注圆弧尺寸时，直径、半径均应加"ϕ"
   (D) 标注球面尺寸时，直径、半径符号前还应加"球"字

3. AA001 在机械制图中，轴线、对称中心线标准规定用（　）表示。
   (A) 虚线　　(B) 细实线　　(C) 细点划线　　(D) 波浪线

4. AA002 在机械制图视图表达方法中，把能准确表达物体几何结构和形状而采用三个方向视图的总称叫（　）。
   (A) 三视图　　(B) 零件图　　(C) 测绘图　　(D) 装配图

5. AA002 三视图中的主视图（　）。
   (A) 只能看到物体高度
   (B) 既能看到高度又能看到长度
   (C) 既能看到高度又能看到宽度
   (D) 既能看到长度又能看到宽度

6. AA002 三视图中的俯视图（　）。
   (A) 只能看到物体长度
   (B) 既能看到高度又能看到长度
   (C) 既能看到高度又能看到宽度
   (D) 既能看到长度又能看到宽度

7. AA003 用来表示零件在加工完毕后的形状、大小和应达到的技术要求的图样称为（　）。
   (A) 三视图　　(B) 零件图　　(C) 测绘图　　(D) 装配图

8. AA003 不属零件图应具备的四个内容的是（　）。
   (A) 用来表示零件形状、结构的一组视图、剖图等
   (B) 零件在加工和检验时有关的主要尺寸
   (C) 零件在加工时应保证的技术要求
   (D) 标题栏

9. AA003 零件图中标题栏的内容主要有（　）。
   (A) 零件名称、图样比例、图纸编号
   (B) 零件名称、数量、图样比例、图纸编号
   (C) 零件名称、材料、数量、图样比例、图纸编号
   (D) 零件名称、材料、数量、图样比例、图纸编号及有关人员签名

10. AA004 某标准代号：GB 126—1970，下列正确的解释是（　）。
    (A) 国家标准，第126条，第70项标准
    (B) 企业标准，第126条，第70大类

(C) 1970 年颁布的编号为 126 号国家标准

(D) 1970 年 12 月 6 日颁布的国家标准

11. AA004 某零件图中的技术要求注有"螺栓 GB 5782—1986 M12×80",意思是( )。

(A) 该螺栓规格为 86mm,长度 5782mm,符合国家标准

(B) 该螺栓符合 1986 年颁布的、编号为 5782 的国家标准

(C) 该螺栓符合 1986 年颁布的、编号为 5782 的国家标准,可查规格为 M12×80 的数据

(D) 该螺栓符合 1986 年颁布的、编号为 5782 的企业标准,可查规格为 M12×80 的数据

12. AA005 表示零件表面经过机械加工后凹凸不平的程度的是( )。

(A) 配合系数 (B) 精确度 (C) 亮度 (D) 表面粗糙度

13. AA005 下列粗糙度符号中( )表示零件表面机械加工表面粗糙度最比较光滑。

(A) $\sqrt{}$ (B) $\sqrt{1.6}$

(C) $\sqrt{3.2}$ (D) $\sqrt{4.0}$

14. AA006 代号:$20_{-0210}^{-0.070}$ 中的 -0.070 表示零件尺寸的( )。

(A) 上偏差 (B) 下偏差 (C) 最小值 (D) 最大值

15. AA006 代号:$\phi 25_{0}^{+0.045}$ 中的 25 表示零件尺寸的( )。

(A) 上偏差 (B) 下偏差 (C) 公称直径 (D) 最大值

16. AA007 管道安装图通常是指"三图"的总称,即( )。

(A) 设备装配图、工艺流程图、工艺布置图

(B) 设备装配图、工艺安装图、工艺流程图

(C) 设备装配图、工艺安装图、工艺布置图

(D) 工艺流程图、工艺安装图、工艺布置图

17. AA007 (管道安装)工艺图是表明( )的,是进行工艺安装和指导生产的重要技术文件。

(A) 设计原理 (B) 设计方案 (C) 施工方案 (D) 设计参数

18. AA008 描述油水(流体介质)的来龙去脉的图是( )。

(A) 工艺流程图 (B) 工艺布置图

(C) 设备装配图 (D) 工艺安装图

19. AA008 工艺流程图也叫生产工艺原理流程图,主要是描述( )的来龙去脉,途经管线、阀组、容器、计量(检测)仪表等设备的规格状况。

(A) 管线 (B) 用地

(C) 建筑 (D) 油气水(流体介质)

20. AA008 管道工艺流程图中主要内容有( )。

(A) 管线间相互连接关系、管线与阀组及设备相互关系

(B) 管线具体走向、空间位置关系

(C) 设备容器位置、占地空间大小

(D) 管线安装图要求、检测仪表安装位置

21. AA009 描述工艺流程设计所确定的全部设备、阀件、管线及其有关的建筑物之间的相互位置,应有的距离与平面布置状况的图是( )。
    (A) 工艺流程图   (B) 工艺布置图
    (C) 设备装配图   (D) 工艺安装图

22. AA009 工艺布置图主要是描述工艺流程设计所确定的( )及其有关的建筑物之间的相互位置,应有的距离与平面布置状况。
    (A) 有关设备、阀件、管线   (B) 主要设备、阀件、管线
    (C) 全部设备、阀件、管线   (D) 油气水(流体介质)

23. AA010 表达设备、管路系统的配置、尺寸及相互间的连接关系,管路的空间走向状况的图是( )。
    (A) 工艺流程图   (B) 工艺布置图
    (C) 设备装配图   (D) 工艺安装图

24. AA010 工艺安装图主要是表达( )的配置、尺寸及相互间的连接关系,管路的空间走向状况。
    (A) 有关设备、管路系统   (B) 主要设备、管路系统
    (C) 全部设备、管路系统   (D) 油气水(流体介质)

25. AA010 工艺安装图主要是表达设备、管路系统的配置、尺寸及相互间的连接关系,管路的( )状况。
    (A) 横向位置   (B) 纵向位置   (C) 平面走向   (D) 空间走向

26. AA011 管道安装图中的尺寸定位是指建筑物、设备管线在工艺布置图上所建立的( )中的几何位置。
    (A) 横向方位   (B) 纵向方位
    (C) 高度方位   (D) 平面直角坐标系

27. AA011 在如图所示的某管道安装工艺布置图中一基墩的尺寸定位数据,其中 B 16.50 表示( )。
    (A) 基墩横向与基准点 16.50 个单位
    (B) 基墩纵向与基准点 16.50 个单位
    (C) 基墩高与基准点 16.50 个单位
    (D) 基墩总高 16.50 个单位

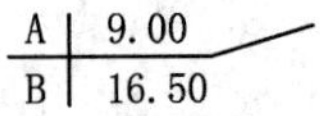

```
A | 9.00
B | 16.50
```
题 27 图

28. AA012 在如图所示的四种常见的管道安装图例中,( )表示丝堵。

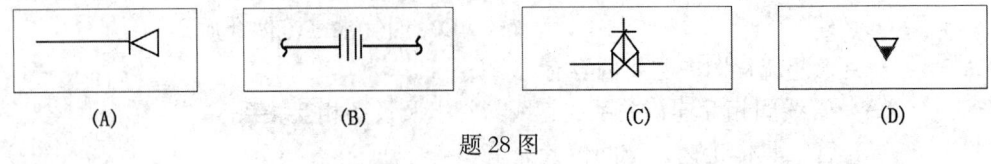
题 28 图

29. AA012 在如图所示的四种常见的管道安装图例中,( )表示截止阀。

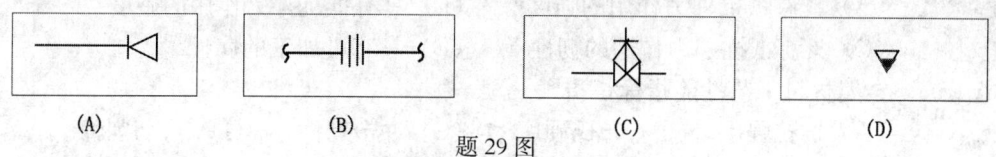

题 29 图

30. AB001 金属材料的种类繁多，按其成分、结构可以分为（　），铝及铝合金、轴承合金。
    (A) 钢、普通碳素钢、优质碳素钢　　　(B) 铸铁、球墨铸铁、钢、合金钢
    (C) 铸铁、球墨铸铁、可锻铸铁　　　　(D) 铸铁、钢、合金钢、铜及铜合金

31. AB001 "可锻铸铁"是金属材料的（　）。
    (A) 结构名称　(B) 工艺性能　(C) 可铸性　(D) 机械性能

32. AB002 金属材料的机械性能就是指（　）。
    (A) 金属材料具有抵抗外力作用的强度
    (B) 金属材料具有抵抗外力作用的硬度
    (C) 金属材料具有抵抗外力作用的韧性
    (D) 金属材料具有抵抗外力作用的能力

33. AB002 指金属材料的机械性能指标的是（　）。
    (A) 可铸性　(B) 可焊性　(C) 冲击韧性　(D) 可切削性

34. AB003 金属材料的强度就是指（　）。
    (A) 金属试件抵抗拉断时所承受的最大应力
    (B) 金属试件拉断后的截面的相对收缩量
    (C) 冲断金属材料试件后，单位面积上所消耗的功
    (D) 在一定压力上，压入金属材料表面变形量

35. AB003 金属材料的硬度就是指（　）。
    (A) 金属试件抵抗拉断时所承受的最大应力
    (B) 金属试件拉断后的截面的相对收缩量
    (C) 冲断金属材料试件后，单位面积上所消耗的功
    (D) 在一定压力上，压入金属材料表面变形量

36. AB004 金属材料的塑性就是指（　）。
    (A) 金属试件抵抗拉断时所承受的最大应力
    (B) 金属试件拉断后截面的相对收缩量
    (C) 冲断金属材料试件后，单位面积上所消耗的功
    (D) 在一定压力上，压入金属材料表面变形量

37. AB004 金属材料的韧性就是指（　）。
    (A) 金属试件抵抗拉断时所承受的最大应力
    (B) 金属试件拉断后的截面的相对收缩量
    (C) 冲断金属材料试件后，单位面积上所消耗的功
    (D) 在一定压力上，压入金属材料表面变形量

38. AB004 金属材料的韧度单位常用下列（　）表示。
    (A) kg·m　(B) kg·mm　(C) kg/mm^2　(D) kg/cm^2

39. AB005 金属材料的工艺性能就是指（　）。

(A) 具有抵抗外力作用的强度   (B) 具有抵抗外力作用的硬度
(C) 具有抵抗外力作用的韧性   (D) 具有可加工的属性

40. AB005 金属材料工艺性能指标是指（ ）。
    (A) 抗拉强度   (B) 布氏硬度   (C) 冲击韧性   (D) 可切削性

41. AB006 金属材料的可铸性就是指（ ）。
    (A) 金属材料受锻打改变自己的形状而不产生缺陷的性能
    (B) 金属试件拉断后的截面的相对收缩量
    (C) 冲断金属材料试件后，单位面积上所消耗的功
    (D) 金属材料的流动性和收缩性

42. AB006 金属材料可铸性的好坏，主要取决于其流动性和（ ）。
    (A) 可锻性   (B) 收缩性   (C) 抗拉性   (D) 冲击性

43. AB006 金属材料可铸性的好坏，主要取决于其（ ）和收缩性。
    (A) 流动性   (B) 可锻性   (C) 抗拉性   (D) 冲击性

44. AB007 金属材料的可锻性就是指（ ）。
    (A) 金属材料受锻打改变自己的形状而不产生缺陷的性能
    (B) 金属试件拉断后的截面的相对收缩量
    (C) 冲断金属材料试件后，单位面积上所消耗的功
    (D) 金属材料的流动性和收缩性

45. AB007 金属材料可锻性的好坏，主要取决于其（ ）。
    (A) 几何形状   (B) 体积大小   (C) 成分含量   (D) 加工条件

46. AB007 金属材料可锻性最好的是（ ）。
    (A) 铸铁   (B) 高碳钢   (C) 低碳钢   (D) 合金钢

47. AB008 金属材料的可切削性就是指（ ）。
    (A) 金属材料受锻打改变自己的形状而不产生缺陷的性能
    (B) 金属试件拉断后的截面的相对收缩量
    (C) 金属接受机械切削加工的性能
    (D) 金属材料的流动性和收缩性

48. AB008 金属材料切削性的好坏，主要取决于其（ ）。
    (A) 硬度   (B) 强度   (C) 塑性   (D) 韧性

49. AB009 对金属材料可焊性的要求是在刚性固定的条件下，具有较好的（ ）。
    (A) 硬度   (B) 强度   (C) 塑性   (D) 韧性

50. AB009 对金属材料可焊性的要求是热影响区小，焊后（ ）。
    (A) 必须进行热处理   (B) 不必进行热处理
    (C) 必须机械处理   (D) 不必进行冷处理

51. AC001 地球物理测井是（ ）时用专门的仪器沿井身对岩石各种物理特性、流体特性的测试。
    (A) 探井完钻   (B) 探井及生产井完钻
    (C) 注水井完钻   (D) 生产井作业调整

52. AC001 地球物理测井是测量井孔剖面上地层的各种物理参数随（ ）的变化曲线。
    (A) 井径   (B) 井深   (C) 地层压力   (D) 时间

53. AC001　关于地球物理测井在油田开发中的应用，下面（　）的说法是错误的。
　　　　　　（A）可以划分地层剖面　　　　（B）可以确定岩层厚度、深度
　　　　　　（C）可以探测岩层的主要成分　　（D）可以确定各层的能量状况

54. AC001　地球物理测井可以用来（　）。
　　　　　　（A）测量油井的流动压力　　　（B）确定井身结构
　　　　　　（C）判断断层的种类　　　　　（D）判断水淹层位

55. AC002　地球物理测井的原理是利用岩石及其内流体的（　）等性能通过地面测试仪器，对井下不同深度的岩层进行电性或非电性的测试，并且把测得的数值大小绘制在同一纵坐标（井深）上以形成各种曲线（测井曲线），把测试结果记录下来。
　　　　　　（A）导电性、导热性、放射性、弹性
　　　　　　（B）油性、水性、弹性
　　　　　　（C）亲水性、亲油性
　　　　　　（D）化学成分、含油气水

56. AC002　属于地球物理测井方法的是（　）。
　　　　　　（A）感应测井　（B）水动力学法　（C）井间干扰法　（D）井底压力恢复法

57. AC002　属于地球物理测井方法的是（　）。
　　　　　　（A）压力恢复法　　　　　　　（B）回声测深法
　　　　　　（C）放射性测井　　　　　　　（D）水动力学法

58. AC003　地球物理测井的测试成果资料是一组综合测试曲线，利用曲线可以（　）；还可以定量确定岩石物性、地层产状。
　　　　　　（A）直接划分地层、判断岩性和油气水层
　　　　　　（B）直接划分油气水层
　　　　　　（C）间接划分地层、判断岩性和油气水层
　　　　　　（D）间接划分油气水层

59. AC003　将各解释层的电阻率与标准水层比较，凡电阻率大于（　）倍标准水层者可能为油层、气层。
　　　　　　（A）3～4　　　（B）2～3　　　（C）1　　　（D）2

60. AC003　油层、气层、水层的视电阻率一般表现为（　）的规律。
　　　　　　（A）油层＞气层＞水层　　　　（B）油层＜气层＜水层
　　　　　　（C）气层＞油层＞水层　　　　（D）水层＞油层＞气层

61. AC003　在同一井眼的测井曲线中，某储集层视电阻率和声波时差均大于其他层，则该层可能是（　）。
　　　　　　（A）油层　　（B）水层　　（C）油水同层　　（D）气层

62. AC004　自然电位测井曲线中，渗透性砂岩地层处，自然电位曲线（　）泥岩基线。
　　　　　　（A）偏离　　（B）接近　　（C）重合于　　（D）相交于

63. AC004　自然电位测井曲线中，泥岩基本上是一条（　）。
　　　　　　（A）弧线　　（B）直线　　（C）曲线　　（D）尖峰

64. AC004　自然电位测井记录的是自然电流在井内的（　）。
　　　　　　（A）电流　　（B）电动势　　（C）电位降　　（D）电阻率

65. AC004　自然电位测井中含水层自然电位曲线与基线偏移（　）。

(A) 小于 5mV，大于 3mV　　　　(B) 小于 8mV，大于 5mV
(C) 小于 6mV，大于 4mV　　　　(D) 在 3mV 以下

66. AC004　根据自然电位基线偏移大小可以计算水淹程度。由统计资料得出，基线偏移大于 8mV 为（　）。
(A) 高含水层　　(B) 中含水层　　(C) 低含水层　　(D) 不含水层

67. AC004　自然电位曲线比较稳定，一般表现为一条基线的岩层是（　）。
(A) 砂岩　　(B) 石灰岩　　(C) 石膏岩　　(D) 泥岩

68. AC005　在井径扩大井段中，微电极系电极板悬空，所测视电阻率的曲线幅度（　）。
(A) 不变　　(B) 升高　　(C) 降低　　(D) 无规律

69. AC005　利用微电极测井可以把油层中的泥质和钙质薄夹层划分出来，以便计算油层的（　）。
(A) 孔隙度法　　　　　　　　(B) 有效渗透率
(C) 含水饱和度　　　　　　　(D) 有效厚度

70. AC005　纵向分辨能力较强，划分薄夹层比较可靠的测井曲线是（　）曲线。
(A) 自然电位　　(B) 微电极　　(C) 声波　　(D) 井温

71. AC005　在同一井眼中所测的微电极数据中，油层的数值（　），自然电位负异常。
(A) 较大　　(B) 较小　　(C) 中等　　(D) 无规律

72. AC005　在同一井眼中所测的微电极数据中，气层的数值一般（　）。
(A) 较大　　(B) 较小　　(C) 中等　　(D) 无规律

73. AC006　在解释一口井的测井曲线时，可与（　）对比来判断油、气、水层。
(A) 同一构造上的任意邻井曲线　　(B) 同一构造上的邻井曲线
(C) 不同一构造上的任意井曲线　　(D) 不同一构造上的邻井曲线

74. AC006　自然电位基线偏高，泥岩基线小于 8mV、大于 5mV 的为（　）。
(A) 高含水层　　(B) 中含水层　　(C) 低含水层　　(D) 含油层

75. AC006　油水同层的自然电位曲线自上而下出现（　）。
(A) 平缓趋势　　(B) 波动趋势　　(C) 上升趋势　　(D) 下降趋势

76. BA001　油气田内埋藏在地下的石油和天然气的数量称（　）。
(A) 地质储量　　(B) 可采储量　　(C) 储量　　(D) 探明储量

77. BA001　储量是指埋藏在油气田地下的（　）的数量。
(A) 石油　　(B) 天然气　　(C) 凝析油　　(D) 石油和天然气

78. BA001　油田的可采储量一定（　）地质储量。
(A) 大于　　(B) 小于　　(C) 等于　　(D) 小于或等于

79. BA001　油田在开发过程中，随着技术的进步，油田的可采储量将会（　）。
(A) 减小　　(B) 不变　　(C) 增大　　(D) 减小或不变

80. BA001　储存在地下的石油和天然气的实际数量是（　）。
(A) 可采储量　　(B) 探明储量　　(C) 预测储量　　(D) 地质储量

81. BA001　地下储存的（　）的实际数量是地质储量。
(A) 石油　　　　　　　　　(B) 天然气
(C) 石油和天然气　　　　　(D) 凝析气

82. BA001　地质储量的计算方法有（　）。

(A) 容积法和圈闭法　　　　　　(B) 物质平衡法和圈闭法
(C) 统计法和圈闭法　　　　　　(D) 容积法、物质平衡法和统计法

83. BA001　在现有技术、经济条件下，可以采到地面上的原油数量称为（　）。
(A) 地质储量　　　　　　　　　(B) 可采储量
(C) 动用地质储量　　　　　　　(D) 探明储量

84. BA002　衡量油田最终采油技术水平高低的综合指标是（　）。
(A) 采出程度　(B) 采油速度　(C) 综合递减　(D) 采收率

85. BA002　可采储量与地质储量的百分比称（　）。
(A) 采油速度　(B) 采出程度　(C) 采收率　(D) 采油强度

86. BA002　某油田地质储量为 $1200 \times 10^4 t$，标定采收率为 35%，则油田的可采储量为（　）。
(A) $400 \times 10^4 t$　(B) $530 \times 10^4 t$　(C) $420 \times 10^4 t$　(D) $350 \times 10^4 t$

87. BA003　提高采收率实际是指油田开发中后期的采油方式（方法），目前国内外多数油田的开采大都要经历（　）。
(A) 一次采油　(B) 二次采油　(C) 三次采油　(D) 四次采油

88. BA003　注水、注气的（　）开采方法，是一种保持和补充油藏能量的开采方法。
(A) 一次采油　(B) 二次采油　(C) 三次采油　(D) 四次采油

89. BA003　通常改变油层内残余油驱油机理的开采方法称为（　），如化学注入剂、胶束溶液、注蒸汽以及火烧油层等。
(A) 一次采油　(B) 二次采油　(C) 三次采油　(D) 四次采油

90. BA003　凝析气藏在开发时，实际上由于压力下降，使储集层中发生凝析现象，使凝析油（　）降低。
(A) 采出程度　(B) 采收率　(C) 采油速度　(D) 采油强度

91. BA004　油井产量下降、压力下降、气油比上升的井组，说明该井组（　）。
(A) 注水效果好、见效明显　　　(B) 水淹
(C) 见不到注水效果　　　　　　(D) 不正常水淹

92. BA004　产液量的大小主要受（　）等因素的影响。
(A) 油层本身的产液能力、生产压差、含水率、工艺技术水平
(B) 生产压差、含水率、井网密度、工艺技术水平
(C) 生产压差、含水率、井网密度、产液能力
(D) 油层本身的产液能力、生产压差、含水率、井网密度

93. BA004　根据勘探、开发各个阶段对油气藏的认识，将油气藏储量划分为（　）。
(A) 探明储量、预测储量两种　　(B) 探明储量、控制储量两种
(C) 预测储量、控制储量两种　　(D) 探明储量、控制储量和预测储量三种

94. BA004　在油气评价钻探阶段完成或基本完成后计算的储量称（　），它在现代技术和经济条件下可提供开采并能获得社会经济效益。
(A) 探明储量　(B) 地质储量　(C) 可采储量　(D) 预测储量

95. BA004　从节能意义上讲，控水稳油就是要充分有效地利用（　）能量来开采石油。
(A) 油层天然　(B) 注水　(C) 石油弹性　(D) 边水

96. BA005　计算抽油井悬点载荷常用的经验公式：$W_{最小} = Wr(1 - S \cdot n^2/1790)$，其适用条

件是（　　）。
(A) 把抽油机驴头悬点看作简谐运动，并不考虑液柱的惯性载荷时
(B) 把抽油机驴头悬点看作简谐运动，并考虑液柱的惯性载荷时
(C) 把抽油机驴头悬点看作曲柄滑块机构运动，曲柄旋转半径与连杆长度之比为 1/4，且只考虑液柱、杆及杆柱惯性载荷时
(D) 把抽油机驴头悬点看作曲柄滑块机构运动，曲柄旋转半径与连杆长度之比为 1/4，且只考虑液柱的惯性载荷时

97. BA005 电动潜油泵井的井下机组保护可分为二大部分：即下列的（　　）。
(A) 电源电路保护，有电压、相序、短路、延时等；载荷整流值保护
(B) 地面电路保护（电源电路保护，有电压、相序、短路、延时等）和井下机械保护（有单流阀、扶正器、潜油电动机保护器等）
(C) 地面电路保护（电源电路保护，有电压、相序、短路、延时等；载荷整流值保护）和井下机械保护（有单流阀、扶正器、潜油电动机保护器等）
(D) 地面电路保护的载荷整流值保护和井下的潜油电动机保护器等

98. BA005 关于热化学解堵技术中，说法错误的是（　　）。
(A) 利用化学反应放热和气体处理油层
(B) 可以解除死油、胶质及有机盐堵塞
(C) 可以降低原油粘度
(D) 在施工中加入活化剂，加快反应速度

99. BA006 在如图所示的分层开采工艺管柱图例中，（　　）是三级二段分层注水。
(A) 图Ⅰ　　(B) 图Ⅱ　　(C) 图Ⅲ　　(D) 图Ⅳ

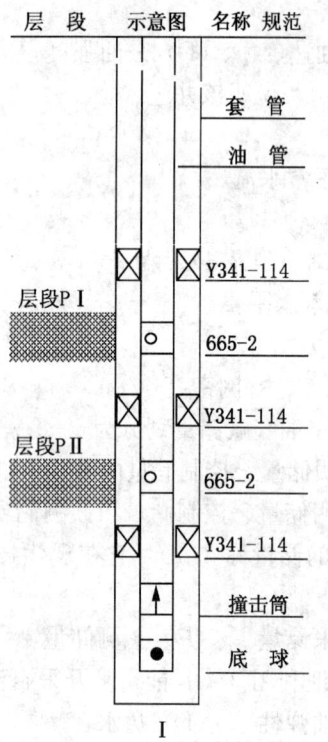

I

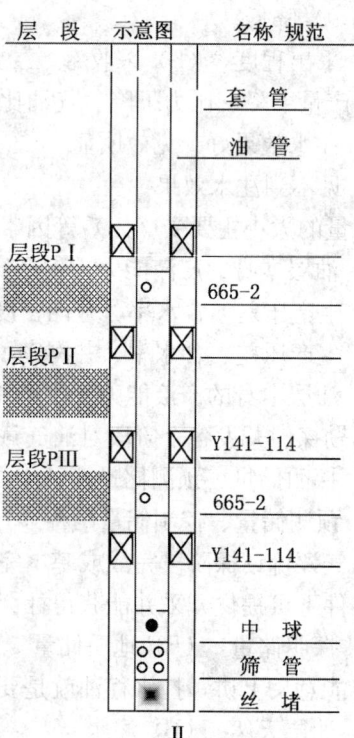

II

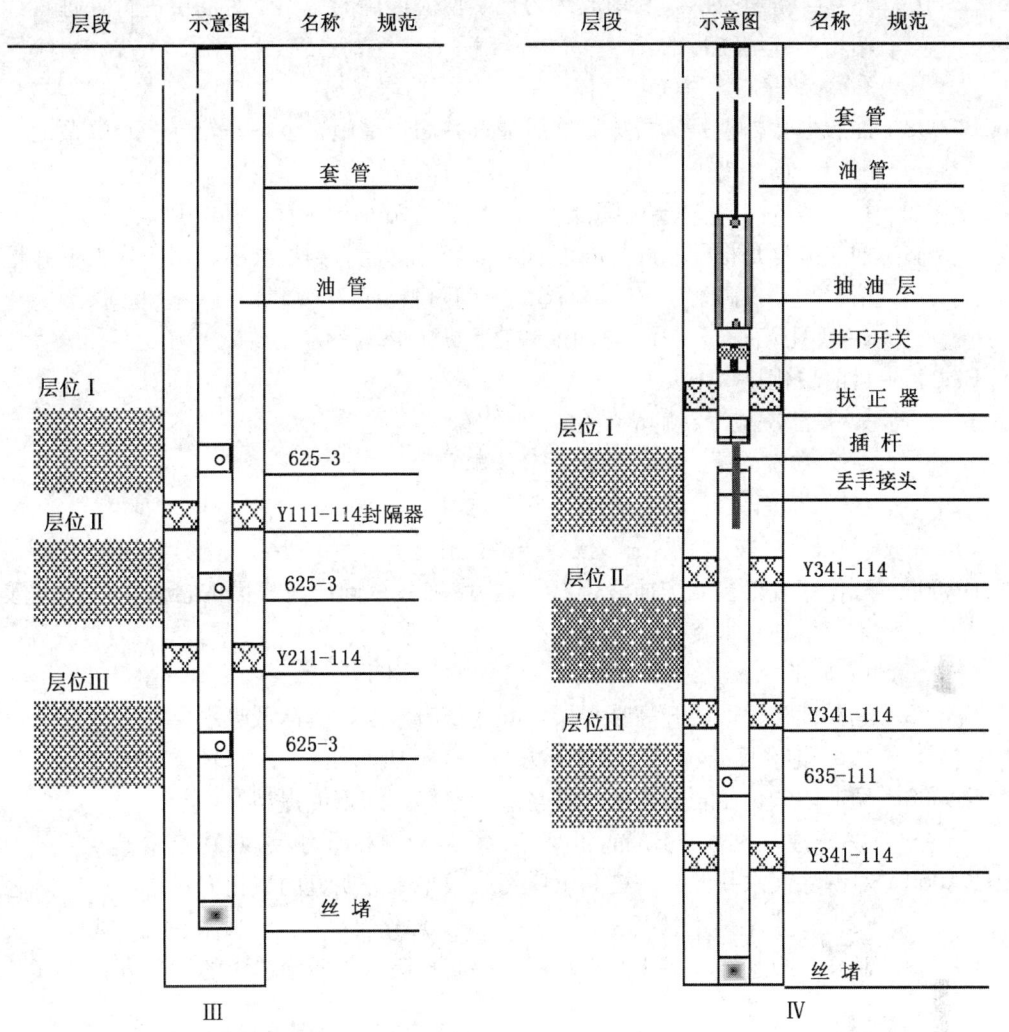

题 99，100，101 图

100. BA006 在如图所示的分层开采工艺管柱图例中，（ ）有一个层段停止注水。
(A) 图Ⅰ (B) 图Ⅱ (C) 图Ⅲ (D) 图Ⅳ

101. BA006 在如图所示的分层开采工艺管柱图例中，（ ）有一个层段停止采油。
(A) 图Ⅰ (B) 图Ⅱ (C) 图Ⅲ (D) 图Ⅳ

102. BA007 井眼轴线是一条倾斜直线的井叫（ ）。
(A) 水平井 (B) 3 段式定向井
(C) 5 段式定向井 (D) 斜直井

103. BA007 小井眼油井的油层套管通常（ ）。
(A) 小于 139.7mm (B) 大于 139.7mm
(C) 小于 177.8mm (D) 大于 177.8mm

104. BA007 水平井的井眼轴线由（ ）三部分组成。
(A) 垂直段、造斜段、垂直段 (B) 造斜段、垂直段、造斜段
(C) 水平段、造斜段、水平段 (D) 垂直段、造斜段、水平段

105. BA007 热化学解堵技术,利用放热的化学反应产生的( )对油层进行处理,达到解堵增产或增注目的。
(A) 热量　　(B) 气体　　(C) 化合物　　(D) 热量和气体

106. BA008 油层酸化处理是碳酸盐岩油层油气井增产措施,也是一般( )油藏的油水井解堵、增注措施。
(A) 泥岩　　(B) 页岩　　(C) 碎屑岩　　(D) 砂岩

107. BA008 油层酸化是将配制好的酸液从地面经井筒注入到地层中,用于除去近井地带的堵塞物,提高地层( ),降低流动阻力。
(A) 孔隙度　　(B) 含油饱和度　　(C) 渗透率　　(D) 压力

108. BA008 目前酸化技术主要有( )。
(A) 酸洗酸浸、解堵酸化、压裂酸化
(B) 酸洗酸浸、解堵酸化、分层酸化
(C) 解堵酸化、分层酸化、压裂酸化
(D) 分层酸化、酸洗酸浸、压裂酸化

109. BA008 酸化综合工艺能增加酸化( ),增加酸液同岩石表面的接触,以提高酸化效果,增加吸水能力。
(A) 半径　　(B) 厚度　　(C) 体积　　(D) 容量

110. BA008 选择性酸化可避开高吸水层,酸化低吸水层,提高低吸水层的( )。
(A) 饱和度　　(B) 注水压力　　(C) 吸水能力　　(D) 产液能力

111. BA008 稠油段酸化使岩石表面容易与酸液接触,恢复或提高( )。
(A) 注水压力　　(B) 饱和度　　(C) 饱和压力　　(D) 渗流能力

112. BA008 对解除油水井泥浆污染和水质污染效果十分明显的酸化方式是( )酸化。
(A) 选择性　　(B) 常规　　(C) 分层　　(D) 强化排酸

113. BA008 避开高吸水层,酸化低吸水层,提高低吸水层吸水能力的酸化方式叫( )酸化。
(A) 分层　　(B) 选择性　　(C) 全井　　(D) 强化排酸

114. BA008 利用层间差异,挤前控制高吸水层的启动压力,把暂堵剂挤入井内,使泵压升高,使低吸水或不吸水层压开时,酸液进入这些低吸水层与岩石矿物反应,这种方法叫( )。
(A) 钻井酸化　　(B) 分层酸化　　(C) 选择性酸化　　(D) 强化排酸酸化

115. BA009 水井酸化施工时,挤酸要求( ),按设计施工要求的酸量挤入地层。
(A) 高速、小排量　　(B) 高速、大排量
(C) 低速、大排量　　(D) 低速、小排量

116. BA009 酸化所用泵车选用( )以上的压力。
(A) 20MPa　　(B) 25MPa　　(C) 30MPa　　(D) 40MPa

117. BA009 压裂前单层挤酸,地面管线试压,应达到( ),不刺、不漏。
(A) 15MPa　　(B) 20MPa　　(C) 30MPa　　(D) 40MPa

118. BA010 油井酸化时,循环洗井工艺要求用水量不得少于地面管线和井筒容积的( )倍。
(A) 1　　(B) 2　　(C) 5　　(D) 10

119. BA010 油井常规酸化的管柱深度应下到（ ）。
（A）油层顶部　　　　　　　（B）油层中部
（C）油层底部　　　　　　　（D）油层底部以下5~10m

120. BA010 油井酸化见效后，井筒附近的油层渗透率（ ）。
（A）变好　　　　　　　　　（B）变差
（C）不变　　　　　　　　　（D）先变差，后逐渐变好

121. BA010 酸化关井反应期间，井口压力开始（ ），说明酸化效果较好。
（A）下降较慢　（B）下降较快　（C）上升较快　（D）上升较慢

122. BA011 油层压裂是利用（ ）原理，从地面泵入高压工作液剂，使地层形成并保持裂缝，改变油层物性，提高油层渗透率的工艺。
（A）机械运动　（B）水压传递　（C）渗流力学　（D）达西定律

123. BA011 压裂中，向井底地层注入的全部液体统称为（ ）。
（A）前置液　（B）顶替液　（C）压裂液　（D）暂堵液

124. BA011 压裂时用压裂液带入裂缝，在压力释放后用以支撑裂缝的物质叫（ ）。
（A）支撑剂　（B）前置液　（C）暂堵液　（D）交联剂

125. BA011 滑套喷砂器压裂属于（ ）的一种。
（A）分层压裂　　　　　　　（B）全井压裂
（C）限流法压裂　　　　　　（D）高能气体压裂

126. BA011 处理的井段小，压裂强度及处理半径相对提高，能够充分发挥各层潜力，因而增产效果较好的压裂方式是（ ）压裂。
（A）投球　（B）限流　（C）分层　（D）暂堵剂

127. BA012 一次施工可同时处理几个性质相近油层的压裂工艺技术为（ ）。
（A）分层压裂　（B）投球压裂　（C）暂堵剂压裂　（D）限流压裂

128. BA012 对于套管变形或固井质量不好的井可以采用（ ）。
（A）分层压裂　　　　　　　（B）投球压裂
（C）暂堵剂法压裂　　　　　（D）限流压裂

129. BA012 压裂选井时，在油层渗透性和含油饱和度低的地区，应优先选择油气显示好，（ ）的井。
（A）孔隙度、渗透率较高　　（B）孔隙度、渗透率较低
（C）孔隙度高、渗透率低　　（D）孔隙度低、渗透率高

130. BA012 压裂选层时，岩石的（ ）。
（A）孔隙度要好　　　　　　（B）孔隙度要差
（C）渗透率要好　　　　　　（D）渗透率要差

131. BA012 压裂选井的原则之一是（ ）。
（A）有油气显示、试油效果好的井
（B）油气层受污染或堵塞较大的井
（C）注水见效区内见效的井
（D）储量大、连通好、开采状况好的井

132. BA012 压裂时，井下工具自下而上的顺序为（ ）。
（A）筛管、水力锚、喷砂器、封隔器

(B) 筛管、喷砂器、封隔器、水力锚
(C) 水力锚、封隔器、喷砂器、筛管
(D) 水力锚、喷砂器、筛管、封隔器

133. BA013 选择性压裂，投蜡球时泵压不得超过（　）。
(A) 10MPa　　(B) 12MPa　　(C) 15MPa　　(D) 20MPa

134. BA013 选择性压裂层段，蜡球封堵高含水层后，泵压提高（　）以上方可进行下一步施工，否则需要投蜡球，直至泵压达到要求。
(A) 5MPa　　(B) 8MPa　　(C) 10MPa　　(D) 15MPa

135. BA013 压裂后产量下降，含水率上升，流动系数上升，流压、油压上升，说明（　）。
(A) 压裂效果好，地层压力高　　(B) 压裂效果好，地层压力低
(C) 压裂液对地层造成污染　　(D) 压裂压开了水层

136. BA013 压裂后产量增加，含水率下降，采油指数或流动系数上升，油压与流压上升，地层压力上升或稳定，说明（　）。
(A) 压裂效果较好，地层压力高　　(B) 压裂液对地层危害
(C) 压开高含水层　　(D) 压裂效果好，地层压力低

137. BA013 压裂后产油量下降，含水率上升，采油指数或流动系数稳定或下降，油压、流压下降，说明（　）。
(A) 压裂效果较好，地层压力高　　(B) 压裂效果较好，地层压力低
(C) 压裂液对油层造成污染　　(D) 压裂压开了水层

138. BA014 水力压裂是（　）增产增注的一项有效措施。
(A) 采油井　　(B) 注水井　　(C) 油井、水井　　(D) 电泵井

139. BA014 水力压裂是根据液体传压性质，用高压将压裂液以超过地层（　）的排量注入井中。
(A) 吸收能力　　(B) 启动压力　　(C) 破裂压力　　(D) 压力

140. BA014 水力压裂裂缝能穿过（　）地带，形成通道。
(A) 井底阻塞　　(B) 盖层　　(C) 人工井底　　(D) 井底近井阻塞

141. BA014 非均质油藏内，压裂裂缝能沟通远处的（　），使油气源和能量得到新的补充。
(A) 透镜体油气藏　　(B) 天然裂缝系统
(C) 透镜体和天然裂缝系统　　(D) 岩性尖灭油气藏

142. BA014 选择压裂井（层）一般应考虑胶结致密的低渗透层、（　）的油层。
(A) 能量充足
(B) 能量充足的油层、含油饱和度高
(C) 能量充足、含油饱和度高、电性显示好
(D) 含油饱和度高、电性显示好

143. BA015 在地面向出水层注入堵剂，利用其发生的物理化学反应的产物封堵出水层的方法叫（　）。
(A) 机械堵水　　(B) 化学法堵水　　(C) 物理法堵水　　(D) 暂堵剂堵水

144. BA015 油水井堵水方法可分为（　）。
(A) 选择性堵水和非选择性堵水　　(B) 机械堵水和化学剂堵水
(C) 选择性堵水和化学剂堵水　　(D) 机械堵水和非选择性堵水

145. BA015 在油井中下入封隔器管柱,将出水层位封隔起来堵死,使不含水或低含水层位不受干扰,发挥出油能力,这种措施叫( )。
　　　　(A) 机械堵水　(B) 化学堵水　　(C) 选择性堵水　(D) 非选择性堵水

146. BA015 油井机械法堵水只适合单纯出水层,并且在出水层上、下距油层有( )以上的稳定夹层。
　　　　(A) 1.0m　　　(B) 1.5m　　　　(C) 2.0m　　　　(D) 2.5m

147. BA015 油井机械法堵水是用( )将出水层封隔起来,使不含水或低含水油层不受出水层干扰,发挥产油能力。
　　　　(A) 封隔器　　(B) 化学堵剂　　(C) 物理堵剂　　(D) 堵水措施

148. BA016 非选择性堵水是将封堵剂挤入油井的( ),凝固成一种不透水的人工隔板,达到堵水目的。
　　　　(A) 油层　　　(B) 出水层　　　(C) 气层　　　　(D) 干层

149. BA016 化学堵水就是利用堵剂的( ),使堵剂与油层中的水发生物理化学反应,生成的产物封堵油层出水。
　　　　(A) 物理性质　(B) 稳定性　　　(C) 化学性质　　(D) 物理化学性质

150. BA016 选择性堵水是将具有选择性的堵水剂,挤入井中出水层位,使其和出水层的水发生反应,产生( )阻碍物,以阻止水流入井内。
　　　　(A) 固态或液态　　　　　　　　(B) 胶态
　　　　(C) 液态或胶态　　　　　　　　(D) 固态或胶态

151. BA016 机械堵水工艺要求探砂面时,若口袋小于( )时,必须冲砂至人工井底。
　　　　(A) 5m　　　　(B) 10m　　　　(C) 15m　　　　(D) 20m

152. BB001 调冲程前应核实的参数有:铭牌冲程数据、( )、实际冲程长度、原防冲距、计算预调防冲距。
　　　　(A) 驴头悬点负荷　　　　　　　(B) 结构不平衡重
　　　　(C) 产油与含水比　　　　　　　(D) 流压数据

153. BB001 调冲程前重点检查部位是皮带的松紧及( )。
　　　　(A) 中尾轴螺丝是否紧固　　　　(B) 两连杆长度是否一致
　　　　(C) 刹车是否灵活好用　　　　　(D) 减速箱油位

154. BB001 某抽油机的结构不平衡重为负值调冲程时,导链应挂在( )。
　　　　(A) 驴头上　　　　　　　　　　(B) 游梁前部
　　　　(C) 中央轴承座上　　　　　　　(D) 尾横梁上

155. BB001 抽油机调冲程时,卸松连杆销,卡紧螺丝的目的是( )。
　　　　(A) 拔出连杆销　　　　　　　　(B) 卸掉连杆
　　　　(C) 拉开连杆与曲柄销　　　　　(D) 换横梁

156. BB002 抽油机调整防冲距的两个原因分别是:碰泵和( )。
　　　　(A) 方余太长需下放　　　　　　(B) 光杆太短需上提
　　　　(C) 活塞拔出泵筒　　　　　　　(D) 抽油杆不下

157. BB002 抽油机井在( )的情况下,上提防冲距。
　　　　(A) 活塞拔出泵筒　　　　　　　(B) 活塞碰泵
　　　　(C) 方余太长　　　　　　　　　(D) 光杆太短

158. BB002 碰泵操作可以排除抽油机井（　）故障。
    （A）深井泵气锁　　　　　　　　（B）泵工作筒内严重结蜡
    （C）深井泵衬套乱　　　　　　　　（D）泵阀轻微蜡卡

159. BB002 抽油机碰泵时，下列说法错误的是（　）。
    （A）碰泵2~3下即可　　　　　　　（B）卸负荷时驴头停在上死点
    （C）碰泵后要重新调整防冲距　　　（D）碰泵时不许手抓光杆

160. BB003 给抽油机底座找平时最多可垫（　）块斜铁。
    （A）一　　　（B）二　　　（C）三　　　（D）四

161. BB003 抽油机底座纵向水平标准是（　）。
    （A）1/1000　　（B）2/1000　　（C）3/1000　　（D）4/1000

162. BB003 抽油机井驴头中心线与井口中心线对正偏差不超过（　）。
    （A）3 mm　　（B）5 mm　　（C）6 mm　　（D）8 mm

163. BB003 游梁中心线与底座中心线对正偏差不超过（　）。
    （A）2.0 mm　（B）2.5 mm　（C）3.0 mm　（D）8.0 mm

164. BB003 10型抽油机两曲柄尾端测出的剪刀差最大不超过（　）为合格。
    （A）3 mm　　（B）5 mm　　（C）6 mm　　（D）8 mm

165. BB004 如果游梁式抽油机在安装游梁时，适当向井口方向移动一些，则抽油机冲程会（　）。
    （A）减小　　（B）不变　　（C）增大　　（D）无法判断增减

166. BB004 抽油机运转时，连杆碰擦平衡块的边缘，其原因是（　）。
    （A）地脚螺栓松动　　　　　　　　（B）减速箱轴承磨损
    （C）游梁装歪　　　　　　　　　　（D）抽油机不平衡

167. BB004 抽油机连杆被拉断，下列原因分析不正确的是（　）。
    （A）连杆销被卡　　　　　　　　　（B）曲柄销上担负不平衡力过大
    （C）连杆上下头焊接质量差　　　　（D）减速轴泵磨损

168. BB004 游梁式抽油机减速箱通常采用（　）减速方式。
    （A）两轴一级　（B）三轴二级　（C）四轴三级　（D）五轴四级

169. BB004 游梁式抽油机曲柄键安装在减速箱的（　）上。
    （A）输入轴　　（B）中间轴　　（C）输出轴　　（D）刹车轮轴

170. BB005 测量抽油机纵向水平时两侧各测（　）点。
    （A）1　　　　（B）2　　　　（C）3　　　　（D）4

171. BB005 基础两定位螺栓与井口中心是（　）。
    （A）直角三角形　　　　　　　　　（B）锐角三角形
    （C）等腰三角形　　　　　　　　　（D）长方形

172. BB005 导致抽油机安装时的"剪刀差"的原因是（　）。
    （A）两曲柄上的平衡块不对称　　　（B）输出轴两端键槽不在一条直线上
    （C）两连杆长度不一　　　　　　　（D）尾轴承前移

173. BB006 不是造成抽油机曲柄销故障原因的是（　）。
    （A）冕型螺帽松　　　　　　　　　（B）锥套加工不合格
    （C）销轴加工不合格　　　　　　　（D）皮带松弛

174. BB006　抽油机驴头销子松动时，抽油机运转到（　）位置，驴头有较大响声。
　　　　　　（A）1/2 冲程处　　　　　　　（B）1/3 冲程处
　　　　　　（C）2/3 冲程处　　　　　　　（D）上、下死点
175. BB007　抽油机连杆刮平衡块的原因是游梁安装不正和（　）。
　　　　　　（A）负荷过重　　　　　　　　（B）冲速过快
　　　　　　（C）平衡块铸造质量差　　　　（D）冲程过大
176. BB007　处理抽油机连杆刮平衡块是削去平衡块凸出过高的部分和（　）。
　　　　　　（A）调正游梁　（B）调小冲程　（C）检查减速箱　（D）调正驴头
177. BB007　处理抽油机连杆刮平衡块时的调整游梁靠（　）来调整。
　　　　　　（A）连杆松紧　　　　　　　　（B）横梁高低
　　　　　　（C）中央轴承座顶丝　　　　　（D）尾轴顶丝
178. BB008　不是产生抽油机曲柄外移的原因的是（　）。
　　　　　　（A）曲柄键不合格　　　　　　（B）曲柄键槽不合格
　　　　　　（C）输出轴键槽不合格　　　　（D）曲柄表面制造粗糙
179. BB008　取出抽油机曲柄键的最佳方法是（　）。
　　　　　　（A）卸掉曲柄　　　　　　　　（B）用拔键器拔出
　　　　　　（C）涨开叉头拿出来　　　　　（D）把曲柄打进去
180. BB008　处理抽油机输出轴键槽损坏严重的最佳方案是（　）。
　　　　　　（A）换输出轴　　　　　　　　（B）重新开槽
　　　　　　（C）换另一组键槽　　　　　　（D）换曲柄键
181. BB009　抽油机井掺水量控制时，要用挡板控制，最为合适的理由是（　）。
　　　　　　（A）用挡板控制水量较平稳，波动小，使掺水系统压力稳定，减少了人为调
　　　　　　　　　整因素
　　　　　　（B）产液量平稳不致使掺水倒灌
　　　　　　（C）含水平稳，不致使含水量上升的过快
　　　　　　（D）使抽油机的运转平稳电流不致过高
182. BB009　在开发含蜡量高、析蜡温度高的油藏时，必须保持（　），防止油层内部结蜡
　　　　　　现象。
　　　　　　（A）地层压力　（B）油层温度　（C）饱和压力　（D）静压
183. BB009　会使抽油机系统效率降低的做法是（　）。
　　　　　　（A）并联电容器　　　　　　　（B）降低含水率
　　　　　　（C）提高平衡率　　　　　　　（D）随意加大生产参数
184. BB009　注水干线的压力损失随（　）的增大而减小。
　　　　　　（A）流体粘度　（B）管线长度　（C）管线直径　（D）流速
185. BB009　在油田开发中，静压的变化与（　）有关。
　　　　　　（A）动液面　　（B）井温　　　（C）流压　　　（D）采出量和注入量
186. BB010　对油井的油、气、水计量，可以为油井分析判定（　）提供可靠的依据。
　　　　　　（A）合理的管理措施　　　　　（B）合理的参数
　　　　　　（C）合理的工作制度和管理措施（D）合理的工作制度
187. BB010　油、气、水计量的目的是为了（　），为油井分析制定合理的工作制度和管理

措施提供可靠的依据。
(A) 了解油井的变化情况
(B) 掌握油井的生产动态
(C) 分析油井的措施效果
(D) 了解油井产量变化情况，掌握油井的生产动态

188. BB010 在如图所示的某抽油机井动态控制图中，某井连续3个月处在M点后，第4个月移到N点，原因是该井（　　）。
(A) 强洗井了　(B) 调大冲程了　(C) 提高冲速了　(D) 检泵作业了

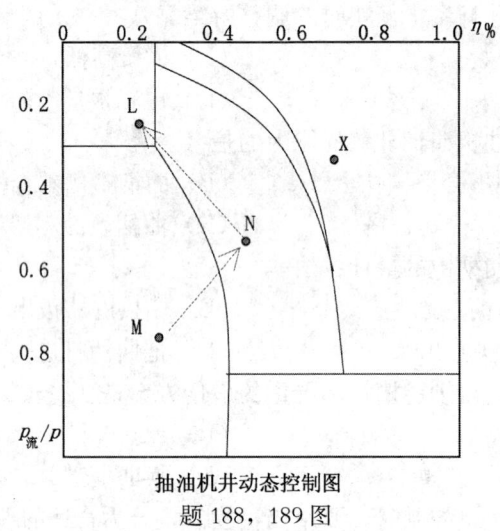

抽油机井动态控制图
题188，189图

189. BB010 在如图所示的某抽油机井动态控制图中，某井连续2个月抽吸参数没变后，由原来N点逐渐移到L点，先后几次核实资料确实如此，那么该井（　　）。
(A) 油管漏失　(B) 结蜡了　(C) 供液不足　(D) 泵脱了

190. BB011 分注井管外出现水泥窜槽时，全井水量将会（　　）。
(A) 逐渐上升　(B) 逐渐下降　(C) 稳定不变　(D) 突然下降

191. BB011 抽油机井生产维护的中心是（　　）。
(A) 保持不断光杆　　(B) 最佳的运转平衡
(C) 泵况处在最佳状态　(D) 安全生产

192. BB011 维护好抽油机井、电动潜油泵井生产的基础所在是（　　）。
(A) 及时合理地控制好套管气
(B) 最佳的供采平衡
(C) 及时合理地执行好加药热洗制度
(D) 最佳的保护设定

193. BC001 不属于化学驱采油的是（　　）。
(A) 注聚合物　　　(B) 氮气驱
(C) 表面活性剂驱　(D) 碱驱采油

194. BC001 属于混相驱开发油田的技术是（　　）。
(A) 注水开发　(B) 注蒸汽开发　(C) 注CO_2段塞　(D) 火烧油层

195. BC001　开发技术成本较低的是（　）。
　　　（A）注水开发　（B）注蒸汽开发　（C）注CO_2开发　（D）火烧油层
196. BC001　注聚合物驱油可以（　）。
　　　（A）降低注入水粘度　　　　　（B）降低原油粘度
　　　（C）提高油相流度　　　　　　（D）降低油相流度
197. BC002　能使聚合物溶液粘度提高的方法是（　）。
　　　（A）降低浓度　（B）提高浓度　（C）升温　（D）降低相对分子质量
198. BC002　能使聚合物溶液粘度降低的因素是（　）。
　　　（A）降温　（B）升温　（C）提高浓度　（D）提高相对分子质量
199. BC002　对聚合物驱油效率影响不大的因素是（　）。
　　　（A）聚合物相对分子质量　　　（B）油层温度
　　　（C）聚合物浓度　　　　　　　（D）pH 值
200. BC002　可降低聚合物驱油效率的是（　）。
　　　（A）提高聚合物浓度　　　　　（B）降低聚合物浓度
　　　（C）提高聚合物相对分子质量　（D）pH 值
201. BC002　降低聚合物驱油效率的非地质因素是（　）。
　　　（A）降低聚合物相对分子质量　（B）油层非均质性
　　　（C）提高聚合物浓度　　　　　（D）降低注入水矿化度
202. BC003　不适合聚合物驱油的是（　）。
　　　（A）水驱开发的非均质砂岩油田
　　　（B）油层温度为 45～70℃
　　　（C）油藏地层水和油田注入水矿化度较低
　　　（D）油藏地层水和油田注入水矿化度较高
203. BC003　若油层剩余的可流动油饱和度小于（　）时，一般不再实施聚合物驱替。
　　　（A）5％　（B）20％　（C）30％　（D）10％
204. BC003　实施聚合物驱油时，注采井网的密度同注普通水时相比，应该（　）。
　　　（A）减小　（B）增大　（C）不变　（D）随意安排
205. BC003　面积注水的井网选择，对聚合物驱油的采收率有影响，其中（　）井网效果最好。
　　　（A）四点法　（B）五点法　（C）正九点法　（D）反九点法
206. BC004　不是聚合物驱油后的动态变化特点的是（　）。
　　　（A）注入能力下降，注入压力上升
　　　（B）油井含水大幅度下降，产油量明显增加，产液能力下降
　　　（C）油井见效后，含水上升且稳定
　　　（D）改善了吸水、产液剖面，增加了吸水及新的出油厚度
207. BC004　聚合物驱油的注入井，要求每（　）个月测一次吸水剖面。
　　　（A）三　（B）六　（C）两　（D）一
208. BC004　现场实施聚合物驱油时，注入聚合物溶液的浓度和粘度必须（　）天化验一次。
　　　（A）3　（B）10　（C）15　（D）1

209. BC004　水井注聚合物溶液后，对应油井的变化规律，不正确的变化是（　）。
　　　　　　（A）流动压力下降　　　　　　（B）流动压力上升
　　　　　　（C）采油指数可能提高　　　　（D）产出剖面改善
210. BC004　水井注聚合物溶液后，说法不正确的是（　）。
　　　　　　（A）吸水指数上升　　　　　　（B）吸水指数下降
　　　　　　（C）注入压力上升　　　　　　（D）注水量下降
211. BC005　油田注聚合物以后，由于注入流体的粘度增高及流度下降，导致油层内压力传导能力变差油井（　）。
　　　　　　（A）生产压差增大　　　　　　（B）生产压差降低
　　　　　　（C）流动压力上升　　　　　　（D）产量下降
212. BC005　由于聚合物可吸附地层中的细小颗粒和硫化铁颗粒，加上采出液粘度的增加，使采出液中的悬浮固体含量增加，导致（　）。
　　　　　　（A）生产压差降低　　　　　　（B）清蜡容易
　　　　　　（C）井下设备损坏加剧　　　　（D）产量下降
213. BC005　在生产井见到聚合物的水溶液后，当聚合物浓度达到一定程度时，特别是抽油机井，在下冲程时将产生（　）现象。
　　　　　　（A）光杆滞后　　　　　　　　（B）光杆不下
　　　　　　（C）光杆负荷增大　　　　　　（D）光杆速度加快
214. BC006　随着采出液中聚合物浓度的增大，抽油机井的（　）。
　　　　　　（A）效率提高　（B）负荷降低　（C）负荷不变　（D）负荷增大
215. BC006　随着采出液中聚合物浓度的增大，抽油机井的示功图（　）。
　　　　　　（A）明显变窄　（B）明显肥大　（C）变化不大　（D）锯齿多
216. BC006　随着采出液中聚合物浓度的增大，抽油机井的（　）。
　　　　　　（A）效率提高　　　　　　　　（B）躺井率低
　　　　　　（C）检泵周期缩短　　　　　　（D）检泵周期延长
217. BC007　随着采出液中聚合物浓度的增大，使电动潜油泵的（　）。
　　　　　　（A）效率提高　　　　　　　　（B）效率降低
　　　　　　（C）检泵周期延长　　　　　　（D）扬程明显提高
218. BC008　随着采出液中聚合物浓度的增大，使螺杆泵的（　）。
　　　　　　（A）系统效率提高　　　　　　（B）系统效率降低
　　　　　　（C）系统效率基本不变　　　　（D）扬程明显提高
219. BC008　如果油田注聚合物见效以后，提高螺杆泵的转速，则泵的排量效率（　）。
　　　　　　（A）提高　　（B）基本不变　　（C）降低　　　（D）不稳定
220. BC008　尽管随着采出液中聚合物浓度的增大，但在一定抽吸参数条件下，基本不受影响的是（　）。
　　　　　　（A）无游梁式抽油机井　　　　（B）游梁式抽油机井
　　　　　　（C）电动潜油泵井　　　　　　（D）螺杆泵井
221. BD001　在如图所示的几种常用的工具、用具使用示意图中，不正确的是（　）。
222. BD001　拔轮器是给电动机拆卸电动机轮专用的配套工具，其组成主要是由（　）。
　　　　　　（A）支架、拉力爪、拉力链（臂）、加力丝杠

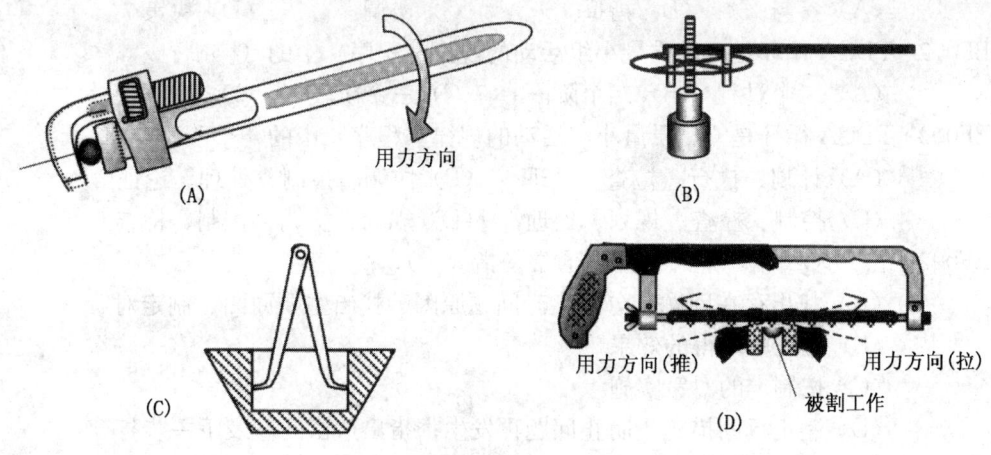

四种常用的工用具使用示意图
题 221 图

(B) 支架、拉力爪、卡钳（臂）、加力丝杠

(C) 支架、拉力爪、柔丝链、加力丝杠

(D) 支架、拉力爪、拉力链（臂）、加力矩

223. BD001 在采油工作中，（　）时用拔轮器。
(A) 更换光杆　　　　　　(B) 抽油机井调冲程
(C) 抽油机井调冲速　　　(D) 抽油机井更换曲柄销子

224. BD002 吊线锤是在下列（　）的工作中使用。
(A) 检测抽油机横向水平　(B) 检测抽油机纵向水平
(C) 检测抽油机驴头偏差　(D) 检测抽油机"四点一线"

225. BD002 在检测抽油机对中工作中，使用下列（　）工具。
(A) 水平尺　　(B) 千分尺　　(C) 卡尺　　(D) 吊线锤

226. BD002 有关吊线锤用途的叙述，其中（　）是不正确的。
(A) 检测抽油机上下偏差　(B) 检测抽油机上中下三点一面
(C) 检测抽油机驴头偏斜　(D) 检测抽油机基础水平

227. BD003 拔键器是为大型传动轴拔键而制作的专用工具，其组成主要有（　）等。
(A) 震荡杆、震荡块、挡板、螺丝接头
(B) 支架、震荡块、挡板、螺丝接头
(C) 拉力爪、震荡杆、震荡块、挡板
(D) 震荡块、挡板、螺丝接头、加力矩

228. BD003 在采油工作中，只有（　）时用拔键器。
(A) 拔电动机轮轴键　　　(B) 拔抽油机大皮带轮键
(C) 拔抽油机输出轴键　　(D) 拔抽油机曲柄销子键

229. BF001 QC 小组是企业实现（　）参与质量改进的有效形式。
(A) 党员　　(B) 干部　　(C) 全员　　(D) 工人

230. BF001 组织开展好 QC 质量小组活动是技师（　）本单位生产管理、提高效率的分内职责。

(A) 参与　　(B) 指挥　　(C) 协调　　(D) 决策

231. BF002　PDCA 循环是 QC 质量小组活动的规律（程序）中的（　）。
(A) 二个过程　(B) 二个阶段　(C) 三个阶段　(D) 四个阶段

232. BF002　PDCA 循环是 QC 质量小组活动的规律（程序）中的 4 个阶段：即（　）。
(A) 计划、执行、检查、处理　　(B) 协调、控制、处理、论证
(C) 控制、检查、规划、处理　　(D) 规划、协调、控制、检查

233. BF002　在 PDCA 循环中的 P 阶段通常是指（　）。
(A) 找出存在问题、分析生产问题原因、找出主要原因、制定对策
(B) 检查所取得的效果
(C) 按制定的对策实施
(D) 制定巩固措施，防止问题再发生；指出遗留问题及下一步打算

234. BF002　在 PDCA 循环中的 D 阶段通常是指（　）。
(A) 找出存在问题、分析生产问题原因、找出主要原因、制定对策
(B) 检查所取得的效果
(C) 按制定的对策实施
(D) 制定巩固措施，防止问题再发生；指出遗留问题及下一步打算

235. BF003　将质量改进的项目从重要到次要顺序排列而采用的一种图表叫（　），又叫帕累托图。
(A) 排列图　(B) 因果图　(C) 循环图　(D) 关联图

236. BF003　排列图又叫帕累托图；它是将质量改进的项目从（　）排列而采用的一种图表。
(A) 次要到重要顺序　　(B) 一般到重要顺序
(C) 重要到次要顺序　　(D) 重要到一般顺序

237. BF003　排列图由（　）排列的矩形和一条累计百分比折线组成。
(A) 一个纵坐标、二个横坐标、一个按高低顺序
(B) 一个纵坐标、二个横坐标、几个按高低顺序
(C) 一个横坐标、二个纵坐标、一个按高低顺序
(D) 一个横坐标、二个纵坐标、几个按高低顺序

238. BF004　表示质量特性波动与其潜在原因的关系图表叫（　），又叫石川图、鱼刺图。
(A) 排列图　(B) 因果图　(C) 循环图　(D) 关联图

239. BF004　因果图又叫石川图、鱼刺图，它是表示（　）的关系图表。
(A) 质量特性波动与其潜在原因　(B) 质量特性波动与其过程
(C) 质量特性波动与其关键环节　(D) 质量与管理

240. BF004　在质量管理中运用因果分析图有利于找到（　），解决质量问题。
(A) 主要问题
(B) 问题的产生过程
(C) 问题的症结所在，然后对症下药
(D) 引起问题的各种原因，然后逐一落实

241. BF005　在质量管理活动中的（　）就是要对诸多原因进行鉴别，把确实影响问题的主要原因找出来，将目前状态良好、对存在问题影响不大的原因排除掉，为制定

对策提供依据的过程。

（A）排列图　（B）要因验证　（C）现状调查　（D）选择课题

242. BF005　在质量管理活动中的要因验证常用的方法有（　）。

（A）现场验证，现场测试、测量

（B）现场验证，现场测试，凭印象、感觉

（C）现场测试、测量，调查分析

（D）现场验证，现场测试、测量，调查分析

243. BF006　在质量管理活动中，在要因验证确定之后就可分别针对所确定的每条原因（　）。

（A）制定对策　（B）因果分析　（C）现状调查　（D）选择课题

244. BF006　在质量管理活动中，在要因验证确定之后就可分别针对所确定的每条原因制定对策；制定对策通常可分为（　）步骤进行。

（A）提出对策，采取的对策

（B）提出对策，采取的对策、制定对策表

（C）提出对策，研究、确定所采取的对策、制定对策表

（D）提出对策，研究、确定所采取的对策、采取方法、制定对策表

245. BF007　生产单位每年（阶段）对其完成企业所下达的经营目标和生产管理进行的有目的性的回顾和对下一年的工作进行展望是（　）。

（A）科研论文　（B）技术报告　（C）生产总结报告　（D）安全总结报告

246. BF007　生产总结报告是生产单位每年（阶段）对其完成企业所下达的经营目标和生产管理进行的有目的性的（　）和对下一年的工作进行展望。

（A）协调　（B）计划　（C）决策　（D）回顾

247. BF007　生产总结报告是生产单位每年（阶段）对其完成企业所下达的经营目标和生产管理进行的（　）的回顾和对下一年的工作进行展望。

（A）有目的性　（B）有计划性　（C）有决策性　（D）有阶段性

248. BF008　"首先拟定好标题、简要概括性地交代过去一年的工作总体情况、重点详细写过去一年里所做的主要工作及结果、最后简明扼要交代下一年生产工作安排设想"是（　）常用的格式内容。

（A）科研论文　　　　　（B）技术报告

（C）生产总结报告　　　（D）安全总结报告

249. BF008　在有关生产总结报告常用的格式内容中，（　）是正确的。

（A）拟定标题

（B）上一阶段（年）工作总体情况简要交代

（C）详细介绍上一阶段（年）所做的主要工作及结果

（D）下一年经营成果

250. BF009　HSE管理体系即为健康、安全与环境管理体系的简称；它将（　）的健康、安全与环境管理纳入一个管理体系中，突出"预防为主、安全第一，领导承诺，全面参与，持续发展"的管理思想。

（A）国家　（B）企业　（C）个人　（D）单位

251. BF009　在HSE管理体系公认的7系统文件中，（　）文件是针对领导而言的。

(A) 前2个 　　(B) 前3个 　　(C) 后3个 　　(D) 后4个

252. BF010 HSE作业计划内容是指（　）在HSE管理体系的框架内，结合其所从事的专业项目活动；是HSE管理体系在施工、作业生产项目中的文件化表现；是基层组织在具体项目作业中实施HSE管理体系的指南；其最终目的就是识别风险、降低危害、防止事故的发生。
(A) 实施生产作业的领导层　　(B) 具体实施生产作业的基层组织
(C) 实施生产规划的领导层　　(D) 具体实施生产规划的基层组织

253. BF010 HSE作业计划内容是指具体实施生产作业的基层组织在HSE管理体系的框架内，结合其所从事的专业项目活动；是HSE管理体系在施工、作业生产（　）表现；是基层组织在具体项目作业中实施HSE管理体系的指南；其最终目的就是识别风险、降低危害、防止事故的发生。
(A) 工作内容　　(B) 具体项目
(C) 项目中的程序化　　(D) 项目中的文件化

254. BF011 "两书一表"是SY/T 6276—1997标准下的（　）；即《HSE作业计划书》、《HSE作业指导书》、《HSE现场检查表》。
(A) 纲领文件　　(B) 具体操作项目
(C) 具体操作说明　　(D) 具体操作文件

255. BF011 "两书一表"是SY/T 6276—1997标准下的具体操作文件；即《HSE作业计划书》、《HSE作业指导书》、（　）。
(A)《HSE规划表》　　(B)《HSE项目表》
(C)《HSE生产运行表》　　(D)《HSE现场检查表》

256. BF012 《HSE作业计划书》的内容是一份（　）。
(A) 文件　(B) 检查表　(C) 标准　(D) 合同

257. BF012 "两书一表"中的《HSE作业计划书》是由（　）的。
(A) 上级领导制定　　(B) 专业管理部门制定
(C) 基层组织编写　　(D) 检查部门下发

258. BF013 "两书一表"中的《HSE作业指导书》主要具体内容有（　）。
(A) 概述、操作规程、记录等
(B) 概述、操作程序、风险识别、记录等
(C) 概述、操作指南、风险识别及控制措施、记录等
(D) 概述、操作规程、操作指南、风险识别及控制措施、记录等

259. BF013 《HSE作业指导书》内容通常应具有（　）。
(A) 安全性、科学性
(B) 安全性、科学性、可操作性
(C) 完整性、科学性、可操作性等
(D) 完整性、可比性、科学性、可操作性等

260. BF014 各个具体生产操作岗位对其工作中各危险点源逐项检查结果的记录是（　）。
(A)《HSE作业指导书》　　(B)《HSE现场检查表》
(C)《HSE作业计划书》　　(D)《岗位HSE作业指导卡》

261. BF014 《HSE现场检查表》就是各个具体生产操作岗位对其工作中各（　）逐项检查

结果的记录。

(A) 操作规程　(B) 风险预想　(C) 危险点源　(D) 事故责任

262. BF015　《HSE 作业指导书》中的操作指南主要内容有（　）。

(A) 操作规程、操作程序、注意事项

(B) 操作规程、风险预想、注意事项

(C) 操作规程、危险点源、注意事项

(D) 操作规程、事故责任、注意事项

263. BF015　《HSE 作业指导书》中的操作指南主要内容之一《操作规程》格式为（　）。

(A) 某操作规程　　　　　　(B) 某级别某操作规程

(C) 某级别某年月某操作程序　(D) 某级别某年月某操作规程

264. BF016　在如图所示的某抽油机井危险点源示意图中，　2　为易发（　）危险点源。

(A) 泄露事故　(B) 机械伤害　　(C) 触电事故　　(D) 高空坠落

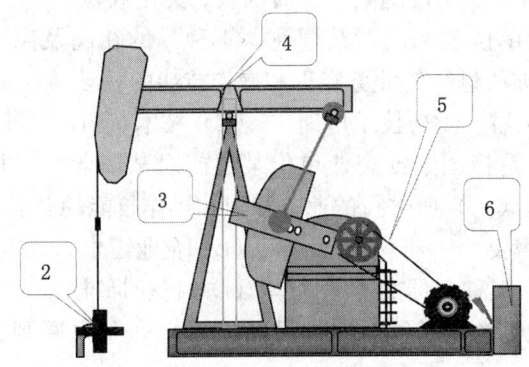

某抽油机井危险点源示意图
题 264, 265, 266 图

265. BF016　在如图所示的某抽油机井危险点源示意图中，　4　为易发（　）危险点源。

(A) 泄露事故　(B) 机械伤害　　(C) 触电事故　　(D) 高空坠落

266. BF016　在如图所示的某抽油机井危险点源示意图中，　5　为易发（　）危险点源。

(A) 泄露事故　(B) 机械伤害　　(C) 触电事故　　(D) 高空坠落

267. BF017　有关抽油机井操作中风险识别的叙述，其中（　）是不正确的。

(A) 井口流程倒错，会造成管线憋压、穿孔、密封圈跑油等事故，是技术差造成的

(B) 员工上岗操作工服衣袖过长，女工没有戴工帽会导致机械伤害，安全意识不强

(C) 雨天启、停机时不小心易造成触电事故，安全意识不强

(D) 抽油机维护保养时不带安全带易使人高空坠落，安全意识不强

268. BF017　有关抽油机井操作中风险识别的叙述，其中（　）是正确的。

(A) 井口流程倒错，会造成管线憋压、穿孔、密封圈跑油等事故，安全意识不强

(B) 员工上岗操作工服衣袖过长，女工没有戴工帽会导致机械伤害，是技术差

(C) 雨天启、停机时不小心易造成触电事故，安全意识不强
(D) 抽油机维护保养时不带安全带易使人高空坠落，不严格执行操作规程

269. BF018 《岗位 HSE 作业指导卡》中岗位要求是指（　）。
(A) 上岗的员工（操作者）应具备的素质为文化水平、工作经历、技能资历
(B) 岗位工作程序、工作要求、注意事项
(C) 岗位有什么样的风险，具体情况，应负的责任
(D) 企业应向岗位员工提供健康、安全的工作环境

270. BF018 有关《岗位 HSE 作业指导卡》中奖励和处罚原则的叙述，其中（　）是正确的。
(A) 奖罚分明、一丝不苟、及时准确、无论先后
(B) 奖罚分明、一丝不苟、及时准确、先高后低
(C) 奖罚分明、一丝不苟、及时准确、无论高低
(D) 奖罚分明、力度适当、及时准确、无论高低

271. BG001 国家或企业单位某部门对某职业（工种）的在岗及岗前的员工，依据本职业（工种）标准所进行的业务知识和操作技能的教学活动是（　）。
(A) 技术大赛　(B) 技术培训　(C) 技术革新　(D) 科研发明

272. BG001 技术培训就是指国家或企业单位某部门对某职业（工种）的在岗及岗前的员工，依据本（　）所进行的业务知识和操作技能的教学活动。
(A) 生产需要　　　　　　(B) 企业需求
(C) 职业（工种）标准　　(D) 行业标准

273. BG002 制定教学计划主要是针对培训目标、（　）、基本原则、实例等具体内容的陈述。
(A) 课程设置　(B) 课时分配　(C) 学习大纲　(D) 考试方法

274. BG002 制定教学计划主要是针对培训目标、课程设置、（　）、实例等具体内容的陈述。
(A) 基本内容　(B) 基本原则　(C) 基本方式　(D) 学习标准

275. BG003 依据教学计划具体内容设置的各门科目，叫（　）。
(A) 课程设置　(B) 课程分配　(C) 职业标准　(D) 行业标准

276. BG003 课程设置就是依据（　）的具体内容而设置的各门科目。
(A) 教学计划　(B) 教学大纲　(C) 职业标准　(D) 行业标准

277. BG003 课程设置就是依据教学计划具体内容的而设置的（　）。
(A) 教学手段　(B) 课时分配　(C) 各门科目　(D) 科目标准

278. BG004 把所设置的课程及内容的轻重合理地分配，叫（　）。
(A) 教学计划　(B) 课时分配　(C) 职业标准　(D) 行业标准

279. BG004 课时分配就是把所设置的课程及内容的轻重合理地分配本学期所制定的（　）。
(A) 教学手段　(B) 学习内容　(C) 总学时　(D) 考试要点

280. BG005 在课程设置及要求的基础上，依据课时分配而对各课程内容做更进一步具体要求和布置的是（　）。
(A) 制定教学大纲　　　(B) 制定教学计划
(C) 职业标准　　　　　(D) 行业标准

281. BG005　制定教学大纲就是在（　）及要求的基础上，依据课时分配而对各课程内容做更进一步具体要求和布置。
(A) 师资水平　(B) 课程设置　(C) 教学目标　(D) 行业标准

282. BG006　学员通过学习某门课程后应达到的水平（目标）是（　）的要求。
(A) 教学目的　(B) 教学大纲　(C) 课程设置　(D) 行业标准

283. BG006　"能根据油水井动态变化情况提出相应的调整措施和意见"是（　）常用的词汇。
(A) 考评标准　(B) 教学计划　(C) 课程设置　(D) 教学目的

284. BG007　利用必要的教学设施和条件，做出具有针对性的、较为具体的、可行的授课方法是（　）。
(A) 教学手段　(B) 教学计划　(C) 职业标准　(D) 行业标准

285. BG007　教学手段主要是指就本期培训班的具体情况，利用（　）和条件，做出具有针对性的、较为具体的、可行的授课方法。
(A) 必要的教学设施　　　(B) 师资水平
(C) 职业特点　　　　　(D) 行业标准

286. BG008　教学者对培训对象（学员），在某阶段（期中、期末）所学的各方面内容进行综合评定的手段是（　）。
(A) 教学　(B) 讲评　(C) 考评　(D) 示范

287. BG008　考评是（　）对培训对象（学员），在某阶段（期中、期末）所学的各方面内容进行综合评定。
(A) 就业单位　(B) 企业领导　(C) 上课教师　(D) 教学组织者

288. BG008　技术培训中考评所含的内容主要有（　）。
(A) 现场实际操作考试
(B) 书面的专业知识答卷和基础知识答卷
(C) 书面的理论答卷和现场实际操作考试
(D) 书面的理论答卷和现场实际操作考试、平时所掌握的成绩（表现）进行综合评定

289. BG009　对生产、科研中新发现的事实及研究过程进行报道的是（　），它是向科研资助和主管部门汇报的文献。
(A) 工作总结　(B) 述职报告　(C) 技术报告　(D) 参考文献

290. BG009　技术报告是对生产、科研中新发现的事实及研究过程进行报道；是向（　）和主管部门汇报的文献。
(A) 上级领导　(B) 科研资助　(C) 学术界　(D) 国家

291. BG010　技术报告的结构内容：通用模式为——（　）、结尾（结论）、参考文献、谢词和附录。
(A) 摘要、正文　　　　　(B) 标题、前言、正文
(C) 标题、摘要、前言、正文　(D) 标题、提纲、摘要、正文

292. BG010　技术报告的结构内容：通用模式为：标题、摘要、前言、正文、（　）和附录。
(A) 参考文献　　　　　　(B) 表格、参考文献、谢词
(C) 参考文献、谢词　　　(D) 结尾（结论）、参考文献、谢词

293. BG011 技术报告标题的拟定：标题应具备——准确性、（　）。
　　　　　（A）完整性　　　　　　　　（B）生动性
　　　　　（C）简洁性和鲜明性　　　　（D）简洁性和灵活性
294. BG011 技术报告标题的简洁性是指在能把内容表达清楚的前提下，标题应（　）。
　　　　　（A）越短越好，不易纷争　　（B）越生动越好，利于理解
　　　　　（C）越短越好，便于记忆　　（D）越奇特越好，便于创名
295. BG011 技术报告标题的（　）就是一目了然、不费解、无歧义、便于引证、分类。
　　　　　（A）准确性　（B）简洁性　（C）鲜明性　（D）生动性
296. BG012 写技术报告的正文中，一般是首先（　），即研究分析课题的准备过程。
　　　　　（A）细写研究课题的手段　　（B）细写研究课题的方法
　　　　　（C）写取得的成果　　　　　（D）提出论点
297. BG012 写技术报告的正文中，在提出论点后，接着细写研究课题过程中所（　）。
　　　　　（A）进行的模拟和实验　　　（B）遇到的难题
　　　　　（C）采取的手段和方法　　　（D）取得的成果
298. BG012 写技术报告的正文中，在提出论点及细写研究课题过程中所采取的手段和方法后，再有就是对课题（　）来进行对比分析。
　　　　　（A）实验应用的理论　　　　（B）实验参数
　　　　　（C）应用前景　　　　　　　（D）取得的成果
299. BG013 论文（报告）的摘要：即文章主要内容的摘录，一定要达到（　）；这关系到整篇文章给读者的最初印象。
　　　　　（A）简短、精粹　　　　　　（B）简短、简短、再简短
　　　　　（C）简短、完整　　　　　　（D）简短、精粹、完整
300. BG013 论文（报告）的前言又叫文章的绪言，即把所论的技术（问题）的来龙去脉写出来，简述为什么要写该文，以提醒读者注意；其主要内容为（　）和取得的成果等。
　　　　　（A）背景、目的　　　　　　（B）背景、目的、方法
　　　　　（C）背景、方法　　　　　　（D）背景、目的、范围、方法
301. BG014 论文（报告）的（　）是文章正文之后的结论或总结，它是整个论文（报告）事实的结晶，是全文章的精髓，是向读者最终交代的关键点。
　　　　　（A）前言　（B）摘要　（C）结尾　（D）提纲
302. BG015 论文（报告）的（　）是作者引用别人的成果，它也是所写技术报告的一部分。
　　　　　（A）前言　（B）摘要　（C）结尾　（D）参考文献
303. BG015 论文（报告）的参考文献是作者（研究者）引用别人的成果，它也是所写技术报告的一部分；一般都要认真把所引用的文献（　），说明成果归属是谁，即那些是引用他人的，到哪去找，是否可信等。
　　　　　（A）写在文章开头　　　　　（B）前言之后
　　　　　（C）附录在正文之后　　　　（D）附录在结尾之后

二、判断题（对的画√，错的画×）

（　）1. AA001　在机械制图中，零件实际尺寸标注是随图样比例大而大。

（　）2. AA001　在机械制图中，轴线、对称中心线标准规定用细点划线表示。

（　）3. AA002　在机械制图方法中，把能准确表达物体几何结构和形状而采用三个方向视图的总称叫三视图。

（　）4. AA002　三视图中的主视图既能看到高度又能看到宽度。

（　）5. AA003　用来表示零件在加工完毕后的形状、大小和应达到的技术要求的图样称为三视图。

（　）6. AA003　零件图中标题栏的内容主要有零件名称、材料、数量、图样比例、图纸编号及有关人员签名。

（　）7. AA004　某标准代号：GB 126—70，即：国家标准，第126条，第70项标准。

（　）8. AA004　某零件图中的技术要求注有"螺栓 GB 5782—86 M12×80"，意思是该螺栓符合1986年颁布的、编号为5782的国家标准，可查规格为 M12×80 的有关数据。

（　）9. AA004　技术培训就是指国家或企业单位某部门对某职业（工种）的在岗及岗前的员工，依本职业（工种）标准所进行的业务知识和操作技能的教学活动。

（　）10. AA005　表面粗糙度表示零件表面经过机械加工后凹凸不平的程度。

（　）11. AA005　"$\sqrt{2.0}$"是表示零件表面机械加工粗糙度的。

（　）12. AA006　代号：$20_{-0.210}^{-0.070}$ 中的 −0.210 表示零件尺寸的最小值。

（　）13. AA006　代号：$\phi 25_0^{+0.045}$ 中的 25 表示零件尺寸的公称直径。

（　）14. AA007　管道安装图通常是指"工艺流程图、工艺安装图、工艺布置图"的总称。

（　）15. AA007　（管道安装）工艺图是表明施工方案，进行工艺安装和指导生产的重要技术文件。

（　）16. AA008　工艺安装图主要是描述油水（流体介质）的来龙去脉，途经管线、阀组、容器、计量仪表等设备的规格状况。

（　）17. AA008　管道工艺流程图中主要内容有：管线间相互连接关系、管线与阀组及设备相互关系。

（　）18. AA009　工艺布置图主要是描述工艺流程设计所确定的全部设备、阀件、管线及其有关的建筑物之间的相互位置，应有的距离与平面布置状况。

（　）19. AA010　表达设备、管路系统的配置、尺寸及相互间的连接关系，管路的空间走向状况的是工艺流程图。

（　）20. AA010　工艺安装图主要是表达设备、管路系统的配置、尺寸及相互间的连接关系，管路的空间走向状况。

（　）21. AA011　管道安装图中的尺寸定位是指建筑物、设备管线在工艺布置图上所建立的平面直角坐标系中的几何位置。

（　）22. AA011　在如下某管道安装工艺布置图中一基墩的尺寸定位数据，其中 A 9.00 表示基墩纵向与基准点 9.00 个单位。

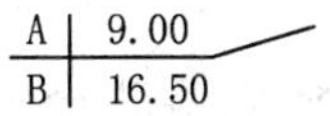

$$\dfrac{A\ |\ 9.00}{B\ |\ 16.50}$$
题22图

(   ) 23. AA011 管道安装图中的尺寸标注是指建筑物、设备管线的布置尺寸,管线位置号、名称、管线标高等。

(   ) 24. AA011 管道安装图的尺寸标注中的"±0.00"表示标高。

(   ) 25. AA012 在如图所示的常见的管道安装图例 ——⊳⊲ 是表示丝堵。

(   ) 26. AA012 在如图所示的常见的管道安装图例 —⋈— 是表示丝堵。

(   ) 27. AA012 在如图所示的常见的管道安装图例 ▽ 是表示管顶标高。

(   ) 28. AB001 金属材料的种类繁多,按其性能、结构可以分为铸铁、钢、合金钢、铜及铜合金、铝及铝合金、轴承合金。

(   ) 29. AB001 "可锻铸铁"是金属材料的工艺性能名称。

(   ) 30. AB002 金属材料的机械性能就是指金属材料具有抵抗外力作用的能力。

(   ) 31. AB002 抗拉强度不是金属材料的机械性能指标。

(   ) 32. AB002 冲击韧性是金属材料的机械性能指标。

(   ) 33. AB003 金属材料的强度就是指金属试件抵抗拉断时所承受的最大应力。

(   ) 34. AB003 金属材料的硬度就是指金属试件拉断后的截面的相对收缩量。

(   ) 35. AB003 金属材料的强度单位常用:kg/cm^2 表示。

(   ) 36. AB004 金属材料的塑性就是指金属试件拉断后的截面的相对收缩量。

(   ) 37. AB004 金属材料的韧性单位常用:kg/mm^2 表示。

(   ) 38. AB005 金属材料的工艺性能就是指具有可加工的属性。

(   ) 39. AB005 "可切削性"是金属材料的工艺性能指标。

(   ) 40. AB005 "可铸性"是金属材料的机械性能指标。

(   ) 41. AB006 金属材料可铸性的好坏,主要取决于其流动性和可锻性。

(   ) 42. AB007 金属材料的可锻性就是指金属材料受锻打改变自己的形状而不产生缺陷的性能。

(   ) 43. AB007 金属材料可锻性的好坏,主要取决于其成分含量。

(   ) 44. AB007 铸铁材料的可锻性较差的。

(   ) 45. AB008 金属材料的可切削性就是指金属接受机械切削加工的性能。

(   ) 46. AB008 金属材料切削性的好坏,主要取决于其韧性。

(   ) 47. AB008 白口铸铁材料的可锻性比较差。

(   ) 48. AB009 对金属材料的可焊性的要求是在刚性固定的条件下,具有较好的韧性。

(   ) 49. AB009 对金属材料的可焊性的要求是焊接处及其热影响区不产生冷、热裂缝倾向。

(   ) 50. AC001 地球物理测井的原理是利用岩石及其内流体的导电性、导热性、放射性、弹性等通过地面测试仪器,对井下不同深度的岩层进行电性或非电性的测试。

(   ) 51. AC002 地球物理测井曲线是利用地球物理原理,利用各种专门仪器,沿井身测量井孔剖面上地层的各种物理参数随井径的变化曲线,并根据结果进行综合解释。

( ) 52. AC002　地球物理测井的方法有：自然电位测井、普通电阻率测井、侧向测井、感应测井、放射性测井、水动力学法等。

( ) 53. AC003　电阻率测井方法实质是利用不同岩石导电性能的差别，间接判断岩层的地质特性。

( ) 54. AC003　在地球物理测井中，把仪器测定岩层电阻率的变化情况与井身等资料配合进行解释，可以较准确地划分地层的界限并确定岩性。

( ) 55. AC003　视电阻率曲线主要是用来划分岩层。

( ) 56. AC003　在同一井眼中，气层的视电阻率比水层大得多。

( ) 57. AC003　油水同层的视电阻率曲线，自上而下出现明显降低趋势。

( ) 58. AC004　自然电位测井曲线是利用地面一个电极与井下一个沿井筒移动的电极配合，由于砂泥岩和泥浆岩具有的导电性，可形成不同自然电流的大小，即可测出一条井内自然电位变化的曲线。

( ) 59. AC004　在离砂岩较远的泥岩的自然电位甚小，几乎没有变化，所以大段泥岩上自然电位基本上是一条直线。

( ) 60. AC004　渗透性砂岩的自然电位对泥岩基线而言一定是向左偏移。

( ) 61. AC004　当地层泥浆是均匀的，上下围岩岩性相同，自然电位曲线对地层中心对称。

( ) 62. AC004　泥岩的自然电位曲线比砂岩变化大。

( ) 63. AC005　微电极测井曲线主要是解决电阻率测井在测量薄层时，曲线没有明显变化而对测试仪的电极系进行改进后的测井。

( ) 64. AC005　微电极测井中，微电极有两组电极系，即常用的 $A0.025M_1$，$A0.025M_2$ 的微梯度电极系和 $A0.05M_2$ 的微电极系。

( ) 65. AC005　微电极系曲线主要是用来划分岩性剖面，确定岩层界面，确定含油砂岩的有效厚度，确定井径扩大井段。

( ) 66. AC006　在同一井眼中，气层的声波时差比油层小。

( ) 67. AC006　在解释一口井的测井曲线时，可与同一构造上的邻井曲线联系对比来判断油、气、水层。

( ) 68. AC006　井径、电极系、地层倾斜、高阻邻层是影响实测电阻率的因素。

( ) 69. AC006　当储集层的电阻率大于油层最小电阻率时，该层可判断为水层。

( ) 70. AC006　自然电位基线偏高，泥岩基线小于 8mV，大于 5mV 的水淹层为低含水层。

( ) 71. AC006　油水同层的自然电位曲线，自上而下出现降低趋势。

( ) 72. BA001　油田储量是指在技术条件下，可以采到地面上的数量。

( ) 73. BA001　储存在地下的石油和天然气，并不能全部采到地面上来，还有一部分残留在储集层中。

( ) 74. BA001　储存在地下的石油的实际数量叫地质储量。

( ) 75. BA001　可采储量随着经济、技术、工艺条件的改变而变化。

( ) 76. BA001　可采储量是指储存在地下的石油和天然气的实际数量。

( ) 77. BA002　采收率是指在某一经济极限内，在现代工程技术条件下，从油藏原始地质储量中可采出石油量的百分数。

（　）78. BA002　油田的采收率最大可以等于1。

（　）79. BA003　提高采收率实际是指油田开发中后期的采油方式（方法）。

（　）80. BA003　采收率的高低主要受地质条件、流体性质、采油技术和经济条件的限制。

（　）81. BA003　油藏的原油采收率首先和油层能量以及驱动方式有关，不同的驱动方式其采收率不同。

（　）82. BA003　二次采油阶段，油田采出程度一般可达到50%～60%。

（　）83. BA004　在注水开发过程中油的流度随着油层含水饱和度的增加而逐渐增大，造成采油指数降低。

（　）84. BA004　生产能力的变化主要取决于采油压差和油的流度变化。

（　）85. BA004　水油流度比是指油的流度与水的流度之比。

（　）86. BA004　当油井见水后，流度比将随井网内水占区的含水饱和度和水相渗透率的增加而增加。

（　）87. BA005　低能量供液不足的抽油井，可通过换小泵、加深泵挂或降低冲次等方法来提高泵效。

（　）88. BA005　抽油机井的泵效对经济效益影响不大。

（　）89. BA005　控水稳油技术与节能问题是矛盾的。

（　）90. BA005　控水稳油的意思是控制综合含水上升速度，稳定原油产量。

（　）91. BA005　提高运行中抽油机井系统效率的最重要措施是优化工作制度、降低含水率和提高产量。

（　）92. BA005　从节能角度来看，采用一套压力系统注水是可行的。

（　）93. BA006　压裂选井时，要选择油层有油气显示，且试油效果较好的井。

（　）94. BA006　油气层受污染或堵塞严重的井可以作为压裂选井的对象。

（　）95. BA006　压裂选井时，要选择储量大、连通好、开采状况好的井。

（　）96. BA006　压裂选井时，在渗透性和含油饱和度低的地区，应优先选择油气显示好，孔隙度、渗透率较高的井。

（　）97. BA006　压裂后产油量下降，采油指数或流动系数下降，油压、流压下降，这说明压开了水层。

（　）98. BA007　海上采油、深井、斜井、含砂、气较多和含有腐蚀性成分等不宜用其他机械采油方式的油井，都可采用气举采油。

（　）99. BA007　气举采油适合用于原油含蜡高和粘度高的结蜡井和稠油井。

（　）100. BA007　水力振荡解堵技术是利用流体流经井下振荡器时产生的周期性剧烈振动，使堵塞物在疲劳应力下从孔道壁上松动脱落。

（　）101. BA007　热化学解堵技术，利用放热的化学反应产生的热量和气体对油层进行处理，达到解堵增产或增注目的。

（　）102. BA007　人工地震采油技术，只能实现区块上一口井增产的目的。

（　）103. BA008　油水井酸化的原理都是通过把事先配制好的酸液从地面经过井筒注入到目的油层内（井底），用于除去井壁（油层处）上的堵塞物，即酸洗处理，恢复油层原有的渗透率。

（　）104. BA008　强化酸化又叫吞吐酸化，对解除油水井泥浆污染和水质污染效果十分明显。

（ ）105. BA008　酸化可以提高井筒附近油层的渗透性，但对孔隙度没有影响。
（ ）106. BA008　酸化综合工艺是靠不同的酸液配方，或在油层酸化时先采用洗油溶剂作为前置液，后挤酸的工艺措施。
（ ）107. BA008　酸化处理类型一般分为盐酸处理和氢氟酸处理两种。
（ ）108. BA009　注水井酸化分为全井酸化和分层酸化。
（ ）109. BA009　注水井酸化可直接利用原井注水管柱进行；若是对分层井进行全井酸化，只需捞出井内原配水器内的水嘴即可。
（ ）110. BA009　注水井酸化后应立即注水，将反应物排向油层深处。
（ ）111. BA009　一般情况下，注水井酸化后应关井反应 6~8h，然后进行排酸。
（ ）112. BA009　水井酸化过程中要求高压、高速、大排量将施工酸液挤入地层。
（ ）113. BA010　油井酸化一般可分为：常规酸化与强化酸化（吞吐酸化），都是压裂前对油层进行处理和油层解堵。
（ ）114. BA010　油井酸化的一般现场施工工序必须起出原油井生产管柱，下酸化管柱（井底光油管）。
（ ）115. BA010　油井酸化过程要求低压、低速、小排量将施工酸液挤入地层。
（ ）116. BA011　水力压裂形成的填砂裂缝具有很高的导流能力。
（ ）117. BA011　水力压裂时，憋起的压力要超过套管的承受压力。
（ ）118. BA011　压裂由于改变了油层流体的渗流方式，从而使井在不同的生产压差下，产量明显提高。
（ ）119. BA011　油层压裂后，虽然岩石渗透率并未变化，但由于产生了填砂裂缝，增大了导流能力，使总体的渗透能力提高。
（ ）120. BA012　根据压裂液在压裂过程中不同阶段的作用，可分为：前置液、携砂液及顶替液。
（ ）121. BA012　支撑剂是一种用来堵塞压裂形成的裂缝的固体颗粒。
（ ）122. BA012　一般在地层岩性松软的浅井和中深井，选用韧性可变形支撑剂较好，在坚硬地层的深井中，应选用硬脆性支撑剂。
（ ）123. BA013　多层压裂就是多层分压或单独压开预定层位，这种方法处理井段长，压裂强度及处理半径相对提高，增产效果好。
（ ）124. BA013　压裂替挤过程中，随携砂液进入地层，井筒液体相对密度下降，泵压会上升，为使裂缝不闭合，应适当增加排量，补充因泵压上升而使排量下降的影响。
（ ）125. BA014　压裂时井下工具入井顺序自下而上为：筛管、喷砂器、封隔器、水力锚、上部油管，一般喷砂液应对准处理层中部。
（ ）126. BA014　压裂时顶替液不可过量，否则会将支撑剂推向裂缝深处，使井筒附近失去支撑剂而闭合，影响压裂效果，一般挤替量为地面管线和井筒容积的 2 倍。
（ ）127. BA015　油井出水严重影响油井产量时，应将出水层位封堵起来，目前一般有两种办法：机械堵水和化学剂堵水。
（ ）128. BA015　油水井堵水可分为选择性堵水和非选择性堵水。
（ ）129. BA015　抽油井堵水管柱，一般要求每级封隔器下面加一根短节，用做起下管柱时倒封隔器之用。

（　）130. BA015　机械堵水时，封隔器不能卡在炮眼和接箍上，但可以卡在套管变形处。
（　）131. BA016　化学剂堵水可分为选择性堵水和非选择性堵水。
（　）132. BA016　选择性堵水是针对油井而采用的堵水方法，尤其是油水同层，多采用这种方法。
（　）133. BA016　常用的选择性堵剂有：水基水泥浆、酚醛树脂、水玻璃—氯化钙等。
（　）134. BA016　非选择性化学堵水施工过程中，每次挤堵剂量不大于 $3m^3$，隔离液 $0.2m^3$，这是为了保证堵剂在管柱内不起化学反应，挤入封堵层后充分接触发生化学反应。
（　）135. BB001　抽油机井调冲程前应核实的参数有：铭牌冲程数据、结构不平衡重、实际冲程长度、原防冲距、计算预调防冲距，之后才能进行调整。
（　）136. BB001　调冲程前重点检查部位是皮带的松紧及中尾轴螺丝是否紧固，不合适要及时调整。
（　）137. BB001　某抽油机的结构不平衡重为负值调冲程时，导链应挂在游梁前部。
（　）138. BB002　抽油机井调整防冲距通常有两个原因，分别是：碰泵和活塞拔出泵筒。
（　）139. BB002　抽油机井碰泵时需要下放防冲距。
（　）140. BB002　抽油机井防冲距过大会造成活塞拔出泵筒。
（　）141. BB003　给抽油机底座找平时最多可垫两块斜铁。
（　）142. BB003　抽油机底座纵向水平标准是 1/1000。
（　）143. BB003　抽油机底座横向水平标准是 2/1000。
（　）144. BB003　抽油机井驴头中心线与井口中心线对正偏差不超过 6 mm。
（　）145. BB003　10 型抽油机两曲柄尾端测出的剪刀差最大不超过 3 mm 为合格。
（　）146. BB004　如果游梁式抽油机在安装游梁时，适当向井口方向移动一些，则抽油机冲程会增大。
（　）147. BB004　抽油机运转时，连杆碰擦平衡块的边缘，其原因是抽油机不平衡。
（　）148. BB004　游梁式抽油机在基墩安装就位后，组装抽油机的顺序是：吊装抽油机底座、吊装减速器、安装刹车系统、安装配重块、吊装支架、吊装游梁（含尾轴、连杆）、吊装驴头、装配电系统。
（　）149. BB005　抽油机安装质量的验收应在抽油机以安装完未回填土之前，根据安装标准逐项进行检查验收。
（　）150. BB005　测量抽油机纵向水平时，两侧要各测三个点。
（　）151. BB005　基础两定位螺栓与井口中心应呈等腰三角形。
（　）152. BB005　导致抽油机安装时的"剪刀差"的原因主要是输出轴两端键槽不在一条直线上。
（　）153. BB006　抽油机曲柄销常见故障有：曲柄销退扣、曲柄销偏磨、轴套转。
（　）154. BB006　冕型螺帽松、锥套与销轴配合不好、锥套磨损是造成抽油机曲柄销退扣的主要原因。
（　）155. BB006　造成抽油机曲柄销偏磨惟一的原因是曲柄销子安装不合格。
（　）156. BB007　抽油机连杆刮平衡块的原因通常是游梁安装不正和平衡块铸造不合格。
（　）157. BB007　处理抽油机连杆刮平衡块是削去平衡块凸出过高的部分和调正驴头。

( ) 158. BB008　抽油机曲柄外移的原因主要有输出轴键槽及曲柄键不合格、安装不合格（位置及松紧）。

( ) 159. BB008　在处理抽油机曲柄外移时，取出曲柄键的最佳方法是卸掉曲柄。

( ) 160. BB009　抽油机井碰泵操作不仅可以排除泵阀轻微砂卡、蜡卡故障，还可以验证抽油杆是否下到位或是否断脱等。

( ) 161. BB009　光杆以下1～2根抽油杆脱扣后，悬点载荷上、下行差别很大。

( ) 162. BB009　抽油机井碰泵操作时间不宜过长，碰后立即调好防冲距。

( ) 163. BB009　抽油泵固定阀、游动阀被砂、蜡卡死时，用碰泵方法可以排除。

( ) 164. BB009　抽油杆下部断脱后，抽油机可能严重不平衡，甚至开不起来。

( ) 165. BB010　在抽油机井动态控制图中，如果某抽油机井从泵脱漏失进入合理区，那么该井强洗井了。

( ) 166. BB010　在抽油机井动态控制图中，如果某抽油机井经连续核实资料做工作确认，该井位于供液不足区，那么该井下一步首要工作是降低抽吸参数。

( ) 167. BB010　注水井测试合格率始终大于注水合格率。

( ) 168. BB010　在油田注水工作中，注好水是基础，注够水是关键。

( ) 169. BB011　油水井窜通分地层窜通和管外窜通两种类型。

( ) 170. BB011　管外窜通专指管套与水泥环之间的窜通。

( ) 171. BB011　为解除油水井故障，改变其生产能力而实施的一系列措施称为修井。

( ) 172. BC001　三次采油是指通常改变油层内残余油驱油机理的开采方法，如化学注入剂、胶束溶液、注蒸汽以及火烧油层等非常规物质。

( ) 173. BC001　三次采油的特点是高技术、高投入、低采收率。

( ) 174. BC002　聚合物驱油是油田开发中三次采油的方法之一。

( ) 175. BC002　所有油藏都适合聚合物驱油。

( ) 176. BC002　聚合物驱油油藏主要考虑的基本条件通常有：油层温度、地层水和油田注入水矿化度、油层非均质性。

( ) 177. BC003　注聚合物驱油，只可提高注入水波及系数，不能提高注入水驱油效率。

( ) 178. BC003　聚合物溶液浓度越大，其粘度越大。

( ) 179. BC003　溶液的矿化度和pH值，对聚合物溶液粘度无影响。

( ) 180. BC003　温度越高，则聚合物溶液粘度越大。

( ) 181. BC003　不同矿化度的水配制的相同浓度的聚合物溶液，其驱油效率不同。

( ) 182. BC003　聚合物相对分子质量高低，不影响聚合物溶液驱油效率。

( ) 183. BC004　若油层剩余的可流动油饱和度小于10%，一般不再实施聚合物驱替。

( ) 184. BC004　聚合物驱油现场实施中，聚合物注入阶段一般需要5～6个月时间。

( ) 185. BC004　聚合物驱油现场实施一般可分为三个阶段：水驱空白阶段、聚合物注入阶段和后续水驱阶段。

( ) 186. BC004　聚合物驱油的动态监测与普通水驱开发的动态监测内容一样。

( ) 187. BC004　现场实施聚合物驱油时，注入的聚合物溶液浓度和粘度要求每天都进行监测。

( ) 188. BC004　注聚合物溶液后，水井吸水剖面不会改变。

( ) 189. BC004　注聚合物溶液与注普通水相比，注入压力上升，注水量下降。

（　）190. BC004　水井注聚合物溶液后，注入水波及系数不变。

（　）191. BC005　油田注聚合物以后，由于注入流体的粘度增高及流度下降，导致油层内压力传导能力变差，油井流动压力下降，生产压差增大，产液指数大幅度下降。

（　）192. BC005　油田注聚合物以后，随着采出井逐渐见到聚合物的水溶液，其粘度也随着聚合物浓度的增加而增大，这使机采井设备的采油效率有上升的趋势。

（　）193. BC005　在生产井见到聚合物的水溶液后，当聚合物浓度达到一定程度时，特别是抽油机井，在下冲程时将产生光杆滞后现象及杆管偏磨问题。

（　）194. BC006　随着采出液中聚合物浓度的增大，抽油机井的负荷增大，载荷利用率增加。

（　）195. BC006　随着采出液中聚合物浓度的增大，抽油机井的示功图明显肥大，泵效也升高。

（　）196. BC006　随着采出液中聚合物浓度的增大，抽油机井的杆管偏磨严重，检泵周期缩短。

（　）197. BC007　油田注聚合物以后，随着采出液中聚合物浓度的增大，电动潜油泵效率也降低。

（　）198. BC007　油田注聚合物以后，随着采出液中聚合物浓度的增大，电动潜油泵的扬程明显降低，机组损坏加重，机组运行周期和检泵周期缩短。

（　）199. BC008　油田注聚合物以后，尽管随着采出液中聚合物浓度的增大，但在转速一定条件下，螺杆泵的排量效率基本不变，系统效率也基本不变。

（　）200. BC008　油田注聚合物以后，随着采出液中聚合物浓度的增大，螺杆泵也受其影响。

（　）201. BD001　拔轮器是给电动机拆卸电动机轮专用的配套工具，其组成主要有支架、拉力爪、拉力链等。

（　）202. BD001　在采油工作中，抽油机井调冲速时用拔轮器。

（　）203. BD002　吊线锤是检测抽油机驴头偏差的工作中经常使用的专用工具。

（　）204. BD002　在检测抽油机对中工作中，通常使用水平尺检测。

（　）205. BD003　拔键器是为大型传动轴拔键而制作的专用工具，其组成主要有震荡杆、震荡块、挡板、螺丝接头等。

（　）206. BD003　在采油工作中，只有拔电动机轮轴键时用拔键器。

（　）207. BF001　QC小组是企业实现全员参与质量改进的有效形式。

（　）208. BF001　组织开展好QC质量小组活动是技师决策本单位生产管理、提高效率的分内职责。

（　）209. BF002　PDCA循环是QC质量小组活动规律（程序）中的4个阶段。

（　）210. BF002　PDCA循环是QC质量小组活动规律中的4个阶段：即协调、控制、处理、论证。

（　）211. BF003　排列图又叫帕累托图；它是将质量改进的项目从重要到次要顺序排列而采用的一种图表。

（　）212. BF003　排列图由一个纵坐标、二个横坐标、几个按高低顺序排列的矩形和一条累计百分比折线组成。

( ) 213. BF004 因果图又叫石川图、鱼刺图,它是表示质量特性波动与其潜在原因的关系图表。

( ) 214. BF004 在质量管理中运用因果分析图有利于找到主要问题,解决质量问题。

( ) 215. BF005 在质量管理活动中的要因验证就是要对诸多原因进行鉴别,把确实影响问题的主要原因找出来,将目前状态良好、对存在问题影响不大的原因排除掉,为制定对策提供依据的过程。

( ) 216. BF005 在质量管理活动中的要因验证就是要对诸多原因进行鉴别,把确实影响问题的主要原因找出来,将目前状态良好、对存在问题影响不大的原因排除掉,为选择课题提供依据的过程。

( ) 217. BF006 在质量管理活动中,在要因验证确定之后就可分别针对所确定的每条原因制定对策。

( ) 218. BF006 在质量管理活动中,在要因验证确定之后就可分别针对所确定的每条原因制定对策;制定对策通常可分为提出对策、研究、确定所采取的对策、制定对策表步骤进行。

( ) 219. BF007 技术报告是生产单位每年(阶段)对其完成企业所下达的经营目标和生产管理进行有目的性的回顾和对下一年的工作进行展望。

( ) 220. BF008 "首先拟定好标题、简要概括性地交代过去一年的工作总体情况、重点详细写过去一年里所做的主要工作及结果、最后简明扼要交代下一年生产工作安排设想"是安全总结报告常用的格式内容。

( ) 221. BF008 "详细介绍上一阶段(年)所做的主要工作及结果"是有关生产总结报告常用的格式内容之一。

( ) 222. BF009 HSE 管理体系即为健康、安全与环境管理体系的简称;它将企业的健康、安全与环境管理纳入一个管理体系中,突出"预防为主、安全第一,领导承诺,全面参与,持续发展"的管理思想。

( ) 223. BF009 在 HSE 管理体系公认的 7 个系统文件中,前 3 个文件是针对领导而言的。

( ) 224. BF010 HSE 作业计划内容是指具体实施生产作业的基层组织,在 HSE 管理体系的框架内,结合其所从事的专业项目活动;是 HSE 管理体系在施工、作业生产项目中的文件化表现;是基层组织在具体项目作业中实施 HSE 管理体系的指南。

( ) 225. BF010 HSE 作业计划的最终目的就是:安全第一,预防为主。

( ) 226. BF011 "两书一表"是 SY/T 6276—1997 标准下的具体操作文件。

( ) 227. BF011 "两书一表"是指:《HSE 作业计划书》、《HSE 作业指导书》、《HSE 现场检查表》。

( ) 228. BF012 "两书一表"中的《HSE 作业计划书》简单地说就是基层组织按照 HSE 管理体系要求,针对某一特定施工作业项目或生产作业过程(活动),为实现 HSE 管理方针目标而编写的书面文件。

( ) 229. BF012 《HSE 作业计划书》是由具体实施生产施工单位的基层组织在 HSE 管理体系框架内结合其所从事专业项目的具体情况、特点而编写的文件。

( ) 230. BF013 "两书一表"中的《HSE 作业指导书》主要具体内容有:概述、操作指南、风险识别及控制措施、记录等。

（　）231. BF013　《HSE 作业指导书》内容通常应具有安全性、科学性、可操作性。

（　）232. BF014　《HSE 现场检查表》就是各个具体生产操作岗位对其工作中各危险点源逐项检查的记录。

（　）233. BF014　《HSE 现场检查表》就是各个具体单位领导对其工作中各危险点源逐项检查记录。

（　）234. BF015　《HSE 作业指导书》中的操作指南主要内容有：操作规程、操作程序、注意事项。

（　）235. BF015　《HSE 作业指导书》中的操作指南，主要内容之一《操作规程》格式为：某级别某年某月操作程序。

（　）236. BF016　在如图所示的某抽油机井危险点源示意图中，　5　为易发生机械伤害危险点源。

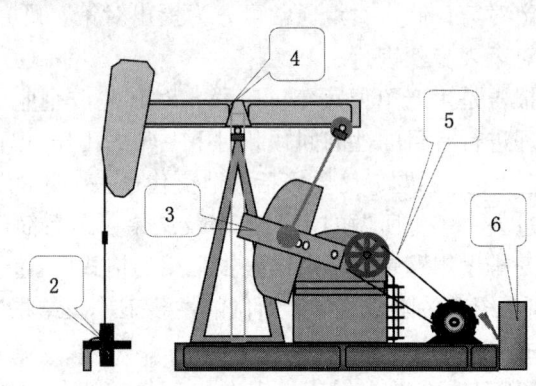

某抽油机井危险点源示意图
题 236，237 图

（　）237. BF016　在如图所示的某抽油机井危险点源示意图中，　6　为易发生触电事故危险点源。

（　）238. BF017　对有关抽油机井操作中风险识别的叙述"井口流程倒错，会造成管线憋压、穿孔、密封圈跑油等事故，是技术差"是不正确的。

（　）239. BF017　对有关抽油机井操作中风险识别的叙述"员工上岗操作工服衣袖过长，女工没有戴工帽会导致机械伤害，安全意识不强"是不正确的。

（　）240. BF018　《岗位 HSE 作业指导卡》中岗位要求是指：上岗的员工（操作者）应具备的素质—文化水平、工作经历、技能资历。

（　）241. BF018　在有关《岗位 HSE 作业指导卡》中奖励和处罚原则中，准确的表述是："奖罚分明、一丝不苟、及时准确、无论先后"。

（　）242. BG001　技术培训就是指国家或企业单位某部门对某职业（工种）的在岗及岗前的员工，依据本职业（工种）标准所进行的业务知识和操作技能的教学活动。

（　）243. BG001　国家或企业单位某部门为了经济利益没必要对在岗及岗前的员工进行技术培训。

（　）244. BG002　制定教学计划主要是针对培训目标、课程设置、基本原则、实例等具体内容的陈述。

（　）245. BG002　制定教学计划主要是针对培训目标、课程设置、基本内容、实例等具体内容的陈述。

（　）246. BG003　课程设置就是依据教学计划的具体内容而设置的各门科目。

（　）247. BG003　课程设置就是依据教学大纲的具体内容而设置的各门科目。

（　）248. BG004　课时分配就是把所设置的课程根据内容的轻重合理地分配本学期所制定的总学时。

（　）249. BG005　制定教学计划就是在课程设置及要求的基础上，依据课时分配而对各课程内容做更进一步的具体要求和布置。

（　）250. BG006　教学目的和要求就是指学员通过学习某门课程后应达到的水平（目标）。

（　）251. BG006　"使学员了解、熟悉、掌握、能……"是教学目的常用的词汇。

（　）252. BG007　教学计划主要是指就本期培训班的具体情况，利用必要的教学设施和条件，做出具有针对性的、较为具体的、可行的授课方法。

（　）253. BG007　"示范、启发、举一反三、……等"是教学手段常提到的词汇。

（　）254. BG008　考评是就业单位对培训对象（学员），在某阶段（期中、期末）所学的各方面内容进行综合评定。

（　）255. BG008　技术培训中考评所含的内容主要有：书面的理论答卷和现场实际操作考试、平时所掌握的成绩（表现）进行综合评定。

（　）256. BG009　技术报告是对生产、科研中新发现的事实及研究过程进行报道；是向科研资助和主管部门汇报的文献。

（　）257. BG010　技术报告的结构内容：通用模式为：标题、摘要、前言、正文、结尾（结论）、参考文献、谢词和附录。

（　）258. BG010　某技术报告（论文）投稿后，编辑对其格式内容记录"标题、摘要、前言、正文、结尾、谢词"，请指出该报告从结构上少了"表格目录"内容。

（　）259. BG011　技术报告标题的拟定：标题应具备——准确性、简洁性和鲜明性。

（　）260. BG011　技术报告标题的准确性就是用词要恰如其分，反映实质，表达出所研究的范围和重要性。

（　）261. BG012　写技术报告的正文中，一般是首先提出论点，即研究分析课题的准备过程。

（　）262. BG012　写技术报告的正文中，在提出论点后，接着细写研究课题过程中所遇到的难题。

（　）263. BG013　论文（报告）的摘要：即文章主要内容的摘录，一定要达到简短、精粹；这关系到整篇文章给读者的最初印象。

（　）264. BG013　论文（报告）的前言，即把所论的技术（问题）的来龙去脉写出来，简述为什么要写该文，以提醒读者注意。

（　）265. BG014　论文（报告）的结尾是文章正文之后的结论或总结，它是整个论文（报告）事实的结晶是全文章的精髓，是向读者最终交代的关键点。

（　）266. BG014　论文（报告）的结尾是文章正文之后的回顾与展望，它是整个论文（报

（　）267. BG015　论文（报告）的参考文献是作者引用别人的成果，它也是所写技术报告的一部分。

（　）268. BG015　论文（报告）的参考文献是作者（研究者）引用别人的成果，它也是所写技术报告的一部分；一般都要认真把所引用的文献附录在结尾之后，说明成果归属是谁，即哪些是引用他人的，到哪去找，是否可信等。

三、简答题

1. AA007　在阅读管道安装图中的"三图"时，通常采用的顺序如何？
2. AA007　管道安装图含哪几种图？
3. AC006　划分油（气）水层有几种方法？
4. AC006　油井分析中如何判断出水层位？
5. BA004　油田注水开发过程中，影响油层内油水分布状况的因素有哪几种？
6. BA004　研究地下油水分布状况的常用分析方法有哪些？
7. BA005　从机械采油新技术和方便采油工日常生产管理两方面看，你认为电动螺杆泵井的转速采用什么方式进行调整为最佳？
8. BA005　在生产管理操作上电动螺杆泵井与抽油机井、电动潜油泵井相同之处和自身特点各有哪些？
9. BA007　双驴头（异形游梁式）抽油机的结构特点及适用条件是什么？
10. BA007　什么是热化学解堵技术？什么是水力振荡解堵技术？
11. BA008　酸化的原理是什么？
12. BA008　目前酸化技术主要有哪些？
13. BA012　水力压裂的原理是什么？
14. BA012　压裂选井的原则有哪些？
15. BA016　什么是非选择性堵水？
16. BA016　什么叫选择性堵水？
17. BB001　在调整游梁式抽油机冲程的操作中，为什么第一步要核实基础数据和抽吸参数？
18. BB001　抽油机井调冲程前应核实哪些参数？
19. BB005　有位技师对某井装机 CYJ10－3－26HB 型抽油机进行质量检测，请就其中测得以下几项数据：基础对中 2.5mm，底盘横向水平 0.21/1000，底盘纵向水平 0.42/1000，悬绳器对中 32mm；给予该井装机质量初步评定？
20. BB005　抽油机安装质量的验收应注意什么？
21. BB006　抽油机连杆销响或外窜是什么原因？
22. BB006　造成抽油机曲柄销偏磨的原因有哪些？
23. BB009　简答更换 250 型闸门推力轴承与铜套的操作内容？
24. BB009　抽油机井碰泵操作的作用是什么？
25. CA004　什么是一次采油、二次采油和三次采油？
26. CA004　选择聚合物驱油层位应具备哪些条件？
27. BG013　技术论文的摘要与前言区别是什么？
28. BG013　论文（报告）的前言主要内容有哪些？

四、计算题

1. BA008　已知某井酸化措施共使用配制好的酸液体积 $V=125.6m^3$，酸化处理的油层水平分布，有效孔隙度 $\phi=20\%$。酸化处理半径为 $r=5m$，问酸化处理油层的厚度 h 为多少米（不考虑井眼影响）？

2. BA008　已知某井待酸化井段油层厚度 $h=10m$，油层水平分布，有效孔隙度 $\phi=20\%$，要求处理半径 $r=5m$，计算需要配制好的酸液体积 V（不考虑井眼影响）。

3. BA008　已知该井酸处理油层厚度 $h=8m$，油层水平分布，有效孔隙度 $\phi=20\%$，共使用配好的酸液 $V=125.6m^3$，求处理半径 r（不考虑井眼影响）。

4. BA008　某井进行酸化处理，已知酸化处理的油层分布情况为，有效孔隙度 $\phi=20\%$，酸化处理半径为 $r=5m$，酸化处理层厚度为 $h=8m$。求需要使用的酸液体积 $V=?$

5. BA008　某井进行酸化处理，使用酸液体积 $V=125.6m^3$，酸化处理层水平分布，酸化处理半径为 $r=5m$，酸化层厚度为 $h=8m$。试求该酸化层的有效孔隙度 ϕ 为多少？

6. BA008　某井酸处理油层厚度 $h=10m$，油层水平分布，其有效孔隙度 $\phi=20\%$，今已配制好酸液 $157m^3$，试计算可酸化处理的油层半径 r 为多少？

7. AA006　某轴颈的加工尺寸为 $\phi60^{+0.052}_{+0.025}$ 请用其尺寸偏差计算出它的尺寸公差和最大、最小极限尺寸各是多少？

8. AA006　某轴颈的加工尺寸为 $\phi65^{+0.047}_{+0.020}$ 请用其尺寸偏差计算出它的尺寸公差和最大、最小极限尺寸各是多少？

五、工艺题

1. BB009　如图所示的某生产井完钻准备投产前的井口设备，该井由地质资料可知其产能较高为 $260m^3/d$，含气量高；就目前国内油田常用的采油方式，你认为该井应采用什么采油方式？并根据所确定的采油方式设计（原图改或补画出）一套适应其生产的井口流程。

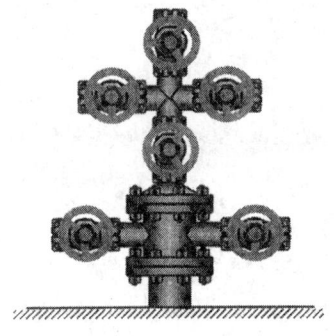

题1图

2. BB010　如图所示是某抽油机井（$\phi70mm$ 泵径）作业施工时井下管柱全部起出后的简图，如果该井目前的生产层测试资料为：生产层Ⅰ产液量 $26m^3/d$、含水率 66.12%，生产层Ⅱ产液量 $85m^3/d$、含水率 98.56%，生产层Ⅲ产液量 $42m^3/d$、含水率 60.18%；那么你能否就该井本次作业机设想（设计）一下应下什么样的采油管柱？并把你的建议方案画（补填）在原图内。

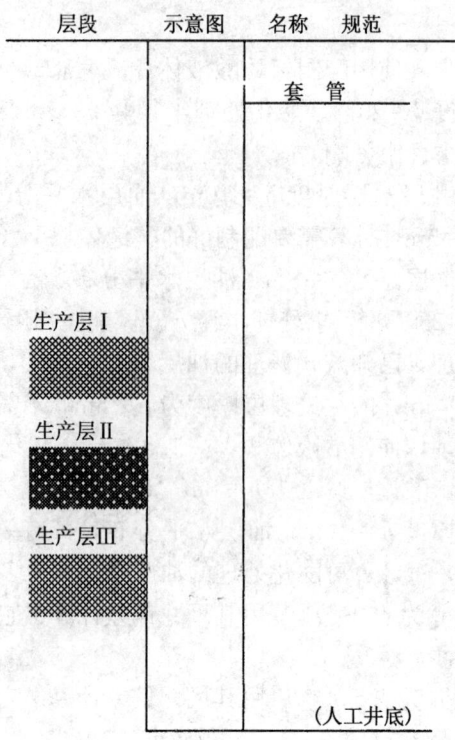

题 2 图　某抽油机井采油管柱（起出）示意图

理论知识试题答案

一、选择题

1. D	2. C	3. C	4. A	5. B	6. D	7. B	8. B	9. D	10. C
11. C	12. D	13. B	14. A	15. C	16. D	17. B	18. A	19. A	20. B
21. C	22. D	23. C	24. D	25. D	26. A	27. A	28. C	29. C	30. C
31. A	32. D	33. C	34. A	35. D	36. B	37. C	38. D	39. D	40. D
41. D	42. B	43. A	44. A	45. C	46. C	47. C	48. A	49. C	50. D
51. B	52. C	53. D	54. D	55. A	56. C	57. C	58. C	59. A	60. C
61. D	62. A	63. B	64. C	65. C	66. C	67. D	68. C	69. D	70. C
71. C	72. A	73. B	74. B	75. C	76. C	77. D	78. B	79. C	80. D
81. C	82. D	83. B	84. D	85. D	86. C	87. C	88. C	89. C	90. C
91. C	92. D	93. D	94. A	95. B	96. B	97. C	98. D	99. A	100. B
101. D	102. D	103. A	104. B	105. D	106. D	107. C	108. A	109. A	110. C
111. D	112. D	113. B	114. C	115. B	116. D	117. C	118. B	119. D	120. A
121. B	122. D	123. C	124. A	125. D	126. C	127. C	128. C	129. C	130. C
131. B	132. B	133. B	134. C	135. D	136. A	137. C	138. C	139. A	140. D
141. C	142. C	143. C	144. B	145. A	146. B	147. A	148. C	149. D	150. D
151. C	152. B	153. C	154. D	155. C	156. C	157. B	158. D	159. B	160. B
161. C	162. C	163. B	164. C	165. C	166. C	167. C	168. C	169. C	170. C
171. C	172. B	173. D	174. D	175. C	176. A	177. C	178. D	179. B	180. C
181. A	182. B	183. D	184. C	185. D	186. C	187. D	188. C	189. C	190. A
191. C	192. B	193. B	194. C	195. A	196. C	197. B	198. B	199. D	200. B
201. A	202. D	203. D	204. B	205. B	206. C	207. B	208. C	209. B	210. A
211. A	212. C	213. A	214. D	215. B	216. C	217. B	218. C	219. B	220. D
221. B	222. A	223. C	224. C	225. C	226. D	227. A	228. C	229. C	230. C
231. D	232. A	233. A	234. C	235. A	236. C	237. B	238. B	239. A	240. C
241. B	242. D	243. A	244. C	245. C	246. D	247. A	248. C	249. A	250. D
251. B	252. B	253. D	254. D	255. C	256. A	257. C	258. C	259. C	260. B
261. C	262. A	263. C	264. A	265. D	266. B	267. A	268. C	269. A	270. C
271. D	272. C	273. A	274. B	275. A	276. A	277. C	278. B	279. C	280. A
281. B	282. A	283. D	284. A	285. A	286. C	287. D	288. D	289. C	290. B
291. C	292. D	293. C	294. C	295. C	296. D	297. C	298. D	299. D	300. D
301. C	302. D	303. D							

二、判断题（×后为正确说法）

1. ×　在机械制图中，零件实际尺寸标注是不随图纸比例大小而改变。　2. √　3. √　4. ×

三视图中的主视图既能看到高度又能看到长度。 5. × 用来表示零件在加工完毕后的形状、大小和应达到的技术要求的图样称为零件图。 6. √ 7. × 某标准代号：GB 126—70，即：1970 年颁布的编号为 126 号国家标准。 8. √ 9. √ 10. √ 11. √ 12. × 代号：$20^{-0.070}_{-0.210}$ 中的 −0.210 表示零件尺寸的下偏差。 13. √ 14. √ 15. ×（管道安装）工艺图是表明设计方案，进行工艺安装和指导生产的重要技术文件。 16. × 工艺流程图主要是描述油水（流体介质）的来龙去脉、途经管线、阀组、容器、计量仪表等设备的规格状况。 17. √ 18. √ 19. × 表达设备、管路系统的配置、尺寸及相互间的连接关系，管路的空间走向状况的是工艺安装图。 20. √ 21. √ 22. √ 23. √ 24. √ 25. √ 26. × 在如图所示的常见的管道安装图例是表示截止阀。 27. × 在如图所示的常见的管道安装图例是表示管底标高。 28. × 金属材料的种类繁多，按其成分、结构可以分为铸铁、钢、合金钢、铜及铜合金、铝及铝合金、轴承合金。 29. × "可锻铸铁"是金属材料的结构名称。 30. √ 31. × 抗拉强度是金属材料的机械性能指标。 32. √ 33. √ 34. × 金属材料的硬度就是指在一定压力上，压入金属材料表面的变形量。 35. × 金属材料的强度单位常用：kg/mm² 表示。 36. √ 37. × 金属材料的韧度单位常用：kg/cm² 表示。 38. √ 39. √ 40. ×"可铸性"不是金属材料的机械性能指标。 41. × 金属材料可铸性的好坏，主要取决于其流动性和收缩性。 42. √ 43. √ 44. √ 45. √ 46. × 金属材料切削性的好坏，主要取决于其硬度。 47. √ 48. × 对金属材料的可焊性的要求是在刚性固定的条件下，具有较好的塑性。 49. √ 50. √ 51. 地球物理测井曲线是利用地球物理化学原理，利用各种专门仪器，沿井身测量井孔剖面上地层的各种物理参数随井深的变化曲线，并根据结果进行综合评价。 52. × 地球物理测井的方法有：自然电位测井、普通电阻率测井、侧向测井、感应测井、放射性测井等。 53. √ 54. × 在地球物理测井中，把仪器测定岩层电阻率的变化情况与岩心（取心）等资料配合进行解释，可以较准确地划分地层的界限并确定岩性。 55. √ 56. √ 57. √ 58. √ 59. √ 60. × 渗透性砂岩的自然电位对泥岩基线而言，可向左或向右偏移，它主要取决于地层水和泥浆滤液的相对矿化度。 61. √ 62. × 泥岩自然电位曲线比砂岩的变化小。 63. √ 64. √ 65. √ 66. × 在同一井眼中，气层的声波时差比油层大。 67. √ 68. √ 69. × 当储集层的电阻率大于油层最小电阻率时，该层可判断为油（气）层。 70. × 自然电位基线偏高，泥岩基线小于 8mV，大于 5mV 的为中含水层。 71. × 油水同层的自然电位曲线自上而下出现上升趋势。 72. × 油田储量是指油气田内埋藏在地下的石油和天然气数量。 73. √ 74. × 储存在地下的石油和天然气的实际数量是地质储量。 75. √ 76. × 可采储量是指在现有的经济技术条件下，可以采到地面上的数量。 77. √ 78. × 油田的采收率永远小于 1。 79. √ 80. √ 81. √ 82. × 二次采油阶段，采出程度一般可以达到 30%～40%。 83. × 在注水开发过程中油的流度随着油层含水饱和度的增加而逐渐降低，造成采油指数降低。 84. √ 85. × 水油流度比是指水的流度与油的流度之比。 86. √ 87. √ 88. × 抽油机井的泵效对经济效益影响较大。 89. × 控水稳油可以说是采油过程中最大的节能项目。 90. √ 91. √ 92. × 从节能角度来看，采用一套压力系统注水，可能造成能耗较大。 93. × 压裂选井时，要选择油层有油气显示，且试油效果较差的井。 94. √ 95. × 压裂选井时，要选择储量大、连通好、开采状况差的井。 96. √ 97. × 压裂后产油量下降，采油指数或流动系数下降，油压、流压下降，这说明污染了油层。 98. √ 99. × 气举采油不适合用于原油含蜡高和粘度高的结蜡井和稠油井。 100.√ 101.√ 102.× 人工地震采油技术可以实现区块上多口井共同增产的目的。 103.√ 104.√ 105.× 酸化可以提高井筒附近油层的渗透性,也可以增加地层孔隙度。 106.√ 107.× 酸化处理类型一般分为盐酸处理和土酸处理两种。 108.√ 109.√ 110.√ 111.× 一般情况下,油井酸化后应关井反应6~8h,然后进行排酸。 112.√ 113.√ 114.√ 115.× 油井酸化过程要求高压、高速、大排量将施工酸液挤入地层。 116.√ 117.× 水力压裂时,憋起的压力不能超过套管的承受压力。 118.× 压裂由于改变了油层流体的渗流方式,从而使井在相同的生产压差下,产量明显提高。 119.√ 120.√ 121.√ 支撑剂是一种用来支撑压裂形成的裂缝的固体颗粒。 122.√ 123.× 多层压裂就是多层分压或单独压开预定层位,这种方法处理井段小,压裂强度及处理半径相对提高,增产效果好。 124.√ 125.√ 126.× 压裂时顶替液不可过量,否则会将支撑剂推向裂缝深处,使井筒附近失去支撑剂而闭合,影响压裂效果,一般挤替量为地面管线和井筒容积的1.5倍。 127.√ 128.× 油水井堵水可分为机械堵水和化学剂堵水。 129.√ 130.× 机械堵水时,不能卡在套管变形上,应卡在套管光滑部位。 131.√ 132.√ 133.× 常用的非选择性堵剂有水基水泥浆、酚醛树脂、水玻璃—氯化钙等。 134.√ 135.√ 136.× 调冲程前重点检查部位是皮带的松紧及刹车是否灵活好用,不合适要及时调整。 137.× 某抽油机的结构不平衡重为负值调冲程时,导链应挂在尾横梁上。 138.√ 139.× 抽油机井碰泵时需要上提防冲距。 140.√ 141.√ 142.× 抽油机底座纵向水平标准是3/1000。 143.√ 144.√ 145.× 10型抽油机两曲柄尾端测出的剪刀差最大不超过6mm为合格。 146.√ 147.× 抽油机运转时,连杆碰擦平衡块的边缘,其原因是抽油机游梁装歪。 148.√ 149.√ 150.√ 151.√ 152.√ 153.√ 154.√ 155.× 造成抽油机曲柄销偏磨的原因主要有曲柄销子安装不合格、整机安装不合格、曲柄销与轴套配合不合。 156.√ 157.× 处理抽油机连杆刮平衡块是削去平衡块凸出过高的部分和调正游梁。 158.√ 159.× 在处理抽油机曲柄外移时,取出曲柄键的最佳方法是用拔键器拔出。 160.√ 161.× 光杆以下1~2根抽油杆脱扣后,抽油机电流上、下行差别很大。 162.√ 163.× 抽油泵固定阀、游动阀有轻微的砂、蜡卡时,可采用碰泵的方法。 164.× 抽油杆上部断脱后,抽油机可能严重不平衡,甚至开不起来。 165.× 在抽油机井动态控制图中,如果某抽油机井从泵脱漏失进入合理区,那么该井检泵了。 166.√ 167.√ 168.× 在油田注水工作中,注够水是基础,注好水是关键。 169.√ 170.× 管外窜通是指套管与水泥环或水泥环与井壁之间的窜通。 171.× 为解除油水井故障,恢复或提高其生产能力而实施的一系列措施称为修井。 172.√ 173.× 三次采油的特点是高技术、高投入、高采收率。 174.√ 175.× 并非所有油藏都适合聚合物驱油,即使是适合聚合物驱油的油藏,其增产幅度也不一定,有可能大也有可能小。 176.√ 177.× 注聚合物驱油,可同时提高波及系数和驱油效率。 178.√ 179.× 矿化度和pH值对聚合物溶液粘度有一定影响。 180.× 温度升高,聚合物溶液粘度降低。 181.√ 182.× 聚合物相对分子质量越大,其驱油效率越高。 183.√ 184.× 聚合物驱油现场实施中,聚合物注入阶段一般需要3~3.5个月时间。 185.√ 186.× 聚合物驱油的动态监测与普通水驱相比,增添了新的内容。 187.√ 188.× 注聚合物溶液后,水井吸水剖面会改善。 189.√ 190.× 水井注聚合物溶液后,注入水波及系数会提高。 191.√ 192.× 油田注聚合物以后,随着采出井逐渐见到聚合物的水溶液,其粘度也随着聚合物浓度的增加而增大,这使机采井设备的采油效率有下降趋势。 193.√ 194.√

195. × 随着采出液中聚合物浓度的增大，抽油机井的示功图明显肥大，泵效也降低。 196. √ 197. √ 198. √ 199. √ 200. × 油田注聚合物以后，随着采出液中聚合物浓度的增大，但螺杆泵不受其影响。 201. √ 202. √ 203. √ 204. × 在检测抽油机对中工作中，通常使用吊线锤检测。 205. √ 206. × 在采油工作中，只有拔抽油机输出轴键时用拔键器。 207. √ 208. × 组织开展好QC质量小组活动是技师参与本单位生产管理、提高效率的分内职责。 209. √ 210. × PDCA循环是QC质量小组活动的规律中的4个阶段：即计划、执行、检查、处理。 211. √ 212. √ 213. √ 214. × 在质量管理中运用因果分析图有利于找到问题的症结所在，然后对症下药，解决质量问题。 215. √ 216. × 在质量管理活动中的要因验证就是要对诸多原因进行鉴别，把确实影响问题的主要原因找出来，将目前状态良好、对存在问题影响不大的原因排除掉，为制定对策提供依据的过程。 217. √ 218. √ 219. × 生产总结报告是生产单位每年（阶段）对其完成企业所下达的经营目标和生产管理进行的有目的性的回顾和对下一年的工作进行展望。 220. × "首先拟定好标题、简要概括性地交代过去一年的工作总体情况、重点详细写过去一年里所做的主要工作及结果、最后简明扼要交代下一年生产工作安排设想"是生产总结报告常用的格式内容。 221. √ 222. √ 223. √ 224. √ 225. × HSE作业计划的最终目的就是：识别风险、降低危害、防止事故发生。 226. √ 227. √ 228. √ 229. √ 230. √ 231. × 《HSE作业指导书》内容通常应具有完整性、科学性、可操作性等。 232. √ 233. × 《HSE现场检查表》就是各个具体生产操作岗位对其工作中各危险点源逐项检查记录。 234. √ 235. √ 236. √ 237. √ 238. √ 239. × 对有关抽油机井操作中风险识别的叙述"员工上岗操作工服衣袖过长，女工没有戴工帽会导致机械伤害，安全意识不强"是正确的。 240. √ 241. × 在有关《岗位HSE作业指导卡》中奖励和处罚原则中，准确的表述是："奖罚分明、力度适当、及时准确、无论高低"。 242. √ 243. × 国家或企业单位某部门为了经济利益有必要对在岗及岗前的员工进行技术培训。 244. √ 245. × 制定教学计划主要是针对培训目标、课程设置、基本原则、实例等具体内容的陈述。 246. √ 247. × 课程设置就是依据教学计划具体内容的而设置的各门科目。 248. √ 249. × 制定教学大纲就是在课程设置及要求的基础上，依据课时分配而对各课程内容做更进一步的具体要求和布置。 250. √ 251. √ 252. × 教学手段主要是指就本期培训班的具体情况，利用必要的教学设施和条件，做出具有针对性的、较为具体的、可行的授课方法。 253. √ 254. × 考评是教学者对培训对象（学员），在某阶段（期中、期末）所学的各方面内容进行综合评定。 255. √ 256. √ 257. √ 258. × 某技术报告（论文）投稿后，编辑对其格式内容记录"标题、摘要、前言、正文、结尾、谢词"，请指出该报告从结构上少了"参考文献"内容。 259. √ 260. × 技术报告标题的准确性就是用词要恰如其分，反映实质，表达出所研究的范围和达到的深度。 261. √ 262. × 写技术报告的正文中，在提出论点后，接着细写研究课题过程中采取的手段和方法。 263. × 论文（报告）的摘要，即文章主要内容的摘录，一定要达到简短、精粹、完整；这关系到整篇文章给读者的最初印象。 264. √ 265. √ 266. × 论文（报告）的结尾是文章正文之后的结论，它是整个论文（报告）事实的结晶是全文章的精髓，是向读者最终交代的关键点。 267. √ 268. √

三、简答题

1.（1）阅读施工流程图：通过对图样名称、图形与图例的意义及管路标准等的阅读；弄懂设备的名称，规格和数量；从分析主要工艺流程图中了解具体工艺原理；是阅读施工安装图的基础。(2) 阅读工艺布置图：仔细阅读工艺布置图可以看所表示的建筑物、设备、管线的总体布置情况等；共分几大块，布置尺寸、管线位置号、名称、管线标高、方位等；是阅读施工安装图的前提。(3) 阅读工艺安装图：是阅读管道安装图内容的重点部分；它是在前两个图的基础上，对设备管线安装前，要把工艺流程图和平面布置图结合起来阅读，重点是弄清每一设备的安装位置，逐条搞清管线的空间位置及走向等。最后再回头对比分析"三个图"之间的关系，进一步读懂没有弄清楚的地方。

评分标准：(1)、(2) 各35%, (3) 30%。

2. 管道安装图含 (1) 工艺流程图；(2) 工艺安装图；(3) 工艺布置图。

评分标准：(1)、(2) 各35%, (3) 30%。

3. (1) 油层最小电阻率法；(2) 标准水层对比法；(3) 径向电阻率法；(4) 邻井曲线对比法。

评分标准：(1)、(2)、(3)、(4) 各25%。

4. 由以下五方面判断：
(1) 对比渗透性，一般渗透率高，与水井连通层先出水；
(2) 射开时间早，采油速度较高的层出水；
(3) 离油水边界较近的地层易出水；
(4) 其他特殊情况，如地层有裂缝、两邻层无裂缝的易先见水；
(5) 对应注水井，累计吸水量越大，越早见水。

评分标准：(1)、(2)、(3)、(4)、(5) 各20%。

5. (1) 油层内渗透率的分布及组合关系；(2) 油层夹层的发育程度；(3) 油层厚度；
(4) 孔隙结构与润湿性变化；(5) 开采条件。

评分标准：(1)、(2)、(3)、(4)、(5) 各20%。

6. (1) 岩心分析法；(2) 测井解释法；(3) 不稳定试井法；(4) 化学示踪剂研究法；
(5) 油藏数值模拟法。

评分标准：(1)、(2)、(3)、(4)、(5) 各20%。

7. (1) 电动螺杆泵是油田采油生产中应用越来越广泛的机械采油方式；(2) 转速是电动螺杆泵井生产中重要的参数，它是电动螺杆泵实现排量调整最方便的参数；(3) 从目前各油田应用的电动螺杆泵采油技术中，多数以调整电动机转速为主，更换电动机皮带轮直径的较少；(4) 从技术发展的角度和方便日常生产管理操作上可采用电子调频，即调整电动机电源频率就可随时调整电动机转速，即只要在控制屏上调整调频按钮就可以了。

评分标准：(1)、(2)、(3)、(4) 各25%。

8. (1) 启动运行方式：与抽油机井、电动潜油泵井相同；
(2) 动力传递：与抽油机井相同，减速增加扭矩、通过抽油杆传递动力带动泵；
(3) 载荷保护：与电动潜油泵井相似，在控制屏上均有过欠载保护设置功能；
(4) 在泵况验证方面：与抽油机井、电动潜油泵井基本相同，可采用井口憋压方式来进行；
(5) 在热洗、清蜡、掺水也与抽油机井、电动潜油泵井相同；
(6) 特殊的是：有特殊井口装置（采油树）。

评分标准：(1)、(2)、(3)、(4)、(5) 各15%, (6) 10%。

9. 双驴头抽油机与普通抽油机相比其结构特点是：

(1) 去掉了普通抽油机游梁式的尾轴，以一个后驴头装置代替，并与一个柔性配件即驱动绳辫子使之与横梁连接，构成了一个完整的抽油机四连杆机构。

(2) 该种抽油机适用于中、低粘度原油和高含水期采油，是一种冲程长、节能好的新型抽油机；其优点是冲程长，可达 5m，适用范围大；动载小，工作平稳，易启动。缺点是驱动辫易磨损。

评分标准：(1)、(2) 各 50%。

10. (1) 热化学解堵技术，就是利用放热的化学反应产生的热量和气体对油层进行处理，达到解堵增产或增注目的。

(2) 水力振荡解堵技术就是利用流体流经井下振荡器时产生的周期性剧烈振动，使堵塞物在疲劳热力下从孔通壁上松动脱落。

评分标准：(1)、(2) 各 50%。

11. (1) 油层酸处理是碳酸盐岩油层的增产措施，也是一般砂岩油层油水井的解堵、增产增注措施。

(2) 它是将按要求配制的酸液泵入油层，溶解掉井底近井油层的堵塞物和某些组分，从而提高或恢复油层渗透率，降低渗流阻力。

评分标准：(1) 40%，(2) 60%。

12. 目前酸化技术主要有：(1) 酸洗酸浸，(2) 解堵酸化，(3) 压裂酸化。

评分标准：(1)、(2) 各 35%，(3) 30%。

13. (1) 水力压裂是根据液体传压性质，用高压将压裂液以超过地层吸收能力的排量注入井内，在近井地层憋起超过破裂压力的高压，压开一条或数条裂缝，并将带有支撑剂的压裂液注入裂缝中。(2) 停泵后，即可使地层形成有足够长度、一定宽度及高度的裂缝。

评分标准：(1) 60%，(2) 40%。

14. 压裂选井的原则 (1) 油气层受污染或堵塞较大的井；(2) 注不见效区内未见效的井。

评分标准：(1)、(2) 各 50%。

15. (1) 非选择性堵水是将封堵剂挤入油井的出水层，凝固成一种不透水的人工隔板，达到堵水目的。

(2) 它适宜于单一水层、厚油层的底水推进、油层被注入水严重水淹或高含水油层。

评分标准：(1) 40%，(2) 60%。

16. (1) 选择性堵水是将具有选择性的堵水剂挤入出水层位，使其和出水层中的水发生反应，产生固态或胶态阻碍物，以阻止水流入井内。(2) 这些堵水剂在进入油层时不与油反应，在生产与排液过程中随油气一起排出。它是针对油井的堵水方法。

评分标准：(1) 40%，(2) 60%。

17. (1) 核实生产参数和机型数据：查抽油机铭牌冲程数据，结构不平衡重——为负值还是为正值，以确定调整操作时导链应挂的位置；(2) 还有井实际的冲程大小，要调的冲程值；原防冲距的大小，调后需预计调整的防距大小等，一一算出。

评分标准：(1) 60%，(2) 40%。

18. 抽油机井调冲程前应核实的参数有：(1) 铭牌冲程数据，(2) 结构不平衡重，(3) 实际冲程长度，(4) 原防冲距，(5) 计算预调防冲距才能进行调整。

评分标准：(1)、(2)、(3)、(4)、(5) 各 20%。

19. (1) 某井装机质量不合格：(2) 底盘横向水平超标（0.15/1000），(3) 也是悬绳器对中超标（<22mm）的基础原因。

评分标准：(1) 40%，(2)、(3) 各 30%。

20. 抽油机安装质量的验收 (1) 应在抽油机安装完未回填土之前 (2) 根据安装标准逐项进行检查验收。

    评分标准：(1)、(2) 各 50%。

21. (1) 连杆销干磨；(2) 连杆销变形；(3) 拉紧螺丝松；(4) 定位螺丝松；(5) 游梁不正。

    评分标准：每点各 20%。

22. 造成抽油机曲柄销偏磨的主要原因 (1) 曲柄销子安装不合格，(2) 整机安装不合格，(3) 曲柄销子轴套配合不合。

    评分标准：(1)、(2) 各 35%，(3) 30%。

23. (1) 将闸门开大；(2) 卸掉手轮压帽；(3) 卸掉手轮及手轮键，卸掉轴承压盖，顺着丝杠螺纹退出铜套；(4) 取出旧轴承；(5) 换上新轴承加上黄油；(6) 将铜套装到丝杠上；(7) 顺丝杠螺纹装入到闸门大压盖中；(8) 装好轴承压盖；(9) 装好手轮及手轮键和手轮压帽；(10) 擦净脏物。

    评分标准：各点 10%。

24. 抽油机井碰泵操作 (1) 可以排除泵阀轻微砂卡、蜡卡故障；(2) 可以验证抽油杆是否不到位或是否断脱。

    评分标准：(1)、(2) 各 50%。

25. (1) 一次采油，指利用油层天然能量开采石油的开发阶段；(2) 通过注水等方式人工补充油层能量的开发阶段，称为二次采油；(3) 在二次采油末期，综合含水上升到经济极限后，再利用热力驱、混相驱、化学驱等技术，继续开发剩余油的阶段，称为三次采油。

    评分标准：(1)、(2) 各 30%，(3) 40%。

26. (1) 驱油层位具有一定的厚度；(2) 具有单独开采条件，油层上下具有良好的隔层；(3) 油层渗透率变异系数在 0.6~0.8 之间，而以 0.72 为最好；(4) 油层有一定的潜力，可流动油饱和度大于 10%。

    评分标准：(1)、(2)、(3)、(4) 各 25%。

27. (1) 论文（报告）的摘要：即文章主要内容的摘录，一定要达到简短、精粹、完整；这关系到整篇文章给读者的最初印象。一般只用了三句话，就可把文章的主要内容概括出来了。(2) 前言又叫文章的绪言，即把所论的技术（问题）的来龙去脉写出来，简述为什么要写该文，以提醒读者注意；其主要内容为背景、目的、范围、方法和取得的成果等；从而提出了该项研究的必要性。

    评分标准：(1)、(2) 各 50%。

28. 论文（报告）的前言主要内容有 (1) 背景；(2) 目的；(3) 范围；(4) 方法；(5) 取得的成果。

    评分标准：各点为 20%。

四、计算题

1. 解：$h = V/(\pi r^2 \times \phi) = 125.6 \div (3.14 \times 5^2 \times 0.2) = 8$ (m)

   答：酸化处理油层厚度为8m。

   评分标准：答出公式40%，过程40%，结果20%，公式、过程不对，结果对不得分。

2. 解：$V = \pi r^2 \times h \times \phi = 3.14 \times 5^2 \times 10 \times 0.2 = 157$ (m³)

   答：需要配制好的酸液体积157m³。

   评分标准：答出公式40%，过程40%，结果20%，公式、过程不对，结果对不得分。

3. 解：$r = \sqrt{V/(\pi \times h \times \phi)} = \sqrt{125.6 \div (3.14 \times 8 \times 0.2)} = 5$ (m)

   答：该井酸处理半径为5m。

   评分标准：答出公式40%，过程40%，结果20%，公式、过程不对，结果对不得分。

4. 解：$V = \pi r^2 \times h \times \phi = 3.14 \times 5^2 \times 8 \times 20\% = 125.6$ (m³)

   答：需要使用125.6m³酸液。

   评分标准：答出公式40%，过程40%，结果20%，公式、过程不对，结果对不得分。

5. 解：$\phi = [V/(\pi r^2 \times h)] \times 100\% = [125.6 \div (3.14 \times 5^2 \times 8)] \times 100\% = 20\%$

   答：有效孔隙度为20%。

   评分标准：答出公式40%，过程40%，结果20%，公式、过程不对，结果对不得分。

6. 解：$r = \sqrt{V/(\pi \times h \times \phi)} = \sqrt{157 \div (3.14 \times 10 \times 20\%)} = 5$ (m)

   答：可酸化处理的油层半径为5m。

   评分标准：答出公式40%，过程40%，结果20%，公式、过程不对，结果对不得分。

7. 解：尺寸公差 = 上偏差 - 下偏差 = 0.052 - (-0.025) = 0.052 + 0.025 = 0.077 (mm)

   最大极限尺寸 = 公称尺寸 + 上偏差 = 60 + 0.052 = 60.052 (mm)

   最小极限尺寸 = 公式称尺寸 + 下偏差 = 60 + (-0.025) = 59.975 (mm)

   答：尺寸公差为0.077mm，最大极限尺寸为60.052mm，最小极限尺寸为59.975mm。

   评分标准：答出公式40%，过程40%，结果20%，公式、过程不对，结果对不得分。

8. 解：尺寸公差 = 上偏差 - 下偏差 = 0.047 - 0.020 = 0.027 (mm)

   最大极限尺寸 = 公称尺寸 + 上偏差 = 65 + 0.047 = 65.047 (mm)

   最小极限尺寸 = 公式称尺寸 + 下偏差 = 65 + 0.020 = 65.020 (mm)

   答：尺寸公差为0.027mm，最大极限尺寸为65.047mm，最小极限尺寸为65.020mm。

   评分标准：答出公式40%，过程40%，结果20%，公式、过程不对，结果对不得分。

五、工艺题

1. 答：(1) 该井的产液量较高，应下200~320m³/d的电动潜油泵采油；

   (2) 因其含气量较高，故井口生产流程必须加装套管放气阀装置；

   (3) 产量高，故井口生产流程应采用双管集油流程；

   (4) 井口设计流程如图所示：其中①为生产二次闸门（DN50PG25）；②为双管出游阀门（DN50PG46）；③为高低压直通阀；④为油嘴装置；⑤为套管放气阀装置；⑥、⑦分别为油压、套压表装置；⑧为防喷管（测试）。

   评分标准：第一问答对给5分，图画对给3分，标注准确给2分。

2. 答：(1) 原井下φ70mm大泵说明该井产量较高；(2) 生产层测试资料不仅证明了该井产量较高，也显示了该井第二生产层段已水淹严重；(3) 由生产层测试资料说明原井下

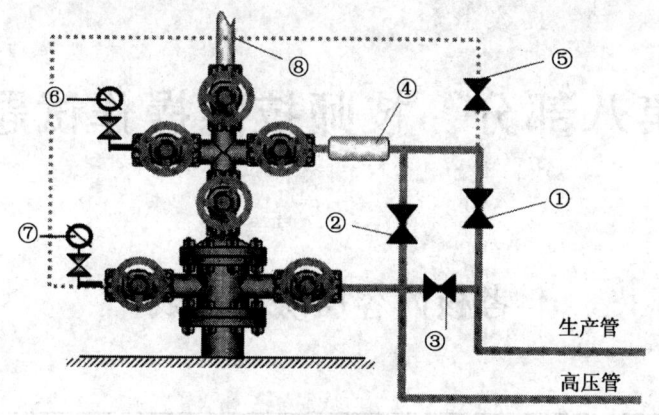

题1答案图

ϕ70mm 大泵时可能没有堵水分采的,所以为了更好地抑制水淹严重的第二层影响其他两大层段的出油,建议对第二生产层段实施堵水方案;(4)设计方案如图所示(图中标明的括号内的可不作要求),并下 ϕ56mm 的泵投产生产。

评分标准:答对前三点各给2分,图画正确给4分。

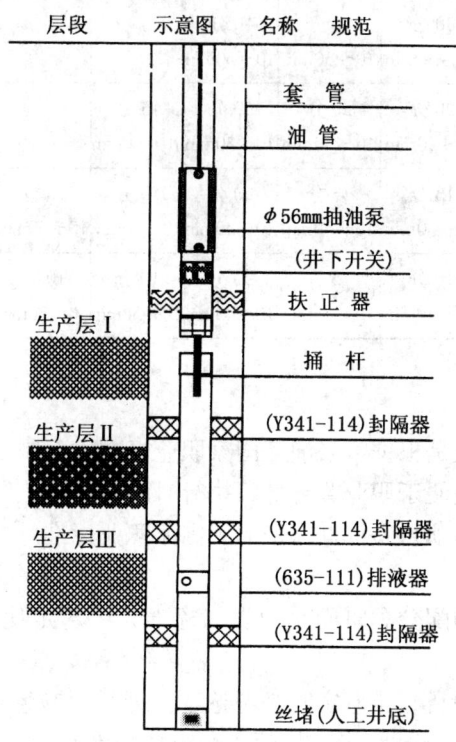

题2答案图 某抽油机井采油管柱示意图

第八部分 技师技能操作试题

考核内容层次结构表

内容 项目 级别	技能操作					综合能力				合计
	基本技能（开关井、录取资料）	资料整理及分析	设备维护及保养	故障判断及处理	动态分析及生产维护、调控	操作计算机	培训指导	施工工艺编制、绘图、识图	技术论文（报告）	
初级工	40分 10～30min	30分 10～30min	20分 10～30min	10分 10～30min						100分 40～120min
中级工	20分 10～30min	30分 10～30min	30分 10～30min	10分 10～30min	10分 10～30min					100分 50～150min
高级工		15分 10～30min	20分 10～30min	20分 10～30min	30分 10～30min	15分 10～30min				100分 50～150min
技师		15分 10～30min	15分 10～30min	20分 10～30min	10分 10～30min	10分 10～30min	15分 10～30min	15分 10～30min		100分 70～210min
高级技师		10分 10～30min	15分 10～45min	20分 10～45min	10分 10～30min	10分 10～30min	20分 10～30min	15分 10～30min		100分 70～240min

说明：

(1) 本考核层次结构表是根据《采油工国家职业标准》而制定的。

(2) 制定本表的目的是便于职业鉴定部门执行时的科学性、统一性、公平性。

(3) 表中的各级别操作项目是依据《采油工国家职业标准》中工作内容要求而划分确定的。

(4) 表中各级别项目的配分和时间是根据《标准》中鉴定比重和内容难易程度而制定的。

(5) 表中各级的否定项目是指鉴定时必考选项（即是对被鉴定者成绩的否定项目）；初级工没有否定项目，中级工、高级工、技师、高级技师都有对下一级或二级选定的否定项目。

(6) 表中的考核项目组合方式是对考核鉴定时提出的原则性要求，即各级别鉴定时的项目不应少于5个。

鉴定要素细目表

行业：石油天然气　　工种：采油工　　等级：技师　　鉴定方式：技能操作

行为领域	代码	鉴定范围	鉴定比重	代码	鉴定点	重要程度	备注
技能操作 A 50%	A	设备维护及保养	15	001	测量抽油机剪刀差	X	
				002	抽油机安装质量验收	Y	
				003	注水井作业质量验收	X	
				004	抽油机井作业质量验收	X	
				005	电动潜油泵井作业质量验收	X	
				006	调整游梁式抽油机井曲柄平衡	X	
	B	故障判断及处理	15	001	处理抽油机曲柄销轴承壳磨曲柄	X	
				002	处理抽油机曲柄在输出轴上外移	Y	
				003	抽油机井碰泵	X	
	C	动态分析及生产维护、调控	20	001	解释抽油机井理论示功图	X	
				002	分析抽油机井实测示功图	X	
				003	调整游梁式抽油机冲速	Y	
				004	调整电动潜油泵井过载、欠载值	X	
综合能力 B 50%	A	操作计算机	10	001	数据的录入及处理	X	
				002	文字的录入及处理	X	
				003	制作简单表格	X	
	B	培训指导	10	001	技术培训	Y	
	C	施工工艺编制、绘图	15	001	绘制工件图	X	
	D	技术论文（报告）	15	001	组织QC小组开展活动	Y	
				002	编写阶段生产总结报告	X	

技能操作试题

一、AA001 测量抽油机剪刀差

1. 准备要求

(1) 材料准备：

序 号	名 称	规 格	数 量	备 注
1	记录纸笔		若干	
2	塞尺或垫片		1套	

(2) 设备准备：

序 号	名 称	规 格	数 量	备 注
1	抽油机	常规游梁曲柄平衡式	1台	

(3) 工具、量具、用具准备：

名 称	规 格	精 度	数 量	名 称	规 格	精 度	数 量
水平尺	600mm		1把	游标卡尺	150mm		1把
钢卷尺	3m		1个	直尺	2m		1把

2. 操作程序的规定及说明

(1) 准备工作；

(2) 停机；

(3) 测误差；

(4) 放水平尺；

(5) 计算剪刀差；

(6) 启抽；

(7) 收工具。

3. 考核时间

(1) 准备时间：5min；

(2) 正式操作时间：20min；

(3) 计时从正式操作开始，至操作完毕结束；

(4) 规定时间内全部完成，每超1min，从总分中扣5分；超过3min，停止作业。

4. 配分、评分标准

评分记录表

序 号	考核项目	评分要素	配 分	评分标准	检测结果	扣分	得分	备 注
1	准备工作	选工具、用具	5	漏一件扣3分,错选一件扣2分				
2	停机	停机刹车于水平位置,切断电源	10	未停在近于水平位置扣10分,没切断电源停止操作				
3	测误差	检查抽油机基础横向水平	10	不检查抽油机基础水平扣10分				
4	放水平尺	选好位置放好直尺、水平尺,调整水平测量误差	35	直尺左右不一扣10分,未放置于曲柄末端扣5分,水平尺未放在中间扣10分,垫片塞得不正确扣10分				
5	计算剪刀差	计算剪刀差	30	计算方法不正确扣10分,卡尺读数错扣10分,不减基础误差扣10分				
6	启抽	合开关送电,松刹车启抽	5	失误一处扣5分				
7	收工具	收拾工具、用具,填写报表	5	不收拾工具、用具扣2分,填写报表不正确(叙述)扣3分				
8	安全文明生产及其他	严格按操作规程操作		违反操作规程扣5分				从总分中扣除
		严格遵守环保要求		违反环保要求一次扣5分				
		在规定时间内完成操作		每超时1min扣5分,超过3min停止操作				
	合 计		100					

考评员:　　　　　　　　记分员:　　　　　　　　　　　　　　　年　月　日

二、AA002 抽油机安装质量验收

1. 准备要求

(1) 材料准备:

序 号	名 称	规 格	数 量	备 注
1	记录纸笔		若干	根据要求指定
2	随机使用说明书		1份	
3	安装质量验收书		1份	

(2) 设备准备:

序 号	名 称	规 格	数 量	备 注
1	抽油机	常规游梁曲柄平衡式	1台	

(3) 工具、量具、用具准备：

名 称	规 格	精 度	数 量	名 称	规 格	精 度	数 量
水平尺	600mm		1把	抽油机专用扳手			1把
吊线锤	3.50m		1个	直尺	2m		1把
活动扳手	300mm		1把	安全带			1副
活动扳手	375mm		1把	绝缘手套			1副
活动扳手	450mm		1块	计算器			1个

2. 操作程序的规定及说明

(1) 准备工作；

(2) 检查基础水平度；

(3) 测对中；

(4) 紧固；

(5) 润滑；

(6) 刹车；

(7) 剪刀差及四点一线；

(8) 电器仪表；

(9) 启抽，收工具。

3. 考核时间

(1) 准备时间：8min；

(2) 正式操作时间：30min；

(3) 计时从正式操作开始，至操作完毕结束；

(4) 规定时间内全部完成，每超1min，从总分中扣5分；超过5min，停止作业。

4. 配分、评分标准

评分记录表

序号	考核项目	评分要素	配分	评分标准	检测结果	扣分	得分	备注
1	准备工作	选工具、用具	5	漏一件扣3分，错选一件扣2分				
2	检查基础水平度	检查抽油机底盘纵横水平，测量支架顶板水平、垂直度	15	不检查纵横水平、垂直度每项扣10分				测水平、对中方法不正确扣20分
3	测对中	检查抽油机对中	10	不检查抽油机对中扣10分				
4	紧固	检查各部位连接紧固	15	不检查三大轴1项扣5分，其他扣2分				

续表

序号	考核项目	评分要素	配分	评分标准	检测结果	扣分	得分	备注
5	润滑	检查三大轴润滑，检查减速箱机油	10	检查每漏一项扣5分				测水平、对中方法不正确扣20分
6	刹车	检查刹车系统	15	漏检一项扣5分				
7	剪刀差及四点一线	检查曲柄剪刀差，两轮"四点一线"	15	未检查每项扣10分，方法不正确扣5分				
8	电器仪表	检查电器、仪表系统	10	漏检一项扣3分				
9	启抽收工具	收拾工具、用具，填写验收卡	5	不收拾工具、用具扣2分，填写报告不正确（叙述）扣3分				
10	安全文明生产及其他	严格按操作规程操作	5	违反操作规程扣5分				从总分中扣除
		严格遵守环保要求	5	违反环保要求一次扣5分				
		在规定时间内完成操作		每超过1min扣5分，超过5min停止操作				
	合计		100					

考评员：　　　　　　　　记分员：　　　　　　　　　　　　　　　　　年　月　日

三、AA003　注水井作业质量验收

1. 准备要求

（1）材料准备：

序号	名称	规格	数量	备注
1	细纱布		若干	
2	有关原井生产数据		必备的	
3	作业施工设计书		1份	

（2）设备准备：

序号	名称	规格	数量	备注
1	注水井	调整作业的	1口	

（3）工具、量具、用具准备：

名称	规格	精度	数量	名称	规格	精度	数量
纸	16K		3张	钢笔、铅笔			各1只
卷尺	5m		1把	计算器			1个

2. 操作程序的规定及说明
(1) 准备工作；
(2) 看设计书；
(3) 现场监督；
(4) 冲砂；
(5) 检查油管；
(6) 新配管柱；
(7) 坐井口洗井；
(8) 验封；
(9) 转注、交井、收工具。
3. 考核时间
(1) 准备时间：5min；
(2) 正式操作时间：30min，根据现场实际情况确定（可部分口述或指定一些关键内容进行）；
(3) 计时从正式操作开始，至操作完毕结束；
(4) 规定时间内全部完成，每超1min，从总分中扣10分；超过5min，停止作业。
4. 配分、评分标准

评分记录表

序号	考核项目	评分要素	配分	评分标准	检测结果	扣分	得分	备注
1	准备工作	选工具、用具	5	漏选一件扣3分，错选一件扣2分				关键工序错误扣20分
2	看设计书	核实询问作业井号、施工目的，看施工设计书	10	不检查井号、施工目的扣5分，不看施工设计书扣10分				
3	现场监督	监督现场施工：井场布局、接排污管线、起原井	25	不检查管桥扣5分，未接排污管线扣5分，原井少查一项扣5分				
4	冲砂	检查冲砂情况	10	冲砂不合格就让干下一道工序扣10分				
5	检查油管	检查地面油管	10	每漏一项扣5分				
6	新配管柱	对照查看新配管柱，检查下配管柱及油管，检看项目；封隔器级数、配水器	15	未检查确认一项扣5分，漏检一道工序扣5分				
7	坐井口洗井	坐井口，洗井	10	未检查井口质量扣5分，洗井不合格就干下一道工序扣5分				

续表

序号	考核项目	评分要素	配分	评分标准	检测结果	扣分	得分	备注
8	验封	检查释放、验封	10	打压、稳压不合格扣5分，溢流量大就接井在总分中给不及格				关键工序错误扣20分
9	转注、交井、收工具	转注，接井，收拾工具、用具，填写报告	5	未收拾工具、用具扣2分，填写报表不正确（叙述）扣3分				
10	安全文明生产及其他	严格按操作规程操作		违反操作规程扣5分				从总分中扣除
		严格遵守环保要求		违反环保要求一次扣5分				
		在规定时间内完成操作		每超过1min扣10分，超过5min停止操作				
	合 计		100					

考评员：　　　　　　　　记分员：　　　　　　　　　　　　年　月　日

四、AA004　抽油机井作业质量验收

1. 准备要求

（1）材料准备：

序 号	名 称	规 格	数 量	备 注
1	细纱布		若干	
2	有关原井生产数据		必备的	
3	作业施工设计书		1份	

（2）设备准备：

序 号	名 称	规 格	数 量	备 注
1	抽油机井	检泵作业的	1口	

（3）工具、量具、用具准备：

名 称	规 格	精 度	数 量	名 称	规 格	精 度	数 量
纸	16K		3张	钢笔、铅笔			各1只
卷尺	5m		1把	计算器			1个
压力表	6MPa		1块	示功仪			1台

2. 操作程序的规定及说明

（1）准备工作；

(2) 交井；

(3) 看设计；

(4) 现场监督；

(5) 冲砂刮蜡；

(6) 地面清蜡；

(7) 下泵；

(8) 坐井口；

(9) 启抽憋压；

(10) 交接井、收工具；

3. 考核时间

(1) 准备时间：5min；

(2) 正式操作时间：30min，根据现场实际情况确定（可部分口述或指定一些关键内容进行）。

(3) 计时从正式操作开始，至操作完毕结束；

(4) 规定时间内全部完成，每超1min，从总分中扣10分；超过5min，停止作业。

4. 配分、评分标准

评分记录表

序号	考核项目	评分要素	配分	评分标准	检测结果	扣分	得分	备注
1	准备工作	选工具、用具	5	漏选一件扣3分，错选一件扣2分				关键工序错误扣20分
2	交井	核实井号、设备卫生、仪表、悬绳器等	5	未核实井号扣2分，应交部位一项未交扣1分				
3	看设计	核实询问作业井号、施工目的，压（洗）井看施工设计书	15	不检查井号、施工目的扣5分，不洗井扣5分，不看施工设计书扣5分				
4	现场监督	监督现场施工；井场布局、接排污管线、起原井	10	不检查杆、管桥扣5分，未接排污管线扣5分，原井少查一项扣5分				
5	冲砂刮蜡	检查冲砂、刮蜡情况	10	冲砂、刮蜡不合格就让干下一道工序扣10分				
6	地面清蜡	检查地面杆、油管	10	每漏一项扣5分				
7	下泵	对照查看新（泵）管柱，检查下配管柱及油管	15	未检查确认一项扣5分，漏检一道工序扣5分				
8	坐井口	坐井口，倒流程，对防冲距	10	未检查井口质量扣5分，不对防冲距扣5分，流程倒错扣5分				

续表

序号	考核项目	评分要素	配分	评分标准	检测结果	扣分	得分	备注
9	启抽憋压	启抽憋压测电流、测图	15	不憋压或不合格均扣5分，不测图扣5分，均不会给不及格，未测电流扣5分				关键工序错误扣20分
10	交接井、收工具	量油，接井，收拾工具、用具，填写报告	5	未量油就接井的给不及格，不收拾工具、用具扣2分，填写报告不正确（叙述）扣3分				
11	安全文明生产及其他	严格按操作规程操作		违反操作规程扣5分				从总分中扣除
		严格遵守环保要求		违反环保要求一次扣5分				
		在规定时间内完成操作		每超时1min扣10分，超过5min停止操作				
	合 计		100					

考评员：　　　　　　　　记分员：　　　　　　　　　　　　　　年　月　日

五、AA005　电动潜油泵井作业质量验收

1. 准备要求
(1) 材料准备：

序号	名称	规格	数量	备注
1	细纱布		若干	
2	有关原井生产数据		必备的	
3	作业施工设计书		1份	

(2) 设备准备：

序号	名称	规格	数量	备注
1	电动潜油泵井	检泵作业用的	1口	

(3) 工具、量具、用具准备：

名称	规格	精度	数量	名称	规格	精度	数量
纸	16K		3张	钢笔、铅笔			各1只
卷尺	5m		1把	计算器			1个
压力表	16MPa		1块	电流卡片		日卡	1张

2. 操作程序的规定及说明
(1) 准备工作；

(2) 交井;

(3) 看设计书;

(4) 现场监督;

(5) 冲砂刮蜡;

(6) 地面油管清蜡;

(7) 下泵;

(8) 坐井口;

(9) 机组电性测试;

(10) 试运;

(11) 交接井、收工具。

3. 考核时间

(1) 准备时间：5min;

(2) 正式操作时间：30min，根据现场实际情况确定（可部分口述或指定一些关键内容进行）。

(3) 计时从正式操作开始，至操作完毕结束;

(4) 规定时间内全部完成，每超 1min，从总分中扣 10 分；超过 5min，停止作业。

4. 配分、评分标准

评分记录表

序号	考核项目	评分要素	配分	评分标准	检测结果	扣分	得分	备注
1	准备工作	选工具、用具	5	漏选一件扣 3 分，错选一件扣 2 分				关键工序错误扣 20 分
2	交井	井场设备、控制屏、仪表、油污及保温	5	一项未交清楚扣 2 分				
3	看设计书	核实询问作业井号、施工目的，压（洗）井，看施工设计书	10	不检查井号、施工目的扣 5 分，不看施工设计书扣 5 分				
4	现场监督	监督现场施工；井场布局、接排污管线、起原井	15	不检查电缆架、管桥扣 5 分，未接排污管线扣 5 分，原井少查一项扣 5 分				
5	冲砂刮蜡	检查冲砂、刮蜡情况	10	冲砂、刮蜡不合格就让干下一道工序扣 10 分				
6	地面油管清蜡	检查地面油管、机组	10	每漏一项扣 5 分				
7	下泵	对照查看要下的丢手管柱，检查下配管柱、油管及电缆	10	未检查确认一项扣 5 分，漏检一道工序扣 5 分				
8	坐井口	坐井口，捅活门	10	未检查井口质量扣 5 分，溢流量过大返工，否则扣 10 分				

续表

序号	考核项目	评分要素	配分	评分标准	检测结果	扣分	得分	备注
9	机组电性测试	机组电性测试,调整机组保护值,装卡片,启抽憋压	10	不检查测试机组电性扣10分,不调整保护值扣10分,不装卡片扣5分,启抽不憋压扣5分				
10	试运	送电,启泵,看电流,憋压	10	操作错一项扣5分,漏一项扣5分				
11	交接井、收工具	量油,接井,收拾工具、用具,填写报告	5	未量油就接井的给不及格,不收拾工具、用具扣2分,填写报告不正确(叙述)扣3分				
12	安全文明生产及其他	严格按操作规程操作		违反操作规程扣5分				从总分中扣除
		严格遵守环保要求		违反环保要求一次扣5分				
		在规定时间内完成操作		每超时1min扣10分,超过5min停止操作				
	合计		100					

考评员:　　　　　　　　记分员:　　　　　　　　　　　　年　月　日

六、AA006　调整游梁式抽油机井曲柄平衡

1. 准备要求

(1) 材料准备:

序号	名称	规格	数量	备注
1	白纸		1张	
2	铅笔		1支	

(2) 设备准备:

序号	名称	规格	数量	备注
1	游梁式曲柄平衡抽油机		1台	

(3) 工具、量具、用具准备:

名称	规格	精度	数量	名称	规格	精度	数量
专用呆扳手			1把	锤子	3.75kg		1把
活扳手	300mm,375mm		各1把	钳型电流表			1块

2. 操作程序的规定及说明
(1) 准备工作；
(2) 测电流；
(3) 停机；
(4) 调平衡；
(5) 启抽检测；
(6) 收工具。

3. 考核时间
(1) 准备时间：2min；
(2) 正式操作时间：30min；
(3) 计时从正式操作开始，至操作完毕结束；
(4) 规定时间内全部完成，每超1min，从总分中扣5分；超过6min，停止作业。

4. 配分、评分标准

评分记录表

序号	考核项目	评分要素	配分	评分标准	检测结果	扣分	得分	备注
1	准备工作	工具、用具齐备	5	少一件扣3分，选错一件扣2分				工具使用错一次扣5分
2	测电流	测电流，计算平衡率，判断调整方向和位置	20	使用电流表错一次扣5分，测不准扣5分，计算错误扣5分，方向错误本项不得分				
3	停机	停机	10	不断电扣10分，停机位置不对扣10分，刹车不锁、不断电停止操作				
4	调平衡	调整、移动平衡块，紧固螺丝	30	卸掉固定螺丝扣10分，平衡块大幅度滑动扣20分，调整达不到位扣10分，重复一次扣10分，螺丝固定不合格扣10分				
5	启抽检测	测电流观察效果	20	启动不合格扣10分，不检测扣5分，计算错误扣10分				
6	收工具	将有关数据填入报表，收拾工具、用具	25	不收拾扣5分，少收一件扣3分，未填写记录扣5分				
7	安全文明生产及其他	严格按操作规程操作		违反操作规程扣5分				从总分中扣除
		严格遵守环保要求						
		在规定时间内完成操作		每超时1min扣5分，超过6min停止操作				
	合计		100					

考评员：　　　　　　　　记分员：　　　　　　　　年　月　日

七、AB001　处理抽油机曲柄销轴承壳磨曲柄

1. 准备要求

(1) 材料准备：

序　号	名　称	规　格	数　量	备　注
1	黄油		1管	
2	棉纱		若干	

(2) 设备准备：

序　号	名　称	规　格	数　量	备　注
1	抽油机	常规游梁曲柄平衡式	1台	

(3) 工具、量具、用具准备：

名　称	规　格	精　度	数　量	名　称	规　格	精　度	数　量
扳手	375mm		1把	手钳	200mm		1把
扳手	400mm		1把	锤子	0.75kg,3.5kg		各1把
平锉	400mm		1把	铜棒			1个
专用扳手			1把	撬棍	1000mm		1根
管钳	600mm		1把	方卡子			1副

2. 操作程序的规定及说明

(1) 准备工作；

(2) 停机；

(3) 检查刹车；

(4) 卸载荷；

(5) 卸曲柄销；

(6) 外移销套；

(7) 安装曲柄销；

(8) 启机；

(9) 收工具。

3. 考核时间

(1) 准备时间：8min；

(2) 正式操作时间：30min；

(3) 计时从正式操作开始，至操作完毕结束；

(4) 规定时间内全部完成，每超1min，从总分中扣5分；超过5min，停止作业。

4. 配分、评分标准

评分记录表

序号	考核项目	评分要素	配 分	评分标准	检测结果	扣分	得分	备 注
1	准备工作	选工具、用具	5	漏选一件扣3分，错选一件扣2分				
2	停机	停机检查，确定处理方案	10	不检查故障原因扣10分				
3	检查刹车	检查刹车，停机刹车，切断电源	10	未检查刹车扣5分，未停好位置扣10分，没切断电源停止操作				
4	卸载荷	打卡子卸载荷	10	卡子打得不紧扣10分				不卸驴头负荷、给不及格
5	卸曲柄销	卸销子备帽、螺帽，卸连杆拉紧螺丝及固定螺丝，撬出销子、打出衬套，检查销子、衬套，验证故障原因	30	销子备帽螺帽卸错10分，连杆拉紧螺丝固定螺丝卸错扣10分，撬出销子失误扣5分，打衬套不用铜棒扣5分，不会检查销子、衬套，验证故障原因扣15分，不正确扣5分				
6	外移销套	重装或更换销子及衬套	10	安装不到位扣10分				
7	安装曲柄销	重装连杆拉紧螺丝及固定螺丝，驴头吃负荷	15	一处不合格扣5分				
8	启机	合开关送电启抽	5	失误一处扣5分				
9	收工具	收拾工具、用具，填写报表	5	不收拾工具、用具扣2分，填写报表不正确（叙述）扣3分				
10	安全文明生产及其他	严格按操作规程操作		违反操作规程扣5分				从总分中扣除
		严格遵守环保要求						
		在规定时间内完成操作		每超时1min扣5分，超过5min停止操作				
	合 计		100					

考评员：　　　　　　　　记分员：　　　　　　　　　　　　年　月　日

八、AB002 处理抽油机曲柄在输出轴上外移

1. 准备要求

（1）材料准备：

序号	名称	规格	数量	备注
1	黄油		1管	
2	棉纱		若干	

(2) 设备准备：

序号	名称	规格	数量	备注
1	抽油机	常规游梁曲柄平衡式	1台	

(3) 工具、量具、用具准备：

名称	规格	精度	数量	名称	规格	精度	数量
扳手	375mm		1把	手钳	200mm		1把
呆扳手	65mm		1把	锤子	4.5kg,2.2kg		各1把
平锉	400mm		1把	铜棒			1个
自制拔键器			1把	游标卡尺	150mm		1把
管钳	600mm		1把	方卡子			1副

2. 操作程序的规定及说明

(1) 准备工作；

(2) 停机；

(3) 装手拉葫芦；

(4) 卸连杆；

(5) 拔键；

(6) 装键；

(7) 连杆复位；

(8) 吃负荷；

(9) 启机；

(10) 收工具。

3. 考核时间

(1) 准备时间：8min；

(2) 正式操作时间：30min；

(3) 计时从正式操作开始，至操作完毕结束；

(4) 规定时间内全部完成，每超1min，从总分中扣5分；超过5min，停止作业。

4. 配分、评分标准

评分记录表

序 号	考核项目	评分要素	配分	评分标准	检测结果	扣分	得分	备 注
1	准备工作	选工具、用具	5	漏一件扣3分,错选一件扣2分				不卸驴头负荷、给不及格
2	停机	检查刹车、停机刹车,打卡子卸负荷、切断电源	10	检查刹车扣5分,未停好位置扣10分,没切断电源停止操作				
3	装手拉葫芦	挂手拉葫芦	10	未挂好葫芦扣10分				
4	卸连杆	松开连杆与曲柄销连接	10	不松开扣10分,连杆未移开到位扣5分				
5	拔键	松开曲柄固定螺丝,卸下曲柄键挡板,上拔键器拔曲柄键	20	不松开扣10分,曲柄键挡板未取下扣5分,不会使用拔键器扣15分,不正确扣5分				
6	装键	检查曲柄键、曲柄键槽,安装曲柄键	15	不会检查扣10分,不正确扣15分,判断错误扣5分,不会安装曲柄键扣5分,不垫铜棒扣5分,不到位扣5分				
7	连杆复位	打紧曲柄固定螺丝,连接好曲柄销连轩	10	一处不合格扣5分				
8	吃负荷	卸去手拉葫芦、驴头吃负荷、松卡子、送电启抽	5	失误一处扣5分				
9	启机	按操作规程启机	10	逆向启机扣5分,不松刹车启机扣7分,一次启动扣2分				
10	收工具	收拾工具、用具,填写报表	3	不收拾工具、用具扣2分,填写报表不正确(叙述)扣3分				.
11	安全文明生产及其他	严格按操作规程操作		违反操作规程扣5分				从总分中扣除
		严格遵守环保要求						
		在规定时间内完成操作		每超过1min扣5分,超过5min停止操作				
	合 计		100					

考评员:　　　　　　　记分员:　　　　　　　　　　　　　　　　年　月　日

九、AB003 抽油机井碰泵

1. 准备要求

(1) 材料准备：

序 号	名 称	规 格	数 量	备 注
1	黄油		若干	
2	细纱布		若干	
3	直尺	2m	1把	
4	石笔		1只（块）	

(2) 设备准备：

序 号	名 称	规 格	数 量	备 注
1	抽油机	常规游梁式	1台	

(3) 工具、量具、刃具准备：

名 称	规 格	精 度	数 量	名 称	规 格	精 度	数 量
活扳手	300mm		1把	方卡子	（指定的）		1副
管钳	600mm		1把	锉刀	250mm	0.02mm	1把

2. 操作程序的规定及说明

(1) 准备工作；

(2) 停机；

(3) 下放光杆；

(4) 碰泵；

(5) 调防冲距；

(6) 启抽；

(7) 收工具。

3. 考核时间

(1) 准备时间：5min；

(2) 正式操作时间：30min；

(3) 计时从正式操作开始，至操作完毕结束；

(4) 规定时间内全部完成，每超1min，从总分中扣5分；超过3min，停止作业。

4. 配分、评分标准

评分记录表

序号	考核项目	评分要素	配分	评分标准	检测结果	扣分	得分	备注
1	准备工作	选工具、用具	5	漏选一件扣3分,错选一件扣2分				工具使用不当一次扣5分;关键程序发生颠倒错误扣20分,严重时给不及格;手抓光杆一次扣20分
2	停机	检查刹车,停机刹车,切断电源	20	不检查刹车扣10分,停机一次不到位扣5分,刹车未刹紧扣10分,未切断电源停止操作				
3	下放光杆	测量(长度)位置,光杆做记号,打方卡子	20	位置不对扣10分,光杆未做记号扣5分,未打紧方卡子扣5分				
4	碰泵	挫光杆毛刺,碰泵3~5次	20	未挫光杆毛刺扣5分,碰泵不足3次或超过5次扣10分				
5	调防冲距	重新对防冲距	20	防冲距没调整到位扣5分,防冲距没调整的扣15分				
6	启抽	启抽检查	10	启抽后未检查防冲距扣10分				
7	收工具	收拾工具、用具,填写报表	5	未收拾工具、用具扣2分,填写报表不正确(叙述)扣3分				
8	安全文明生产及其他	严格按操作规程操作		违反操作规程扣5分				从总分中扣除
		严格遵守环保要求						
		在规定时间内完成操作		每超时1min扣5分,超过3min停止操作				
	合计		100					

考评员:　　　　　　　记分员:　　　　　　　　　　　年　月　日

十、AC001 解释抽油机井理论示功图

1. 准备要求

(1) 材料准备:

序号	名称	规格	数量	备注
1	理论示功图		1张	

(2) 设备准备:

序号	名称	规格	数量	备注
1	桌、凳		1套	

（3）工具、量具、用具准备：

名 称	规 格	精 度	数 量	名 称	规 格	精 度	数 量
直尺	200mm		1把	演算纸			2张
钢笔、铅笔			各1支	计算器			1个

2. 操作程序的规定及说明

（1）准备工作；

（2）定坐标；

（3）标注各点；

（4）标注线段；

（5）计算冲程损失；

（6）计算示功图面积；

（7）收工具。

3. 考核时间

（1）准备时间：2min；

（2）正式操作时间：10min；

（3）计时从正式操作开始，至操作完毕结束；

（4）规定时间内全部完成，每超0.5min，从总分中扣5分；超过1min，停止作业。

4. 配分、评分标准

评分记录表

序 号	考核项目	评分要素	配 分	评分标准	检测结果	扣分	得分	备 注
1	准备工作	选工具、用具	5	漏一件扣3分，错选一件扣2分				
2	定坐标	建立悬点载荷纵向坐标，光杆冲程横向坐标	10	未建立悬点载荷、冲程坐标扣10分，不正确扣5分				
3	标注各点	标出理论示功图光杆上下死点、增载终止点、卸载终止点	10	少标一点扣5分，标错一点扣5分				
4	标注线段	在图上作标出光杆悬点最大载荷值（线段）、最小载荷值（线段）、液柱载荷值（线段），在图上作标出增载线（线段）、卸载线（线段）	25	少标一项扣5分，标错一项扣5分，少标一项扣10分，标错一项扣10分				

续表

序号	考核项目	评分要素	配分	评分标准	检测结果	扣分	得分	备注
5	计算冲程损失	分别标出并计算活塞的实际冲程长度、光杆实际冲程长度、光杆对活塞的冲程损失	30	少标一项扣10分，标错一项扣10分，计算错一项扣5分				
6	计算功图面积	标出并计算抽油泵做功的面积	15	标错一项扣10分，计算错一项扣5分				
7	收工具	审核确认解释内容，收拾工具、用具	5	不审核确认扣3分，不收工具、用具扣2分				
8	安全文明生产及其他	在规定时间内完成操作		每超时0.5min扣5分，超过1min停止操作				从总分中扣除
	合计		100					

考评员：　　　　　　　　　记分员：　　　　　　　　　　　　年　月　日

十一、AC002　分析抽油机井实测示功图

1. 准备要求

（1）材料准备：

序号	名称	规格	数量	备注
1	实测示功图	（有力比、减程比）	3张	连续的（有一张是同步图）
2	同步资料		1份	（泵深、叶面、冲程、冲速）

（2）设备准备：

序号	名称	规格	数量	备注
1	桌、凳		1套	

（3）工具、量具、用具准备：

名称	规格	精度	数量	名称	规格	精度	数量
直尺	200mm		1把	演算纸			3张
钢笔、铅笔			各1支	计算器			1个

2. 操作程序的规定及说明

（1）准备工作；

(2) 示功图定性;

(3) 计算;

(4) 分析;

(5) 结论;

(6) 趋势分析;

(7) 措施意见;

(8) 收工具。

3. 考核时间

(1) 准备时间:2min;

(2) 正式操作时间:10min;

(3) 计时从正式操作开始,至操作完毕结束;

(4) 规定时间内全部完成,每超0.5min,从总分中扣5分;超过1min,停止作业。

4. 配分、评分标准

评分记录表

序号	考核项目	评分要素	配分	评分标准	检测结果	扣分	得分	备注
1	准备工作	选工具、用具	5	漏一件扣3分,错选一件扣2分				
2	示功图定性	初步定性示功图的类型	10	不会定性扣10分				
3	计算	计算理论$P_大$与$P_小$值并标注在实测示功图上	20	不会计算理论$P_大$与$P_小$值扣10分,标错扣10分				
4	分析	进一步(定量)判断泵况	10	不会判断扣10分,判断错扣10分				
5	结论	结合测试液面资料,泵效资料就可准确得出结论	15	得不出正确结论扣15分,错了扣10分				
6	趋势分析	结合前期图形和资料定趋势	20	不会定趋势扣20分,错了扣10分				
7	措施意见	提出措施意见	15	提不出措施意见扣15分,不准确扣10分				
8	收工具	审核确认解释内容,收拾工具、用具	5	不审核确认扣3分,不收工具、用具扣2分				
9	安全文明生产及其他	在规定时间内完成操作		每超时0.5min扣5分,超过1min停止操作				从总分中扣除
	合计		100					

考评员:　　　　　　　记分员:　　　　　　　　　　　　　　年　月　日

十二、AC003　调整游梁式抽油机冲速

1. 准备要求

(1) 材料准备：

序号	名称	规格	数量	备注
1	黄油		若干	
2	细纱布		若干	
3	电动机皮带轮	（指定的大小）	1个	（型号与原配相同）
4	键		1个	备用
5	铜棒		1个	

(2) 设备准备：

序号	名称	规格	数量	备注
1	抽油机	常规游梁式	1台	

(3) 工具、量具、刃具准备：

名称	规格	精度	数量	名称	规格	精度	数量
活扳手	300mm		1把	拔轮器			1个
活扳手	375mm		1把	锤子	3.5kg		1把
套筒扳手	24～27mm		1把	撬棍	600mm		1个
管钳	450mm		1把	钳型电流表	500A		1只
管钳	600mm		1把	游标卡尺	150mm	0.02mm	1把

2. 操作程序的规定及说明

(1) 准备工作；

(2) 停机；

(3) 卸皮带；

(4) 卸电动机轮；

(5) 安装新轮；

(6) 装皮带；

(7) 启机；

(8) 收工具。

3. 考核时间

(1) 准备时间：5min；

(2) 正式操作时间：25min；

(3) 计时从正式操作开始，至操作完毕结束；

(4) 规定时间内全部完成，每超1min，从总分中扣10分；超过3min，停止作业。

4. 配分、评分标准

评分记录表

序号	考核项目	评分要素	配分	评分标准	检测结果	扣分	得分	备注
1	准备工作	选工具、用具	5	漏选一件扣3分，错选一件扣2分				工具使用不当一次扣5分；关键程序发生颠倒、错误扣20分或不及格；带手套盘皮带扣10分
2	停机	停机刹车，切断电源	5	停机不到位扣5分，未切断电源停止操作				
3	卸皮带	卸松电动机顶丝，固定螺丝，卸皮带	15	卸顶丝、固定螺丝次序错误扣5分，未卸皮带扣5分				
4	卸电动机轮	用拔轮器卸电动机皮带轮	20	拔轮器卡位不正确扣15分，操作不稳扣15分				
5	安装新轮	擦净、检查轴、键、槽、涂油、装新皮带轮	20	不擦净、检查轴、键、槽、涂油一项扣2分，装反、用大锤直接敲击或不转动只敲击一侧，各扣3分				
6	装皮带	装皮带，电动机就位并固定，"四点一线"	20	电动机没就位、固定不合格各扣5分，"四点一线"不合格扣10分				
7	启机	送电、启抽，测电流检查平衡，实测冲速	10	送电、启抽操作有误扣5分，未测电流检查平衡情况扣5分，未测实际冲速扣10分				
8	收工具	收拾工具、用具，填写报表	5	未收拾工具、用具扣2分，填写报表不正确扣3分				
9	安全文明生产及其他	严格按操作规程操作	5	违反操作规程扣5分				从总分中扣除
		严格遵守环保要求						
		在规定时间内完成操作		每超时1min扣10分，超过3min停止操作				
	合计		100					

考评员：　　　　　　　记分员：　　　　　　　　　　　　　　　年　月　日

十三、AC004　调整电动潜油泵井过载、欠载值

1. 准备要求

（1）材料准备：

序号	名称	规格	数量	备注
1	细纱布		若干	

（2）设备准备：

序号	名称	规格	数量	备注
1	电动潜油砂井	指定类型控制屏	1台	

(3) 工具、量具、刃具准备：

名称	规格	精度	数量	名称	规格	精度	数量
绝缘手套	五指棉线		1把	电流卡片	（上一次）		1张
螺丝刀	150mm		1把	纸、笔			1只

2. 操作程序的规定及说明
(1) 准备工作；
(2) 检查电流值；
(3) 停机；
(4) 调整；
(5) 对比；
(6) 启机；
(7) 收工具。

3. 考核时间
(1) 准备时间：5min；
(2) 正式操作时间：20min；
(3) 计时从正式操作开始，至操作完毕结束；
(4) 规定时间内全部完成，每超1min，从总分中扣10分；超过3min，停止作业。

4. 配分、评分标准

评分记录表

序号	考核项目	评分要素	配分	评分标准	检测结果	扣分	得分	备注
1	准备工作	选工具、用具	5	漏选一件扣3分，错选一件扣2分				工具使用不当一次扣5分；关键程序发生颠倒错误扣20分，严重时给不及格
2	检查电流值	检查机组运行电流，确定调整过欠载值	10	不检查机组运行电流扣5分，过欠载值确定不合理扣10分				
3	停机	停机，找到机组整流中心，正确选择过欠载调整挡位	20	停机不正确扣5分，找不到过欠载挡停止操作				
4	调整	调整过欠载电位器，调整过载值、欠载值	30	每项调整不对扣15分				
5	对比	检查对比调后整流值，逐一确认	10	未检查确认扣10分				

续表

序号	考核项目	评分要素	配分	评分标准	检测结果	扣分	得分	备注
6	启机	启泵时运,启抽检查电流,核实对比记录	20	未按规定程序启泵扣10分,启抽后未检查三相电流扣10分				
7	收工具	收拾工具、用具,填写报表	5	未收拾工具、用具扣2分,填写报表不正确(叙述)扣3分				
8	安全文明生产及其他	严格按操作规程操作		违反操作规程扣5分				从总分中扣除
		严格遵守环保要求						
		在规定时间内完成操作		每超时1min扣10分,超过3min停止操作				
	合计		100					

考评员:　　　　　　　记分员:　　　　　　　　　　　　年　月　日

十四、BA001　数据的录入及处理

1. 准备要求

(1) 材料准备:

序号	名称	规格	数量	备注
1	用户材料		1组	
2	软盘	3in	1张	已格式化的

(2) 设备准备:

序号	名称	规格	数量	备注
1	桌、凳		1套	
2	计算机		1台	装有数据库软件(Visual FoxPro)

(3) 工具、量具、用具准备:

名称	规格	精度	数量	名称	规格	精度	数量
直尺	400mm		1把	铅笔	2H	0.02mm	1支

2. 操作程序的规定及说明

(1) 准备工作;

(2) 开始;

(3) 建数据库;

(4) 开关数据库；

(5) 录入；

(6) 检查修改；

(7) 编辑整理；

(8) 统计；

(9) 复制保存；

(10) 收工具。

3. 考核时间

(1) 准备时间：5min；

(2) 正式操作时间：20min；

(3) 计时从正式操作开始，至操作完毕结束；

(4) 规定时间内全部完成，每超 1min，从总分中扣 5 分；超过 3min，停止作业。

4. 配分、评分标准

评分记录表

序 号	考核项目	评分要素	配 分	评分标准	检测结果	扣分	得分	备 注
1	准备工作	选工具、用具	5	漏一件扣 3 分，错选一件扣 2 分				
2	开始	进入 Visual FoxPro	5	错一次扣 5 分，3 次未进入 Visual FoxPro 给不及格				
3	建数据库	建立数据库	15	数据库的逻辑结构等设计不合理扣 10 分，命令格式不对停止操作，未存盘扣 5 分				
4	开关数据库	打开、关闭数据库	10	打不开数据库扣 10 分				
5	录入	数据录入	20	全屏幕输入错 1 次扣 10 分，追加记录、插入记录每错一次扣 5 分				
6	检查修改	数据库结构的检查和修改	10	不会检查和修改扣 10 分				
7	编辑整理	数据库记录的显示、编辑、整理（浏览、排序）	10	每错一次扣 5 分				
8	统计	统计操作（运算）	10	错一处扣 5 分				
9	复制保存	数据库记录复制（存盘）、保存文件，退出 Visual FoxPro	10	不会录复制扣 5 分，不退出 Visual FoxPro 扣 5 分				
10	收工具	确认无误，收拾工具、用具	5	不确认扣 3 分，不收工具扣 2 分				

续表

序 号	考核项目	评分要素	配 分	评分标准	检测结果	扣分	得分	备 注
11	安全文明生产及其他	在规定时间内完成操作		每超时1min扣5分，超过3min停止操作				从总分中扣除
	合 计		100					

考评员：　　　　　　　　记分员：　　　　　　　　　　　　　年　月　日

十五、BA002　文字录入及处理

1. 准备要求

(1) 材料准备：

序 号	名 称	规 格	数 量	备 注
1	用户数据		1组	文字
2	软盘	3in	1张	已格式化的

(2) 设备准备：

序 号	名 称	规 格	数 量	备 注
1	桌、凳		1套	
2	计算机		1台	装有数据库软件（Microsoft Word）

(3) 工具、量具、用具准备：

名 称	规 格	精 度	数 量	名 称	规 格	精 度	数 量
直尺	400mm		1把	铅笔	2H	0.02mm	1支

2. 操作程序的规定及说明

(1) 准备工作；

(2) 开始；

(3) 创建文档；

(4) 输入正文；

(5) 保存文档；

(6) 编辑文档；

(7) 排版文件；

(8) 打印；

(9) 保存文件；

(10) 收工具。

3. 考核时间

（1）准备时间：5min；

（2）正式操作时间：20min；

（3）计时从正式操作开始，至操作完毕结束；

（4）规定时间内全部完成，每超 1min，从总分中扣 5 分；超过 5min，停止作业。

4. 配分、评分标准

评分记录表

序号	考核项目	评分要素	配分	评分标准	检测结果	扣分	得分	备注
1	准备工作	准备好工具、用具，用户需要编辑的文档材料	5	漏一件扣 3 分，错选一件扣 2 分				
2	开始	进入 Microsoft Word	5	错一次扣 5 分，3 次未进入 Microsoft Word 停止操作				
3	创建文档	创建文档	10	方法不正确扣 10 分，错误一次扣 5 分				
4	输入正文	输入正文	10	方法不对扣 5 分，切换错误一次扣 3 分				
5	保存文档	编辑文档	10	路径错一次扣 5 分，不会扣 10 分				
6	编辑文档	编辑文档	20	不能准确选择对象扣 10 分，编辑调整错一次扣 3 分				
7	排版文档	排版文档	15	文字格式、段落行距、对齐方式错一次扣 5 分				
8	打印文档	打印文档	10	不确定页码扣 5 分，错一处扣 5 分				
9	保存文件	保存文件，退出 Microsoft Word 环境	10	不会保存扣 5 分，不退出扣 5 分				
10	收工具	确认无误，收拾工具、用具	5	不确认扣 3 分，不收拾工具扣 2 分				
11	安全文明生产及其他	在规定时间内完成操作	-	每超时 1min 扣 5 分，超过 5min 停止操作				从总分中扣除
	合　计		100					

考评员：　　　　　　　　　记分员：　　　　　　　　　年　月　日

十六、BA003　制作简单表格

1. 准备要求

（1）材料准备：

序 号	名 称	规 格	数 量	备 注
1	用户材料		1组	表格
2	软盘	3in	1张	已格式化的

（2）设备准备：

序 号	名 称	规 格	数 量	备 注
1	桌、凳		1套	
2	计算机		1台	装有数据库软件（Microsoft Excel）

（3）工具、量具、用具准备：

名 称	规 格	精 度	数 量	名 称	规 格	精 度	数 量
直尺	400mm		1把	铅笔	2H	0.02m	1支

2. 操作程序的规定及说明

（1）准备工作；

（2）开始；

（3）建表格；

（4）修改；

（5）输入；

（6）存储；

（7）打印；

（8）保存；

（9）收工具。

3. 考核时间

（1）准备时间：5min；

（2）正式操作时间：20min；

（3）计时从正式操作开始，至操作完毕结束；

（4）规定时间内全部完成，每超1min，从总分中扣5分；超过53min，停止作业。

4. 配分、评分标准

评分记录表

序 号	考核项目	评分要素	配 分	评分标准	检测结果	扣分	得分	备 注
1	准备工作	准备好工具、用具，用户需要编辑的表格	5	漏一件扣3分，错选一件扣2分				
2	开始	进入Microsoft Excel	5	错一次扣5分，3次未进入Microsoft Excel停止操作				

续表

序号	考核项目	评分要素	配分	评分标准	检测结果	扣分	得分	备注
3	建表格	建立新表格	15	方法不正确扣10分，错误一次扣5分				
4	修改	修改列（行）宽度	20	方法不对扣5分，不会修改扣10分				
5	输入	输入数据	15	方法不对扣5分，切换错误一次扣3分				
6	存储	存储工作簿	10	路径不对扣10分，错一次扣5分				
7	打印	打印工作簿	10	不确定页面设置扣5分，错一处扣5分				
8	保存	保存文件，退出Excel环境	10	不会保存扣5分，不退出扣5分				
9	收工具	确认无误，收拾工具、用具	5	不确认扣3分，不收拾工具扣2分				
10	安全文明生产及其他	在规定时间内完成操作		每超时1min扣5分，超过5min停止操作				从总分中扣除
		合计	100					

考评员：　　　　　　　　　　记分员：　　　　　　　　　　　　　　　　年　月　日

十七、BB001 技术培训

1. 准备要求

（1）材料准备：

序号	名称	规格	数量	备注
1	学员状况表		1份	
2	教材		1套	多于对应培训目标

（2）设备准备：

序号	名称	规格	数量	备注
1	教室	25m²	1间	桌椅、黑板齐全
2	幻灯放映器材		1套	

（3）工具、量具、用具准备：

名　称	规　格	精　度	数　量	名　称	规　格	精　度	数　量
木三角尺	300mm		1把	钢笔、铅笔			各1支
板擦			1个	粉笔、教案簿			若干

2. 操作程序的规定及说明

(1) 准备工作；
(2) 制定计划；
(3) 目标要求；
(4) 课程设置；
(5) 课时分配；
(6) 教学大纲；
(7) 实施教学；
(8) 考评；
(9) 收工具。

3. 考核时间

(1) 准备时间：5min；
(2) 正式操作时间：30min（教学采用模拟式）；
(3) 计时从正式操作开始，至操作完毕结束；
(4) 规定时间内全部完成，每超1min，从总分中扣5分；超过3min，停止作业。

4. 配分、评分标准

评分记录表

序号	考核项目	评分要素	配分	评分标准	检测结果	扣分	得分	备注
1	准备工作	选工具、用具	5	漏一件扣3分，错选一件扣2分				
2	制定计划	熟悉学员状况，准备教材，制定教学计划	10	未熟悉学员状况扣5分，未准备教材扣10分，不制定教学计划给不及格				
3	目标要求	制定具体培训目标及要求	10	未制定培训目标扣10分，未制定培训要求扣5分				
4	课程设置	课程的设置和要求	15	课程的设置错一处扣10分，未制定培训要求扣5分				
5	课时分配	课时分配	10	课时错一处扣5分				
6	教学大纲	制定教学大纲	20	教学的目的和要求错一项扣5分，课时错一处扣5分，教学内容不准确一项扣5分				

续表

序号	考核项目	评分要素	配分	评分标准	检测结果	扣分	得分	备注
7	实施教学	实施教学,利用现有设施教学,理论与实际结合,操作教学要规范	15	未充分利用设施条件扣5分,方法简单扣5分,言传身教不规范扣5分				
8	考评	考评	12	方式简单扣4分,试题出格(范围)扣4分,理论与实际比例分配不合理扣4分				
9	收工具	确认无误,收拾工具、用具	3	不确认扣2分,不收拾工具扣1分				
10	安全文明生产及其他	在规定时间内完成操作		每超时1min扣5分,超过3min停止操作				从总分中扣除
	合 计		100					

考评员:　　　　　　　　　记分员:　　　　　　　　　年　月　日

十八、BC001　测绘工件图

1. 准备要求

(1) 材料准备:

序号	名称	规格	数量	备注
1	工件或模型		3～5件	只考指定的一件
2	绘图板	2#	1块	
3	绘图纸	A4	3张	
4	小刀、橡皮、擦布		各1	

(2) 设备准备:

序号	名称	规格	数量	备注
1	桌、凳		1套	

(3) 工具、量具、用具准备:

名称	规格	精度	数量	名称	规格	精度	数量
直尺	200mm、400mm		各1把	游标卡尺	150mm	0.02mm	1把
铅笔	2H、HB		各1支	绘图仪	制图		1套

2. 操作程序的规定及说明

(1) 准备工作;

— 352 —

(2) 确定方案；
(3) 画轮廓线、定位线；
(4) 画草图；
(5) 标注草图；
(6) 核对；
(7) 画剖面图；
(8) 标注尺寸要求；
(9) 收工具。

3. 考核时间

(1) 准备时间：5min；
(2) 正式操作时间：20min；
(3) 计时从正式操作开始，至操作完毕结束；
(4) 规定时间内全部完成，每超 1min，从总分中扣 5 分；超过 5min，停止作业。

4. 配分、评分标准

评分记录表

序号	考核项目	评分要素	配分	评分标准	检测结果	扣分	得分	备注
1	准备工作	选工具、用具	5	漏一件扣3分，错选一件扣2分				
2	确定方案	擦净被测工件并仔细观察，确定要表达的视图方案	5	不擦净被测工件扣3分，不仔细观察扣5分				
3	画轮廓线、定位线	根据确定方案及图幅画视图的基线和轮廓线、定位线	10	错漏一项扣5分，方案不合理扣10分				
4	画草图	画出三视图的草图	15	视图间不对应扣10分，错一处扣5分				
5	标注草图	用卡尺等测量工件几何尺寸并标注在草图上	20	测量方法不正确扣10分，标注错一处扣5分				
6	核对	核对图中各尺寸，无误差后逐一描清，并擦去多余线条	10	不核对尺寸扣5分，一处不清扣5分				
7	画剖面图	确定并需画出局部剖画图	15	剖面图位置不正确扣10分，不清楚扣5分				
8	标注尺寸要求	标注尺寸、填写技术要求和图例	15	错一处扣5分，位置不对扣5分				
9	收工具	审核确认无误，收拾工具、用具	5	不审核确认扣3分，不收拾工具、用具扣2分				

续表

序号	考核项目	评分要素	配分	评分标准	检测结果	扣分	得分	备注
10	安全文明生产及其他	在规定时间内完成操作		每超时1min扣5分，超5min停止操作				从总分中扣除
		合计	100					

考评员：　　　　　　　　记分员：　　　　　　　　　　　　　年　月　日

十九、BD001　组织QC小组开展活动

1. 准备要求

（1）材料准备：

序号	名称	规格	数量	备注
1	小组状况表		1份	
2	活动课题		1项	备有对应课题的调查材料1份

（2）设备准备：

序号	名称	规格	数量	备注
1	桌、凳		1套	

（3）工具、量具、用具准备：

名称	规格	精度	数量	名称	规格	精度	数量
直尺	200mm		1把	钢笔、铅笔			各1支
计算器			1个	稿纸			若干

2. 操作程序的规定及说明

（1）准备工作；

（2）了解QC小组；

（3）课题选定；

（4）整理资料设定目标；

（5）制定对策；

（6）实施对策；

（7）检查效率；

（8）制定巩固措施；

（9）总结及成果报告；

(10) 收工具。

3. 考核时间

(1) 准备时间：5min；

(2) 正式操作时间：30min（现状调查部分，可提前提供对应课题内容的参考材料）；

(3) 计时从正式操作开始，至操作完毕结束；

(4) 规定时间内全部完成，每超 1min，从总分中扣 5 分；超过 5min，停止作业。

4. 配分、评分标准

评分记录表

序号	考核项目	评分要素	配分	评分标准	检测结果	扣分	得分	备注
1	准备工作	选工具、用具	3	漏一件扣 2 分，错选一件扣 1 分				
2	了解 QC 小组	了解 QC 小组基本情况	10	未了解情况给不及格，1 项不清扣 5 分				
3	课题选定	分析课题、评定课题可行性	10	未分析课题扣 5 分，不评定课题可行性扣 5 分				
4	整理资料设定目标	组织、参与小组活动（模拟）、进行现状调查分析	20	不组织参与活动扣 10 分，调查分析方法错一处扣 5 分，未找出原因扣 10 分				
5	制定对策	制定对策	10	制定对策错一项扣 3 分				
6	实施对策	实施对策	8	实施不当一项扣 4 分				
7	检查效率	检查效率	10	效率计算错一项扣 3 分，不确定 PDCA 值扣 5 分				
8	制定巩固措施	制定巩固措施	10	措施错一项扣 5 分				
9	总结及成果报告	总结经验及下一步打算，编写成果报告	16	不总结经验扣 4 分，下一步打算跑题扣 4 分，报告不规范扣 4 分，图表有错 1 处扣 4 分				
10	收工具	确认无误，收拾工具、用具	3	不确认扣 2 分，不收拾工具、用具扣 1 分				
11	安全文明生产及其他	在规定时间内完成操作		每超时 1min 扣 5 分，超过 5min 停止操作				从总分中扣除
	合计		100					

考评员：　　　　　　　记分员：　　　　　　　　　　　　　　　年　月　日

二十、BD002 编写阶段生产总结报告

1. 准备要求

(1) 材料准备：

序 号	名 称	规 格	数 量	备 注
1	生产月报		12 份	
2	专题材料		若干份	

(2) 工具、量具、用具准备：

名 称	规 格	精 度	数 量	名 称	规 格	精 度	数 量
直尺	200mm		1 把	钢笔、铅笔			各 1 支
计算器			1 个	稿纸			若干

2. 操作程序的规定及说明

(1) 准备工作；

(2) 拟定标题；

(3) 概况；

(4) 总结；

(5) 下一年工作思路；

(6) 核实；

(7) 收工具。

3. 考核时间

(1) 准备时间：5min；

(2) 正式操作时间：30min（现状调查部分，可提前提供对应课题内容的参考材料）；

(3) 计时从正式操作开始，至操作完毕结束；

(4) 规定时间内全部完成，每超 1min，从总分中扣 5 分；超过 5min，停止作业。

4. 配分、评分标准

评分记录表

序 号	考核项目	评分要素	配 分	评分标准	检测结果	扣分	得分	备 注
1	准备工作	选工具、用具	5	漏一件扣 2 分，错选一件扣 1 分				
2	拟定标题	拟定标题	10	标题不准确扣 5 分，标题不切题扣 5 分				

续表

序 号	考核项目	评分要素	配 分	评分标准	检测结果	扣分	得分	备 注
3	概况	简写概况	20	概况不准确扣10分，不扣题扣5分，过长扣5分				
4	总结	细写过去一年里所做的主要工作及结果	40	层次归类不清扣10分，图表方法错一处扣5分，前因后果不符实际一处扣5分，关键点不清扣10分，技术指标不准扣5分				
5	下一年工作思路	下一年工作安排设想（计划）	12	思路不清扣4分，目标不具体可行扣4分，主要工作不符目标扣4分				
6	核实	审核校对报告	10	不审核校对扣5分，不签名填写时间整理装订扣5分				
7	收工具	收拾工具、用具	3	不收拾工具、用具扣3分				
8	安全文明生产及其他	在规定时间内完成操作		每超时1min扣5分，超过5min停止操作				从总分中扣除
	合 计		100					

考评员： 记分员： 年 月 日

第九部分 高级技师技能操作与相关知识

第一章 处理故障

第一节 处理抽油机井出油不正常故障

学习目标 抽油机井不出油在抽油机井管理中是经常出现的,处理起来也比较复杂,其方法也因油田、井及分析者的不同而有差异;这里就生产现场通常采用的基本方法做以详细介绍,使操作者通过对本节的学习,能以此为例,在生产现场中能够组织有关人员正确分析、处理抽油机井不出油故障。

一、准备工作

(1) 量不出油的抽油机井 1 口;
(2) 测试示功图、双频回声仪及手表、计算器、直尺、管钳、扳手等工具。
(3) 2 名合适的操作人员,劳保着装。

二、操作步骤

1. 对地面生产流程的核实、分析

在经过几次核实量油后,确定产液量确实下降了很多时,就需要从检查井口流程及计量间(站)的量油流程有无问题开始:

(1) 查看井口回压是否升高很多,如果回压是升高了(一般大于 0.5MPa),就证明是管线不太畅通,如该井含水较低或油稠,则需要冲洗地面管线了,即打开井口直通闸门,控制好排量和温度,使热水(热油)冲洗生产管(低压管);如洗后回压仍很高,则说明是管线结垢。其实在先前冲洗地面管线时,用手摸管线的不同部位,就会感觉有的地方温度很低(相对热洗温度来说的),此处就是管线结垢的部位,或用锤子敲击管线听声(有一定经验的操作者),证实是否结垢了以及是否严重等,处理管线结垢(通常是在井口的弯管处),现场采用的方法一般是换一段管线(酸化很少用,敲击加冲洗不能彻底解决);若上述均无问题就要落实闸门了。

(2) 落实井口生产闸门的闸板是否脱落了,一般用小管钳咬住闸门丝杠看是否能转动(不能过力),若转动就说明闸板脱落了,否则没有;再落实计量间进汇管闸门能否关严(方法比较简单,这里不再细述了)等,若上述管线、闸门等均无问题,就要从井下找原因了。

2. 对井下泵、管、杆的核实、分析

在地面生产流程排除后,就要对井下部分进行核实分析,先在井口测示功图和动液面来着手进行综合分析、判断,具体如下:

(1) 若测的示功图是正抽图形,说明井下泵在工作,故障就可能是油套窜或油层供液问题;接下来看动液面:

①动液面较深或接近泵的吸入口（一般是指泵下端管深度），则定性为是（抽吸供液关系失调）油层供液不足或是抽吸参数偏大引起的，要说明的是这里所说的动液面深不是因套压高（大于 3.0MPa 以上）而憋下去的，解决（处理）的措施就是加强注水或通过调整抽吸参数。

②若动液面较高（相对于上次正常时的动液面）或接近井口，则可定性为油套通了，即油管子漏、刺或大法兰密封圈损坏引起的故障；此时可通过井口憋压或正注等办法来加以验证。最后确定报小修或上检泵作业措施。

(2) 实测的示功图是非正抽图形，且动液面也较高，先定量计算出实际的 $P_{实大}$ 的大小，与理论示功图的 $P_{理小}$ 及 $P_{理大}$ 值相比较：

①接近 $P_{理小}$ 值：即定性为无液柱重，如图 9-1-1（a）所示，说明是泵脱（抽油杆断或脱扣）了；如果该井泵径大于 $\phi 70mm$ 的泵，可能是脱接器脱了，需在井口下放光杆进行对接，若多次都对接不上，就可直接报检泵，若接上了还要通过测示功图及量油来验证；如果是小于 $\phi 70mm$ 的泵，可直接报检泵。

②接近 $P_{理大}$ 值：即定性为杆、活塞均在，只是漏失引起的；泵漏失一般有三个方面的因素：

一是指游动阀漏失，即示功图形的增载线呈圆形 [如图 9-1-1（b）所示]，若是要进行洗井，通过测图量油来验证，洗不好就要上报检泵。

二是衬套间隙大而引起的漏失，即示功图的上载荷线呈陡降趋势 [如图 9-1-1（c）所示]，该故障只有报检泵。

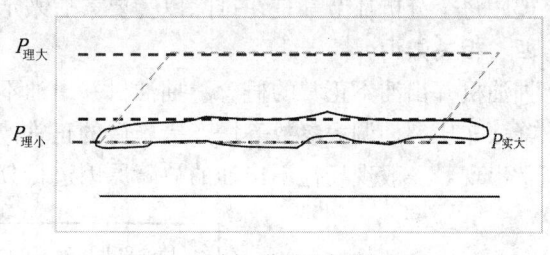

(a) 脱泵示功图

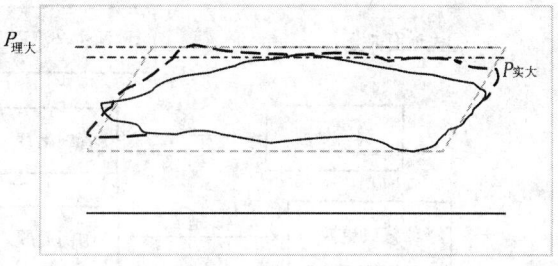

(b) 游动阀漏失示功图

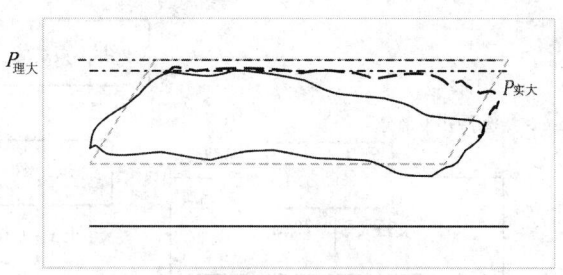

(c) 衬套间隙过大阀漏失示功图

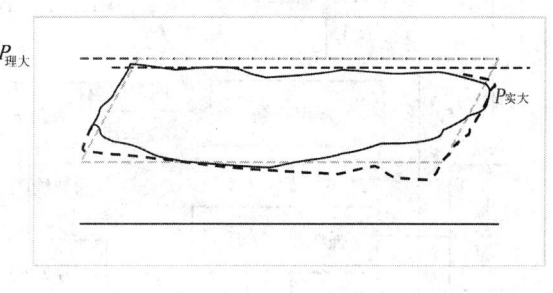

(d) 固定阀漏失示功图

图 9-1-1 抽油机井示功图

三是指固定阀漏失，即示功图的卸载线很短 [如图 9-1-1（d）所示]，可进行洗井、碰泵操作来处理，最后还要通过测图，量油来证实，若不行，则只有上报检泵来处理了。

三、注意事项

(1) 该问题中给的条件是指抽油机防冲距、抽吸参数都没有调整而出现的出油不正常故障。

(2) 抽油泵是指常规的管式泵，实际工作中的特殊泵要特殊对待。

(3) 每个分析环节都是在排除以上要素后来定性的。

四、相关知识

抽油机井出油不正常的概念：抽油机井出油不正常是指抽油机井近期量油发现产液量明显下降（非压裂、调大参数等增产措施后的正常产量递减），这种现象在抽油机井管理过程中经常出现，一般现场把不出油的故障原因进行分类如下（参见图9-1-2所示）。

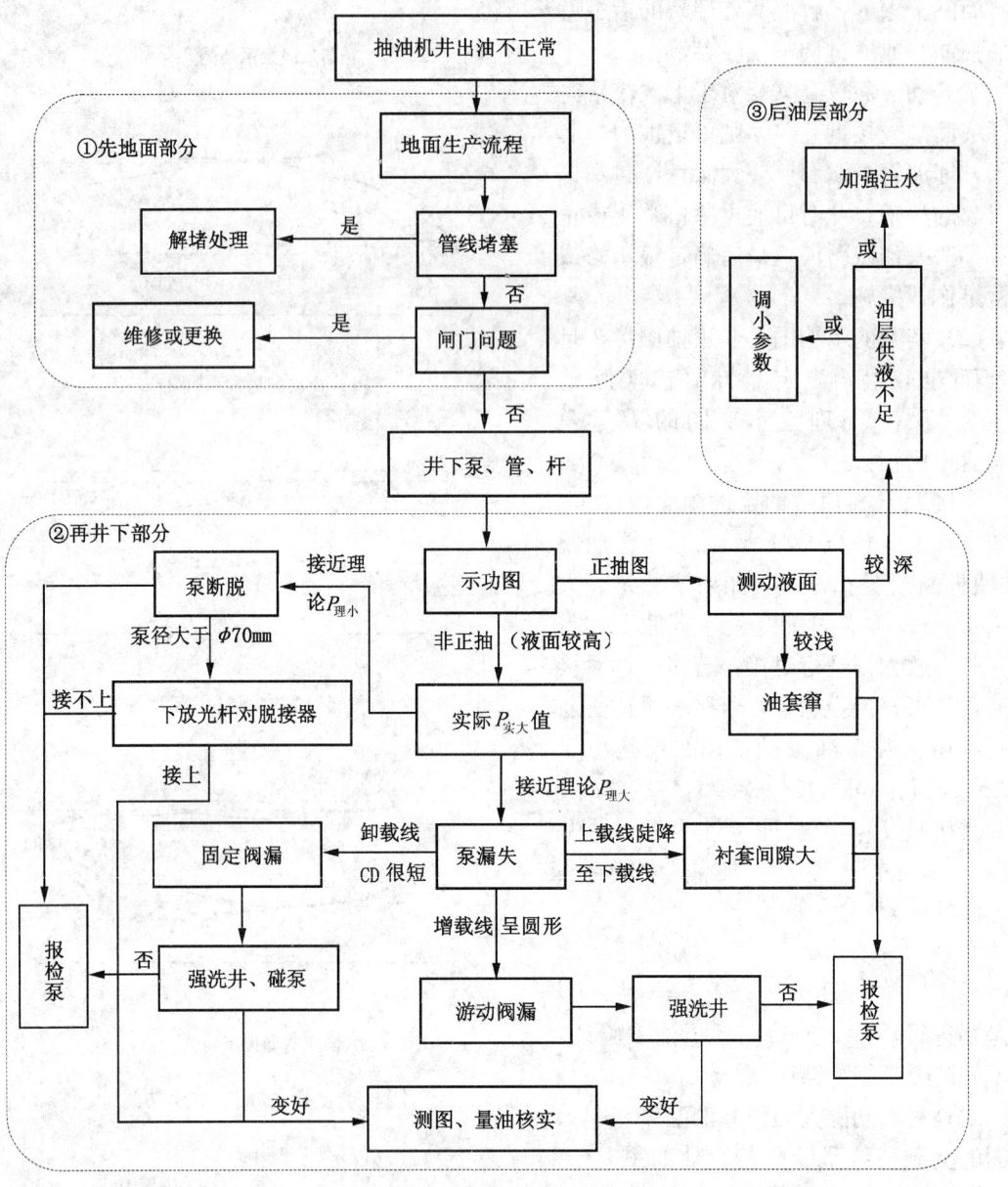

图9-1-2 抽油机井不出油故障分析处理流程图

1. 井下抽油泵原因

（1）泵本身故障：如阀球受伤坐不严，阀罩机械变形后脱落，衬套乱，间隙过大等；

（2）产液中的蜡、砂、气影响使阀结蜡、泵砂卡、气锁等。

2. 管、杆原因

(1) 抽油杆断、脱扣造成泵活塞脱落；(2) 油管刺漏、断脱及井口在法兰钢圈损坏后造成泵脱或油套窜；(3) 大泵（$\phi 70mm$）脱接器脱了等。

3. 油层供液与排除关系失调

(1) 生产抽吸参数过大使井底出液不够抽；(2) 油层出液能力变差等（注水状况变差）。

4. 地面生产流程原因

(1) 管线结垢、堵塞等；(2) 计量间进汇管闸门不严或其他阀门问题使该通的不通，不该通的通了等。

第二节　处理井间管线冻结

学习目标　管线冻结在高纬度地区经常发生，它可能造成关井不正常，危害很大，如不及时处理，时间越长冻结越多，处理起来会增加更大工作量，因此发现冻结时应立即处理。

一、准备工作

(1) 锹、镐、燃烧物、火电焊，操作人员穿戴劳保。

(2) 胶皮管、生石灰、麻袋、毛毡、锅炉车1台。

二、操作步骤

(1) 判断冻堵的位置，确定处理方案：如果时间短，大多是井口和井口附近的位置，此时挖开冻堵管线上面的土层。用站内打来的热水浇透就可解冻；如果是时间较长，可能冻堵得比较长，可挖开一段管线，在管线上焊接一根带控制阀的放空头，用站内热洗泵打热水分段处理（憋开）；如果是时间太长，就只有用电解冻来处理。

(2) 联系间外热洗，倒好井间流程，在站上打开站内循环（控制压力）时，保持向冻结管线内（走地面直通流程）打压。

(3) 挖开所判断的冻结位置处一段管线，用生石灰包在管线上往石灰上浇水，靠生石火散发的热量达到解冻；或用锅炉车蒸汽刺解冻。

(4) 如果地面管线冻堵位置不在间（站）内，可挖开一段管线用火烧，烧时应注意从一头烧起不要从中间处理（烧），以免烧热管线后压力增大憋爆管线。

(5) 如果是间（站）内管线冻结时，可用胶皮管接热水来解冻；如无热水循环的计量间可采用生石灰包在管线上往石灰上浇水解冻。切记不可动用明火。

(6) 如果在计量间冻结的距离长（面积大），可要求使用锅炉车蒸汽解冻。

(7) 检查判断流程是否畅通：在一边处理管线冻结部位时，要随时摸井口管线，检查温度变化，判断管线是否畅通，处理畅通后及时停止操作。

三、注意事项

(1) 解冻时从一头处理，不可分两头往中间处理。

(2) 在使用各种方法解冻时，均可采用间外热洗（开站内循环）往冻结管线内打压。

四、相关知识

(1) 井间生产流程。

(2) 防爆安全知识。

第三节　处理电动潜油泵井过载停机故障

学习目标　处理电动潜油泵井过载停机故障是一项技术要求很高的技能操作，本节就生产现场通常采用的基本方法做以详细介绍，使操作者通过对本节的学习能正确检查分析、判断、处理电动潜油泵井过载停机故障。

一、准备工作
（1）穿戴好劳保用品，准备电工专用工具1套、绝缘手套1副；
（2）MF500型万用表、500MΩ兆欧表各1块、600mm管钳、300mm活动扳手、油嘴专用扳手、闸门扳手各1把；
（3）过载停机的电动潜油泵井（或模拟井）1口，控制屏、井口仪表齐全。

二、操作步骤

1. 检查核实停机状况

注意此时不要拉控制屏电源闸刀，也不要更换选择开关，即保持"红灯"亮的过载停机状况，做以下检查：

（1）仔细查看控制屏上的机组运行状态指示灯即过载红灯是否亮着；
（2）分析电流卡片记录的运行状况：机组运行电流是多少，停机时刻的峰值是多少，停机时刻电流趋势情况。若电流是逐渐升起来的，即可初步判断井下机组抽吸状况是真的出了故障（变化）；若电流曲线显示的是突升状态（相对短时间而言），如典型电流卡片显示的那样，也可初步判断可能是电源或电路故障引起的，或是生产流程（突然堵塞）不通。

2. 检查核实过载保护值设定情况

（1）小心打开控制屏中心门检查记录过载保护值是多少，设定是否合理。
（2）对比卡片上运行电流值：停机时电流为最高值，判断停机是否确实是过载保护值起作用了，如本例机组运行时反映在卡片上的电流值是45A，停机时电流接近50A，而保护值设定的是48A，说明保护值设定偏低了。
（3）根据机组额定电流值计算是否能再调整过载保护值，要调整多少，如按该井机组额定电流值的120％计算是54A，那么机组过载保护值可重新调整到53A为宜，但还要等到对机组进行绝缘测试检查后，确定无其他问题，方可进行。

3. 检查核实井口地面流程

（1）先看流程是否正确，油套压表压力情况。
（2）检查油嘴是否堵，倒流程、放空、卸丝堵等，卸掉并检查油嘴情况。
（3）检查进计量间流程有无问题：详见前面的相关内容（这里不再细述）。

4. 检测井下机组电性（参数）状况

（1）把控制屏上的转换开关拨至"off"位置后，再把电源闸刀拉下，断电动作要迅速，再查看控制屏主机电压表指针是否归零，若归零说明电确实断开了。
（2）打开井口接线盒：如图9-1-3中的（a）所示，用专用工具拆下控制屏侧的三相电源线。
（3）先用MF500型万用表按如图9-1-3中的（b）所示，测量机组相间直流电阻的大小及平衡情况：把表左侧功能开关换到"Ω"，右侧拨至"1k"后，把"红"、"黑"两表笔分别测A与B或B与C及A与C相间直流电阻；通常电阻在2.8~4.0Ω间为正常，三相电

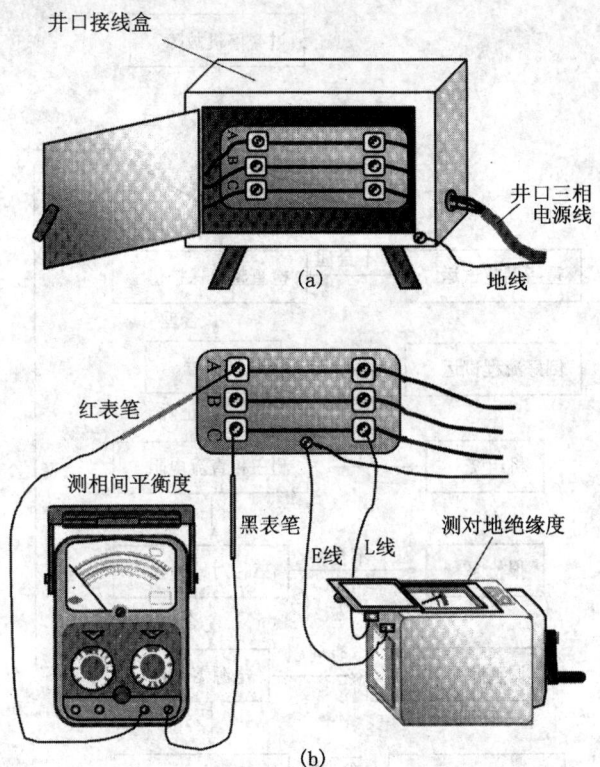

图9-1-3 电动潜油泵井井下机组电性测试示意图

阻平衡不超过2%为合格,否则就有问题。

(4) 再用500MΩ摇表按如图9-1-3中(b)所示,测量机组对地绝缘度:在测试前要注意检查接线盒地线与井口地线是否均匀接好,如有松动或生锈的要处理后再测试,按图所示分别把"E"线夹于地线,"L"线分别夹在A、B、C(实际任一个就可以)相上,确认夹好后,用手快速均匀顺时针摇动摇把(120r/min),观看表针稳定在多少值上,一般绝缘电阻在500MΩ以上为合格,否则绝缘度就不够了,若过低说明是机组已烧了,查后再原样接上。

5. 检查电源线路

检查电源线路,严格地讲或按油田管理规定,通常是由专业技术人员来检查操作的。

(1) 检查电源熔断器:打开控制门后就能看到有三个管状(或方形瓷填料)熔断器,分别拔下来打开,检查有无虚接、烧断的。

(2) 检查三相电压平衡:实际此步骤在检查过载保护值时就可在三相电压(主机)表上看到,若有一相明显与其他二相差值大,即不平衡度大于5%时,就是过载停机的故障原因了,此时就要及时上报有关业务部门处理。

(3) 检看电路其他元器件:这是纯专业技术人员操作的内容,故略。

6. 及时处理或上报

针对以上检查出的故障,能处理的要及时处理或上报处理,并做好整个分析检查及处理过程的记录。电动潜油泵井过载停机故障检查处理流程如图9-1-4所示。

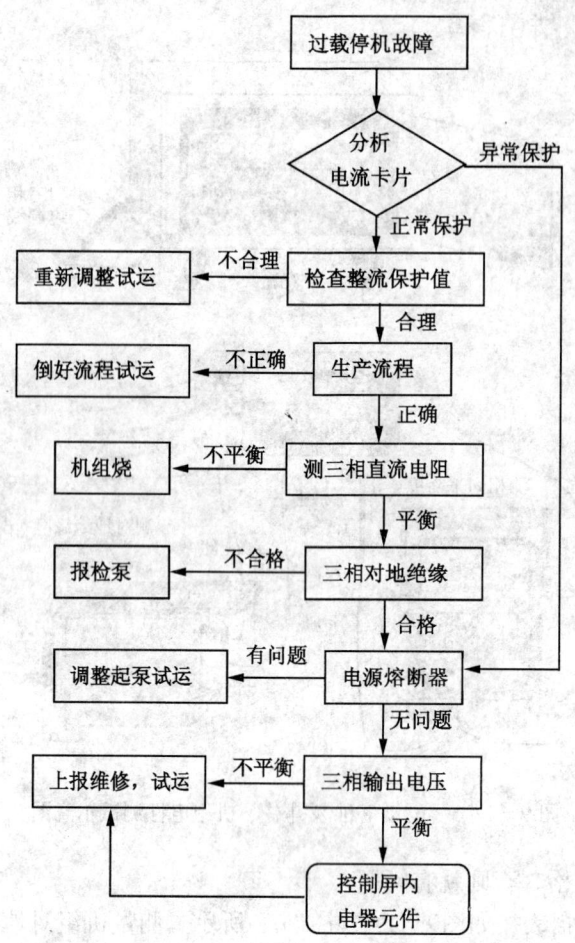

图 9-1-4 电动潜油泵井过载停机故障检查处理流程图

三、注意事项

（1）三相电压不平衡度不大于 5%、三相直流电阻不平衡度不大于 2%、三相对地冷态绝缘电阻不小于 500MΩ。

（2）过载保护电流为额定电流的 120%。

（3）机组故障原因未查到，没有排除时不能再启动。

第二章　调整游梁式抽油机冲程

学习目标　调整游梁式抽油机冲程是一项要求高、操作程序严格、劳动强度大的生产技能，是体现技师综合能力的操作内容；通过本节的学习，使操作者能够正确进行调整游梁式抽油机冲程操作。

一、准备工作

1. 落实设备，组织人员

（1）吊车（8~10t 1 台即可）或导链（3t）1 副。

（2）4~5 名素质合格的操作者。

（3）安全帽、劳保着装。

2. 准备工具、用具

专用冕型螺母套筒（110mm 或 95mm 或 75mm）1 个，5 kg 大锤 1 把，铜棒 1 个，1000mm 撬杠 2 根，200mm 手钳 1 把，砂纸 2 张，管钳 850mm、600mm 各 1 把，375mm、300mm 扳手各 1 把，200mm 中、平锉各 1 把，光杆方卡子（22mm 或 25mm）2 个，钢丝吊套（用吊车可准备 1 个，用人工导链要 2 个），10m 长棕绳 1 根，钳型电流表 1 块，绝缘手套 1 副。

二、操作步骤

1. 核实生产参数并检查操作设备装置情况

（1）核实生产参数和机型数据：查抽油机铭牌冲程数据以及结构不平衡重（即抽油机驴头不受负荷，曲柄销子拔出曲柄孔时，要保持游梁水平，需在驴头附加外力的大小，如这个外力向上则为负值，反之为正值），还有该井实际的冲程大小，要调的冲程值，原防冲距的大小，调后需预计调整的防冲距大小。

（2）检查皮带的松紧：不合适要及时调整。

（3）检查调整刹车：使之灵活好用。

2. 停机卸负荷

首先在停机前要先试一下刹车，确定是否好用，然后指定专人（有经验的）操作停机，第一次把抽油机停到接近下死点，刹住车，在井口密封盒上打紧光杆方卡子，再松刹车，同时点启（即启动抽油机待刚运转时，就再次按停止按钮）抽油机，此时驴头绳辫子松了，证实卸掉了悬点负荷（此时曲柄的位置与连杆重合向上为最好），刹住刹车，断开空气开关。

3. 锁定游梁（实际是扶住）

（1）指挥吊车在井场就位，伸起吊杆（梁）架，放下吊钩，如图 9-2-1 所示，指派专人爬上游梁挂好吊绳，系在前臂上，缓慢启动吊车吊绳（大钩），待大钩刚好受力（非重力）时为止，待游梁上的人下来后就可开始卸曲柄销子螺帽操作了。

（2）用人工导链调冲程：如图 9-2-2 所示，先上减速箱 2 人，地面上的人送上导链及 2 根钢丝绳套，此时指派专人从梯子爬上游梁到尾轴处把好，接过减速箱上的人递过的钢丝绳套，跨过横梁系好，下端如图 9-2-2 所示，把另一钢丝绳套系在减速箱上的吊环内，把导链挂上，1 人扶正导链，1 人把导链拉紧到刚好受力为止，并把导链锁好，即可进行下步

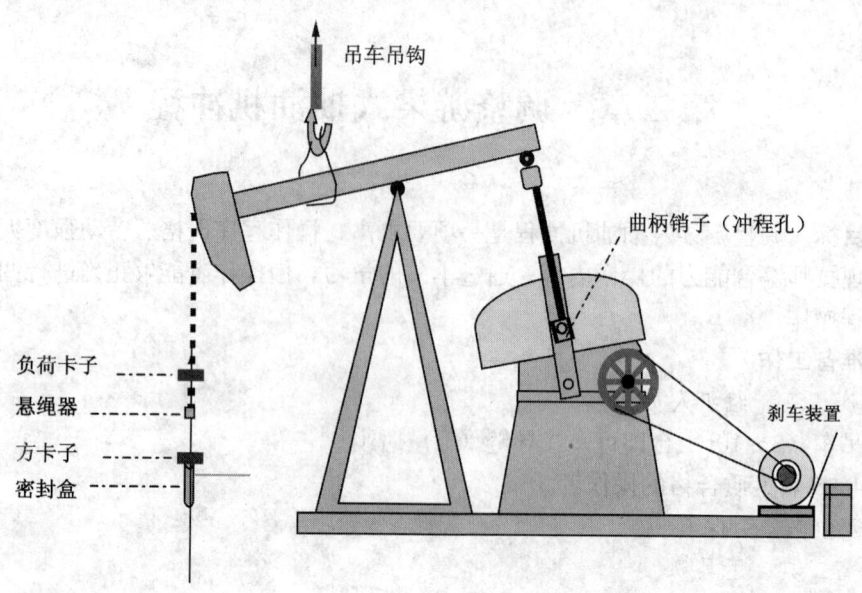

图 9-2-1 抽油机井调冲程（用吊车）示意图

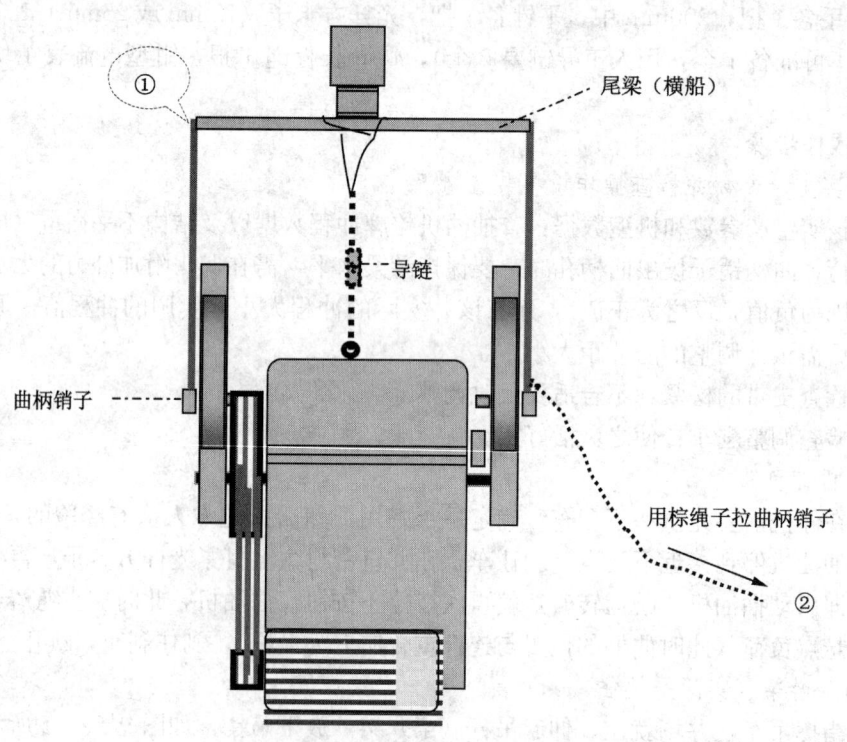

图 9-2-2 抽油机井调冲程（人工用导链）示意图

卸曲柄销子螺帽操作了。

4. 卸曲柄销子螺帽

再上减速箱1人（吊车的2人就可以）递上大锤、冕型套筒扳手，每个人都要站稳，站的位置相互不干扰，任意选择某一侧，先用手钳子拔掉帽上的锁销，再把冕型套筒扳手套在备帽上，使冕型套筒扳手把略高于水平位置（注意卸扣方向）把住，另一人用大锤（此时持锤者决不能戴手套）向下砸，待把扳手砸到不便受力时拔下，重新套在刚才位置再砸，几次后待备帽松一扣多点时，把冕型套筒扳手往曲柄销子螺帽里一起套上，再用大锤用力砸卸扣，同样方法重复几次，砸松至用手能卸动为止，最后把备帽、螺母一起卸掉，把最里面的垫片取下后，再把备帽上到销子螺纹头为止；用同样步骤，卸下另一侧螺帽等，准备拔出销子。

5. 拔出曲柄销子

先把连杆与尾梁（横船）头连接卡紧螺柱（如图9-2-2中①的位置）卸松，用棕绳系住曲柄外侧靠近销子的连杆上，地面用人拉（如图9-2-2中②的位置），减速箱上一人，把铜棒垫好在销子头上，用大锤往外打，此时注意观察销子轴整体受力方向，适当拉紧或调松导链（用吊车的可以靠上提或下放吊钩）来活动销子，使销子同冲程孔同心，便于打出来，待销子往外出松动时，把备帽卸掉，手持铜棒直接敲打销子，与拉棕绳人配合，一起把销子拔出销子孔，再用铜棒把销子套连同键一齐打出来；用同样方法把另一侧的销子拔出销子孔，取出销子套和键，此时注意导链（或吊钩）已受结构不平衡力的作用了。

6. 安装销子

先把要调整的曲柄销子孔清净（锈等脏物用砂纸清理），检查两销子轴和螺纹情况，把套子和键对正用铜棒打进去，另一侧也这样做好后，若调大冲程，则一点点地下放导链（或吊钩），调小反之；使连杆上提（或下放）至销子对准要调的曲柄销子孔为止，用铜棒向里打，至销子进孔出来后，装好垫片，上紧螺帽，用大锤打至打不动（螺帽不转）为止，上好备帽打紧，穿上安全销子；另一侧用同样方法安装。

7. 卸去各个控制部件，使驴头悬点吃上负荷

先把尾梁连杆固定螺栓上紧，撤去游梁吊钩绳或导链及钢丝绳套（一收杆，离开抽油机），在设计好的防冲距位置重新打紧光杆负荷卡子，最后全面检查一下，确信无误，派专人松刹车，慢慢地使驴头吃上负荷，刹住刹车，把卸负荷的卡子松开取下，收拾工具、用具，准备试运。

8. 试运

松开刹车，合上空气开关，点启抽油机，待转2转后无异常声，在井口手摸采油树，感觉下死点是否碰泵，上死点时有无拔出（当然过后还要测示功图证实），再用钳型电流表测上下电流，计算平衡率，若平衡差得不多就等运行1天待稳定后再测电流看平衡状况，决定是否需要重新调整平衡，若平衡太差，必须马上调平衡。

三、注意事项

（1）整个操作必须由同一人（这里指的就是技师）指挥进行，安全帽、劳动保护穿戴好，高空操作必须牢记安全第一。

（2）销子或销套等有问题必须更换新的，卸负荷用盘车的方法在实际工作中很少用到，这里不要求必须如此做，以现场实际操作条件允许为原则。

（3）盘车时，盘车人员与刹车人员一定要配合好。

（4）停机时，将曲柄停在与连杆接近重合位置。

（5）撬出曲柄销子时，应防止碰坏销子螺纹。

（6）带有衬套和键的曲柄销子安装前可涂黄油，带锥度的曲柄销，销体和孔内不准涂黄油，装前用砂布和干棉纱擦净即可。

(7) 悬绳器上方的负荷卡子不准卸掉，防止尾轴承下坠。
(8) 装卸曲柄销时，要正确区分正反扣。
(9) 冲程由大调小应下放防冲距，冲程由小调大应上提防冲距。
(10) 打锤子不许戴手套。
(11) 有水套炉的井要调整好炉火。

四、相关知识

调冲程也是调整抽油机理论排量的大小，或者说调节抽油机井生产参数，以满足产量任务需要。调节供液与抽吸平稳的常规技能操作，是通过调整改变曲柄销子在不同曲柄销孔位置，即不同曲柄半径来实现的。实际现场操作有2种方法：用吊车或人工导链辅助来进行。下面简要介绍一下环链手拉葫芦的使用。

环链手拉葫芦是一种悬挂式手动提升机械，是生产车间维修设备和施工现场提升移动重物件的常用工具。其结构如图9-2-3所示：环链手拉葫芦的规格是指：起重量（t）、起重高度（m）、手拉力（kg）、起重链数。如型号为SH2的环链手拉葫芦起重量2t、起重高度3.0m、手拉力32.5kg等。

使用的注意事项：
(1) 悬挂环链手拉葫芦的支架或吊环必须有足够的支撑和悬挂强度；
(2) 被起吊的重物不得超过环链葫芦的允许载荷范围；
(3) 悬吊重物所用的绳套必须牢固，长度适当；
(4) 拉动环链要缓慢平稳，不能用力过猛；

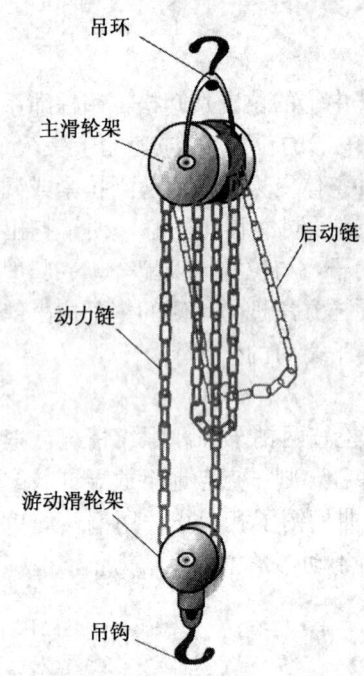

图9-2-3 环链手拉葫芦示意图

(5) 拉动前应检查环链有无损伤，防止中途断裂；
(6) 环链葫芦吊起的重物摆动不要过猛，重物下面严禁站人。

第三章 区块生产动态分析

学习目标 区块的生产动态分析是一项综合性强的工作内容,能体现高级技师对油田开发和工程技术管理等方面的认识和理解的程度及自身水平。通过本节的学习,使操作者能够依据所指定的区块动静态资料、图表、曲线,结合油田动态分析模式(通用的方法),对区块生产动态进行正确的分析。

一、准备工作

(1) 区块动静态资料,小层平面图、油层连通图,阶段开发指标、开采曲线,油水井措施效果对比表;

(2) 钢笔、铅笔、计算器、直尺、稿纸、白纸。

二、操作步骤

1. 查阅核对区块动静态资料以及相关的各种资料及图表、曲线,熟悉基本概况

主要是检查核对各项资料、图表、曲线是否齐全。

2. 整理分析各项资料、图表、曲线,拟写标题和概况

1) 分析开发区块各阶段所做的主要工作及效果分析

主要工作及效果通常是指:①注采系统调整效果;②提液措施效果;③油水井增产增注措施效果;④其他效果分析。

2) 区块开发指标检查

(1) 与采油有关的指标:

主要有区块产液量、区块产油量、平均单井产液量、平均单井产油量、区块采油速度、自然递减率、综合递减率、各油砂体水淹情况、含水率和含水上升速度等。检查各项指标是否符合开发方案中所规定的标准。

(2) 与注水有关的指标:

主要有注水量、分层注水强度、注水层段合格率、水线推进状况、水驱指数、水质指数、水质情况等,通过检查搞清分层注水状况是否符合开发要求。

(3) 与油层能量有关的指标:

主要有地层压力、生产压差、油层总压差、油层压力在平面和层间的均衡状况等,通过检查搞清能量能否保证稳油控水的需要。

3) 注采平衡及地层压力状况分析

油层压力变化受注采平衡状况的控制,当注采达到平衡时,油层压力也相对稳定;当层间或平面注采不平衡时,必然引起层间或平面压力的不均衡状态,从而造成生产井中的层间和平面干扰。所以根据油层压力的分布状况即分析注采平衡状况,并按下列步骤进行分析:

(1) 开发区块总的注采平衡和油层压力情况分析,即先从总体上衡量区块的动态状况。

(2) 纵向上各小层注采平衡和油层压力分析,找出层间矛盾,并对主要矛盾采取调整措施。

(3) 平面上注采平衡和油层压力分析,找出平面矛盾,提出调整措施。

4) 综合含水和产液量分析

控制好综合含水指标，是保证产量是否稳产的关键。在油井工作制度不变的情况下，产液量基本变化不大。综合含水上升，产油量就必然下降，综合含水上升越大，产油量下降也就越快。

综合含水上升，是注水油藏开发的必然规律。区块分析就是在注采平衡和压力状况分析的基础上，分析综合含水上升过快的小层和井组，提出注采调整措施，把含水上升控制在开发方案规定的范围内。

开发区块产液量的分析，首先是分析单井、井组和区块产液量是否稳定，如油井在工作制度不变的情况下，产液量下降，应对重点井的工作状况、生产压差变化状况等进行分析，找出原因采取措施。

5）开发区块潜力分析

一是地质方面的，对各油层内剩余油的数量和分布状况的分析，按下列步骤进行分析：

（1）各开发区块累积采油量、采出程度、剩余可采油量状况的分析；

（2）各小层内水淹状况和剩余油状况分析。

二是地面工程方面的，如生产管理上存在哪些问题，工艺技术上还有哪些不配套等。

（1）按区块实际开发情况，分别叙述、分析区块的整体与各层系（不能超过3个）的现状及变化趋势。

（2）围绕各部分的动态变化趋势，找出影响其结果与今后变化的措施项目及典型井组；并对措施项目或典型井组再进行具体分析。

（3）分析找出区块整体上以及某个局部突出存在的问题是产量递减加快、压力系统控制不合理、综合含水上升快等；是层间矛盾、平面矛盾、层内矛盾；逐渐由大到小地找出。

（4）除上述地质开发技术方面的情况外，在地面生产管理和配套工艺上是否也存在什么问题。

（5）针对上述的分析，区块今后的挖潜增产措施是什么油层改造，方案调整；哪些是应坚持继续做好的，哪些是今后应完善或克服的。

6）审核归纳所分析的结果

审核归纳所分析的结果，形成最终文字、图表、曲线，内容准确、齐全的分析材料。

区块动态分析实例

某油田某区块的开发基本概况：开发面积 $17.7km^2$，地质储量 5084×10^4t，1965年10月投入开发，合采萨+葡Ⅱ组油层，采用四点法面积注水方式，1988年以后，进行差油层一次加密调整。到1992年12月，共有采油井174口，注水井102口，累积产油 2018.8×10^4t，采出程度 39.7%，采油速度 2.35%，累积注水 $6433.9\times10^4m^3$，累积注采比 1.02，综合含水 72.4%。

该区块在加密调整井投产、转注后，经过综合治理，到1990年全区年产油量达 119.5×10^4t，比1989年增加 2.1×10^4t。其中，基础井网年产油量 57.5×10^4t，比1989年增产 2.9×10^4t，加密调整井年产油量 61.9×10^4t，自然递减率 6.8%，综合递减率 3.1%。全区自然递减率 1.3%，无综合递减。到1990年该区块出现含水上升过快现象，尤其是1990年6月以后含水上升和产油量下降的问题愈加突出。

1. 该区块动态分析

(1) 查阅核对区块动静态资料以及相关的各种资料及图表、曲线,熟悉基本概况。

(2) 对该区块各阶段开发影响突出的工作进行简述。通过整理分析,该区块开发动态特点主要如下:

①该区块自 1965 年 10 月投入开发到 1985 年,产量开始明显下降,地层压力较低,即注采关系不协调(注采不平衡),差油层尤为突出。

②该区块自 1988 年进行差油层一次加密调整以后,该区块所做的主要工作及效果分析。

2. 区块综合调整及其效果

该区块 1991—1992 年的工作目标是:年含水上升率控制在 0.5% 以内,并力争两年含水基本不升,年产油量 119×10^4 t。

为完成上述目标,进行了大量的调整挖潜工作。其中,注水井调整 106 井次(包括分层、转注、压裂、酸化等),油井措施 165 井次(包括压裂、堵水、换泵、补孔、新井投产)。通过以上工作量,取得了显著的效果。

(1) 连续 2 年产油量不降:该区 1991 年产油 121.2×10^4 t,采油速度 2.38%,1992 年产油量 119.3×10^4 t,采油速度 2.35%,实现了连续 2 年年产油 119×10^4 t 的稳产目标。

(2) 综合含水基本不升:该区 1991 年底综合含水 72.28%,比 1990 年下降 0.69 个百分点;1992 年底综合含水 72.44%,比 1990 年低了 0.53 个百分点。

(3) 地层压力稳定回升:该区 1991 年油层地层压力 9.49MPa,年回升 0.01MPa;1992 年油层地层压力 9.54MPa,年回升 0.05MPa。

3. 区块综合调整效果分析

(1) 在搞清地下油水分布状况基础上,准确把握调整对象:搞清了各类油层的动用状况,主力层虽已大面积水淹,整体含水比较高,但仍存在含水相对较低的部位,主要分布在断层附近和砂体变差部位,并确定这类含水较低的部位是挖潜的主要对象。

(2) 调整挖潜的具体做法:首先认真搞好分层注水,以减缓油井产量递减幅度,即不断调整注水井方案(包括细分注水层段、笼统改分层等),以提高注水井分层注水率,降低主力油层和差油层中含水较高层段的注水强度,提高差油层中含水偏低层段的注水强度。通过搞好分层注水,使区块内油井含水上升速度和产量递减幅度都得到了有效控制。1991 年水井调整区块内,未采取措施油井含水率上升 0.9%,产量递减率为 3.26%;1992 年含水率上升 0.7%,产量递减率为 3.91%,为全区综合调整目标的实现奠定了基础。

其次充分发挥油井措施的作用,以保证含水的缓慢上升。主要做法是,封堵砂体主体部位的特高产水层,压裂含水偏低的油层,缓解层间矛盾,发挥低含水层的潜力;对流压偏高、生产压差较小的井进行换大泵生产,从而保证全区稳产目标的实现。

4. 该区块实现调整目标的主要认识

(1) 区块综合调整必须以增加可采储量为目标:

首先对不出油或动用程度较低的油层进行分层压裂改造,以改善油层导流能力,提高差油层动用状况;通过细分注水层段,增加受效油井的出油厚度;通过油井补孔,完善单砂体注采关系,提高储量动用程度;同时加强对特高产水层的封堵工作,扩大注入水波及体积。

其次,搞好井网和注采系统的完善,完成注采不完善井区的钻井、转注等工作,以提高区块可采储量。

(2) 区块综合调整要追求整体经济效益:

一是在注采相对平衡的前提下，减少了无效产液量和注水量；二是油井生产能力得到提高，并相对减少了增产工作量；三是实现了少投入、多产出的经济目标。

(3) 区块综合调整要有综合配套的系统工程作保证：

综合调整工作系统庞大，必须要有综合管理及必要的措施加以保证，即统一领导，按系统工程方法进行专业技术管理；依靠群众，提高生产管理水平。

三、注意事项

(1) 动态分析对象应尽量选择具体些，时间不要过长（5年为最好）；

(2) 分析思路要清晰，主次要分明，前后既不要脱节也不要重复，更不能出现相互矛盾；

(3) 地下地面要相互联系、对比分析，不能只分析地下开发而忽略地面工程技术和生产管理。

(4) 图表、文字材料不仅要规范，在确保能满足分析需要的同时还要简洁，不是越多越好。

四、相关知识

区块的动态分析，是在注采井组分析的基础上，依据开发区块的方案设计指标，检查开发方案的实施情况及效果，针对注采出现的矛盾和问题，及时编制注采调整方案和措施，以改善区块开发效果。

区块动态分析和全油田动态分析的内容基本一致，主要有：对油藏地质特点的再认识，对油田当前开发状况的分析，对层系井网、注水方式的分析，油田开发中存在的问题和改善油田开发效果的意见，油藏、油田动态预测等。其中经常重点分析的是当前油田开发状况，主要包括：油田开发方案（或调整方案）的执行情况及调整措施效果的分析，注采平衡和能量保持利用状况的分析，储量动用状况及油水分布状况的分析，含水上升率与产液量正常情况的分析，油气界面变化的分析，油田开发试验效果的分析等。

通过上述分析，对油藏注采系统的适应性进行评价，找出影响提高储量动用程度和注水波及系数的主要因素，从而采取有针对性的调整措施，提高油藏的开发效果和采收率。

第四章 绘 图

第一节 识读油水井间（站）管道安装图

学习目标 井间（站）管道安装是油田开发过程经常性的改造施工内容，采油岗位遇到的是以计量间为主的工程改造施工；通过对本节的学习，使学习者能根据与管道安装相配套的"一书二表三图"，正确识读管道安装图。

一、准备工作

（1）"一书两表三图"：说明书、设备明细表、材料表、施工流程图、工艺布置图、工艺安装图。

（2）记录纸、笔、计算器、尺等。

二、操作步骤

1. 认真阅读"说明书"

（1）说明书的第一项内容通常是施工计划的概述，阐述该设计的用途，采用的工艺、技术及特点，目前所处的等级水平。如本例所介绍的为：采油双管掺水，双管出油，固定热洗清蜡，单井集中计量，车厢式结构等特点。

（2）设计参数：设计参数主要有生产能力、适用条件等。如本例所介绍的为：单井产液量为 $40\sim450t/d$，最多管辖油井数为 16 口，站外来水温度为 80℃，汇管压力为 1.60MPa 等。

（3）主要设备及适合能力（规格、数量、相应能力）。

（4）工艺流程文字图：主要是用文字对工艺流程进行直接说明。

（5）施工要求等。

2. 阅读工艺流程图

工艺流程图如图 9-4-1 所示。

（1）主要了解图样名称，图形与图例的意义及管路标准等。

（2）弄懂设备的名称，规格和数量可参考两表相应的内容。

（3）分析主要工艺流程图：主要流程中的具体走向与说明书进行对照，做到心中有数。

（4）了解所配备仪表等安装情况。

（5）分析辅助工艺流程。

3. 阅读工艺布置图

工艺布置图如图 9-4-2 所示（在仔细阅读工艺布置图中主要读懂以下内容）。

（1）由图形看所表示的建筑物、设备、管线的布置情况等。

（2）尺寸标注：布置尺寸、管线位置号、名称、管线标高等，如标高的位置，所用单位。

（3）读出图中方向的方位图标。

（4）了解建筑物、工艺设备的名称、数量等以及各方向局部剖面图。

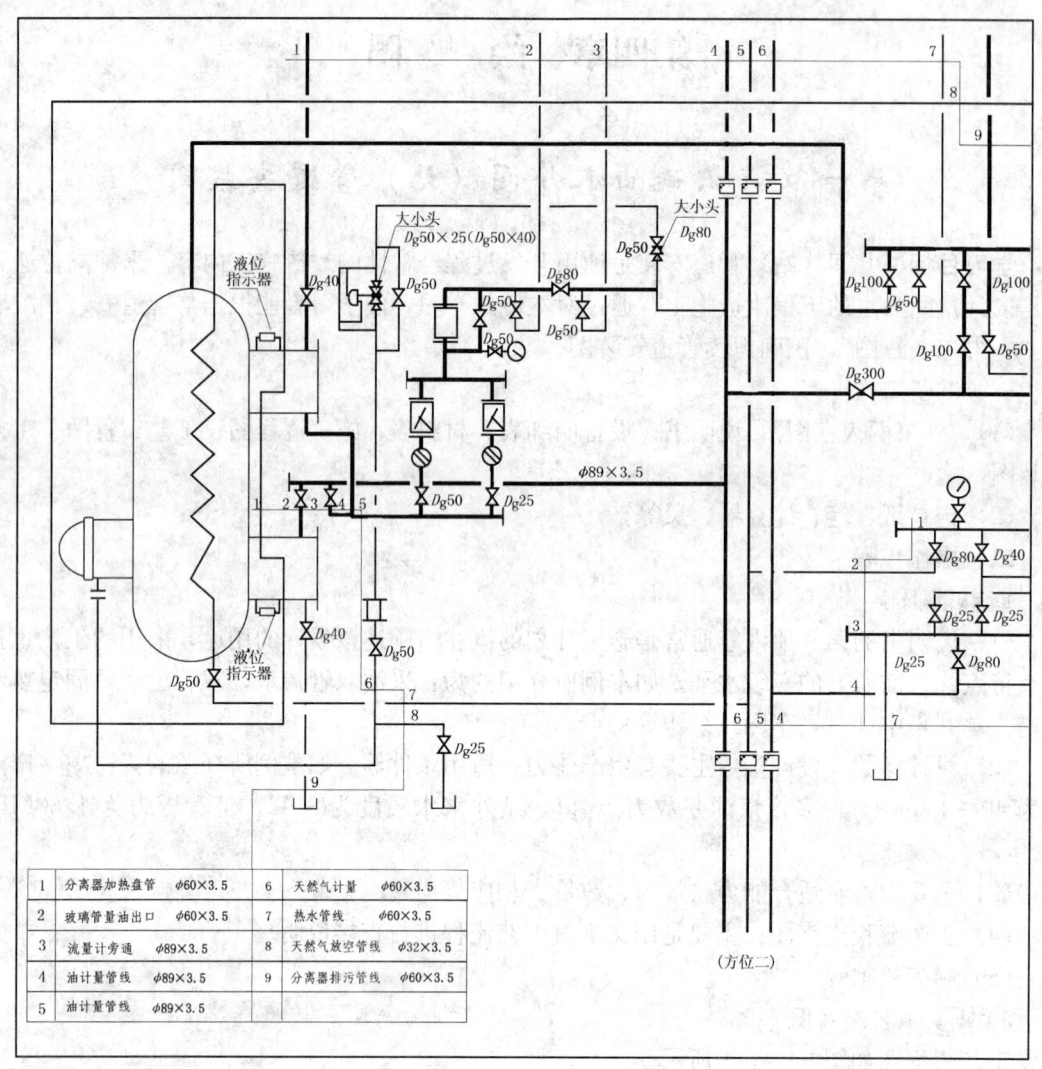

图 9-4-1 工艺流程图（局部）

4. 阅读工艺安装图

工艺安装图如图 9-4-3 所示，是本节内容的重点，它是在进行设备管线安装时，把工艺流程图和平面布置图结合起来的施工图，重点是弄清每一设备的安装位置，逐条搞清管线的空间位置及走向。

（1）了解建筑物的构造与尺寸，如图 9-4-4 所示。

（2）搞清设备的名称，定位尺寸及标高，开口方位等，如图 9-4-5 所示。

（3）分析管线的名称、编号、走向、规格、平面定位尺寸、标高尺寸等，例如特别是定向视图部分，如图 9-4-5 所示，就是图 9-4-3 中的Ⅲ向剖面图。

（4）分析控制部件：如阀门、控制元件的位置，安装（联接）方法（式）等。

（5）了解辅助管线的位置、尺寸、安装等。

三、注意事项

（1）图表必须相互对照仔细看，分析阅读内容。

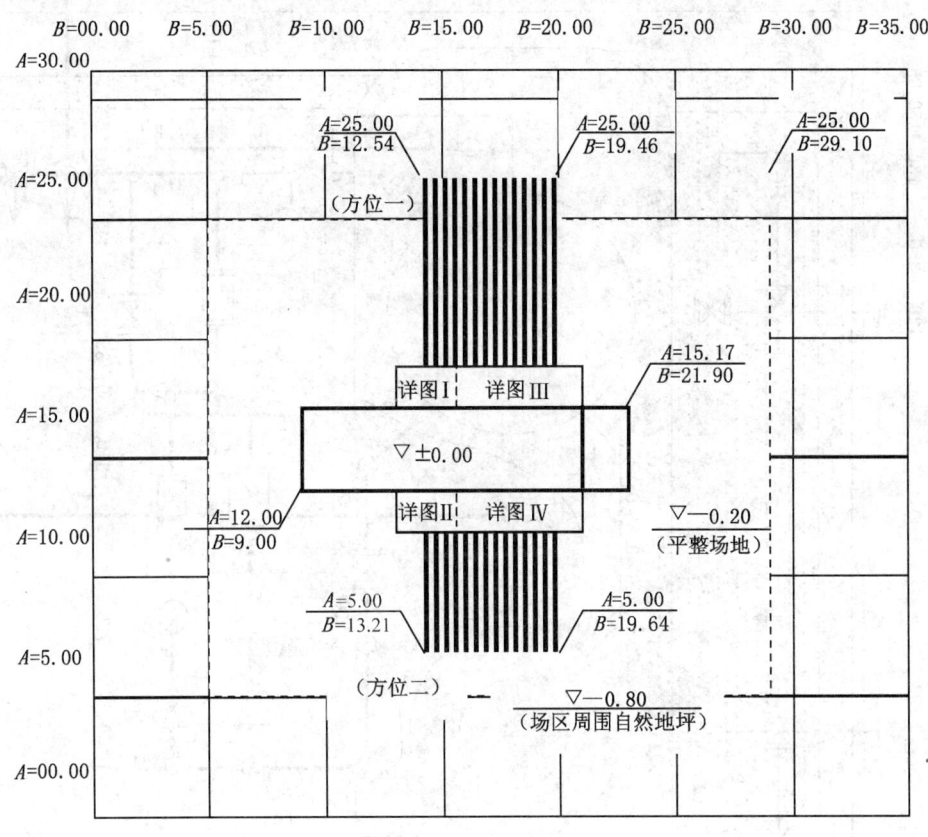

图9-4-2 工艺布置图

（2）从图中确定说明书所阐述的主要用途的主体部分及流程，对拿不准（不了解）的内容要对照生产现场实际进行考察和咨询。

（3）对有疑惑的标识、尺寸等要细心对照有关工艺安装资料手册的图例说明进行阅读，详见下面的相关知识内容。

四、相关知识

（1）井间（站）生产工艺流程内容。

（2）"三图"：即①工艺流程图即生产工艺原理流程图；②工艺布置流程图，工艺流程设计确定的全部设备、阀件、管线及其有关的建筑物，还有它们之间的相互位置，应有的距离与平面布置等；③工艺安装图：表达设备、管路系统的配置、尺寸及相互间的连接关系，管路的空间走向，这些都是标明设备、管线安装施工的重要依据。

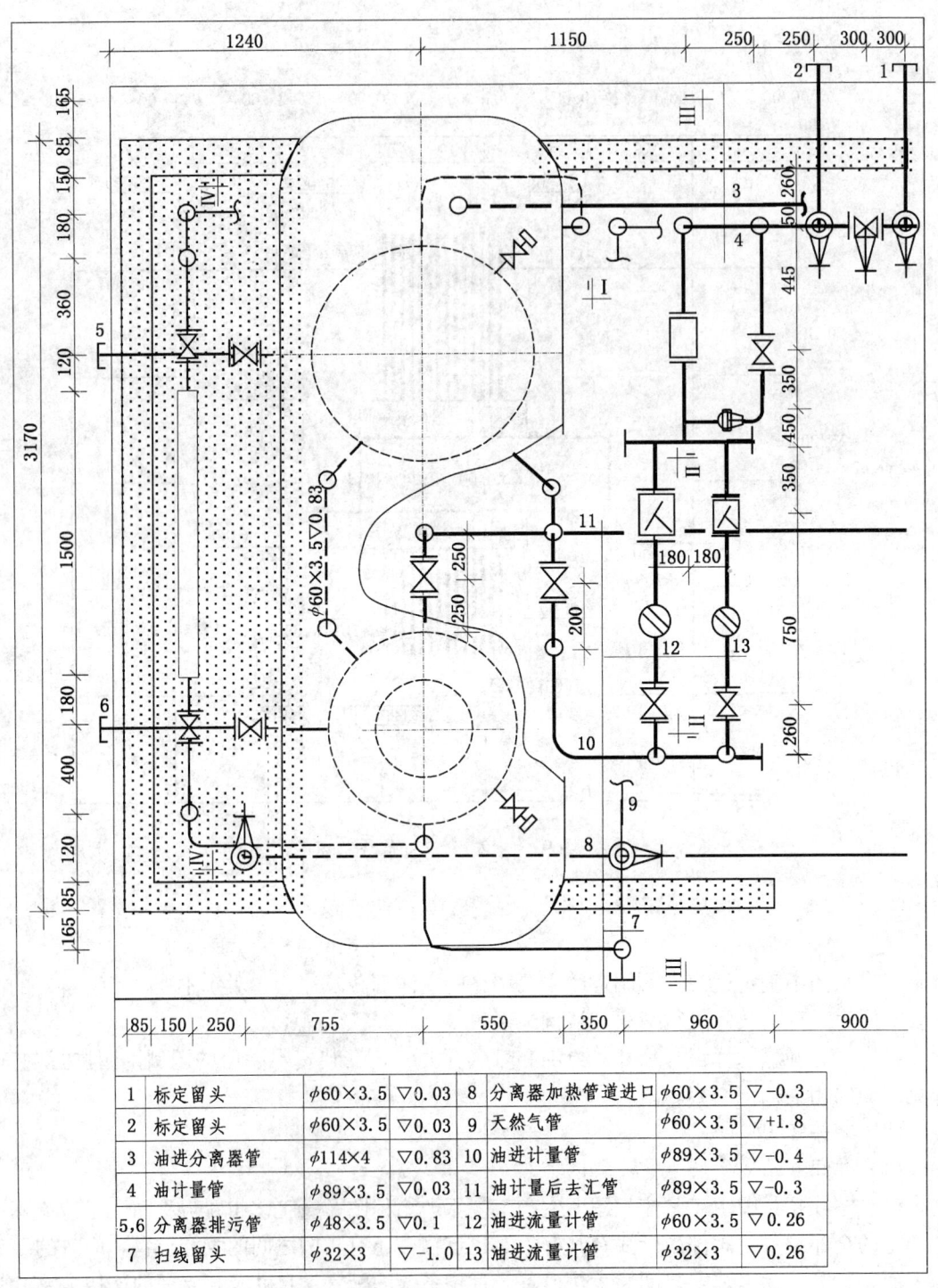

	1	标定留头	φ60×3.5	▽0.03	8	分离器加热管道进口	φ60×3.5	▽-0.3
	2	标定留头	φ60×3.5	▽0.03	9	天然气管	φ60×3.5	▽+1.8
	3	油进分离器管	φ114×4	▽0.83	10	油进计量管	φ89×3.5	▽-0.4
	4	油计量管	φ89×3.5	▽0.03	11	油计量后去汇管	φ89×3.5	▽-0.3
	5,6	分离器排污管	φ48×3.5	▽0.1	12	油进流量计管	φ60×3.5	▽0.26
	7	扫线留头	φ32×3	▽-1.0	13	油进流量计管	φ32×3	▽0.26

图 9-4-3 计量间工艺安装（主图局部）图

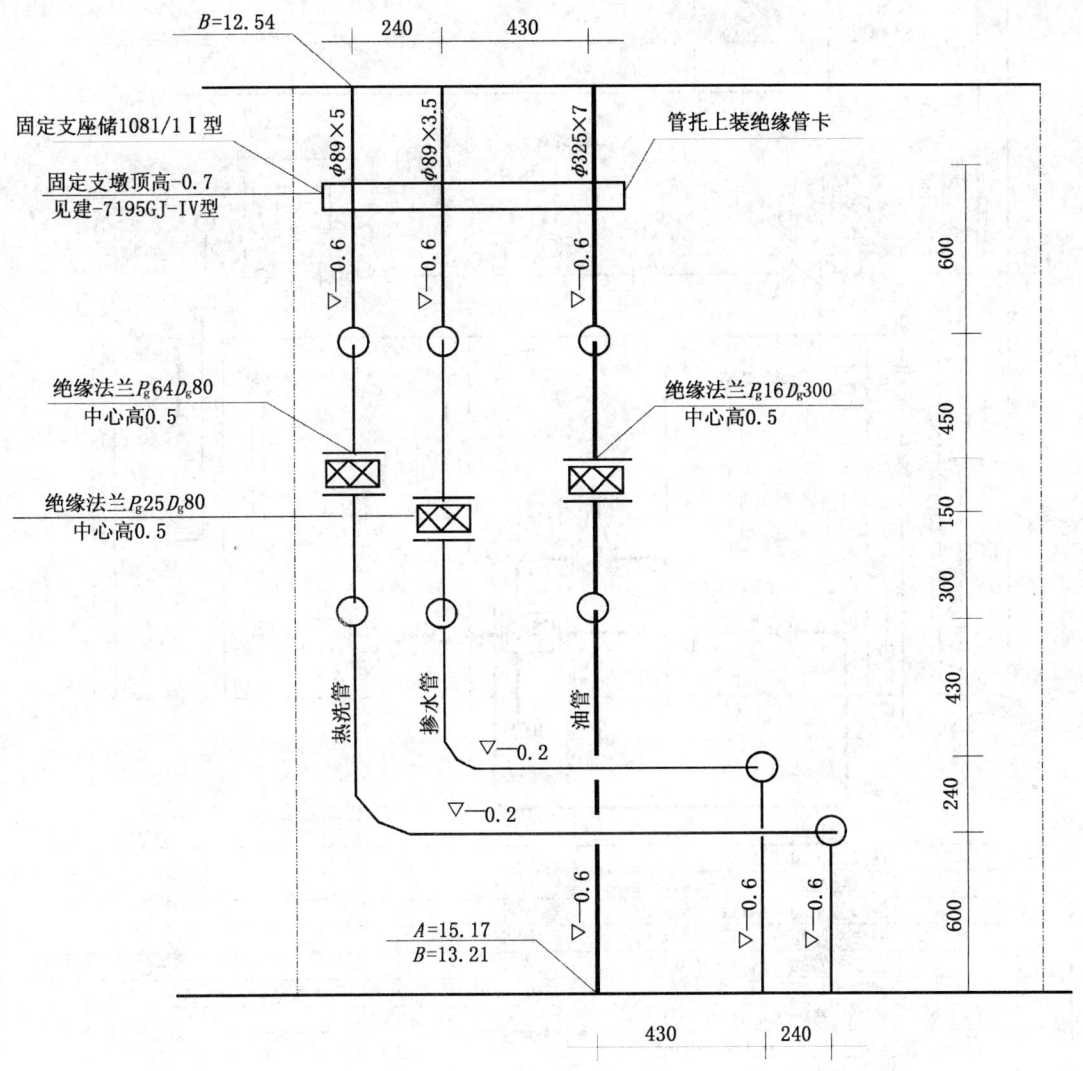

图 9-4-4 管道安装图（是主图中Ⅰ的详图）

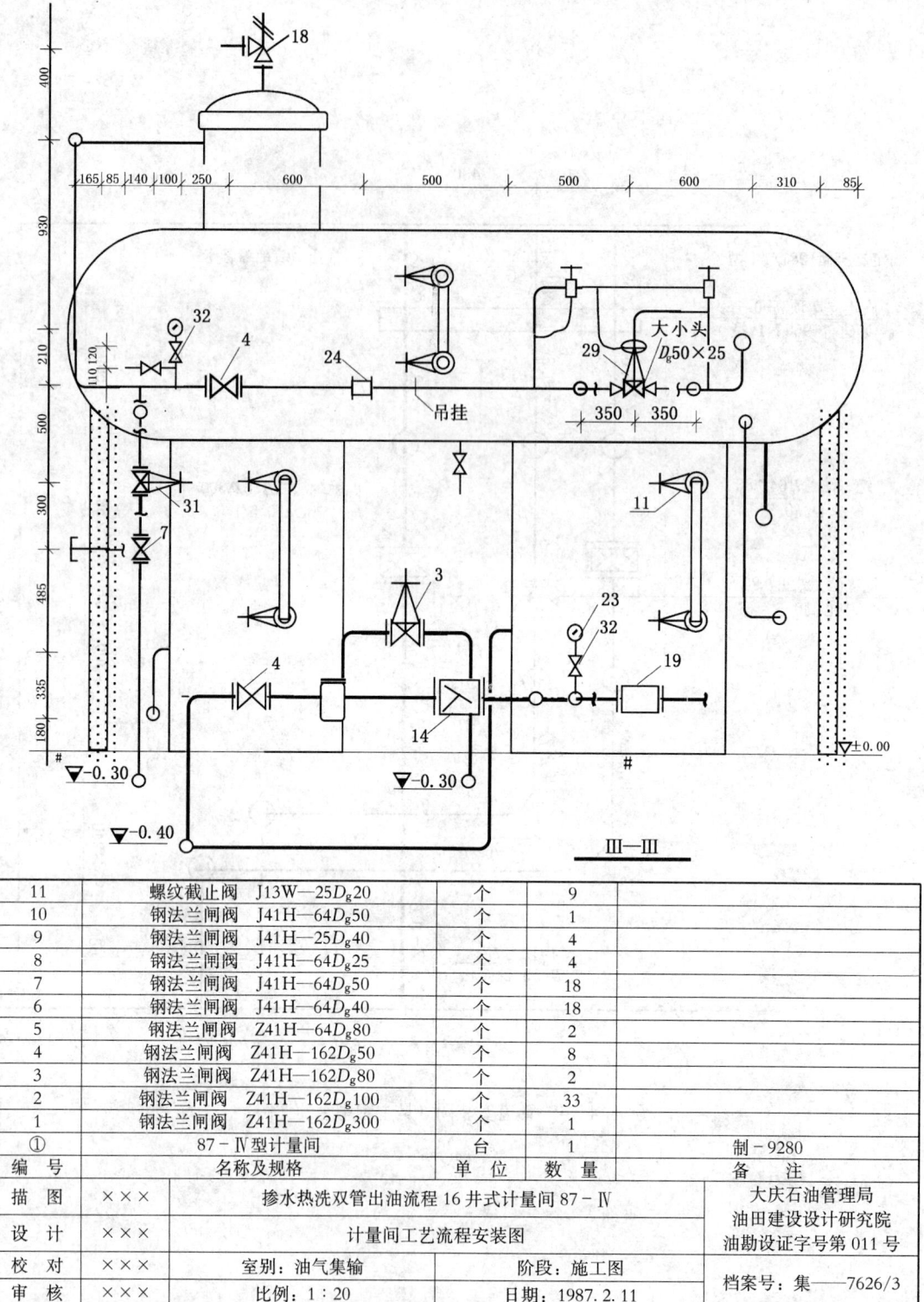

图 9-4-5 管道安装(图 9-4-3 中的Ⅲ向剖面)图

(3) 管道安装中常见图例见表 9-4-2。

表 9-4-2 常见管道安装图例

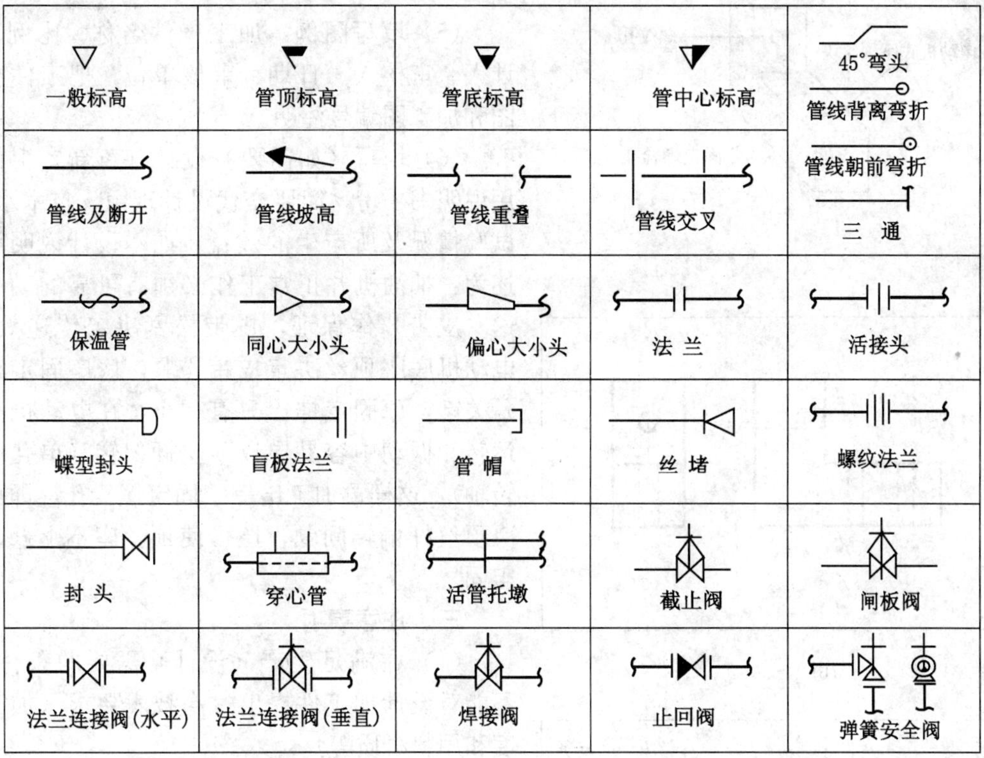

一般标高	管顶标高	管底标高	管中心标高	45°弯头/管线背离弯折/管线朝前弯折
管线及断开	管线坡高	管线重叠	管线交叉	三 通
保温管	同心大小头	偏心大小头	法 兰	活接头
蝶型封头	盲板法兰	管 帽	丝 堵	螺纹法兰
封 头	穿心管	活管托墩	截止阀	闸板阀
法兰连接阀(水平)	法兰连接阀(垂直)	焊接阀	止回阀	弹簧安全阀

第二节 设计、绘制工件加工图

学习目标 设计工件并绘制出其加工图是采油技师在生产实际工作中，对某工程技术环节提出的革新、改造时要表达出方案的一个重要手段；通过本节的学习，使操作者能够以图纸为主，文字为辅来帮助自己准确地表达出设计的工件内容和用途。

一、准备工作

(1) 机械零件标准手册一本。
(2) 金属机械加工用料手册。
(3) 图纸、绘图工具一套。

二、操作步骤

(1) 绘制出所设计工件的实物立体草图，如图 9-4-6 (a) 所示，为抽油机井电动机底座顶丝块的立体图。

(2) 确定要表达工件图的方案，如图 9-4-6 (b) 所示，即主视图和左视图，要确定比例，并画出草图。

(3) 审核草图是否完全表达出了所设计工件的内容；对关键部分（如图本例的改进部分）是否表达合理，在确认后描画正式零件加工图，如图 9-4-6 (c) 所示。

(4) 标注尺寸和单位，技术要求，特别是对加工技术要求要逐条写清楚（符合标准的要参见手册）。

(5) 填写图例：加工工件名称、比例、设计人、审核人、日期、审核单位，把工件立体图和加工图编号注明。

(6) 填写（如需要）设计（革新）工件使用说明书1份，简要交代设计理由、技术水平、试验情况及所产生的效益，如本设计说明可简述为：抽油机井正常工作必须有可靠的动力传送（皮带）作保证，皮带松紧决定传递效率，电动机底座顶丝决定皮带松紧，底座固定牢靠是关键，原固定螺栓只有一个，在电动机高速运转和振动中容易导致顶丝杆偏转（单孔固定转轴），这样再加工出一个固定螺栓孔，即可解决顶丝杆偏转问题，还可使顶丝座不上翘、更牢固。

三、注意事项

(1) 在满足生产（设计）需要的条件下，不能对设计加工件提出过高技术要求（加工精度和用料材质等）。

(2) 符合标准件的部分，可直接写出代号编码即可。

四、相关知识

1. 金属材料的一般知识

1) 金属材料的分类

金属材料的种类繁多，分类的方法也各有不同，常用的金属材料按其成分、结构可以分为铸铁（球墨铸铁、可锻铸铁、合金铸铁），钢

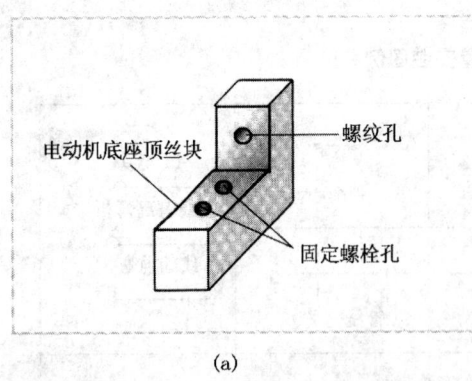

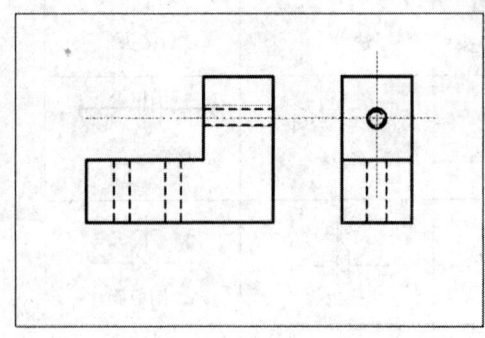

图 9-4-6 抽油机井电动机底座顶丝块（改进）

（碳素钢包括普通碳素钢、优质碳素钢），合金钢（普通低合金钢、合金结构钢），铜及铜合金（黄铜、青铜），铝及铝合金（纯铝、锻铝、铸铝），轴承合金（铅基轴承合金、锡基轴承合金）。

2) 金属材料的机械性能

组成机器的零部件在工作过程中要受到各种力的作用，如拉力、压力、弯曲力、冲击力等。为使金属材料在力的作用下不致损坏，必须选择适当的材料来制造，以发挥材料的应有作用，也就是要考虑材料的机械性能。

金属材料具有抵抗外力作用的能力，称为金属材料的机械性能。金属材料的机械性能包括很多，主要有强度、硬度、塑性、冲击韧性等，具体如下：

强度：抗拉强度 σ_b（kg/m^2），金属试件抵抗拉断时所承受的最大应力。σ_b 是设计零件

的重要依据。

塑性：断面收缩率 Ψ，以百分数表示，%，试件拉断后的截面的相对收缩量。δ 和 Ψ 的数值越大，塑性就越好。

韧性：冲击韧性 α_k（kg·m/cm²），冲断试件后，单位面积上所消耗的功。α_k 数值越大，韧性越好；α_k 不作设计计算的数据。

硬度：布氏硬度 HB（kg/mm²，实用时不注单位），利用直径 D 的钢球在一定压力下，压入金属材料表面，测量压坑直径 d 然后查表获得硬度值。测定软钢、灰生铁和有色金属铝、铜及其合金的原材料。

3）金属材料的工艺性能

金属材料的工艺性能包括：可铸性、可锻性、可切削性、可焊性等。掌握这些工艺性能，可以合理地安排加工方法，充分发挥金属材料的潜力。

（1）可铸性：

可铸性是金属易于铸造的性能。可铸性的好坏，主要取决于其流动性和收缩性。流动性大、收缩性小的金属，可铸性就较好。反之，则不好。

（2）可锻性：

可锻性是金属材料受锻打改变自己的形状而不产生缺陷的性能。一般钢的锻性较好，而铸铁则几乎没有可锻性。钢的可锻性一般来说，含碳高的钢，不如含碳低的钢的可锻性好；合金钢不如碳钢的可锻性好；合金元素含量越高的合金钢，其可锻性就越差，磷、硫含量较高的钢，可锻性较差。

（3）可切削性：

可切削性是金属接受机械切削加工的性能。金属的可切削性主要取决于硬度。钢的硬度在 HB100～HB200 以内可切削性最好。各种铸铁（白口铸铁除外）均具有很好的可切削性。

（4）可焊性：

材料的可焊性是指焊接后抵抗脆裂倾向的能力，对可焊性的要求为：①焊接处及其热影响区不产生冷、热裂缝倾向；②焊接的金属及其热影响区的强度和塑性无显著变化；③热影响区小，焊后不必进行热处理；④在刚性固定的条件下，具有较好的塑性。

2. 零件图技术要求标识代号

1）表面粗糙度代号

零件表面经过机械加工后凹凸不平的程度，即表面粗糙度，国标规定用 $\overset{1.6}{\triangledown}$、$\overset{2.0}{\triangledown}$、$\overset{3.2}{\triangledown}$、…等来表示，级数越小表示越光滑，还有 $\triangledown$ 表示不进行机械加工，但表面毛刺要除净。

2）尺寸偏差代号

零件加工的尺寸不可能、也没有必要绝对准确，在满足零件要求的条件下，给零件尺寸规定一个波动范围，就是尺寸偏差。例如：$20_{-0.210}^{-0.070}$，其中 20 代表零件的公称尺寸，-0.070 和 -0.210 分别代表尺寸上偏差和下偏差值的大小，$\phi25_{0}^{+0.045}$ 表示公称尺寸为 $\phi25$mm，上偏差为 $+0.045$，下偏差是 0。

第五章 管 理

第一节 用 HSE 管理体系指导生产

学习目标 HSE 管理体系即为健康、安全与环境管理体系的简称；它将企业的健康、安全与环境管理纳入一个管理体系中，突出"预防为主、安全第一，领导承诺，全面参与，持续发展"的管理思想，是近几年在国际石油天然气工业推崇的一种管理模式。通过对本节的学习，使学习者能够在本企业（油田）的 HSE 管理体系框架下，依据"两书一表"具体操作内容，对本单位在采油生产过程中的员工健康、生产安全和环境保护进行技术性的指导。

一、准备工作

（1）本企业（油田）有关油田开发的 HSE 管理体系标准；

（2）本单位在采油生产管理过程中执行的"两书一表"具体操作文件，即《HSE 作业计划书》、《HSE 作业指导书》、《HSE 现场检查表》。

二、操作步骤

（1）熟悉"两书一表"具体内容，参照本企业（油田）有关油田开发的 HSE 管理体系文件及标准查看，对其内容的完整性、科学性、可操作性进行确认，并做到理解和掌握。

（2）依据各个具体的《HSE 作业指导书》，对各生产岗位（抽油机井、电动潜油泵井、计量间、注水井等）进行现场实际检查，逐项落实，如某油田抽油机井的 HSE 作业内容：

①内容的完整性：主要是看《HSE 作业指导书》的组成部分是否齐全、准确；

②内容的科学性：主要是指风险预想、潜在的后果及对应的危险点源，制定的措施是否合理；

③内容的可操作性：主要是指各操作项目是否符合生产实际，如计量间、抽油机井、电动潜油泵井、注水井等；从中检查出问题，对其分析存在问题原因（隐患、危险点），提出整改措施意见等；例如抽油机井的 HSE 管理体系：危险点源（如图 9-5-1 所示）、风险识别（见表 9-5-1）、操作程序（如图 9-5-2，图 9-5-3，图 9-5-4 所示）及事故应急处理程序等。

（3）分析归纳存在问题的原因：

①岗位职责落实：上岗的员工对上向谁负什么责，领导对下负责了否；

②岗位要求满足方面：即上岗的员工（操作者）应具备的素质——文化水平、工作经历、技能资历等是否满足岗位要求条件；

③操作指南、齐全准确、客观方便：即岗位工作程序、工作要求、注意事项；

④风险应急措施：岗位有什么样的风险、具体情况、应急时的责任；

⑤考核奖惩：通过严格认真的考核（奖罚分明、力度适当、及时准确、无论高低），使全员都能得到触动，认真做好 HSE 管理体系工作，由被动变为主动。

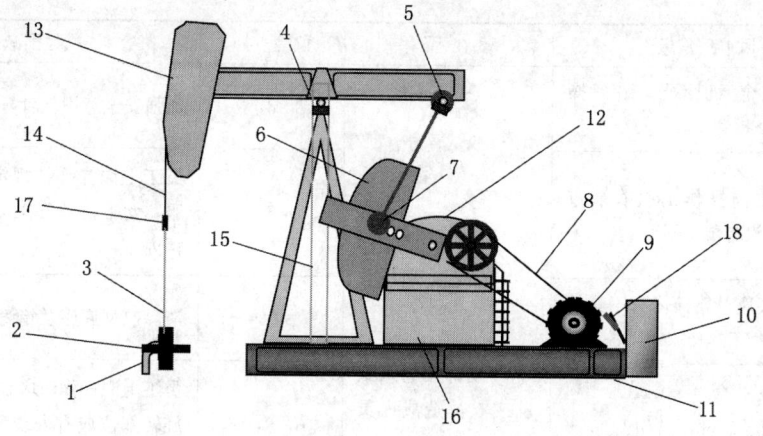

图 9-5-1 抽油机井危险点源示意图

1—生产流程；2—高压管线；3—封井器；4—中轴；5—尾轴；6—曲柄配重块；
7—曲柄销子；8—皮带；9—电动机；10—配电箱；11—基础；12—减速箱；
13—驴头；14—绳辫子；15—梯子；16—底座；17—光杆；18—刹车

表 9-5-1 抽油机井潜在风险及削减措施

事故	风险预想	潜在后果	危险点源	风险削减措施
泄漏事故	1. 管线、阀门、法兰连接不严密	1. 影响生产 2. 污染环境 3. 容易引起火灾 4. 员工伤亡 5. 造成经济损失	1，2，3	加强对工艺管线各部位的检查，对锈蚀、穿孔及时维修，保障工艺管线完好无渗漏
	2. 管线腐蚀严重，管线穿孔造成泄漏		1，2	减轻管线的腐蚀，可采取防腐、更换管线等相应保护措施。发现管线穿孔，要及时处理和控制污染范围并补漏
	3. 流程错误，造成憋压，使密封圈刺油或管线穿孔		3	加强巡回检查和技能培训
	4. 员工责任心不强，井口阀门未关严、漏油气		3	加强检查和维护，发现异常及时处理
	5. 泄漏时遇到火源		1，2，3	当发生泄漏时要杜绝各种火源
	6. 抽油杆断		17	确定合理的热洗周期，保证抽油机"五率"合格并处于合理的工作制度
着火事故	1. 井场周围有大量油污或易燃物存在时动用明火	1. 影响正常生产 2. 人员伤亡 3. 污染环境 4. 井口设备损坏，造成重大经济损失	11	及时对井场周围进行清理，周围设有安全防火道
	2. 井口发生油气泄漏，遇明火或进行动火施工时		3	认真检查井口设备，及时整改泄漏点，需进行动火作业时，要严格履行审批手续

续表

事故	风险预想	潜在后果	危险点源	风险削减措施
机械伤害	1. 员工安全意识不强，违章操作	1. 转动部位卷入头发或衣裤造成人员伤亡 2. 设备损害	7，8，9	加强安全意识教育，遵守操作规程
	2. 员工上岗操作工服衣袖过长，女工没有戴工帽		8	员工上岗操作按规定穿戴合适的工服，女工要戴好工帽，将头发压在帽内
	3. 船型底座及箱筒内有工具等杂物		16	清除船型底座及箱筒内工具等杂物
	4. 抽油机旋转部位易伤人		6，8，9	员工上岗操作时应在安全距离以外，旋转部位应有安全警示，在居民区的井应有围栏
	5. 悬绳器过长、防掉卡子过低或绳辫子有拨脱、断丝现象		14	认真检查及时更换，抽油机运转时禁止在光杆上及密封盒以上进行任何操作
	6. 抽油机驴头安装错位，驴头销子及顶丝损坏、松动或没有		13	正确安装驴头，修复或更换驴头销子或顶丝
	7. 刹车行程过大、过小或不好使		18	调整、更换或修复好刹车
触电事故	1. 线路及低压配电盘、电动机、电源开关等电气设备漏电	造成员工伤亡	9，10	安装合格的漏电保护装置，严禁私拉乱扯电线
	2. 电气设备无接地保护		9，10	按规定对电器设备接零和接地线路进行检测和维修
	3. 雨天电气设备漏电		9，10	增强安全意识，做好电气设备雨天防护工作
	4. 非专业人员维修		9，10	必须由持证专业人员进行维修
	5. 带负荷拉闸或因电气设备潮湿造成触电		9，10	操作人员穿戴绝缘护具。不能用湿手启停电气设备，不能用湿布擦电气设备。拉闸时先停掉负荷
高空坠落	1. 人员安全意识不强	造成人员伤害	4，5，12，14	登高前要有高度的安全防护意识
	2. 天气原因，雨天或大风天气		4，5，12，14，15	四级以上大风或雨雪天气禁止进行高空作业
	3. 没有安全防护措施		4，5，12，14，15	要穿工服、工鞋作业，登高作业时系好安全带
	4. 人员身体状况不佳或突然生病		4，5，12，14，15	员工身体状况不好时，要向值班干部汇报，以便另行安排人员

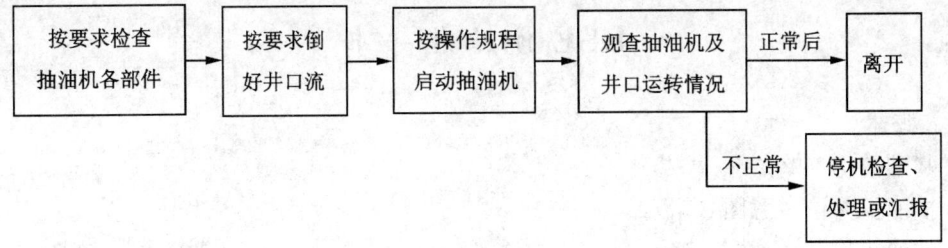

图9-5-2 抽油机井启抽操作程序图

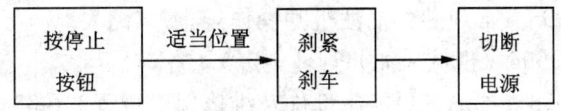

图9-5-3 抽油机井停机操作程序图

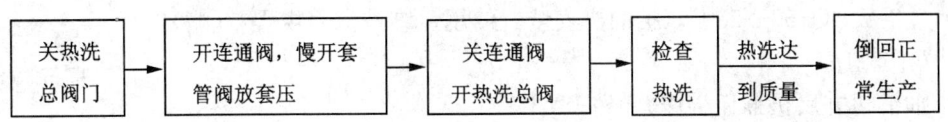

图9-5-4 抽油机井井口热洗操作程序图

(4) 提出整改措施意见：针对上述分析的原因客观地、实事求是地提出整改措施意见，通常有三个方面：一是HSE管理体系自身是否完整、科学、可操作；二是从领导到员工责任是否落实到位；三是员工技术素质和设备条件是否满足生产需要。

(5) 建议修订调整不足（有问题的）事项。

三、注意事项

(1) HSE管理体系不能等同于技术管理，它比后者涵盖的内容要大得多；

(2) 采油工岗位在实施HSE管理体系过程中，重点是贯彻落实"两书一表"，即一定要依据本单位的具体HSE管理标准对采油生产过程中有关健康、安全和环境保护进行监督和指导，而不是去改变什么。

(3) HSE管理体系工作宗旨是有关员工人身健康、企业经济利益的大事，对所做的各项工作要严肃认真对待。

四、相关知识

(1) HSE作业计划内容是指具体实施生产作业的基层组织在HSE管理体系的框架内，结合其所从事的专业项目活动，是HSE管理体系在施工、作业生产项目中的文件化表现，是基层组织在具体项目作业中实施HSE管理体系的指南，其最终目的就是识别风险、降低危害、防止事故发生。

(2) 某油田《HSE作业指导书》内容提纲（供参考）：

HSE 作业指导书

一、概述
1. 基础数据（略）
2. 抽油机井位示意图（略）
3. 抽油机设备示意图（略）
4. 井口工艺流程（略）

二、操作指南
1. 操作规程及管理规定
1) Q/DQ0074—1995《常规游梁抽油机井操作规程》（略）
2) Q/DCLG020—1995《机械采油井管理规定》（略）
3) Q/DQ0857—1995《抽油机更换零部件及维修保养规程》（略）
4) Q/DQ0068—1996《油水井资料录取规范》（略）
5) Q/DQ1017—1996《油水井巡回检查规范》（略）
6) Q/DQ10.005—1996《采油岗位操作技能程序及要求》（略）
7) Q/SY DQ153—2000《抽油机安装、使用、维护保养规程》（略）

2. 操作程序
1) 抽油机井启机操作程序（略）
2) 抽油机井停机操作程序（略）
3) 抽油机井井口热洗操作程序（略）
4) 抽油机井口加密封填料操作程序（略）
5) 抽油机井调整防冲距操作程序（略）
6) 注意事项
（1）对抽油机设备进行检查必须停机。
（2）停机必须切断电源闸刀，刹紧刹车。
（3）对抽油机设备维修必须戴安全帽，高空作业必须系安全带。
（4）对抽油机维修作业，必须停机、断电、刹死刹车后进行。
（5）对抽油机井从事的各种操作，操作人员必须穿戴好劳动防护用品。
（6）检查运转的抽油机井时应保持足够的安全距离。

三、风险识别及控制措施
1. 危险点源
2. 抽油机井风险识别及控制措施
3. 应急处理程序
1) 井口或工艺管线发生原油泄漏处理程序
2) 单井发生着火处理程序
（1）火势较小，立即用现场灭火器扑救初期火灾。
（2）火势较大时采取以下措施：
注：如果火势严重控制不住，并有发生爆炸，危及人员生命安全时，值班干部要组织人员立即撤到安全场所。

3）人员触电处理程序
4）人员高空坠落处理程序
5）人员被旋转部位绞伤处理程序

四、记录

1. 抽油机设备运转记录
2. 抽油机电流曲线
3. 抽油机井巡回检查记录
4. 抽油机 HSE 检查表
5. 交接班工作记录

岗位 HSE 作业指导卡

岗位要求：上岗的员工（操作者）应具备的素质即文化水平、工作经历、技能资历。
岗位职责：上岗的员工对上向谁负责，对下负责什么，有什么权力。
操作指南：岗位工作程序、工作要求、注意事项。
风险应急：岗位有什么样的风险、具体情况、应急时的责任。
考　　核：奖励和处罚即奖罚分明、力度适当、及时准确、无论高低。

第二节　撰写技术论文

学习目标　撰写技术论文是采油高级技师必备的技能，通过本节的学习，使学习者能依据技术报告的要求和标准，对自己工作中的技术成果进行归纳、总结，准确无误地向单位技术主管部门汇报（技术工作成果）。

一、准备工作

（1）自己工作中的有关某项技术研究（革新）的记录数据和成果资料。
（2）有关该项技术方面的其他一些参考资料。

二、操作步骤

（1）对自己技术工作中积累的资料（成果）进行整理、归纳，围绕成果所做的工作逐条列出，并根据内容及侧重点撰写提纲。
（2）按所列提纲写草稿：
①拟定标题：按标题应具备的准确性、简洁性和鲜明性的原则，先拟定出一个标题，即标题用词要恰如其分地反映实质，表达出自己所研究（改革）的范围和进行的深度，而且在表达清楚的前提下，所用词句越短越好，便于记忆，使之一目了然、不费解、无歧义，便于引证分类。
②编写正文：即写文章的主体部分，通用的格式为：首先概况交代，就是把所做的情况做一个整体轮廓性的介绍；其次是把所做的准备工作及过程一一写出；再详细描述整个过程中都实施了哪些手段，采用了什么方法等；还要主次分明，数据准确地列出所取得的成果以及分析过程等。
（3）整理草稿：把正文草稿每部分内容和用途、引用公式等再逐一核实，对结果及表格数据前后都要核实一次，确认无误。对正文和所做的过程及结果关系不大的，能略去的要坚

决略去，不能滥竽充数。

（4）正式写论文（报告）的摘要：即文章主要内容的摘录，一定要达到简短、精粹、完整，这关系到整篇文章给读者的最初印象。

（5）撰写前言：前言又叫文章的绪言，即把所论的技术问题的来龙去脉写出来，简述为什么要写该文，以提醒读者注意，以及主要内容、目的、范围、方法和取得的成果等。

（6）认真写好正文：正文是文章的主体核心内容，一般是首先提出论点，即研究分析课题的准备过程，再对课题所取得的成果进行对比分析。

（7）精心写好结尾：结尾是文章正文之后的结论或总结，它是整个论文（报告）事实的结晶，是全文章的精髓，是向读者最终交代的关键点，所以要精心写好。

（8）写全写准参考文献：参考文献是作者（研究者）引用别人的成果，它也是所写技术报告的一部分；一般都要认真地把所引用的文献附录在结尾之后，说明成果归属是谁，即哪些是引用他人的，到哪去找，是否可信等。

（9）（建议的）请专定审核：把最后成稿的报告交给本单位技术主管（专家），并当面向其请教、审阅，确保报告无误。

三、注意事项

（1）格式要正确，文字公式、图表要清晰，语言准确、引用文献要标注，不能出现"大概、可能、差不多"之类的词句。

（2）文章前后相同的内容尽量避免重复。

（3）不能出现跑题现象，更不能喧宾夺主。

四、相关知识

技术报告：技术报告是对生产、科研中新发现的事实及研究过程进行报道，是向科研资助和主管部门汇报的文献。

技术报告的结构内容：通用模式为标题、摘要、前言、正文、结尾（结论）、参考文献、谢词和附录。

技术报告标题的拟定：标题应具备准确性、简洁性和鲜明性。

准确性就是用词要恰如其分，反映实质，表达出所研究的范围和达到的深度；

简洁性是旨在能把内容表达清楚的前提下，标题应越短越好，便于记忆；

鲜明性就是一目了然、不费解、无歧义、便于引证、分类。

第十部分 高级技师技能操作试题

考核内容层次结构表

内容项目级别	技能操作					综合能力				合计
	基本技能（开关井、录取资料）	资料整理及分析	设备维护及保养	故障判断及处理	动态分析及生产维护、调控	操作计算机	培训指导	施工工艺编制、绘图识图	技术论文（报告）	
初级工	40分 10～30min	30分 10～30min	20分 10～30min	10分 10～30min						100分 40～120min
中级工	20分 10～30min	30分 10～30min	30分 10～30min	10分 10～30min	10分 10～30min					100分 50～150min
高级工		15分 10～30min	20分 10～30min	20分 10～30min	30分 10～30min	15分 10～30min				100分 50～150min
技师			15分 10～30min	15分 10～30min	20分 10～30min	10分 10～30min	10分 10～30min	15分 10～30min	15分 10～30min	100分 70～210min
高级技师			10分 10～30min	15分 10～45min	20分 10～45min	10分 10～30min	10分 10～30min	20分 10～30min	15分 10～30min	100分 70～240min

说明：

（1）本考核层次结构表是根据《采油工国家职业标准》而制定的。

（2）制定本表的目的是便于职业鉴定部门执行时的科学性、统一性、公平性。

（3）表中的各级别操作项目是依据《采油工国家职业标准》中工作内容要求而划分确定的。

（4）表中各级别项目的配分和时间是根据《标准》中鉴定比重和内容难易程度而制定的。

（5）表中各级的否定项目是指鉴定时必考选项（即是对被鉴定者成绩的否定项目）；初级工没有否定项目，中级工、高级工、技师、高级技师都有对下一级或二级选定的否定项目。

（6）表中的考核项目组合方式是对考核鉴定时提出的原则性要求，即各级别鉴定时的项目不应少于5个。

鉴定要素细目表

行业：石油天然气　　工种：采油工　　等级：高级技师　　鉴定方式：技能操作

行为领域	代码	鉴定范围	鉴定比重	代码	鉴定点	重要程度	备注
技能操作 A 45%	A	设备维护及保养	10	001	测量抽油机剪刀差	X	
				002	抽油机安装质量验收	X	
				003	抽油机井作业质量验收	X	
				004	调整游梁式抽油机井曲柄平衡	X	
	B	故障判断及处理	15	001	处理抽油机井出油不正常故障	X	
				002	处理井间管线冻结	Y	
				003	处理电动潜油泵井过载停机故障	X	
				004	抽油机井碰泵	X	
	C	动态分析及生产维护、调控	20	001	区块生产动态分析	X	
				002	调整抽油机冲程	X	
				003	解释抽油机井理论示功图	X	
				004	分析抽油机井实测示功图	X	
综合能力 B 55%	A	操作计算机	10	001	制作简单多媒体	X	
				002	数据的录入及处理	X	
				003	文字的录入及处理	X	
	B	培训指导	10	001	技术培训	X	
	C	施工工艺编制、识图	20	001	设计绘制工件加工图	X	
				002	识读油水井间（站）管道安装图	X	
				003	绘制工件图	X	
	D	技术论文（报告）	15	001	撰写 HSE 管理总结报告	Y	
				002	撰写技术论文	X	
				003	编写阶段生产总结报告	X	

技能操作试题

一、AA001 测量抽油机剪刀差

1. 准备要求

(1) 材料准备：

序 号	名 称	规 格	数 量	备 注
1	记录纸笔		若干	
2	塞尺或垫片		1套	

(2) 设备准备：

序 号	名 称	规 格	数 量	备 注
1	抽油机	常规游梁曲柄平衡式	1台	

(3) 工具、量具、用具准备：

名 称	规 格	精 度	数 量	名 称	规 格	精 度	数 量
水平尺	60mm		1把	游标卡尺	150mm		1把
钢卷尺	3m		1个	直尺	2m		1把

2. 操作程序的规定及说明

(1) 准备工作；

(2) 停机；

(3) 测误差；

(4) 放水平尺；

(5) 计算剪刀差；

(6) 启抽；

(7) 收工具。

3. 考核时间

(1) 准备时间：5min；

(2) 正式操作时间：20min；

(3) 计时从正式操作开始，至操作完毕结束；

(4) 规定时间内全部完成，每超1min，从总分中扣5分；超时3min，停止作业。

4. 配分、评分标准

评分记录表

序号	考核项目	评分要素	配分	评分标准	检测结果	扣分	得分	备注
1	准备工作	选工具、用具	5	漏一件扣3分，错选一件扣2分				
2	停机	停机刹车于水平位置，切断电源	10	未停在近于水平位置扣10分，没切断电源停止操作				
3	测误差	检查抽油机基础横向水平	10	不检查抽油机基础水平扣10分				
4	放水平尺	选好位置放好直尺、水平尺、调整水平测量误差	35	直尺左右不一扣10分，未放置于曲柄末端扣5分，水平尺未放在中间扣10分，垫片塞得不正确扣10分				
5	计算剪刀差	计算剪刀差	30	计算方法不正确扣10分，卡尺读数错扣10分，不减基础误差扣10分				
6	启抽	合开关送电，松刹车启抽	5	失误一处扣5分				
7	收工具	收拾工具、用具，填写报表	5	不收拾工具、用具扣2分，填写报表不正确（叙述）扣3分				
8	安全文明生产及其他	严格按操作规程操作		违反操作规程扣5分				从总分中扣除
		严格遵守环保要求		违反环保要求一次扣5分				
		在规定时间内完成操作		每超时1min扣5分，超过3min停止操作				
	合计		100					

考评员：　　　　　　　　记分员：　　　　　　　　　　　　　年　月　日

二、AA002 抽油机安装质量验收

1. 准备要求

（1）材料准备：

序号	名称	规格	数量	备注
1	记录纸笔		若干	根据要求指定
2	随机使用说明书		1份	
3	安装质量验收书		1份	

（2）设备准备：

序 号	名 称	规 格	数 量	备 注
1	抽油机	常规游梁曲柄平衡式	1台	

(3) 工具、量具、用具准备：

名 称	规 格	精 度	数 量	名 称	规 格	精 度	数 量
水平尺	600mm		1把	抽游及专用扳手			1把
吊线锤	3.50m		1个	直尺	2m		1把
活动扳手	300mm		1把	安全带			1副
活动扳手	375mm		1把	绝缘手套			1副
活动扳手	450mm		1块	计算器			1个

2. 操作程序的规定及说明

(1) 准备工作；

(2) 检查基础水平度；

(3) 测对中；

(4) 紧固；

(5) 润滑；

(6) 刹车；

(7) 剪刀差及四点一线；

(8) 电器仪表；

(9) 启抽收工具。

3. 考核时间

(1) 准备时间：8min；

(2) 正式操作时间：30min；

(3) 计时从正式操作开始，至操作完毕结束；

(4) 规定时间内全部完成，每超1min，从总分中扣5分；超时5min，停止作业。

4. 配分、评分标准

评分记录表

序 号	考核项目	评分要素	配 分	评分标准	检测结果	扣分	得分	备 注
1	准备工作	选工具、用具	5	漏一件扣3分，错选一件扣2分				
2	检查基础水平度	检查抽油机底盘纵横水平，测量支架顶板水平、垂直度	15	不检查纵横水平，垂直度每项扣10分				测水平、对中方法不正确扣20分
3	测对中	检查抽油机对中	10	不检查抽油机对中扣10分				
4	紧固	检查各部位连接紧固	15	不检查三大轴1项扣5分，其他扣2分				

续表

序号	考核项目	评分要素	配分	评分标准	检测结果	扣分	得分	备注
5	润滑	检查三大轴润滑，检查减速箱机油	10	每漏一项扣5分，检查每漏一项扣5分				测水平、对中方法不正确扣20分
6	刹车	检查刹车系统	15	漏检一项扣5分				
7	剪刀差及四点一线	检查曲柄剪刀差，两轮"四点一线"	15	未检查每项扣10分，方法不正确扣5分				
8	电器仪表	检查电器、仪表系统	10	漏检一项扣3分				
9	启抽收工具	收拾工具、用具，填写验收卡	5	不收拾工具、用具扣2分，填写报告不正确（叙述）扣3分				
10	安全文明生产及其他	严格按操作规程操作	5	违反操作规程扣5分				从总分中扣除
		严格遵守环保要求	5	违反环保要求一次扣5分				
		在规定时间内完成操作		每超过1min扣5分，超过5min停止操作				
	合计		100					

考评员：　　　　　　　　记分员：　　　　　　　　　　　　　年　月　日

三、AA003　抽油机井作业质量验收

1. 准备要求

(1) 材料准备：

序号	名称	规格	数量	备注
1	细纱布		若干	
2	有关原井生产数据		必备的	
3	作业施工设计书		1份	

(2) 设备准备：

序号	名称	规格	数量	备注
1	抽油机井	（检泵作业的）	1口	

(3) 工具、量具、用具准备：

名 称	规 格	精 度	数 量	名 称	规 格	精 度	数 量
纸	16K		3张	钢笔、铅笔			各1支
卷尺	5m		1把	计算器			1个
压力表	6MPa		1块	示功仪			1台

2. 操作程序的规定及说明

(1) 准备工作；

(2) 交井；

(3) 看设计；

(4) 现场监督；

(5) 冲砂刮蜡；

(6) 地面清蜡；

(7) 下泵；

(8) 座井口；

(9) 启抽憋压；

(10) 交接井收工具；

3. 考核时间

(1) 准备时间：5min；

(2) 正式操作时间：30min，根据现场实际情况确定（可部分口述或指定一些关键内容进行）；

(3) 计时从正式操作开始，至操作完毕结束；

(4) 规定时间内全部完成，每超1min，从总分中扣10分；超时5min，停止作业。

4. 配分、评分标准

评分记录表

序号	考核项目	评分要素	配 分	评分标准	检测结果	扣分	得分	备注
1	准备工作	选工具、用具	5	漏选一件扣3分，错选一件扣2分				关键工序错误扣20分
2	交井	核实井号、设备卫生、仪表、悬绳器等	5	未核实井号扣2分，应交部位一项未交扣1分				
3	看设计	核实询问作业井号、施工目的，压（洗）井看施工设计书	15	不检查井号、施工目的扣5分，不洗井扣5分，不看施工设计书扣5分				
4	现场监督	监督现场施工：井场布局、接排污管线，起原井	10	不检查杆、管桥扣5分，未接排污管线扣5分，原井少查一项扣5分				
5	冲砂刮蜡	检查冲砂、刮蜡情况	10	冲砂、刮蜡不合格就让干下一道工序扣10分				
6	地面清蜡	检查地面杆、油管	10	每漏一项扣5分				

续表

序号	考核项目	评分要素	配分	评分标准	检测结果	扣分	得分	备注
7	下泵	对照查看新（泵）管柱，检查下配管柱及油管	15	未检查确认一项扣5分，漏检一道工序扣5分				关键工序错误扣20分
8	坐井口	坐井口，倒流程，对防冲距	10	未检查井口质量扣5分，不对防冲距扣5分，流程倒错扣5分				
9	启抽憋压	启抽憋压测电流、测图	15	不憋压或不合格均扣5分，不测图扣5分，均不会给不及格，未测电流扣5分				
10	交接井收工具	量油，接井，收拾工具、用具，填写报告	5	未量油就接井的给不及格，不收拾工具、用具扣2分，填写报告不正确（叙述）扣3分				
11	安全文明生产及其他	严格按操作规程操作		违反操作规程扣5分				从总分中扣除
		严格遵守环保要求		违反环保要求一次扣5分				
		在规定时间内完成操作		每超时1min扣10分，超过5min停止操作				
	合计		100					

考评员：　　　　　　　　记分员：　　　　　　　　　　　　年　月　日

四、AA006　调整游梁式抽油机井曲柄平衡

1. 准备要求

（1）材料准备：

序号	名称	规格	数量	备注
1	白纸		1张	
2	铅笔		1支	

（2）设备准备：

序号	名称	规格	数量	备注
1	游梁式曲柄平衡抽油机		1台	

（3）工具、量具、刃具准备：

名 称	规 格	精 度	数 量	名 称	规 格	精 度	数 量
专用吊扳手			1把	锤子	3.75kg		1把
活扳手	300mm，375mm		各1把	钳型电流表			1块
绝缘手套			1套	撬杠			2根

2. 操作程序的规定及说明

(1) 准备工作；

(2) 测电流；

(3) 停机；

(4) 调平衡；

(5) 启抽检测；

(6) 收工具。

3. 考核时间

(1) 准备时间：2min；

(2) 正式操作时间：30min；

(3) 计时从正式操作开始，至操作完毕结束；

(4) 规定时间内全部完成，每超1min，从总分中扣5分；超时6min，停止作业。

4. 配分、评分标准

评分记录表

序号	考核项目	评分要素	配分	评分标准	检测结果	扣分	得分	备注
1	准备工作	工具、用具齐备	5	少一件扣3分；选错一件扣2分				
2	测电流	测电流，计算平衡率，判断调整方向和位置	20	使用电流表错一次扣5分，测不准确扣5分，计算错误扣5分，方向错误本项不得分				工具使用错一次扣5分
3	停机	停机	10	不断电扣10分，停机位置不对扣10分，刹车不锁、不断电停止操作				
4	调平衡	调整、移动平衡块，紧固螺栓	30	卸掉固定螺栓扣10分，平衡块大幅度滑动扣20分，调整达不到位扣10分，重复一次扣10分，螺栓固定不合格扣10分				
5	启抽检测	测电流观察效果	20	启动不合格扣10分，不检测扣5分，计算错误扣10分				
6	收工具	将有关数据填入报表，收拾工具、用具	25	不收拾扣5分，少收一件扣3分，未填写记录扣5分				

续表

序号	考核项目	评分要素	配分	评分标准	检测结果	扣分	得分	备注
7	安全文明生产及其他	严格按操作规程操作		违反操作规程扣5分				从总分中扣除
		严格遵守环保要求						
		在规定时间内完成操作		每超时1min扣5分，超过6min停止操作				
合　计			100					

考评员：　　　　　　　　记分员：　　　　　　　　　　　　　　年　月　日

五、AB001　处理抽油机井出油不正常故障

1. 准备要求

(1) 材料准备：

序号	名称	规格	数量	备注
1	示功图、液面	同步的	各2份	不出油前后的（便于考核）
2	泵校		2次	与上同期的
3	棉纱布		若干	

(2) 设备准备：

序号	名称	规格	数量	备注
1	抽油机井	双管流程	1口	

(3) 工具、量具、刃具准备：

名称	规格	精度	数量	名称	规格	精度	数量
活扳手	300mm		1把	压力表	4MPa		1块
活扳手	375mm		1把	直尺	200mm		1把
管钳	450mm		1把	计算器			1个
管钳	600mm		1把	钢笔、铅笔			各1支

2. 操作程序的规定及说明

(1) 准备工作；

(2) 核实资料；

(3) 核实流程；

(4) 功图分析；

(5) 综合对比；

(6) 整理核对；

(7) 收工具。

3. 考核时间

(1) 准备时间：5min；

(2) 正式操作时间：45min；

(3) 计时从正式操作开始，至操作完毕结束；

(4) 规定时间内全部完成，每超1min，从总分中扣10分；超过5min，停止作业。

4. 配分、评分标准

评分记录表

序号	考核项目	评分要素	配分	评分标准	检测结果	扣分	得分	备注
1	准备工作	选工具、用具	5	漏选一件扣3分，错选一件扣2分				关键程序发生颠倒错误扣20分，严重时给不及格
2	核实资料	分析资料，了解概况	10	不分析资料就操作扣10分				
3	核实流程	核实地面流程，闸阀是否有问题，量油设备是否有问题	20	流程检查错误扣10分，未确定阀门灵活好用扣10分，处理方案不准确扣5分				
4	功图分析	核实功图、液面（给定的）	20	不会核实扣10分，操作程序有误扣5分				
5	综合对比	综合对比分析	35	不会验证油套窜扣10分，不会验证泵、管、杆断脱扣10分，不会验证泵阀漏失扣10分，处理方案不准确扣10分				
6	整理核对	整理核对所做的工作内容	8	不整理核对所做的工作内容扣10分，内容有矛盾扣5分				
7	收工具	收拾工具、用具	2	未收拾工具、用具扣2分				
8	安全文明生产及其他	严格按操作规程操作	5	违反操作规程扣5分				从总分中扣除
		严格遵守环保要求						
		在规定时间内完成操作		每超时1min扣10分，超过5min停止操作				
合计			100					

考评员：　　　　　　　记分员：　　　　　　　　　　　　　　年　月　日

六、AB002　处理井间管线冻结

1. 准备要求

(1) 材料准备：

399

序 号	名 称	规 格	数 量	备 注
1	麻袋、毛毡		若干	
2	生石灰		若干	
3	锅炉车		1台	

(2) 设备准备：

序 号	名 称	规 格	数 量	备 注
1	抽油机井	双管流程	1口	

(3) 工具、量具、刃具准备：

名 称	规 格	精 度	数 量	名 称	规 格	精 度	数 量
活扳手	300mm		1把	压力表	6MPa		1块
管钳	600mm		1把	锹、镐			各1把

2. 操作程序的规定及说明

(1) 准备工作；

(2) 确定方案；

(3) 倒流程；

(4) 挖开冻结部位；

(5) 解冻；

(6) 判断；

(7) 收工具。

3. 考核时间

(1) 准备时间：5min；

(2) 正式操作时间：30min；

(3) 计时从正式操作开始，至操作完毕结束；

(4) 规定时间内全部完成，每超1min，从总分中扣10分；超过3min，停止作业。

4. 配分、评分标准

评分记录表

序 号	考核项目	评分要素	配 分	评分标准	检测结果	扣分	得分	备 注
1	准备工作	选工具、用具、材料	5	漏选一件扣3分，错选一件扣2分，选错材料一项扣5分				关键程序颠倒错误扣20分，违章给不及格（停止操作）
2	确定方案	判断冻堵位置，确定处理方案，协调井站间的工作	15	不判断冻堵位置扣10分，位置错扣5分				
3	倒流程	联系间外热洗，倒好井间流程，间断送高压液体	20	不联系热洗扣10分，未倒流程停止操作，流程倒错扣10分				

续表

序 号	考核项目	评分要素	配分	评分标准	检测结果	扣分	得分	备 注
4	挖开冻结部位	挖开冻结管线，管线裁放空头	20	挖开冻结管线不到位扣10分，伤及到管线扣5分				关键程序颠倒错误扣20分，违章给不及格（停止操作）
5	解冻	解冻管线，锅炉车刺管线或浇热水	20	未抱好石灰扣10分，石灰不足扣5分，浇水不合格扣5分				
6	判断	判断管线畅通	15	判断不及时扣5分，判断错扣5分，管线畅通不通知站扣5分				
7	收工具	收拾工具、用具，填写报表	5	未收拾工具、用具扣3分，未上报表扣2分				
8	安全文明生产及其他	严格按操作规程操作		违反操作规程扣5分				从总分中扣除
		严格遵守环保要求		违反环保要求扣5分				
		在规定时间内完成操作		每超时1min扣10分，超过3min停止操作				
	合　　计		100					

考评员：　　　　　　　记分员：　　　　　　　　　　　　年　月　日

七、AB003　处理电动潜油泵井过载停机故障

1. 准备要求

（1）材料准备：

序　号	名　　称	规　格	数　量	备　注
1	细纱布		若干	

（2）设备准备：

序　号	名　　称	规　格	数　量	备　注
1	电动潜油泵井	指定类型控制屏	1口	井口仪表齐全，双管流程

（3）工具、量具、刃具准备：

名　称	规　格	精　度	数　量	名　称	规　格	精　度	数　量
绝缘手套	五指棉线		1把	电流卡片	上一次		1张
螺丝刀	150mm		1把	笔			1只
万用表	MF500型		1块	纸			2张
兆欧表	500MΩ		1块	活动扳手	300mm		1把
管钳	600mm		1把	油嘴专用扳手			1把

2. 操作程序的规定及说明

（1）准备工作；

（2）检查核实；

（3）检查保护值；

（4）检查流程；

（5）测电性参数；

（6）检查电源；

（7）启机；

（8）收工具。

3. 考核时间

（1）准备时间：5min；

（2）正式操作时间：20min；

（3）计时从正式操作开始，至操作完毕结束；

（4）规定时间内全部完成，每超1min，从总分中扣10分；超过3min，停止作业。

4. 配分、评分标准

评分记录表

序号	考核项目	评分要素	配分	评分标准	检测结果	扣分	得分	备注
1	准备工作	选工具、用具	5	漏选一件扣3分，错选一件扣2分				工具使用不当一次扣5分；关键程序发生颠倒错误扣20分，严重时给不及格
2	检查核实	检查核实停机状况，分析卡片检查故障灯亮	20	不检查停机状态扣10分，不分析卡片扣10分				
3	检查保护值	检查核实过载保护值设定，对比保护值的设定	10	不检查过载保护值设定扣5分，未对比确定扣5分				
4	检查流程	检查核实井口流程，检查油嘴	15	未检查流程扣10分，未检查油嘴扣5分				
5	测电性参数	检测井下机组电性参数，切断电源，测直流电阻、绝缘、判断	25	没断电源停止操作，相间直流电阻测错扣10分，机组对地绝缘度测错扣10分，判断不准扣5分				
6	检查电源	检查电源线路，电源熔断器，三项电压	10	不会检查电源熔断器扣5分，不会检查三相电压平衡扣5分				
7	启机	验证处理情况，启机，检查	10	启抽后未检查三相电流扣10分				
8	收工具	做好记录，收拾工具、用具	5	未整理记录扣3分，未收拾工具、用具扣2分				

续表

序号	考核项目	评分要素	配分	评分标准	检测结果	扣分	得分	备注
9	安全文明生产及其他	严格按操作规程操作		违反操作规程扣5分				从总分中扣除
		严格遵守环保要求						
		在规定时间内完成操作		每超时1min扣10分,超过3min停止操作				
	合计		100					

考评员:　　　　　　记分员:　　　　　　　　　　　　年　月　日

八、AB004 抽油机井碰泵

1. 准备要求

(1) 材料准备:

序号	名称	规格	数量	备注
1	黄油		若干	
2	细纱布		若干	
3	直尺	2m	1把	
4	石笔		1只(块)	

(2) 设备准备:

序号	名称	规格	数量	备注
1	抽油机	常规游梁式	1台	

(3) 工具、量具、刃具准备:

名称	规格	精度	数量	名称	规格	精度	数量
活扳手	300mm		1把	方卡子	指定的		1副
管钳	600mm		1把	锉刀	250mm	0.02mm	1把

2. 操作程序的规定及说明

(1) 准备工作;

(2) 停机;

(3) 下放光杆;

(4) 碰泵;

(5) 调防冲距;

(6) 启抽;

(7) 收工具。

3. 考核时间

(1) 准备时间：5min;

(2) 正式操作时间：30min;

(3) 计时从正式操作开始，至操作完毕结束；

(4) 规定时间内全部完成，每超1min，从总分中扣10分；超过3min，停止作业。

4. 配分、评分标准

评分记录表

序号	考核项目	评分要素	配分	评分标准	检测结果	扣分	得分	备注
1	准备工作	选工具、用具	5	漏选一件扣3分，错选一件扣2分				工具使用不当一次扣5分；关键程序发生颠倒错误扣20分，严重时给不及格，手抓光杆一次扣20分
2	停机	检查刹车，停机刹车，切断电源	20	不检查刹车扣10分，停机一次不到位扣5分，刹车未刹紧扣10分，未切断电源停止操作				
3	下放光杆	测量（长度）位置，光杆做记号，打方卡子	20	位置不对扣10分，光杆未做记号扣5分，未打紧方卡子扣5分				
4	碰泵	挫光杆毛刺，碰泵3~5次	20	未挫光杆毛刺扣5分，碰泵不足3次或超过5次扣10分				
5	调防冲距	重新对防冲距	20	防冲距没调整到位扣5分，防冲距没调整的扣15分				
6	启抽	启抽检查	10	启抽后未检查防冲距扣10分				
7	收工具	收拾工具、用具，填写报表	5	未收拾工具、用具扣2分，填写报表不正确（叙述）扣3分				
8	安全文明生产及其他	严格按操作规程操作		违反操作规程扣5分				从总分中扣除
		严格遵守环保要求						
		在规定时间内完成操作		每超时1min扣5分，超过5min停止操作				
	合计		100					

考评员：　　　　　　　记分员：　　　　　　　　　　　　　　年　月　日

九、AC001 区块生产动态分析

1. 准备要求

(1) 材料准备：

序 号	名 称	规 格	数 量	备 注
1	区块动静态资料		1套	动态的以分析阶段为主
2	小层平面图、油层连通图		各1套	
3	阶段开发指标、开采曲线		各1张（幅）	
4	油水井措施效果对比表		每项1张	分析阶段的

(2) 设备准备：

序 号	名 称	规 格	数 量	备 注
1	桌、凳		1套	

(3) 工具、量具、用具准备：

名 称	规 格	精 度	数 量	名 称	规 格	精 度	数 量
直尺	400mm		1把	钢笔、铅笔			各1支
计算器			1个	稿纸、白纸	16k		若干

2. 操作程序的规定及说明

(1) 准备工作；

(2) 核对资料；

(3) 整理分析；

(4) 叙述；

(5) 措施及典型井组；

(6) 突出的问题；

(7) 生产配套问题；

(8) 挖潜措施；

(9) 收工具。

3. 考核时间

(1) 准备时间：5min；

(2) 正式操作时间：30min；

(3) 计时从正式操作开始，至操作完毕结束；

(4) 规定时间内全部完成，每超1min，从总分中扣5分；超过3min，停止分析。

4. 配分、评分标准

评分记录表

序号	考核项目	评分要素	配分	评分标准	检测结果	扣分	得分	备注
1	准备工作	选工具、用具、图表资料	5	错一件扣2分，错一项扣3分				
2	核对资料	检查核对资料、图表、曲线	5	未检查核对扣5分				
3	整理分析	整理分析资料、图表、曲线，拟写标题和概况	15	没拟写标题扣5分，概况不简明准确扣5分，术语不准扣5分				
4	叙述	叙述、分析区块的整体与各层系现状及变化趋势	20	整体与各层系叙述不清扣5分，现状不准扣10分，趋势错误扣10分				
5	措施及典型井组	找出影响动态变化的措施项目及典型井组	15	措施找得不对扣10分，典型井组未找准扣10分				
6	突出的问题	分析找出区块整体上以及某个局部突出存在的问题	15	矛盾找得不准扣10分，不全扣5分				
7	生产配套问题	分析地面生产管理和配套工艺存在的问题	10	生产管理分析不准扣5分，不能正确评价工艺技术扣5分				
8	挖潜措施	今后挖潜增产措施	10	措施不对扣10分，措施不全扣5分				
9	收工具	审核归纳，形成分析材料，收拾工具、用具	5	未归纳形成材料扣3分，未收拾工具、用具扣2分				
10	安全文明生产及其他	在规定时间内完成操作		每超时1min扣5分，超过3min停止分析				从总分中扣除
	合计		100					

考评员：　　　　　　　　记分员：　　　　　　　　　　　　　年　月　日

十、AC002 调整抽油机冲程

1. 准备要求

（1）材料准备：

序号	名称	规格	数量	备注
1	游丝绳套	$\phi 16mm \times 2m$	2根	
2	棕绳	$\phi 20mm \times 5m$	2根	
3	黄油、砂纸		若干	

(2) 设备准备：

序 号	名 称	规 格	数 量	备 注
1	抽油机	常规游梁曲柄平衡式	1台	可以是模拟机

(3) 工具、量具、用具准备：

名 称	规 格	精 度	数 量	名 称	规 格	精 度	数 量
扳手	375mm		1把	手钳	200mm		1把
扳手	400mm		1把	锤子	4.0kg, 2.0kg		各1把
平锉	400mm		1把	铜棒			1个
专用扳手			1把	撬棍	1 000mm		1根
管钳	600mm		1把	方卡子			1副
倒链	10kN		1副	安全带			2副
钳型电流表	500A		1块				

2. 操作程序的规定及说明

(1) 准备工作；

(2) 核实；

(3) 停机；

(4) 锁定游梁；

(5) 卸曲柄销；

(6) 装曲柄销；

(7) 吃负荷；

(8) 启抽；

(9) 收工具。

3. 考核时间

(1) 准备时间：8min；

(2) 正式操作时间：45min；

(3) 计时从正式操作开始，至操作完毕结束；

(4) 规定时间内全部完成，每超1min，从总分中扣5分；超过5min，停止作业。

4. 配分、评分标准

评分记录表

序号	考核项目	评分要素	配分	评分标准	检测结果	扣分	得分	备注
1	准备工作	选工具、用具	5	漏一件扣3分，错选一件扣2分				不卸驴头负荷及违章指挥给不及格（停止操作）
2	核实	核实生产参数和机型数据，检查皮带、试刹车	10	不核实生产参数和机型扣5分，未检查刹车扣5分				

续表

序号	考核项目	评分要素	配分	评分标准	检测结果	扣分	得分	备注
3	停机	停机卸负荷,断电源	10	未停好位置扣10分,没切断电源停止操作				不卸驴头负荷及违章指挥给不及格(停止操作)
4	锁定游梁	锁定游梁,挂好倒链	10	倒链位置不对扣10分,没挂好扣5分				
5	卸曲柄销	卸曲柄销螺帽,松连杆固定螺丝,拔出曲柄销子、打出衬套	15	销子、备帽、螺帽卸错扣10分,连杆固定螺丝没松扣10分,拔销子失误扣10分,打衬套不垫铜棒扣5分				
6	装曲柄销	安装销子,擦净销套上的脏物,装入预调孔,上紧螺帽	20	不检查清净销子孔扣5分,未对正硬装扣10分,螺帽没打紧扣10分				
7	吃负荷	紧连杆固定螺丝,卸去控制部件,驴头吃负荷,上提防冲距	15	没紧连杆固定螺丝扣5分,倒链未卸吃负荷扣10分,未考虑防冲距扣5分				
8	启抽	合开关送电启抽,检查是否碰泵,测电流	10	一处不合格扣5分,未测电流扣5分				
9	收工具	收拾工具、用具,填写报表	5	不收拾工具、用具,填写报表扣2分				
10	安全文明生产及其他	严格按操作规程操作		违反操作规程扣5分				
		严格遵守环保要求						
		在规定时间内完成操作		每超时1min扣5分,超过5min停止操作				从总分中扣除
	合 计		100					

考评员:　　　　　　　　　　记分员:　　　　　　　　　　　　　　　　年　月　日

十一、AC003　解释抽油机井理论示功图

1. 准备要求

(1) 材料准备:

序号	名称	规格	数量	备注
1	理论示功图		1张	

(2) 设备准备:

序 号	名 称	规 格	数 量	备 注
1	桌、凳		1套	

（3）工具、量具、用具准备：

名 称	规 格	精 度	数 量	名 称	规 格	精 度	数 量
直尺	200mm		1把	演算纸			2张
钢笔、铅笔			各1支	计算器			1个

2. 操作程序的规定及说明

（1）准备工作；

（2）定坐标；

（3）标注各点；

（4）标注线段；

（5）计算冲程损失；

（6）计算功图面积；

（7）收工具。

3. 考核时间

（1）准备时间：2min；

（2）正式操作时间：10min；

（3）计时从正式操作开始，至操作完毕结束；

（4）规定时间内全部完成，每超1min，从总分中扣5分；超过1min，停止作业。

4. 配分、评分标准

评分记录表

序号	考核项目	评分要素	配 分	评分标准	检测结果	扣分	得分	备 注
1	准备工作	选工具、用具	5	漏一件扣3分，错选一件扣2分				
2	定坐标	建立悬点载荷纵向坐标，光杆冲程横向坐标	10	未建立悬点载荷、冲程坐标扣10分，不正确扣5分				
3	标注各点	标出理论示功图光杆上下死点、增载终止点、卸载终止点	10	少标一点扣5分，标错一点扣5分				

续表

序号	考核项目	评分要素	配分	评分标准	检测结果	扣分	得分	备注
4	标注线段	在图上作标出光杆悬点最大载荷值（线段）、最小载荷值（线段）、液柱载荷值（线段），在图上作标出增载线（线段）、卸载线（线段）	25	少标一项扣5分，标错一项扣5分，少标一项扣10分，标错一项扣10分				
5	计算冲程损失	分别标出并计算活塞的实际冲程长度、光杆实际冲程长度、光杆对活塞的冲程损失	30	少标一项扣10分，标错一项扣10分，计算错一项扣5分				
6	计算功图面积	标出并计算抽油泵做功的面积	15	标错一项扣10分，计算错一项扣5分				
7	收工具	审核确认解释内容，收拾工具、用具	5	不审核确认扣3分，不收工具、用具扣2分				
8	安全文明生产及其他	在规定时间内完成操作		每超时1min扣5分，超过5min停止操作				从总分中扣除
	合 计		100					

考评员：　　　　　　记分员：　　　　　　　　　　　　年　月　日

十二、AC004　分析抽油机井实测示功图

1. 准备要求

（1）材料准备：

序号	名称	规格	数量	备注
1	实测示功图	（有力比、减程比）	3张	连续的（有一张是同步图）
2	同步资料		1份	（泵深、叶面、冲程、冲速）

（2）设备准备：

序号	名称	规格	数量	备注
1	桌、凳		1套	

（3）工具、量具、用具准备：

名 称	规 格	精 度	数 量	名 称	规 格	精 度	数 量
直尺	200mm		1把	演算纸			3张
钢笔、铅笔			各1支	计算器			1个

2. 操作程序的规定及说明
(1) 准备工作；
(2) 示功图定性；
(3) 计算；
(4) 分析；
(5) 结论；
(6) 趋势分析；
(7) 措施意见；
(8) 收工具。

3. 考核时间
(1) 准备时间：2min；
(2) 正式操作时间：10min；
(3) 计时从正式操作开始，至操作完毕结束；
(4) 规定时间内全部完成，每超 0.5min，从总分中扣 5 分；超过 1min，停止作业。

4. 配分、评分标准

评分记录表

序 号	考核项目	评分要素	配 分	评分标准	检测结果	扣分	得分	备注
1	准备工作	选工具、用具	5	漏一件扣3分，错选一件扣2分				
2	示功图定性	初步定性示功图的类型	10	不会定性扣10分				
3	计算	计算理论 $P_大$ 与 $P_小$ 值并标注在实测示功图上	20	不会计算理论 $P_大$ 与 $P_小$ 值扣10分，标错扣10分				
4	分析	进一步（定量）判断泵况	10	不会判断扣10分，判断错扣10分				
5	结论	结合测试液面资料，泵效资料就可准确得出结论	15	得不出正确结论扣15分，错了扣10分				
6	趋势分析	结合前期图形和资料定趋势	20	不会定趋势扣20分，错了扣10分				
7	措施意见	提出措施意见	15	提不出措施意见扣15分，不准确扣10分				
8	收工具	审核确认解释内容，收拾工具、用具	5	不审核确认扣3分，不收拾工具、用具扣2分				

续表

序号	考核项目	评分要素	配分	评分标准	检测结果	扣分	得分	备注
9	安全文明生产及其他	在规定时间内完成操作		每超时1min扣5分，超过5min停止操作				从总分中扣除
	合计		100					

考评员：　　　　　　　　记分员：　　　　　　　　　　　　年　月　日

十三、BA001　制作简单多媒体

1. 准备要求

(1) 材料准备：

序　号	名　称	规　格	数　量	备　注
1	用户数据		1组	
2	软盘	3in	1张	已格式化的

(2) 设备准备：

序　号	名　称	规　格	数　量	备　注
1	桌、凳		1套	
2	计算机		1台	装有多媒体软件（Power Point）

(3) 工具、量具、用具准备：

名　称	规　格	精　度	数　量	名　称	规　格	精　度	数　量
直尺	400mm		1把	铅笔	2H	0.02mm	1支

2. 操作程序的规定及说明

(1) 准备工作；

(2) 开始；

(3) 创建文稿；

(4) 绘图；

(5) 填加设置幻灯片；

(6) 保存文稿；

(7) 设置运行幻灯片；

(8) 放映检查；

(9) 保存文件；

(10) 收工具。

3. 考核时间

(1) 准备时间：5min；

(2) 正式操作时间：30min；

(3) 计时从正式操作开始，至操作完毕结束；

(4) 规定时间内全部完成，每超1min，从总分中扣5分；超过5min，停止作业。

4. 配分、评分标准

评分记录表

序号	考核项目	评分要素	配分	评分标准	检测结果	扣分	得分	备注
1	准备工作	选工具、用具	5	漏一件扣3分，错选一件扣2分				
2	开始	进入PowerPoint	5	错一次扣5分，3次未进入PowerPoint给不及格				
3	创建文稿	创建空白展示文稿	15	创建方式有误扣10分，背景与文本内容靠色扣5分				
4	绘图	绘图	20	工具选错一次扣5分，布局不合理，层次不清每页扣5分，整体简单修饰效果差扣5分				
5	填加设置幻灯片	添加、插入及删除幻灯片	15	添加、插入错1次扣5分，删除不当一次扣5分				
6	保存文稿	保存展示文稿	5	保存失误扣5分				
7	设置运行幻灯片	设置和运行幻灯片	15	设置每错一次扣5分，不会设置放映效果扣10分				
8	放映检查	放映、检查幻灯片	10	放映失误一处扣5分，不检查扣5分				
9	保存文件	保存文件，退出PowerPoint	5	不存盘就退出扣5分				
10	收工具	收拾工具、用具	5	未收拾工具、用具扣5分				
11	安全文明生产及其他	在规定时间内完成操作		每超时1min扣5分，超过3min停止操作				从总分中扣除
	合 计		100					

考评员：　　　　　　　　记分员：　　　　　　　　　　　年　　月　　日

十四、BA002 数据的录入及处理

1. 准备要求

(1) 材料准备：

序 号	名 称	规 格	数 量	备 注
1	用户数据		1组	
2	软盘	3in	1张	已格式化的

(2) 设备准备：

序 号	名 称	规 格	数 量	备 注
1	桌、凳		1套	
2	计算机		1台	装有数据库软件（Visual FoxPro）

(3) 工具、量具、用具准备：

名 称	规 格	精 度	数 量	名 称	规 格	精 度	数 量
直尺	400mm		1把	铅笔	2H	0.02mm	1支

2. 操作程序的规定及说明

(1) 准备工作；

(2) 开始；

(3) 建数据库；

(4) 开关数据库；

(5) 录入；

(6) 检查修改；

(7) 编辑整理；

(8) 统计；

(9) 复制保存；

(10) 收工具。

3. 考核时间

(1) 准备时间：5min；

(2) 正式操作时间：20min；

(3) 计时从正式操作开始，至操作完毕结束；

(4) 规定时间内全部完成，每超 1min，从总分中扣 5 分；超过 3min，停止作业。

4. 配分、评分标准

评分记录表

序号	考核项目	评分要素	配分	评分标准	检测结果	扣分	得分	备注
1	准备工作	选工具、用具	5	漏一件扣3分，错选一件扣2分				
2	开始	进入 Visual FoxPro	5	错一次扣5分，3次未进入 Visual FoxPro 给不及格				

续表

序号	考核项目	评分要素	配分	评分标准	检测结果	扣分	得分	备注
3	建数据库	建立数据库	15	数据库的逻辑结构等设计不合理扣10分,命令格式不对停止操作,未存盘扣5分				
4	开关数据库	打开、关闭数据库	10	打不开数据库扣10分				
5	录入	数据录入	20	全屏幕输入错1次扣10分,追加记录、插入记录每错一次扣5分				
6	检查修改	数据库结构的检查和修改	10	不会检查和修改扣10分				
7	编辑整理	数据库记录的显示、编辑、整理(浏览、排序)	10	每错一次扣5分				
8	统计	统计操作(运算)	10	错一处扣5分				
9	复制保存	数据库记录复制(存盘)、保存文件,退出 Visual FoxPro	10	不会复制、保存扣5分,不会退出 Visual FoxPro 扣5分				
10	收工具	确认无误,收拾工具、用具	5	不确认扣3分,不收拾工具、用具扣2分				
11	安全文明生产及其他	在规定时间内完成操作		每超时1min扣10分,超过3min停止操作				从总分中扣除
	合 计		100					

考评员:　　　　　　记分员:　　　　　　　　　　　　　　年　月　日

十五、BA003　文字录入及处理

1. 准备要求

(1) 材料准备:

序号	名称	规格	数量	备注
1	用户材料		1组	文字
2	软盘	3in	1张	已格式化的

(2) 设备准备:

序 号	名 称	规 格	数 量	备 注
1	桌、凳		1套	
2	计算机		1台	装有文字处理软件（Microsoft Word）

（3）工具、量具、用具准备：

名 称	规 格	精 度	数 量	名 称	规 格	精 度	数 量
直尺	400mm		1把	铅笔	2H	0.02mm	1支

2. 操作程序的规定及说明

（1）准备工作；

（2）开始；

（3）创建文档；

（4）输入正文；

（5）保存文档；

（6）编辑文档；

（7）排版文档；

（8）打印；

（9）保存文件；

（10）收工具。

3. 考核时间

（1）准备时间：5min；

（2）正式操作时间：20min；

（3）计时从正式操作开始，至操作完毕结束；

（4）规定时间内全部完成，每超1min，从总分中扣5分；超过5min，停止作业。

4. 配分、评分标准

评分记录表

序号	考核项目	评分要素	配分	评分标准	检测结果	扣分	得分	备注
1	准备工作	准备好工具、用具，用户需要编辑的文档材料	5	漏一件扣3分，错选一件扣2分				
2	开始	进入Microsoft Word	5	错一次扣5分，3次未进入Microsoft Word停止操作				
3	创建文档	创建文档	10	方法不正确扣10分，错误一次扣5分				
4	输入正文	输入正文	10	方法不对扣5分，切换错误一次扣3分				
5	保存文档	编辑文档	10	路径错一次扣5分，不会扣10分				

续表

序号	考核项目	评分要素	配分	评分标准	检测结果	扣分	得分	备注
6	编辑文档	编辑文档	20	不能准确选择对象扣10分，剪辑调整错一次扣3分				
7	排版文档	排版文档	15	文字格式、段落行距、对齐方式错一次扣5分				
8	打印文档	打印文档	10	不确定页码扣5分，错一处扣5分				
9	保存文件	保存文件，退出Microsoft Word环境	10	不会保存扣5分，不退出扣5分				
10	收工具	确认无误，收拾工具、用具	5	不确认扣3分，不收拾工具、用具扣2分				
11	安全文明生产及其他	在规定时间内完成操作		每超时1min扣5分，超过5min停止操作				从总分中扣除
	合 计		100					

考评员：　　　　　　　　　记分员：　　　　　　　　　　　　　　　年　月　日

十六、BB001　技术培训

1. 准备要求

(1) 材料准备：

序号	名称	规格	数量	备注
1	学员状况表		1份	
2	教材		1套	多于对应培训目标

(2) 设备准备：

序号	名称	规格	数量	备注
1	教室	25m²	1间	桌椅、黑板齐全
2	幻灯放映器材		1套	

(3) 工具、量具、用具准备：

名称	规格	精度	数量	名称	规格	精度	数量
木三角尺	300mm		1把	钢笔、铅笔			各1支
扳擦			1个	粉笔、教案簿			若干

2. 操作程序的规定及说明

(1) 准备工作；

(2) 制定计划;
(3) 目标要求;
(4) 课程设置;
(5) 课时分配;
(6) 教学大纲;
(7) 实施教学;
(8) 考评;
(9) 收工具。

3. 考核时间

(1) 准备时间：5min;
(2) 正式操作时间：30min（教学采用模拟式）;
(3) 计时从正式操作开始，至操作完毕结束;
(4) 规定时间内全部完成，每超1min，从总分中扣5分；超过5min，停止作业。

4. 配分、评分标准

评分记录表

序号	考核项目	评分要素	配分	评分标准	检测结果	扣分	得分	备注
1	准备工作	选工具、用具	5	漏一件扣3分，错选一件扣2分				
2	制定计划	熟悉学员状况，准备教材，制定教学计划	10	未熟悉学员状况扣5分，未准备教材扣1分，不制定教学计划给不及格				
3	目标要求	制定具体培训目标及要求	10	未制定培训目标扣10分，未制定培训要求扣5分				
4	课程设置	课程的设置和要求	15	课程的设置错一处扣10分，未制定课程要求扣5分				
5	课时分配	课时分配	10	课时错一处扣5分				
6	教学大纲	制定教学大纲	20	教学的目的和要求错一项扣5分，课时错一处扣5分，教学内容不准确一项扣5分				
7	实施教学	实施教学，利用现有设施教学，理论与实际结合，操作教学要规范	15	未充分利用设施条件扣5分，方法简单扣5分，言传身教不规范扣5分				
8	考评	考评	12	方式简单扣4分，试题出格（范围）扣4分，理论与实际比例分配不合理扣4分				
9	收工具	确认无误，收拾工具、用具	3	不确认扣2分，不收拾工具、用具扣1分				

续表

序号	考核项目	评分要素	配分	评分标准	检测结果	扣分	得分	备注
10	安全文明生产及其他	在规定时间内完成操作		每超时1min扣10分，超过3min停止操作				从总分中扣除
	合计		100					

考评员：　　　　　　记分员：　　　　　　　　　　　　　　年　月　日

十七、BC001　设计绘制工件加工图

1. 准备要求
(1) 材料准备：

序号	名称	规格	数量	备注
1	机械零件标准手册		1本	
2	金属机械加工用料手册		1本	

(2) 设备准备：

序号	名称	规格	数量	备注
1	桌、凳		1套	

(3) 工具、量具、用具准备：

名称	规格	精度	数量	名称	规格	精度	数量
直尺，三角板			各1把	绘图板			1块
铅笔	2H，HB		各1支	绘图仪	制图		1套
橡皮			1块	绘图纸	3#		3张

2. 操作程序的规定及说明
(1) 准备工作；
(2) 绘草图；
(3) 确定方案；
(4) 绘图；
(5) 标注尺寸要求；
(6) 填图例；
(7) 使用说明；
(8) 收工具。

3. 考核时间
(1) 准备时间：5min；
(2) 正式操作时间：30min；

(3) 计时从正式操作开始,至操作完毕结束;
(4) 规定时间内全部完成,每超1min,从总分中扣5分;超过3min,停止作业。
4. 配分、评分标准

评分记录表

序号	考核项目	评分要素	配分	评分标准	检测结果	扣分	得分	备注
1	准备工作	选工具、用具	5	漏一件扣3分,错选一件扣2分				
2	绘草图	绘制设计工件实物立体草图	15	未绘制工件草图扣10分,不准确扣5分				
3	确定方案	确定要表达工件图方案	15	错漏一项扣5分,方案不合理扣10分				
4	绘图	审核草图内容,描画加工图	20	未审核就描图扣10分,线型不规范扣5分,错一处扣5分,不擦去多余线条扣5分				
5	标注尺寸要求	标注尺寸和单位,技术要求	20	标注错一处扣10分,技术要求不切实际扣10分				
6	填图例	填写图例、工件名称、比例尺、设计人、审核人、日期、编号	10	少一项扣5分,无图号扣5分				
7	使用说明	编写使用说明书、设计理由、技术水平	10	不规范扣5分,条理不清扣5分				
8	收工具	审核确认无误,收拾工具、用具	5	不审核确认扣3分,不收拾工具、用具扣2分				
9	安全文明生产及其他	在规定时间内完成操作		每超时1min扣5分,超过5min停止操作				从总分中扣除
	合 计		100					

考评员: 记分员: 年 月 日

十八、BC002 识读油水井间管道安装图

1. 准备要求
(1) 材料准备:

序号	名称	规格	数量	备注
1	油水井间管道安装图		1~2套	一书两表三图

(2) 设备准备：

序号	名称	规格	数量	备注
1	桌、凳		1套	

(3) 工具、量具、用具准备：

名称	规格	精度	数量	名称	规格	精度	数量
直尺	400mm		1把	记录纸	16开		若干
钢笔、铅笔	2H，HB		各1支	橡皮			1块

2. 操作程序的规定及说明

(1) 准备工作；

(2) 阅读说明书；

(3) 阅读流程图；

(4) 阅读工艺图；

(5) 阅读安装图；

(6) 收工具。

3. 考核时间

(1) 准备时间：5min；

(2) 正式操作时间：20min；

(3) 计时从正式操作开始，至操作完毕结束；

(4) 规定时间内全部完成，每超1min，从总分中扣5分；超过5min，停止作业。

4. 配分、评分标准

评分记录表

序号	考核项目	评分要素	配分	评分标准	检测结果	扣分	得分	备注
1	准备工作	选工具、用具，一书两表三图	5	漏一件扣3分，错选一件扣2分				考核时可用彩笔在各图表上统一勾画出考核的具体内容和范围
2	阅读说明书	阅读管道安装图的说明书、工艺、设计参数、施工要求	20	阅错工艺扣5分，阅错设计参数扣5分，施工要求不明扣5分				
3	阅读流程图	阅读施工流程图，分析流程走向，仪器、仪表的安装要求	20	流程走向错一处扣10分，配备仪表安装情况错一处扣5分，辅助工艺流程，错一处扣5分				
4	阅读工艺图	阅读工艺布置图、建筑物、设备走向布置、管线位置、名称、标高、工艺设备数量	20	尺寸标注错一处扣10分，方位错一处扣5分，名称、数量错一处扣5分				

续表

序 号	考核项目	评分要素	配分	评分标准	检测结果	扣分	得分	备 注
5	阅读安装图	阅读工艺安装图、设备名称、标高、定位尺寸、开口方位、管线编号、走向、规格、闸阀位置	25	安装位置错一处扣10分，定位尺寸、标高、开口方位错一处扣5分，出现本质错误停止操作				考核时可用彩笔在各图表上统一勾画出考核的具体内容和范围
6	收工具	审核确认阅读结果，收拾工具、用具	10	不审核确认结果扣5分，一处不清扣3分，不收拾工具、用具扣2分				
7	安全文明生产及其他	严格按操作规程操作		违反操作规程扣5分				
		严格遵守环保要求						
		在规定时间内完成操作		每超时1min扣5分，超过5min停止操作				从总分中扣除
	合 计		100					

考评员： 记分员： 年 月 日

十九、BC003 测绘工件图

1. 准备要求

（1）材料准备：

序 号	名 称	规 格	数 量	备 注
1	工件或模型		3～5件	只考指定的一件
2	绘图板	2#	1块	
3	绘图板	A4	3张	
4	小刀、橡皮、擦布		各1块（把）	

（2）设备准备：

序 号	名 称	规 格	数 量	备 注
1	桌、凳		1套	

（3）工具、量具、用具准备：

名 称	规 格	精 度	数 量	名 称	规 格	精 度	数 量
直尺	200mm，400mm		各1把	游标卡尺	150mm	0.02mm	1把
铅笔	2H，HB		各1支	绘图仪	制图		1套

2. 操作程序的规定及说明

（1）准备工作；

(2) 确定方案；
(3) 画轮廓线、定位线；
(4) 画草图；
(5) 标注草图；
(6) 核对；
(7) 画剖面图；
(8) 标注尺寸要求；
(9) 收工具。

3. 考核时间

(1) 准备时间：5min；
(2) 正式操作时间：20min；
(3) 计时从正式操作开始，至操作完毕结束；
(4) 规定时间内全部完成，每超1min，从总分中扣5分；超过5min，停止作业。

4. 配分、评分标准

评分记录表

序号	考核项目	评分要素	配分	评分标准	检测结果	扣分	得分	备注
1	准备工作	选工具、用具	5	漏一件扣3分，错选一件扣2分				
2	确定方案	擦净被测工件并仔细观察，确定要表达的视图方案	5	不擦净被测工件扣3分，不仔细观察扣5分				
3	画轮廓线、定位线	根据确定方案及图幅画视图的基线和轮廓、定位线	10	错漏一项扣5分，方案不合理扣10分				
4	画草图	画出三视图的草图	15	视图间不对应扣10分，错一处扣5分				
5	标注草图	用卡尺等测量工件几何尺寸并标注在草图上	20	测量方法不正确扣10分，标注错一处扣2分				
6	核对	核对图中各尺寸，无误差后逐一描清，并擦去多余线条	10	不核对尺寸扣5分，一处不清扣5分				
7	画剖面图	确定并需画出局部剖面图	15	剖面图位置不正确扣10分，不清楚扣5分				
8	标注尺寸要求	标注尺寸、填写技术要求和图例	15	错一处扣5分，位置不对扣5分				
9	收工具	审核确认无误，收拾工具、用具	5	不审核确认扣3分，不收拾工具、用具扣2分				

续表

序号	考核项目	评分要素	配分	评分标准	检测结果	扣分	得分	备注
10	安全文明生产及其他	在规定时间内完成操作		每超时1min扣5分,超过5min停止操作				从总分中扣除
	合　计		100					

考评员：　　　　　　　　记分员：　　　　　　　　　　　　　　　年　月　日

二十、BD001　撰写HSE管理总结报告

1. 准备要求

（1）材料准备：

序号	名称	规格	数量	备注
1	有关HSE管理体系标准	本油田的	1套	
2	"两书一表"	配套的	各1份	

（2）设备准备：

序号	名称	规格	数量	备注
1	桌、凳		1套	

（3）工具、量具、用具准备：

名称	规格	精度	数量	名称	规格	精度	数量
直尺	200mm		1把	钢笔、铅笔			各1支
计算器			1个	稿纸			若干

2. 操作程序的规定及说明

（1）准备工作；

（2）熟悉两书一表；

（3）现场检查；

（4）问题及原因；

（5）整改意见；

（6）修订调整；

（7）总结报告；

（8）收工具。

3. 考核时间

（1）准备时间：5min；

（2）正式操作时间：30min（现状调查部分，可提前提供对应课题内容的参考材料）；

（3）计时从正式操作开始，至操作完毕结束；

(4) 规定时间内全部完成，每超 1min，从总分中扣 5 分；超过 5min，停止作业。

4. 配分、评分标准

评分记录表

序号	考核项目	评分要素	配分	评分标准	检测结果	扣分	得分	备注
1	准备工作	选工具、用具	5	漏一件扣 2 分，错选一件扣 1 分				
2	熟悉两书一表	熟悉"两书一表"	10	未了解情况停止操作，1 项不清扣 5 分				
3	现场检查	依据具体《HSE作业指导书》，现场实际检查	15	未分析课题扣 5 分，不评定课题可行性扣 5 分				
4	问题及原因	分析归纳存在问题的原因	20	不组织参与活动扣 10 分，调查分析方法错一处扣 5 分，未找出原因扣 10 分				
5	整改意见	提出整改措施意见	15	制定对策错一项扣 3 分				
6	修订调整	建议修订调整	10	实施不当一项扣 5 分				
7	总结报告	总结经验及下一步打算，编写成果报告	20	不总结经验扣 5 分，下一步打算跑题扣 5 分，报告不规范扣 5 分，图表有错 1 处扣 5 分				
8	收工具	确认无误，收拾工具、用具	5	不确认扣 2 分，不收拾工具、用具扣 1 分				
9	安全文明生产及其他	严格按操作规程操作		违反操作规程扣 5 分				从总分中扣除
		严格遵守环保要求		违反环保要求扣 5 分				
		在规定时间内完成操作		每超时 1min 扣 5 分，超过 5min 停止操作				
	合计		100					

考评员：　　　　　　记分员：　　　　　　　　　　　　　年　　月　　日

二十一、BD002 撰写技术论文

1. 准备要求

(1) 材料准备：

序号	名称	规格	数量	备注
1	工程手册		1本	
2	技术材料		若干份	

(2) 设备准备：

序　号	名　　称	规　格	数　量	备　注
1	桌、椅		1套	

(3) 工具、量具、用具准备：

名　称	规　格	精　度	数　量	名　称	规　格	精　度	数　量
直尺	200mm		1把	钢笔、铅笔			各1支
计算器			1个	稿纸			若干

2. 操作程序的规定及说明

(1) 准备工作；

(2) 拟定标题；

(3) 编写正文；

(4) 整理草稿；

(5) 写摘要；

(6) 前言；

(7) 正文；

(8) 结尾；

(9) 审核。

3. 考核时间

(1) 准备时间：5min；

(2) 正式操作时间：30min（现状调查部分，可提前提供对应课题内容的参考材料）；

(3) 计时从正式操作开始，至操作完毕结束；

(4) 规定时间内全部完成，每超1min，从总分中扣5分；超过5min，停止作业。

4. 配分、评分标准

评分记录表

序号	考核项目	评分要素	配分	评分标准	检测结果	扣分	得分	备注
1	准备工作	选工具、用具，整理、归纳资料	5	不整理、归纳资料扣5分				
2	拟定标题	撰写提纲，拟定标题	10	不列提纲扣5分，不拟定标题扣5分				
3	编写正文	编写正文（草稿）	10	思路不清扣5分，不扣标题扣5分				
4	整理草稿	整理草稿	10	术语不准确每处扣3分，有题外内容每处扣5分				
5	写摘要	写摘要	10	不简短、精粹、完整每处扣5分				

续表

序 号	考核项目	评分要素	配 分	评分标准	检测结果	扣分	得分	备 注
6	前言	撰写前言	10	未交待原因扣5分,没背景、结果扣5分				
7	正文	写好正文	20	层次不清扣5分,图表方法错一处扣5分,前因后果不符实际一处扣5分				
8	结尾	精心写好结尾	10	结论偏题扣5分,关键点不清扣5分				
9	审核	写全写准参考文献,审核校对确认无误,填写日期	15	一条交代不清扣5分,未审核校对、填写日期扣5分				
10	安全文明生产及其他	在规定时间内完成操作		每超时1min扣5分,超过5min停止操作				从总分中扣除
	合 计		100					

考评员：　　　　　　记分员：　　　　　　　　　　　　　　　年　月　日

二十二、BD003　编写阶段生产总结报告

1. 准备要求

（1）材料准备：

序 号	名 称	规 格	数 量	备 注
1	生产月报		12份	
2	专题材料		若干份	

（2）工具、量具、用具准备：

名 称	规 格	精 度	数 量	名 称	规 格	精 度	数 量
直尺	200mm		1把	钢笔、铅笔			各1支
计算器			1个	稿纸			若干

2. 操作程序的规定及说明

（1）准备工作；

（2）拟定标题；

（3）概况；

（4）总结；

（5）下一年工作思路；

(6) 核实；

(7) 收工具。

3. 考核时间

(1) 准备时间：5min；

(2) 正式操作时间：30min（现状调查部分，可提前提供对应课题内容的参考材料）；

(3) 计时从正式操作开始，至操作完毕结束；

(4) 规定时间内全部完成，每超 1min，从总分中扣 5 分；超过 5min，停止作业。

4. 配分、评分标准

评分记录表

序号	考核项目	评分要素	配分	评分标准	检测结果	扣分	得分	备注
1	准备工作	选工具、用具	5	漏一件扣2分，错选一件扣1分				
2	拟定标题	拟定标题	10	标题不准确扣5分，不扣标题扣5分				
3	概况	简写概况	20	概况不准确扣10分，不扣题扣5分，过长扣5分				
4	总结	细写过去一年里所做的主要工作及结果	40	层次归类不清扣10分，图表方法错一处扣5分，前因后果不符实际一处扣5分，关键点不清扣10分，技术指标不准扣5分				
5	下一年工作思路	下一年工作安排设想（计划）	12	思路不清扣4分，目标不具体可行扣4分，主要工作不符目标扣4分				
6	核实	审核校对报告	10	不审核、核实扣5分，不签名填写时间整理装订扣5分				
7	收工具	收拾工具、用具	3	不收拾工具、用具扣3分				
8	安全文明生产及其他	在规定时间内完成操作		每超时1min扣5分，超过5min停止操作				从总分中扣除
	合　　计		100					

考评员：　　　　　　　　　记分员：　　　　　　　　　　　　　　年　月　日

参 考 文 献

[1]《全国石油系统青工技术比赛试题汇编》编写组．全国石油系统青工技术比赛试题汇编．山东：山东科技出版社，1990
[2] 胡博中主编．大庆油田机械采油配套技术．北京：石油工业出版社，1998
[3] 张盖楚、陈振明主编．电工基本操作技能．北京：金盾出版社，2000
[4] 中国石油天然气集团公司质量安全与环保部编．HSE"两书一表"编写辅导教程．北京：石油工业出版社，2001
[5] 王振山主编．技术制图．北京：石油工业出版社，1997
[6] 茅以升主编．现代工程师手册．北京：北京出版社，1986